高等学校规划教材

建 筑 节 能 技 术

龙惟定 武 涌 主编

中国建筑工业出版社

图书在版编目(CIP)数据

建筑节能技术/龙惟定,武涌主编.—北京:中国建筑工业出版社,
2009(2023.3重印)

高等学校规划教材

ISBN 978-7-112-10990-6

Ⅰ.建… Ⅱ.①龙…②武… Ⅲ.建筑-节能-高等学校-教材 Ⅳ.TU111.4

中国版本图书馆 CIP 数据核字(2009)第 083002 号

责任编辑:齐庆梅
责任设计:赵明霞
责任校对:关 健 孟 楠

高等学校规划教材
建 筑 节 能 技 术
龙惟定 武 涌 主编

*

中国建筑工业出版社出版、发行(北京西郊百万庄)
各地新华书店、建筑书店经销
北京红光制版公司制版
北京建筑工业印刷厂印刷

*

开本:787×1092 毫米 1/16 印张:26½ 字数:645 千字
2009 年 8 月第一版 2023 年 3 月第十五次印刷
定价:45.00 元
ISBN 978-7-112-10990-6
(20954)

前 言

 建筑节能是一门跨学科、跨行业、综合性和应用性很强的技术，它集成了城乡规划、建筑学及土木、设备、机电、材料、环境、热能、电子、信息、生态等工程学科的专业知识，同时，又与技术经济、行为科学和社会学等人文学科密不可分。但在当前高校学科设置的背景下，各相关专业培养的学生还没有条件掌握建筑节能的跨学科知识，也不具备建筑节能技术集成的能力。社会上也存在着对建筑节能的错误理解和模糊认识。因此，迫切需要一本跨学科的、能够让各专业"各取所需"的、反映建筑节能技术概况的选修课教材。正是在这样的背景下，我们编写了这本《建筑节能技术》教材。这本教材有以下几个特点：

 1. 适用于土建类、机电类和公共管理等专业的本科生、研究生作为选修课教材或教学参考书。在使用这本书时，可以将自己专业学过的或者比较熟悉的章节跳过。

 2. 各章内容以基本原理、物理概念为主，并不需要很多的基础知识和前导课程，便于各专业之间交叉融合、相互理解。

 3. 各章相互有联系，但也可以自成体系。使用时可分不同内容开办讲座，或供读者自学。

 4. 本书为"技术篇"，另有配套教材《建筑节能管理》，工程学科的学生应该多了解我国建筑节能政策的背景；人文学科的学生应该理解建筑节能技术的一般原理。

 5. 由于本书上述特点，因此也很适合领导干部、公务员、技术和管理人员及各方面人士作为建筑节能和节能减排的继续教育和学习参考资料。

 6. 本书所介绍的建筑节能技术都属于国内外的成熟技术。但任何一项技术都有所长也有所短，对技术的正面负面、优点缺点以及争议问题，都不应该回避。

 7. 建筑节能技术有很强的地域性和气候适应性特点，没有所谓"全国、全世界都适用"的技术，更没有一用某种技术就节能的绝对节能建筑，只有通过精心设计和科学管理才能实现的相对建筑节能。因此，本书所介绍的各种技术，不是节能"标签"，也不是一用就节能的"灵丹妙药"。采用何种技术，必须根据当地实际情况，经过技术经济分析后才能确定。

 本书作者集中了国内各高校和研究单位的一批知名学者和青年学者，而且他们也都是在各自章节涉及的技术领域里颇有建树的专家。非常感谢各位老师，在繁忙的日程安排中挤出时间、牺牲休息，完成了各章的写作。本书从酝酿到交稿，整整历时一年，如果没有各位作者老师们的支持，是不可能在短短一年时间里将建筑节能主要的技术和政策集中反映出来的。

 参加本书写作的有：

 第一章 能源、环境与可持续发展

 同济大学：龙惟定

 第二章 室外环境规划中的节能技术

 华南理工大学：孟庆林、舒立帆

 第三章 节能建筑形态设计

同济大学：赵群

第四章　区域能源规划与区域能源系统

同济大学：苑翔、马宏权、龙惟定

第五章　室内环境品质

天津大学：朱能、凌继红

第六章　建筑围护结构的节能

重庆大学：付祥钊

第七章　供暖系统节能

哈尔滨工业大学：董重成、姚杨、马最良

第八章　热泵技术及其在建筑中的应用

哈尔滨工业大学：姚杨、马最良、姜益强

第九章　太阳能与建筑一体化技术

上海交通大学：翟小强、王如竹

第十章　建筑遮阳与自然通风技术

华南理工大学：孟庆林、王世晓

第十一章　建筑设备和空调系统节能

天津大学：凌继红、朱能

同济大学：苑翔、刘猛、龙惟定

第十二章　建筑照明节能

同济大学：郝洛西

第十三章　水资源合理利用与节水

同济大学：陆斌

第十四章　建筑节能中的自动化与计算机控制系统

西安交通大学：王军

第十五章　建筑能耗的模拟分析

同济大学：潘毅群

第十六章　既有建筑节能改造

同济大学：马素贞、龙惟定

第十七章　绿色建筑及其评价标准

上海建筑科学研究院：张蓓红

第十八章　建筑能源管理技术

同济大学：马素贞、龙惟定

第十九章　建筑节能的技术经济分析

重庆大学：李百战、刘猛、蒲清平、杨玉兰、段胜辉

本书由龙惟定、武涌主编，由同济大学龙惟定、范蕊、苑翔统稿。

本书得到住房和城乡建设部建筑节能与科技司的指导，得到中国建筑工业出版社的帮助，得到各作者所在单位的支持，在此一并致谢。

为方便任课教师制作电子讲义，可发邮件至 jiangongshe@163. com 免费索取电子素材。

希望这本教材能在推动我国建筑节能事业的发展和人才培养方面发挥积极的作用。

目　　录

第一章 能源、环境与可持续发展

第一节 能源概论

一、能量

构成客观世界有三大基础，即物质、能量和信息。运动是物质存在的方式，是物质的根本属性，而能量是物质运动的度量。物质运动形态不同，因此能量形式也不同。

人类的一切活动，包括人类的生存，都离不开能量。人类历史上对科学的探索，在很大程度上是对新的能量形式和新的能源的探索。按目前人类的认识水平，能量有机械能、热能、辐射能、化学能、电能和核能六种形式。

在国际单位制中，能量、功和热量的单位都用焦耳(J)表示。在单位时间内所做的功、吸收(释放)的能量(热量)称为功率，用瓦(W)表示。在工程单位制中，能量单位用卡(cal)或千卡(kcal，也称"大卡")表示。在美国，还在继续延用英制热量单位(其实英国已经完全改用国际单位制了)，用 Btu 表示。

基本能量单位之间的换算关系如下：

1joule(焦耳，又称焦，J)＝0.2388cal

1calorie(卡路里，又称卡，cal)＝4.1868J

1British thermal unit(英制热量单位，Btu)＝1.055kJ＝0.252kcal

各种燃料的含能量是不同的，如 1 吨(t)煤约 7560kWh，1t 泥煤约为 2200kWh，1t 焦炭为 7790kWh，$1m^3$ 煤气为 4.7kWh 等。为了使用的方便，统一标准，在进行能源数量、质量的比较以及能源统计时，经常用到标准能量单位，国际上通用的是"吨石油当量(toe)"，我国沿用的是"吨煤当量(tce)"，又称为"吨标准煤"。

1 吨石油当量(toe)＝42GJ(净热值)＝10034Mcal

1 吨煤当量(tce)＝29.3GJ(净热值)＝7000Mcal

因此可以得到：

1t 原油＝1.43tce

$1000m^3$ 天然气＝1.33tce

1t 原煤＝0.714tce

在国际石油、天然气交易中，还会经常看见用"桶"等单位，其换算关系为：

1 桶(barrel)＝42 美国加仑(US gallons)≈159 升(litres)

$1m^3$＝35.315 立方英尺(ft^3)＝6.2898 桶

研究能量转换规律的科学是热力学。能量转换首先遵循自然界最基本的自然规律，即能量守恒定律。能量守恒定律表述为："一切物质都具有能量，能量既不能创造，也不能消灭，只能从一种形式转换成另一种形式，从一个物体传递到另一个物体。在能量转换和传递过程中其总量恒定不变"。而热能与其他形式能量之间的转换同样也遵循能量守恒定律。能量守恒定律在热力学中就称为热力学第一定律。

热力学第一定律反映了能量转换在"量"上的平衡。除此之外，各种能量还有"质"上的差别。例如，茫茫大海，所含能量巨大，但却不能煮熟一个鸡蛋；而一小锅沸腾的开水，甚至可以煮熟几个鸡蛋。说明二者所含能量的质量（温度）不同。在煮鸡蛋过程中，温度高的开水失去热量而温度低的鸡蛋得到热量，同时提高了温度。说明热量传递是单向的，只能从高温到低温。而如果试图将热量从低温物体传递到高温物体，就必须靠外界做功完成。这种反映能量的质量的自然规律就是热力学第二定律。

热力学第二定律实际上是能量"贬值"理论，即能量转换过程总是由高品质能量自发地向着能量品质下降的方向进行。而要提高能量品质，必定要付出降低另一个能量品质的代价。对于一个能量系统来说，其中一个能量品质的提高值，最多只能等于另一个能量品质的降低值。例如，不可能把热量从低温物体传到高温物体而不引起其他变化，即热量不会自动地从低温物体传到高温物体。对于一个孤立系统而言，能量从高温到低温的过程是不可逆的。

因为孤立系统的不可逆过程是在没有任何外来影响的条件下自发进行的，所以过程进行的动力是系统的初态与末态的差别（例如，系统的初始温度和最终温度之间的温差）。因此，自发过程进行的方向取决于过程的初态和末态。设一个仅与初、末态有关，而与过程无关的态函数，可以用它来表述热力学第二定律，指出自发过程进行的方向。这个态函数叫做"熵（Entropy）"。孤立系统的熵永不减少，这就是熵增原理。普朗克把熵增原理描述为："在任何自然的（不可逆的）过程中，凡参与这个过程的物体的熵的总和永远是增加的"。

在热力学第二定律中，熵是不可用能的度量。熵的增加意味着系统的能量数量不变，但质量变差，做功的能力变低，因此熵增加意味着能量在质量上的贬值。如果环境温度为T_0，系统的熵增为ΔS，则能量的贬值E_0为：

$$E_0 = T_0 \Delta S \tag{1-1}$$

热力学第二定律指明了能量传递的方向，当存在势差（如温差、浓度差、电位差）时，能量总是向着消除势差的方向传递，势差为零时传递过程即停止。比如一杯热开水放在空气中，水温高于气温，因此开水的热量会不断传递到空气中，水温逐渐降低，开水逐渐变"凉"，直到水温等于气温为止。而如果在开水里放进一个瘪掉的乒乓球，球内空气受热膨胀，将乒乓球的形状复原，即开水中的能量（热能转换为机械能）做了功。

一定形式的能量与环境之间完全可逆地变化，最后与环境达到完全的平衡，在这个过程中所做的功称为烟（Exergy）。

设在图1-1中，一台卡诺热机从高温热源吸收热量Q，对外做功W，向低温热源放热Q_0。热量Q的烟为：

$$EX_Q = W = Q - Q_0 = \left(1 - \frac{T_0}{T}\right)Q \tag{1-2}$$

低温热源是温度为T_0的环境。

上式中，当$T < T_0$时，EX_Q表示从低于环境温度的热源中取出热量所需要消耗的功。EX_Q为负值，称为冷量烟。说明系统从冷环

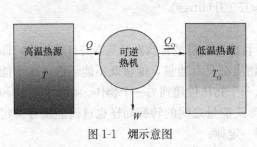

图1-1　烟示意图

境中吸收冷量而放出㶲。冷量㶲流方向与冷量方向相反。制冷机就是根据这一原理工作的。当 $T>T_0$ 时，EX_Q 为正值，表明高于环境温度的热源在放出热量时可以做有用功。

在环境条件下任一形式的能量在理论上能够转变为有用功的那部分称为能量的㶲，其不能转变为有用功的那部分称为该能量的㶲（Axergy）；因此有：能量＝㶲＋㶲。即：

$$Q = EX + AX \tag{1-3}$$

在一定的能量中，㶲占的比例越大，其能质越高。下面定义一个能质系数 φ_Q。

$$\varphi_Q = EX/Q \tag{1-4}$$

在理论上，电能和机械能的能量完全可变为有用功，即：能量＝㶲，$\varphi_Q=1$。电能和机械能的能质最高，是高级能量，或所谓"高品位能量"。而自然环境中的空气和海水都含有热能，但其能量＝㶲，不能转变为有用功，$\varphi_Q=0$，是一种低品位能量。介于二者之间的能量则有：能量＝㶲＋㶲，如燃料的化学能、热能、内能和流体能等。热能的能质系数为：

$$\varphi_Q = \left(1 - \frac{T_0}{T}\right) \tag{1-5}$$

在自然界中，不可能实现 $T_0=0$ 和 $T=\infty$，所以，热能的能质系数 φ_Q 不可能等于 1。由此也可以看出，热源温度越高，能质系数也就越大。将热能按能质划分为 10 个能级，用下式计算：

$$\varphi = \left(1 - \frac{T_0}{T}\right) \times 10 \tag{1-6}$$

因此可以认识到这样两个原则：在热能利用中，（1）不应将高能级的热能用到低能级的用途；（2）尽量实现热能的梯级利用，减小应用的级差。

二、能源

可以直接获取能量或经过加工转换获取能量的自然资源称为能源。在自然界天然存在的、可以直接获得而不改变其基本形态的能源是一次能源；将一次能源经直接或间接加工改变其形态的能源产品是二次能源（表 1-1）。

一次能源和二次能源   表 1-1

一 次 能 源	二 次 能 源
煤炭、石油、天然气、水力、核能、太阳能、地热能、生物质能、风能、潮汐能、海洋能	电力、城市煤气、各种石油制品、蒸汽、氢能、沼气

在现代社会里，二次能源是直接面对能源终端用户的，它有使用方便和清洁无污染的特点。但在一次能源向二次能源的转换过程中，由于使用的设备不同，其转换效率有很大的差别。所谓节能，主要是终端节能，也就是节约二次能源。但节能的最终目的，是保护自然资源。因此，一次能源的使用是否合理始终是节能工作关注的重点。有的时候，二次能源利用效率高的节能措施，会由于一次能源转换率过低而使其节能效果大打折扣。评价一项技术是否节能，也不能把一次、二次能源割裂开来。

从资源的角度出发，还可以将能源分为可再生能源和不可再生能源。国际公认的可再生能源有六大类，包括：太阳能；风能；地热能；现代生物质能；海洋能；小水电。

而不可再生能源，特别是煤、石油、天然气和核燃料等矿物能源，由于在地球上的蕴藏量有限，再生需要几十万年甚至上亿年，如果无节制地使用，消耗的速度远大于再生的速度，终有枯竭的一天。

从环境保护的角度出发，可以把能源分为清洁能源和非清洁能源。清洁能源是对环境无污染或污染很小的能源，如太阳能、海洋能等。非清洁能源是对环境污染较大的能源，最常用的矿物能源，如煤和石油，都是非清洁能源。

人类的发展史，就是一部利用能源的历史。原始人钻木取火，利用热能御寒和煮熟食物，是人类进化的重要环节。古代人类靠生物质能源煮饭、取暖（伐薪烧炭）、甚至照明（植物油灯）；靠最简单的机械（"木牛流马"、水车、犁耙）以人力、畜力为动力从事生产。到第一次工业革命时期，煤炭取代了薪柴，蒸汽机将热能转化为机械能，使人类能够完成体力所不及的劳动，从而有条件大规模地开采含碳的矿物燃料（煤和石油），利用这些能源创造出远古时代人类所无法企及的财富，完成人类发展中的重大飞跃。2005 年，根据国际能源机

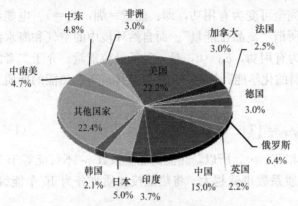

图 1-2　2005 年世界各国的能源消费比例❶

构（IEA）的统计，全世界能源消费达到 114.34 亿吨油当量（图 1-2）。当年全世界创造的国内生产总值（GDP）约 36.281 万亿美元，如果用购买力平价（PPP）来表示 GDP，则为 54.618 万亿美元。与 2001 年数据相比，全世界 GDP 增长了 5.46%，而能耗却增长了 14%。说明在世界经济高速增长的同时，也在以更高的速度消耗资源。

当前世界能源消耗显现出如下的特点：

（1）消耗的能源主要来自不可再生的矿物燃料，除中国等少数国家的能源消费结构是以煤为主之外，发达国家的能源消费主要是石油。根据世界能源机构（IEA）和英国石油公司（BP）的分析，2003 年，世界十大产油国探明剩余石油储量约为 9520 亿桶，而当年全世界石油产量为 290 亿桶。也就是说，仅以现在的开采强度，剩余石油储量仅够开采 30 年左右的时间。

由于不可再生资源日渐耗竭，石油资源紧缺的问题日益突出，国际油价持续攀升，因此，国家能源安全成为世界各国共同面临的重大课题。无论是发达国家还是发展中国家，都将保障能源安全作为国家能源战略的首要目标。

2008 年 6 月，纽约石油期货市场油价突破了每桶 140 美元，创下最新收盘记录。自 2007 年年底以来，国际市场油价涨幅已超过 40%。油价飚升，一方面给主要石油生产国和国际石油"炒家"带去滚滚财富；另一方面，国际地缘政治实际上就是能源政治，巴以冲突、伊拉克战争、伊朗核查、达尔富尔危机、前苏联部分地区的"颜色革命"，……无一不具有能源利益分配的深层背景。

由于石油价格的暴涨，各发达国家开始审视本国以石油为主的能源结构（图 1-3）。

❶ IEA，Key World Energy Statistics 2007.

各国均把减少经济发展对石油的依赖程度作为自己的国家能源战略，坚定不移地奉行能源多元化战略，积极寻求替代石油资源，开发可再生能源、核能、氢能和其他新能源，适度发展国内的煤炭工业，加快了洁净煤技术的研发和推广，以降低对进口石油的过度依赖。

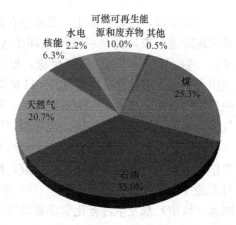

图1-3 2005年世界一次能源消费量构成

（2）能源消费的不平等。仅占世界人口18%的经济合作组织（OECD，由包括美国在内的工业化发达国家组成）国家，2005年消耗世界能源的48.5%。其中，美国的人口占世界总人口的4.6%，消耗的能源占世界能源消费总量的22.2%，创造的产值占世界GDP总和的30.3%。而发展中国家能源消耗普遍较低，创造的财富和享有的生活质量也远低于发达国家。

在发达国家能源消费中，建筑能耗所占比例均在30%以上。例如，2005年，美国建筑能耗是总能源消费的39.6%；2006年，欧盟国家建筑能耗的占比更高达41.3%。

这说明两个问题：第一，欧美国家人民收入水平高，有较多的钱用于建筑环境消费（采暖、通风和空调），享有较高的生活质量（良好的照明和热水供应），室内环境保持了较高的健康性和舒适性；第二，欧美国家已经将高耗能的、附加值低的、污染严重的工业转移到发展中国家，自己转而发展附加值高的、对建筑环境依赖程度高的现代制造业和第三产业（例如软件业、金融业、互联网产业、创意产业）。在经济全球化浪潮中，发达国家占据了先发优势和发展高地。

更为严酷的现实是，由于含碳矿物燃料的燃烧，已经严重破坏了地球环境。

第二节 能源与环境

一、能耗引起的环境污染

能源消耗对地球环境的破坏，可以分为两个层面：

第一是传统意义上的"公害"问题，即大气污染、水污染和固体废弃物污染。传统意义的"公害"是伴随着城市化进程而发展起来的。工业革命之后，大批农民涌入城市。城市简陋的基础设施无法满足急剧增长的人口的需求。在严寒的冬季，家家户户燃用煤炉取暖。在工厂里，依靠燃煤锅炉提供动力、用燃煤炉作为工艺过程的热加工环节。在煤炭燃烧过程中，会产生大量的CO、SO_2、NO_x、烟尘、灰渣和芳烃化合物，对环境造成严重的区域性污染。

煤炭中含有四种形态的硫，在燃烧过程中会产生热量，并释放出二氧化硫SO_2或硫化氢H_2S。而燃煤产生的SO_2在大气中会进一步氧化成硫酸或硫酸盐，形成酸雾、酸雨或酸性气溶胶，对人的呼吸道有强烈的刺激作用。在燃烧过程中，燃料中的固定氮和空气中的氮气都会与空气中的氧发生化学反应，生成氮氧化物。石油的含氮量为0.65%，而煤的含氮量在1%~2%之间。另外，煤的不完全燃烧产物——一氧化碳CO和挥发性有机物（芳烃），对人也有很强的毒害作用。

一般来说，传统公害还只是限制在局部地区，在一个城市或一国范围内。但近年来屡屡出现跨国污染，甚至引发国家间的矛盾冲突。燃煤产生的 SO_2 在大气中被氧化成为 SO_3，进而与空气中的水蒸气反应，形成酸雾或酸雨。雨云随风飘荡，就可能越过国界。酸雨会造成土壤酸化、河流湖泊 pH 值降低，使水生物无法生存、农作物和植物枯萎、侵蚀建筑物表面、加速金属构筑物腐蚀。形成缓慢的、大面积的灾害。这种由燃煤引起的大气污染称为"煤烟型"污染，或称为"第一代"大气污染。

近年来许多城市街道充斥着大量汽车，汽车尾气中的一氧化碳和氮氧化物在太阳紫外线作用下发生一系列复杂的化学反应，形成光化学烟雾，这是一种高氧化性的混合气团，对人的呼吸系统有很强的危害。1940 年美国洛杉矶市首次出现光化学烟雾，此后在许多国家（城市）都发生过光化学烟雾污染。汽车尾气（特别是燃用柴油的汽车）中所含的粒径小于 $5\mu m$ 的颗粒物（属可吸入尘）具有强烈的致癌作用。这种燃用石油制品所引起的大气污染是所谓"第二代污染"。

二、能耗引起的全球气候变化问题

能源消费对地球环境破坏的第二个方面，也是当今国际上关注的热点，即全球环境问题。如果说传统"公害"问题的影响范围还属有限的话，那么全球环境问题的影响则波及地球村的每一位居民，而且无论穷国富国，概莫能外。所谓"全球环境问题"，可以归结为以下十类：（1）大气污染和酸雨（雪、雾），即跨国界的大气污染问题；（2）温室气体排放问题；（3）臭氧层破坏问题；（4）土地退化和荒漠化问题；（5）水资源短缺和水污染问题；（6）热带雨林的迅速减少；（7）生物多样性（包括基因、物种和生态系统）的破坏；（8）有害废弃物的越境转移；（9）海洋污染；（10）人口增长过快。

这十大问题或多或少都与人类消耗能源有关，也或多或少与人类大规模的建设活动有关。其中最直接的，也是影响最大的问题是温室气体排放、酸雨和臭氧层破坏。

所谓温室气体，是指能透过短波辐射而阻挡长波辐射的气体。太阳的短波辐射可以透过大气射入地面，而地面变暖后放出的长波辐射却被大气中的二氧化碳等气体所吸收，从而产生大气变暖的效应。因此，大气中的二氧化碳就像一层厚厚的玻璃，使地球变成了一个大暖房。如果没有大气层的保护，地球表面的平均温度将会是 $-23℃$。而现在地球表面平均温度为 $15℃$。就是说，温室效应给人类创造了生存繁衍的基本条件。

但是，当地球大气层内的温室气体浓度增加后，在得到的热量不变的情况下，地球向外发散的长波辐射就会被温室气体吸收，并反射回地面，使得地球的散热能力减弱，地球表面温度就会越来越高。我们将这种能够造成地球温度升高的气体称为温室气体。大气中能产生温室效应的气体已经发现近 30 种。按照联合国气候变化框架公约的定义，主要指以下六种气体：（1）二氧化碳（CO_2）；（2）甲烷（CH_4）；（3）氧化亚氮（N_2O）；（4）全氟碳（Perfluorocarbons，PFCs）；（5）氟代烃（Hydrofluorocarbons，HFCs）；（6）六氟化硫（SF_6）。

各种气体都具有一定的辐射吸收能力。上述六种温室气体对太阳的短波辐射是透明的，而对地面的长波辐射却是不透明的。

从对增加温室效应的贡献来看，最重要的气体是 CO_2，其贡献率大约为 66%。而 CH_4 和 CFCs 分别起到 16% 和 12% 的作用。大气中的 CO_2 始终处于"边增长、边消耗"的动态平衡状态。大气中的 CO_2 有 80% 来自人和动、植物的呼吸，20% 来自燃料的燃烧。

而散布在大气中的 CO_2 有 75% 被海洋、湖泊、河流等地表水以及空中降水吸收并溶解于水中。还有 5% 的 CO_2 通过植物的光合作用，转化为有机物质贮藏起来。这就是多年来 CO_2 占空气成分 0.03%（体积分数）始终保持不变的原因。但是近几十年来，由于人口急剧增加、工业迅猛发展、能源消耗攀升，煤炭、石油、天然气燃烧产生的二氧化碳，远远超过了过去的水平。而在另一方面，由于对森林乱砍滥伐，大量农田被侵占，植被被破坏，减少了吸收和储存二氧化碳的条件。再加上地表水面积缩小，降水量降低，减少了吸收和溶解二氧化碳的条件，破坏了大气中二氧化碳浓度的动态平衡，使得大气中的二氧化碳含量逐年增加。据估算，化石燃料燃烧所排放的 CO_2 占排放总量的 70%。

空气中二氧化碳含量的增长，意味着太阳辐射可以通过大气层长驱直入，到达地球表面，而地表热量却难以向地球外逃逸。大气中由燃料燃烧排放的 CO_2 等气体起到了给地球"保温"的作用，从而导致全球气温升高。这种现象被称为"温室效应"、"全球变暖"、"地球温暖化"，并由此引起全球气候变化。《联合国气候变化框架公约（UNFCCC）》中，将"气候变化"定义为："经过相当一段时间的观察，在自然气候变化之外由人类活动直接或间接地改变全球大气组成所导致的气候改变。"

从图 1-4 可以看出，大气中三种主要温室气体（二氧化碳、甲烷和氧化亚氮）浓度，在 18 世纪之前，尽管有涨有落，但基本处于稳定，变化幅度不大。而工业革命之后，特别是进入 20 世纪，温室气体浓度呈现出急剧增长的态势。这十分清楚地证明，工业革命之后的人类活动，特别是工业化进程消耗大量能源、严重破坏森林植被，是温室气体增加的最主要原因。

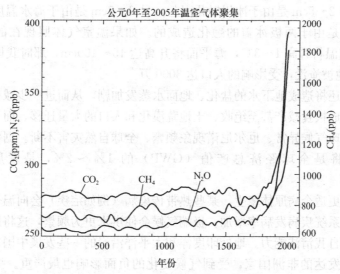

图 1-4　从公元元年开始大气中温室气体浓度的变化❶

根据联合国政府间气候变化专门委员会（IPCC）的研究，自 1850～2005 年间，地球表面的平均温度升高了 0.69℃（±0.2℃），在 20 世纪内升高了 0.76℃（±0.18℃）❶，见图 1-5。

---

❶　IPCC Working Group I，Climate change 2007：the science basis.

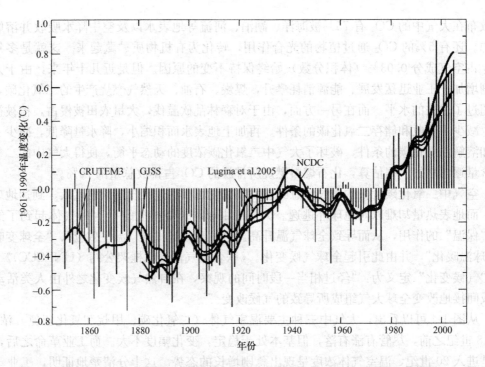

图 1-5　有气象记录以来地球表面温度的变化（以 1961~1990 年平均值为基准）❶

　　全球温暖化最直接的后果是引起海平面升高。一个世纪以来全球海平面已经升高了近 15~20cm，其中 2~5cm 是由于冰川融化引起，另 2~7cm 是由于海水温度升高而膨胀所引起，余下的则是由于两极冰盖的融化造成的。如果温室气体照现在的强度排放，到 2100 年，全球气温将升高 1~3℃，海平面将升高达 15~100cm，那时我国东部沿海将有 40000km² 的土地被淹没，受影响的人口达 3000 万。

　　全球温暖化还将造成地下水的盐化、地面水蒸发加剧，从而进一步减少本已十分紧缺的淡水资源，造成粮食减产甚至绝收、土地荒漠化和人口的大量迁移。而另一方面，全球温暖化会造成全球气候异常、厄尔尼诺现象频繁、全球自然灾害不断。据估算，全球温暖化的经济成本将是全球经济总产值（GWP）的 1‰~2‰，是发展中国家 GDP 的2‰~6‰。

　　全球变暖将更适合病原体孳生，某些热带传染病（例如疟疾）会向温带传播，使传染病和哮喘等呼吸系统疾病发病率增加。极端气候会使洪水更为频繁，这将影响饮用水安全并削弱大自然的自我清洁能力。地处印度洋和太平洋沿岸的一些发展中国家，以及撒哈拉沙漠腹地的最不发达的非洲国家，受到气候变化的负面影响也最严重。据世界卫生组织（WHO）估计，全球每年由于全球温暖化而导致的患病人数高达 500 万，还有 15 万人死亡。到 2030 年，这些数字将至少翻一番。

　　全球变暖将打乱大气环流和洋流，使全球气候普遍趋于恶劣，多数地区将出现更大的降水量，出现飓风、海啸、暴雨、暴风雪和洪水的灾害性天气的频率增加，而另外一些地区则将面临干旱天气。

---

❶　IPCC Working Group Ⅰ Climate change 2007：the science basis.

8

全球变暖还会打乱植物生长的生物节律，与候鸟迁徙周期、动物繁殖周期不同步，从而导致大量动植物死亡，严重破坏生物多样性。

为了评价各种温室气体对全球温暖化影响的相对能力大小，可以用"全球变暖潜势（globalwarmingpotential，GWP）"指标参数来表示：

$$GWP = \frac{给定时间段内某温室气体的累积辐射强迫}{同一时间段内 CO_2 的累积辐射强迫} \qquad (1-7)$$

所谓辐射强迫（radiative forcing）是指由于大气中某种因素改变所引起的对流层从顶向下的净辐射通量的变化（W/m²）（表 1-2）。

部分气体的全球变暖潜势　　　　　　　　　　　　　　　表 1-2

温室气体	化学分子式	大气中寿命（年）	全球变暖潜势（GWP）		
			20 年值	100 年值	500 年值
二氧化碳	CO_2	50～200	1	1	1
甲　烷	CH_4	12	72	25	7.6
氧化亚氮	N_2O	114	289	298	153
CFC-11	CCl_3F	45	6730	4750	1620
CFC-12	CCl_2F_2	100	11000	10900	5200
HCFC-22	$CHClF_2$	12	5160	1810	549
HCFC-123	$CHCl2CF3$	1.3	273	77	24
HCFC-124	$CHClFCF3$	5.8	2070	609	185
HCFC-141b	$CH3CCl2F$	9.3	2250	725	220
HCFC-142b	$CH3CClF2$	17.9	5490	2310	705
HFC-134a	$CH2FCF3$	14	3830	1430	435
Halon-1301	$CBrF3$	65	8480	7140	2760
六氟化硫	$SF6$	3200	16300	22800	32600
PFC-14	$CF4$	50000	5210	7390	11200
PFC-116	$C2F6$	10000	8630	12200	18200

国际社会对全球温暖化和气候变化表示了极大的关注。1988 年联合国成立了政府间气候变化专门委员会（IPCC），组织国际上上百位卓有成就的专家，对温室气体排放现状进行调查，对气候变化状况和影响进行评估。1992 年又成立了联合国气候变化框架公约委员会（UNFCC），专门负责对各国温室气体排放清单进行调查。

1997 年 12 月，UNFCC 第三次缔约方大会在日本京都召开。149 个国家和地区的代表通过了防止全球变暖的《京都议定书》。《京都议定书》规定，到 2010 年，所有发达国家二氧化碳等 6 种温室气体的排放量，要比 1990 年减少 5.2%。具体说，各发达国家从2008 年到 2012 年必须完成的削减目标是：与 1990 年相比，欧盟削减 8%、美国削减7%、日本削减 6%、加拿大削减 6%、东欧各国削减 5%～8%。新西兰、俄罗斯和乌克兰可将排放量稳定在 1990 年水平上；允许爱尔兰、澳大利亚和挪威的排放量比 1990 年分别增加 10%、8% 和 1%。中国于 1998 年 5 月签署并于 2002 年 8 月核准了《京都议定书》。2001 年，美国总统布什以对美国经济发展带来过重负担为由，宣布美国退出《京都议定书》。到 2004 年，世界上最大的温室气体排放国美国的排放量比 1990 年反而上升了 15.8%。

2007 年 12 月 15 日，为期两周的联合国气候变化大会在印尼巴厘岛最终艰难地通过了"巴厘岛路线图"。"巴厘岛路线图"规定：在 2009 年前应对气候变化问题新的安排举行谈判，达成一份新协议。新协议将在《京都议定书》第一期承诺 2012 年到期后生效。

第三节　中国的能源与环境

2007 年 12 月，中国国务院新闻办公室发布了《中国的能源状况与政策》白皮书，对我国能源现状做了最权威的诠释。

我国的能源资源可以概括为："资源总量大、人均拥有量低、分布不均衡"。

我国能源资源总量比较丰富，拥有较为丰富的化石能源资源，其中以煤炭占主导地位。2006 年，煤炭保有资源量 10345 亿 t，剩余探明可采储量约占世界的 13%，列世界第三位。已探明的石油、天然气资源储量相对不足，油页岩、煤层气等非常规化石能源储量潜力较大。我国还拥有较为丰富的可再生能源资源。

但由于我国强劲的经济发展势头，有着巨大的能源需求，可以用"储采比 R/P"来衡量资源量：

$$储采比 \frac{R}{P} = \frac{探明可开采量}{当年开采量} \tag{1-8}$$

可以看出，储采比单位应为"年"，即剩余的开采年限，见表 1-3。

2006 年中国与世界的矿物能源资源量比较 [1]　　　　　　　　　　　表 1-3

国家	石油		煤		天然气	
	储采比	占比	储采比	占比	储采比	占比
中国	12.1	1.3%	48	12.6%	41.8	1.3%
世界	40.5	100%	147	100%	63.3	100%

我国人均能源资源拥有量较低。中国有着庞大的人口，2006 年，中国人口已达13.1448 亿。因此，中国经济发展的首要任务，便是为 13 亿人口解决吃饭、穿衣和居住问题。尽管我国的能源消费总量在世界各国中已占第二位（图 1-2），但巨大的人口基数，使得我国的人均能源消费量低于世界平均水平（图 1-6）。我国煤炭和水力资源的人均拥有量仅相当于世界平均水平的 50%，石油、天然气人均资源量仅为世界平均水平的 1/15 左右。耕地资源不足世界人均水平的 30%，制约了生物质能源的开发。

我国能源资源的分布不均衡。80% 的能源资源分布在西部和北部地区，而 60% 的能源消费在经济比较发达的东部和南部地区。煤炭资源主要赋存在华北、西北地区，水力资源主要分布在西南地区，石油、天然气资源主要赋存在东、中、西部地区和海域。因此，大规模、长距离的北煤南运、北油南运、西气东输、西电东送，给中国能源带来巨大运输压力。煤炭运量占铁路运量的 40%，煤炭运输过程中还会造成沿线的环境污染。

---

[1] BP Statistical Review of World Energy June 2007.

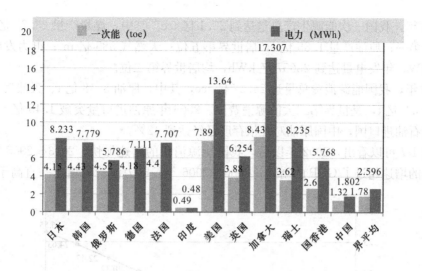

图 1-6　2005 年我国人均能耗（电耗）与世界各国的比较

　　我国资源潜力大、发展前景好的可再生能源主要包括水能、生物质能、风能和太阳能。水能资源是我国重要的可再生能源资源。全国水能资源技术可开发装机容量为 5.4 亿 kW，年发电量 2.47 万亿 kWh；经济可开发装机容量为 4 亿 kW，年发电量 1.75 万亿 kWh。水能资源主要分布在西部地区，约 70% 在西南地区。长江、金沙江、雅砻江、大渡河、乌江、红水河、澜沧江、黄河和怒江等大江大河的干流水能资源丰富，总装机容量约占全国经济可开发量的 60%，具有集中开发和规模外送的良好条件。

　　我国生物质能资源主要有农作物秸秆、树木枝桠、畜禽粪便、能源作物（植物）、工业有机废水、城市生活污水和垃圾等。全国农作物秸秆年产生量约 6 亿 t，除部分作为造纸原料和畜牧饲料外，大约 3 亿 t 可作为燃料使用，约折合 1.5 亿 tce。林木枝桠和林业废弃物年可获得量约 9 亿 t，大约 3 亿 t 可作为能源利用，约折合 2 亿 tce。甜高粱、小桐籽、黄连木、油桐等能源作物（植物）可种植面积达 2000 多万 hm²，可满足年产量约 5000 万 t 生物液体燃料的原料需求。畜禽养殖和工业有机废水理论上可年产沼气约 800 亿 m³，全国城市生活垃圾年产生量约 1.2 亿 t。目前，我国生物质资源可转换为能源的潜力约 5 亿 tce，今后随着造林面积的扩大和经济社会的发展，生物质资源转换为能源的潜力可达 10 亿 tce。

　　我国陆地可利用风能资源 3 亿 kW，加上近岸海域可利用风能资源，共计约 10 亿 kW。主要分布在两大风带：一是"三北地区"（东北、华北北部和西北地区）；二是东部沿海陆地、岛屿及近岸海域。另外，内陆地区还有一些局部风能资源丰富区。

　　我国三分之二的国土面积年日照小时数在 2200h 以上，年太阳辐射总量大于 500MJ/m²，属于太阳能利用条件较好的地区。西藏、青海、新疆、甘肃、内蒙古、山西、陕西、河北、山东、辽宁、吉林、云南、广东、福建、海南等地区的太阳辐射能量较大，尤其是青藏高原地区太阳能资源最为丰富。

　　我国地热资源以中低温为主，适用于工业加热、建筑采暖、保健疗养和种植养殖等，资源遍布全国各地。适用于发电的高温地热资源较少，主要分布在藏南、川西、滇西地区，可装机潜力约为 600 万 kW。初步估算，全国可采地热资源量约为 33 亿 tce。

2006 年，我国一次能源生产总量达到 22.1 亿 tce。其中，煤炭产量 23.73 亿 t，多年位居世界第一；原油产量 1.85 亿 t，居世界第五位；天然气 585 亿 m³；电力发电装机达 6.22 亿 kW，年发电量达到 28657 亿 kWh，均居世界第二位。

2006 年，我国能源消费总量达 24.57 亿 tce，其中，原油 3.48 亿 t、天然气 547.5 亿 m³、煤 23.3 亿 t，是世界第二大能源消费国。2006 年原油进口量突破 1.45 亿 t，成为世界第三大石油进口国，中国原油对外依存度已经达到 42%。

从图 1-7 可以看出，2002 年以后，我国能源消费的增速加快。2003～2005 年，一次能源消费的增速超过了 GDP 的增速；2000～2006 年，电力消费的增速一直高于 GDP 的增速。

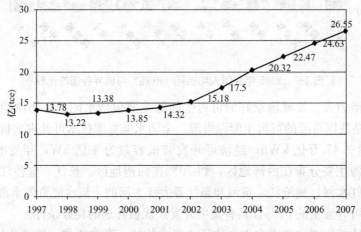

图 1-7　我国能源消费的增长（亿 tce）

我国电力建设的速度更为迅猛。近几年连续数年每年新增的发电装机量均超过英国全国的发电装机量（图 1-8）。

到 2007 年末，我国发电装机量已经超过 7 亿 kW，已经达到欧盟 25 国 2004 年的总装机水平（7.04 亿 kW），在世界上居第二位，并直逼排在第一位的美国（10.75 亿 kW）。

纵观我国的能源消费状况，有以下几个显著特点：

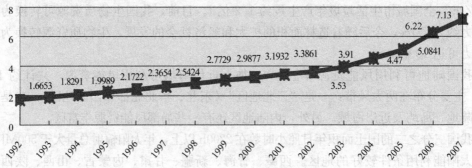

图 1-8　我国电力装机量的增长（亿 kW）

（1）我国的能源消费以工业为主

我国经济高速增长的动力，一是投资拉动，二是出口导向。近年来由于经济全球化，国际的产业分工发生很大变化，发达国家将重化工业和初级产品制造业纷纷转移到发展中国家（主要是中国），自己腾出手来发展高科技产业和金融产业。重化工业的特点是投入大、产出大，往往可以拉动一个地区的 GDP 数个百分点；初级产品制造业的特点是劳动力密集，往往可以解决一个地区的就业和农村人口进城问题。但它们的共同特点是附加值低，像钢铁、有色金属和建材等行业本身就是高耗能产业，因此单位 GDP 的能源消耗就很高。

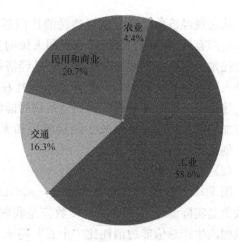

图 1-9 2005 年我国各部门能耗比例

用于我国能源统计工作十分薄弱，统计指标体系陈旧，以及其他人为因素，导致能源数据的可获得性、可信度和国际可比性差。我国有专家按照国际准则，经仔细测算得出了 2005 年我国各部门能耗比例（图 1-9）。

从图 1-9 可以看出，我国工业能耗占总能耗的比例最高。国际上进行能源统计时，将民用（Residential）和商业（Commercial）能耗作为建筑能耗对待，而将工业和农业的能耗统一作为产业（Industry）能耗，交通能耗则是独立的。如果按这种统计方法，我国 2005 年的建筑能耗占总能耗比例是 20.7%。

从表 1-4 可以清楚地看出，美国、欧盟和日本等发达国家（地区）都是第三产业（服务业）高度发展的地区，其城市化率达到 80% 以上。其建筑能耗比例高与第三产业发展有很大关系。中国尚处于工业化前期，第三产业比重比世界平均水平低了二十多个百分点，甚至比人均 GDP 相仿的低中收入国家的平均值还低 5 个百分点。我国是名副其实的制造业大国，钢铁、有色金属、焦炭、水泥四大高耗能工业，以及彩电、冰箱、房间空调器等数十种产品年产量居世界第一位。2006 年钢产量达到空前的 41914.85 万 t。但与此同时，我国生产吨钢能耗比世界先进水平高出 20%～30%，中国超过 10% 的能源被钢铁业"吃"掉。

各部分能耗比例❶（%） 表 1-4

国 家	能耗比例			第三产业在 GDP 中的比例			城市化率
	产业	建筑	交通	农业	工业	服务业	
美国（2005）	39	33	28	1	22	77	81
欧盟（2004）	27.9	41.3	30.7	5.0	24.9	70.1	80
日本（2001）	46.5	28.7	24.8	1	31	68	80
中国（2005）	58.6	20.7	16.3	13	46	41	43

❶ 资料来源：1. 世界银行：World Development Report 2007.

2. 美国能源部：Annual Energy Outlook 2007.

3. The Energy Conservation Center，Japan（ECCJ）：Japan Energy Conservation Handbook，2005/2006.

4. European Union，ENERGY & TRANSPORT 2006 INFIGURES.

从宏观经济角度看，建筑能耗的比例越大，说明第三产业在国民经济中占的比重越大，生产有较大的附加价值，也说明人民的生活水平和生活质量较高。在这个意义上，建筑能耗是国家经济发展的晴雨表，它是经济结构和人民生活水平的标志。随着经济结构调整和人民生活质量的提高，我国建筑能耗在全国总能耗中比例的增加是必然的趋势。因此，建筑节能的目标应是：提高建筑物对能源直接使用的效率，用少许增加的能耗满足大量增加的需求；同时尽量减少间接能耗和无谓的浪费，将有限的资源用到建筑使用过程中，创造更好的人居环境。

（2）能源效率低

图1-10是我国能源效率（每千美元GDP能耗）与国际水平的比较。其中我国2005年数值是实际能耗水平，2010年数值是我国政府"十一五"规划中提出的节能目标，即单位国内生产总值能源消耗比"十五"期末（2005年）降低20％。可以看出，即使是我国的节能目标值，还是要比发达国家能源效率低，单位GDP能耗仍是2005年世界平均水平的一倍。例如，占GDP仅3.14％的钢铁行业的能耗就占全国总量的15％。

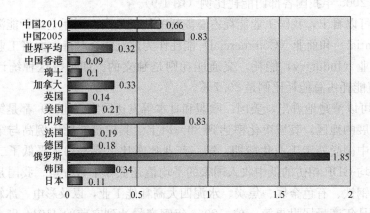

图1-10　我国能源效率与2005年国际水平的比较（每千美元GDP消耗油当量）

如果按照联合国通用的购买力平价（purchasing power parity，PPP）计算，结果就完全不一样了。

从图1-11可以看出，如果以GDP（以PPP计算）的能耗来衡量，中国2005年的能

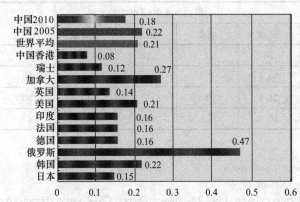

图1-11　我国GDP（以PPP计算）与2005年国际水平的比较（每千美元GDP消耗油当量）

源效率已经同美国差不多，而且也接近于世界平均水平。

所谓购买力平价，是依据"汉堡包理论"：如果一个汉堡包在美国卖2.54美元，而在中国卖10元人民币，那么根据购买力平价理论，美元对人民币的汇率应是1美元兑换3.94元人民币。人民币就被称为低估通货，而美元则被称为高估通货。这也是以美国为首的发达国家一再要求人民币升值的主要理论依据。

购买力平价理论的主要缺陷在于，第一，它假设商品能被自由交易，不计关税、配额和赋税等交易成本。第二，它只适用于商品，却忽视了服务，而服务恰恰可以有非常显著的价值差距。例如，由于中国劳动力薪酬低，在中国生产和销售一个汉堡包成本要比在美国低得多。

按照联合国公布的 2007/2008 年人类发展报告（HDR），以购买力平价（PPP）计算，中国 2005 年人均 GDP 高达 6757 美元。而中国以人民币与美元之间的名义汇率计算，得出的 2005 年人均 GDP 是 1703 美元。

中国主要耗能产品的单位能耗，与国际先进水平相比大致要高出 25％～60％，电力、钢铁、有色金属、石化、建材、化工、轻工、纺织 8 个行业主要产品的单位能耗平均比国际先进水平高 40％。我国能源有效利用率在 34％～35％，与国际先进水平相比要低 10 多个百分点。例如，我国 2005 年供电能耗约为 374gce/kWh，而世界先进水平是316 gce/kWh。

（3）人均能源消费量低，人均生活能耗量更低

从图 1-12 可以看出，我国人均能耗（电耗）要低于世界平均水平。美国的人均电耗是中国的 7.5 倍。

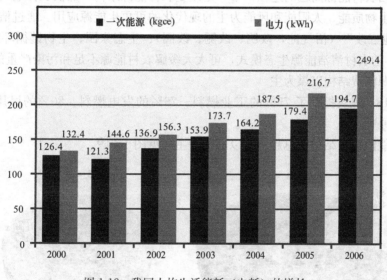

图 1-12　我国人均生活能耗（电耗）的增长

从图 1-12 可以看出，我国人均一次能耗增长的速度没有经济发展的速度快（一次能耗中包括了油耗，即私人汽车的能耗），而人均电耗（基本就是住宅电耗）增长速度比经济增长速度快。

2006 年，上海人均生活耗电为 908kWh；北京人均生活耗电为 614.7kWh。对比发达国家和地区的城市，人均生活用电量最高的城市是美国芝加哥，达 6338kWh。人均用电在 2000kWh 以上的有东京、大阪、悉尼、墨尔本、巴黎等；在 1000kWh 以上的有费城、伦敦、旧金山、纽约、柏林、香港等[1]。2006 年香港居民人均住宅耗电为 1424kWh[2]，上

---

❶　张鸿雁，城市现代化与城市社会结构变迁论。

❷　香港政府统计处，http://www.censtatd.gov.hk/.

海 2006 年人均生活耗电是它的 63.7％，而北京是其 43.2％。香港人均住宅耗电是全国平均人均生活耗电的 5.7 倍。

（4）农村用能水平很低

我国农村人均生活能耗不到城市的三分之一，人均生活用电量不到 100kWh，我国很多农村还处于"能源贫困"之中。"能源贫困"是指缺乏电力和高度依赖传统的生物质燃料（如农业废弃物、秸秆、柴草、家畜粪便等），是发展中国家贫困的标志❶。我国人均能耗不高，有一个很重要的原因是近 40％农村人口主要使用传统生物质能源。

但是千万不要认为，因为生物质能源是可再生能源，所以我国农村的用能方式就是合理的和进步的。我国偏远农村因缺乏电力，使大多数工业活动无法开展，也就不会有相应的就业机会，难以脱贫。以传统和低效方式大量使用生物质燃料，还限制了经济社会的发展。因为收集燃料而耗费大量时间，使农民从事其他生产活动的时间减少；因为生物质的直接燃烧造成了生态破坏和环境污染，影响农民身体健康；因为传统生物质能源热值低，使能源使用效率低下；过度的薪柴开发造成大面积植被破坏，引起了水土流失和土壤有机质减少等严重生态问题，同时也减少了绿色肥料。

解决我国农村能源问题的途径，第一是改变农村能源结构，加快农村电气化建设；第二是发展以生物质能、太阳能和风能为主的现代化的可再生能源应用。通过秸秆气化集中供气、"一池三改"（沼气池，改厨、改厕、改圈）、生态家园、生物链循环经济这三种"变废为宝"的农村清洁能源生态模式，可大大缓解农村能源不足和污染严重的难题。

（5）能源消费结构以煤为主

见图 1-13。煤炭提供了 75％的工业燃料、76％的发电燃料、80％的民用商品能源、60％的化工原料。

而世界能源消费结构的总趋势是以石油为主。见图 1-14❷。

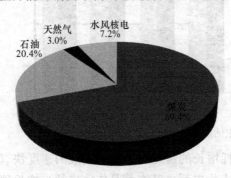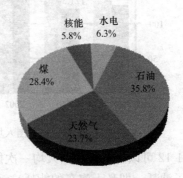

图 1-13　2006 年我国能源消费结构　　图 1-14　2006 年世界能源消费结构

中国以燃煤为主的能源体系，支撑了世界上最重要的经济体系的发展，推动了全球贸易的增长。但这种能源体系也使中国付出了沉重代价，造成中国能源效率低，环境承载压力大，社会成本高昂的现实。改造这种以燃煤为主的生产方式、生存方式，已经成为我国实现可持续发展必须面对的重大挑战。

---

❶ 朱成章. 向能源贫困宣战. 国研网.

❷ 资料来源：BP Statistical Reviewof World Energy June 2007.

但是，对我国以煤为主的能源结构要有一个正确的、客观的认识。我国解放之初，为了将新生的人民政权扼杀在摇篮里，以美国为首的西方国家对中国实行经济封锁，将石油作为战略能源物资对我国实行禁运。因此，煤炭成为我国发展经济的唯一选择。20 世纪60 年代，我国发现了大庆等一批大油田。我们又用这些宝贵的石油出口去换取经济发展所急需的外汇。而在同一时间，世界许多国家，完成了从煤炭到石油的能源结构调整。中国改革开放之后，我们才发现，我国的环境承载能力已经无法负担煤炭作为主要一次能源所带来的环境压力。由于我国以煤为主的能源结构，使得我国成为世界上仅次于美国的第二大温室气体排放国。

　　在图 1-15 中可以看出，中国的温室气体排放份额已接近美国。根据 IEA 的预测，在2010 年之后不久，中国将会超过美国而成为世界第一大能源消费国[1]。而根据荷兰环境评估机构（MNP，Netherlands Environmental Assessment Agency）于 2007 年 6 月底发布的评估报告指出：2006 年中国 CO_2 排放就已经超过了美国。

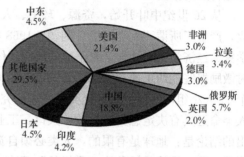

图 1-15　2005 年各国和地区温室气体
　　　　　（GHG）排放份额

　　2006 年，我国人均温室气体排放量已经十分接近世界人均水平。根据我国一直倡导的人人享有同等生存权和发展权的人权观，温室气体排放量的世界人均水平是一道道义临界线。《京都议定书》中给予发展中国家削减温室气体排放的豁免期截止于 2012 年，使得"后京都时代"国际气候制度谈判的重点不可避免地要触及发展中国家实质性义务的承担。当我国排放总量达到世界第一，人均排放量超过世界人均水平时，所面对的国际压力会越来越大。

　　必须指出，全世界四分之一的商品是由中国制造的。中国为制出口商品排放的温室气体占中国排放总量的四分之一，几乎相当于日本全国的排放量。发达国家将低端制造业转移到中国，同时也把能耗、污染和温室气体排放转移到中国，而发达国家享受到比自己国内制造更为便宜的价格。发达国家除了关心自己境内的排放，还应该对它消费的产品和服务所造成的排放也负起责任。

　　我国的国情决定了我国在今后很长时期内的能源结构仍然会立足国内资源，以煤为主。

　　中国的发展将是艰难的。一方面，我们要保持经济的高速增长，争取在 2050 年进入中等发达国家行列，使 16 亿人口都能达到"小康"生活水平。另一方面，我们的资源是有限的，我们的环境承载能力已经达到极限。占世界五分之一人口的中国人应当对全人类、对地球家园、对子孙后代承担自己应尽的义务。

　　中国政府把节约资源作为基本国策。中国的能源战略是：坚持节约优先、立足国内、多元发展、依靠科技、保护环境、加强国际互利合作，努力构筑稳定、经济、清洁、安全的能源供应体系，以能源的可持续发展支持经济社会的可持续发展。

　　政府在推进节能减排工作中，提出"六个依靠"：即依靠结构调整，这是节能减排的

---

❶　IEA：世界能源展望 2007，中文执行摘要。

根本途径；依靠科技进步，这是节能减排的关键所在；依靠加强管理，这是节能减排的重要措施；依靠强化法制，这是节能减排的重要保障；依靠深化改革，这是节能减排的内在动力；依靠全民参与，这是节能减排的社会基础。

第四节 能源与可持续发展

早在一百多年前恩格斯就曾指出："人类不能陶醉于对自然的胜利，每次胜利之后，都是自然的报复"。

从 20 世纪中叶开始，资源、环境、人口等社会、经济和政治问题日益尖锐化和全球化，产生了所谓"人类困境"问题。1968 年 4 月，罗马俱乐部成立。这是一个由知名科学家、经济学家和社会学家组成的研究团体，其宗旨是促进和传播对人类困境的理解，同时激励那些能纠正现有问题的新态度、新政策和新制度。1972 年 3 月，米都斯领导的一个 17 人小组向罗马俱乐部提交了一篇研究报告，题为《增长的极限》。他们选择了 5 个对人类命运具有决定意义的参数：人口、工业发展、粮食、不可再生的自然资源和污染。得出的结论是：地球是有限的，人类必须自觉的抑制增长，否则随之而来的将是人类社会的崩溃。这一理论又被称为"零增长"理论。

此后，越来越多的人认识到，发达国家的生产和生活模式实质上是少数人消耗大部分资源，而大多数人被剥夺了发展的机会。如果全球人口都按这种模式生产和生活，人类社会将在很短的时间内耗尽不可再生的资源，彻底污染整个地球，促使自己迅速走向灭亡。根据这样的认识，人们开始重视发展的持续性，希望能找到一条持续发展的道路。

挪威前首相布伦特兰夫人（Gro Harlem Brundtland）主持的联合国世界环境与发展委员会（WCED）在《我们共同的未来》报告中第一次阐述了可持续发展的概念，得到了国际社会的广泛共识。概括起来，可持续发展的定义是："既要考虑当前发展的需要，又要考虑未来发展的需要，不要以牺牲后代人的利益为代价来满足当代人的利益"。

人类大量使用的石油、天然气和煤炭等"化石燃料"都是含碳能源，煤炭更是高碳能源（图 1-16）。

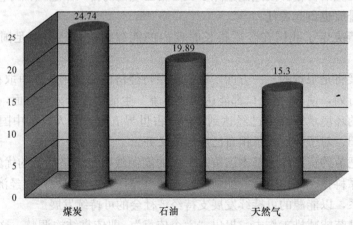

图 1-16 中国化石燃料的碳排放系数（t［C］/TJ）

我国能源工业在能源转换过程中所产生的温室气体排放占排放总量的 50%，我国工业产生的温室气体排放占 30%。这表明，由于我国能源结构以煤为主，因此能源对温室气体排放的贡献达到 80%。降低能耗强度、改变能源结构，是我国减少碳排放的最主要的措施。

减少能源消耗中的碳排放，转向低碳甚至"零碳"的能源消费，是对人类巨大的挑战，但同时也是人类发展的一个机遇。2003 年的英国能源白皮书《我们能源的未来：创建低碳经济》首次提出了"低碳经济"的概念。低碳经济是以低能耗、低污染、低排放为基础的经济模式，是人类社会继农业文明、工业文明之后的又一次重大进步。低碳经济的实质是转向清洁能源结构、提高能源利用效率、改变人类生活和发展模式，其核心是能源技术创新、发展机制创新，以及人类生存发展观念的根本性转变。联合国环境规划署（UNEP）确定 2008 年"世界环境日"的主题为"转变传统观念，推行低碳经济"。

国家主席胡锦涛于 2007 年 9 月 8 日在亚太经合组织（APEC）第 15 次领导人会议上，明确提出了"应该建立适应可持续发展要求的生产方式和消费方式，优化能源结构，推进产业升级，发展低碳经济，努力建设资源节约型、环境友好型社会，从根本上应对气候变化的挑战"。

适合建筑或社区规模应用的低碳或零碳的主要替代能源是：

1. 太阳能

太阳能是各种可再生能源中最重要的基本能源。每年投射到地球表面上的太阳能高达 1.05×10^{18} kWh，相当于 1.3×10^6 亿 tce，其中我国陆地面积每年接收的太阳辐射能相当于 2.4×10^4 亿 tce。

地球上太阳能资源的分布与各地的纬度、海拔高度、地理状况和气候条件有关。资源丰度一般以全年总辐射量(单位为 MJ/(m² · a)或 kW/(m² · a))和全年日照总时数表示。就全球而言，美国西南部、非洲、澳大利亚、中国西藏、中东等地区的全年总辐射量或日照总时数最大，为世界太阳能资源最丰富地区。

按接受太阳能辐射量的大小，全国大致上可分为五类地区：

Ⅰ类地区：全年日照时数为 3200～3300h，辐射量 6700～8370MJ/(m² · a)。主要包括青藏高原、甘肃北部、宁夏北部和新疆南部等地。这是我国太阳能资源最丰富的地区。

Ⅱ类地区：全年日照时数为 3000～3200h，辐射量在 5860～6700MJ/(m² · a)。主要包括河北西北部、山西北部、内蒙古南部、宁夏南部、甘肃中部、青海东部、西藏东南部和新疆南部等地。为我国太阳能资源较丰富区。

Ⅲ类地区：全年日照时数为 2200～3000h，辐射量在 5020～5860MJ/(m² · a)。主要包括山东、河南、河北东南部、山西南部、新疆北部、吉林、辽宁、云南、陕西北部、甘肃东南部、广东南部、福建南部、苏北、皖北、台湾西南部等地。为我国太阳能资源中等类型地区。

Ⅳ类地区：全年日照时数为 1400～2200h，辐射量在 4190～5020MJ/(m² · a)。主要是长江中下游、福建、浙江和广东的一部分地区。是我国太阳能资源较差地区。

Ⅴ类地区：全年日照时数约 1000～1400h，辐射量在 3350～4190MJ/(m² · a)。主要包括四川、贵州两省，是我国太阳能资源最少的地区。

目前常用的太阳能利用方式为：

（1）太阳能热利用。其中又可分为主动式利用和被动式利用。主动式利用有太阳能热水器、太阳灶、太阳能制冷与空调、太阳能热发电、太阳能热风采暖等。被动式利用主要有太阳房、太阳能温室、太阳能烟囱（自然通风）、双层通风幕墙（double skin facade）等。这些技术除了太阳能热发电外，都能被单栋建筑所应用。

（2）太阳能光利用。主要是光伏电池（photovoltaic）发电和光导管（光纤）照明技术。

目前太阳能在建筑中利用还有一些瓶颈，主要是：

（1）转换效率低，因此在经济发达而太阳能资源并不十分丰富的我国东部地区应用投资巨大、回报率低。

（2）与建筑物有机结合，实现太阳能建筑一体化。

（3）能源供应的稳定性和可靠性。

（4）与传统能源（如电网电力）和其他可再生能源（如风能）的结合与互补。

2. 风能

由于太阳辐射的作用，地面各处气温不同，加之空气中水蒸气的含量不同，引起地面空气密度不同和气压的差异，使地球表面大量空气流动，所产生的动能即风能。风能资源量取决于风能密度和可利用的风能年累积小时数。风能密度是单位迎风面积可获得的风的功率，用下式表示：

$$E = \frac{1}{2}\rho v^3 \tag{1-9}$$

对风力资源的评价可参照表 1-5。

风力资源的评价标准　　　　　　　　　　　　　　　　　表 1-5

风能资源评价	在 30m 高度内的风能密度	在 10m 高度内的平均风速	在 30m 高度内的平均风速
可利用	240～320	5.1～5.6	6.0～6.5
较丰富	320～400	5.6～6.0	6.5～7.0
丰富	>400	>6.0	>7.0

据估算，全世界的风能总量约 1300 亿 kW，中国的风能总量约 16 亿 kW。我国陆地 10m 高度内的风力资源为 2.53 亿 kW，而高度 100m 内可利用的风能则高达 7 亿 kW。我国的风力资源主要分布在两大风带：一是"三北地区"（东北、华北和西北地区）；二是东部沿海陆地、岛屿及近岸海域。风能主要用于发电，至 2007 年底，我国风电的累计装机总容量已达到 590.6 万 kW，取代丹麦成为全球风电装机的第 5 名。预计 2010 年将突破 2000 万 kW，中国将成为世界最大的风力发电国家。

风力发电机有水平轴和竖直轴两种形式。水平轴发电机是大型风电系统的主力机型，用在大型风场（wind farm），目前世界上最大的风力发电机已达到 5MW 以上的功率。但能与建筑结合较好的则是竖直轴发电机（VAWT，vertical axis wind turbine）（图 1-17）。

风能利用的优势在于：我国沿海经济发达地区风力资源相对丰富，可以有效地缓解这些地区能源供应紧张的局面。相对价格昂贵的光伏电池发电系统，竖直轴风力发电机比较便宜，可以与光伏发电配合，构成风光互补系统，大大增加建筑使用可再生能源的时间。但风能利用也有缺点，其发电量受风力随机变动的影响而很不稳定、要配合较为复杂的并网装置；由于需要较大的迎风面积，其安装体积大，对建筑结构荷载有影响，在建筑有限的屋面上装机量不可能很大。

图 1-17　VAWT 的一些形式

3. 生物质能源

生物质是指通过光合作用而形成的各种有机体，包括所有的动植物和微生物。而所谓生物质能（biomassenergy），就是太阳能以化学能形式贮存在生物质中的能量形式，即以生物质为载体的能量。它直接或间接地来源于绿色植物的光合作用，可转化为常规的固态、液态和气态燃料，是惟一的一种可再生的碳源。由于在生物质能使用过程中排放的二氧化碳的量等于它在生长过程中通过光合作用摄入的二氧化碳量，因此可以认为生物质能使用对大气的二氧化碳净排放量近似于零，是一种"零碳"能源。适合于能源利用的生物质分为林业资源、农业资源、畜禽粪便、生活污水和工业有机废水，以及城市固体废物五大类。其中前三种可以在建筑物尺度上应用，后两种则多用于城镇尺度。

生物质能源的常见应用方式主要有：通过生物质的厌氧发酵制取沼气，用热裂解法生成燃料气、生物油和生物炭，用生物质制造乙醇和甲醇燃料，利用生物工程技术培育能源植物，发展能源农场，压缩成型生产固体燃料，以及垃圾发电等。

我国是一个农业大国，农业废弃物资源分布广泛，其中农业秸秆年产量超过 6 亿 t，作为能源用途的秸秆约为 3.5 亿 t，约折合 1.5 亿 tce。薪炭林和林业及木材加工废弃物的资源量相当于 2 亿 tce。目前我国城市垃圾年产生量约 1.2 亿 t，预计 2020 年将达到 2.1 亿 t。如果通过卫生填埋制气或焚烧发电用于能源使用，每年可代替 1500 万 tce。

需要指出，我国中西部地区农村还有两千多万人口生活在贫困线以下，有 1500 万人民用不上电而只能依靠传统生物质能源。农村的贫困首先是能源的贫困。传统生物质能源固体燃料燃烧不完全和热效低导致排放数百种化合物，其中许多是有害健康的污染物或造成全球气候变化的温室气体。由于传统生物质燃料的使用，导致室内空气污染、森林砍伐和土壤侵蚀。尤其是室内空气污染是对农村居民健康的严重威胁。因此，绝不能因为节能、保护生态和推广利用可再生能源，就继续保持贫困农村的落后用能方式。联合国在千年发展规划中明确提出要减少使用固体燃料的人口比例（即依靠传统生物质能，如柴薪、木炭、作物残茬和畜粪，以及原煤作为炊事和取暖等主要家庭能源的人口比例）。发展现代生物质能源，使生物质产能稳定化、规模化、高质化，解决农村无电问题，改善农村生活的条件，改变城镇的能源结构，是生物质能源利用中的原则。

现代生物质能源的应用也存在一些问题：

（1）秸秆等季节性农村生物质废弃物的收集、储存和运输还有很多困难。长途运输本身就要耗能。

（2）由于生物质具有碳中和（carbon neutral）的循环利用特性，得到多个专业的青睐，比如用作肥料还田。因此，需要对生物质利用的技术路线进行优化分析。一种资源会受到多种用途的"争抢"。

（3）生物燃料，包括生物柴油和燃料乙醇，其基本原料是豆油和玉米。由于世界上生产乙醇汽油对玉米的需求强劲增长，导致玉米价格持续走高，引起以玉米为粮食和饲料的发展中国家人民的极大愤慨，认为这是以"饿死穷人"的代价去"喂饱汽车"。为了应对日益严重的全球粮食危机，联合国在2008年6月召开了粮食峰会，呼吁增加粮食产量、确保粮食安全。

（4）作为建筑可利用的生物质能源中的主力——沼气，目前的生产技术中还存在着产气不稳定、产气量低、原料利用率低、受气温影响大、需要大量水实现湿法发酵等问题，使得沼气利用受到限制。

4. 清洁能源和低碳能源在建筑中的应用

在建筑和社区尺度上，可利用的清洁能源和氢能源技术主要是燃料电池技术。燃料电池（FuelCell，FC）是一种将燃料和氧化剂中的化学能直接转化为电能的发电装置。它不通过热机过程，不受卡诺循环的限制，能量转化效率高，是世界各国家竞相研制开发的一种新型发电技术。

燃料电池的工作原理（图1-18）是：水在电解反应中负极产生氢气，正极产生氧气：

负极：
$$2H^+ + 2e^- \longrightarrow H_2$$

正极：
$$H_2O \longrightarrow \frac{1}{2}O_2 + 2H^+ + 2e^-$$

总的反应式是：
$$H_2O \longrightarrow H_2 + \frac{1}{2}O_2$$

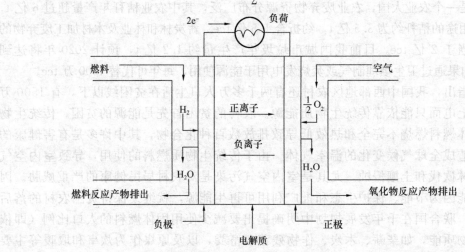

图1-18　燃料电池工作原理

如果在水的电解反应中停止直流电源供电，就会引起电解反应的逆反应。氧气和氢气反应，生成水的同时也会产生电。如果由外界不断地提供氢气和氧气就能持续地发电，这就是燃料电池。

负极：$\qquad H_2 \longrightarrow 2H^+ + 2e^-$

正极：$\qquad \frac{1}{2}O_2 + 2H^+ + 2e^- \longrightarrow H_2O$

总的反应式是：$\qquad H_2 + \frac{1}{2}O_2 \longrightarrow H_2O$

依据电解质的不同，燃料电池分为碱性燃料电池（AFC）、磷酸型燃料电池（PAFC）、熔融碳酸盐燃料电池（MCFC）、固体氧化物燃料电池（SOFC）及质子交换膜燃料电池（PEMFC）等，见表 1-6。

燃料电池的应用主要有三种方式：移动式（例如作为汽车动力）、固定式（又称"站式"，用于建筑和社区规模的热电冷联供）和便携式（作为手机、笔记本电脑等移动便携式设备的电源）。

燃料电池在建筑中应用具有以下一些特点：

（1）无论是满负荷还是部分负荷发电均能保持很高效率。

（2）无论装置规模大小均能保持高发电效率。

（3）具有很强的过负载能力。

（4）可以适应多种燃料，在建筑中应用可以利用生物质气作为燃料，成为零碳能源。

燃料电池分类及其主要特性 　　　　　　　　　　表 1-6

燃料电池	低温燃料电池			高温燃料电池	
	PEMFC	AFC	PAFC	MCFC	SOFC
电解质	质子可渗透膜	氢氧化钾溶液	磷酸	锂和碳酸钾	固体陶瓷
适用燃料	氢、天然气	纯氢	天然气、氢	天然气、煤气、沼气	天然气、煤气、沼气
氧化剂	空气	纯氧	空气	空气	空气
运行温度	85℃	120℃	190℃	650℃	1000℃
发电效率	43%～58%	60%～90%	37%～42%	＞50%	50%～65%
适用范围	汽车、航天	航天	建筑热电冷联产、集中热电联产		
总价格（包括安装费用，美元/kW）	1400	2700	2100	2600	3000

（5）发电出力由电池堆的出力和电池组数决定，因此机组的容量灵活。

（6）以天然气和煤气为燃料时，NO_x 及 SO_x 等排出量少，环境相容性好。

（7）燃料电池所产生的废热非常清洁，基本上就是水蒸汽和热空气。高温燃料电池

（如 SOFC，固体氧化物燃料电池）的废热温度很高，因此可利用价值非常高，可以实现能源的梯级利用。

（8）由于燃料电池的发电效率很高，因此其产热相对较少，热电比比较低（<1），在建筑中应用可以"以电定热"，适应我国分布式能源所发的电力只能并网不能上网的现状。

当前，发达国家在燃料电池的应用研究方面有很大投入。一方面，重视燃料电池汽车的研发，另一方面也重视燃料电池作为分布式能源和建筑热电冷联供系统应用的研究及示范。燃料电池在建筑热电冷联供中的应用已到了实用阶段，日本、美国都有一些有相当规模的区域的或楼宇的供冷供热示范项目使用了燃料电池技术。我国目前把主要的研发力量投入到燃料电池汽车的研发之中。

表 1-7 是美国能源部在 2003 年提交美国国会的《燃料电池报告》中关于各种燃料电池实现商业化的障碍的分析。可以看出，燃料电池用于分布式能源实现商业化要克服的困难要小一些。

燃料电池商业化的障碍 表 1-7

应用	发展障碍	解决的困难程度
交通用	成本	高
	耐久性	高
	燃料基础设施	高
	氢的储存	高
站式，分布式能源	成本	高
	耐久性	中～高
	燃料基础设施	低
	燃料储存（可再生氢）	中
便携式	成本	中
	耐久性	中
	系统的小型化	高
	燃料和燃料包装	中

参 考 文 献

[1] 国际能源署，朱起煌等译. 世界能源展望 2004[M]. 北京：中国石化出版社，2006.

[2] 英国剑桥大学网站：http：//www. atm. ch. cam. ac. uk/tour/index. html.

[3] 中国保护臭氧层行动网站：http：//www. ozone. org. cn/.

[4] 国家发改委. 可再生能源中长期发展规划[M]. 2007.

[5] EuropeanUnion. ENERGY&TRANSPORT2006INFIGURES，Part2：ENERGY；美国能源部 DOE 网站：http：//www. eia. doe. gov/.

[6]　王庆一．按国际准则计算的中国终端用能和能源效率[J]．中国能源．2006．

[7]　http：//www.mnp.nl/en/.

[8]　中国国务院新闻办公室．中国能源白皮书 2007．中国的能源状况和政策．

[9]　吴宗鑫，陈文颖著．以煤为主多元化的清洁能源战略[M]．北京：清华大学出版社，2001．

[10]　罗运俊等．太阳能利用技术[M]．北京：化学工业出版社．

[11]　梁玉文，李彦斌．可再生能源在电力普遍服务中的应用[J]．中国电力教育．2008．

[12]　http：//www.wtrg.com/.

[13]　中国统计年鉴 2007.

第二章 室外环境规划中的节能技术

第一节 环境降温节能的概念

一、室外热环境的概念

随着对舒适、自然、环保观念的认识的深入，人们越来越关注建筑与周围环境的关系，而不是孤立地考虑建筑本身。室外热环境与在建筑中居住的人的舒适程度以及建筑能耗和建筑物内部环境的调节技术的选择息息相关，已成为一个研究热点。

室外热环境是指以小区建筑群为尺度的建筑外部的热物理环境。

根据对广州夏季期间 8 月 27 日到 9 月 4 日连续测试某居住小区室外环境的 WBGT（黑球湿球温度）数据统计表明，WBGT 大于 29℃的小时数要占连续测试总时数的 28.2%，说明目前夏季室外热湿环境无法保证舒适性的时间比例严重偏高，室外环境构建方法不当是导致这一结果的主要原因，例如大面积采用石材、沥青、水泥构建广场、道路和建筑物等。测试结果还显示，WBGT 大于 32℃的小时数占连续测试总时数的比例为 9.7%，也就是说目前的室外热湿环境有近 10%的时间是可能引发热疾病的危险时间，如果人在这一时间里连续停留在这样的环境里 1h 以上则对人体造成的后果不仅仅是热感觉不舒适，还有导致发生中暑等危险。

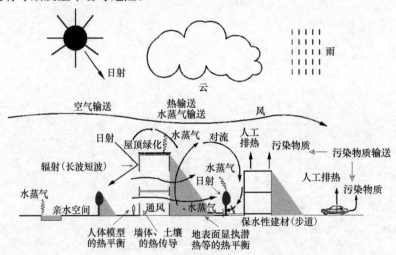

图 2-1 室外热环境形成机理

图 2-1 所示为室外热环境形成机理的概念图。室外热环境的形成与太阳辐射、风、降水、人工排热（制冷、汽车）等各种要素相关。日照通过直射辐射和散射辐射形式对地面进行加热，与温暖的地面直接接触的空气层，由于导热的作用而被加热，此热量又靠对流作用转移到上层空气。室外环境中的水面、潮湿表面以及植物，会以各种形式把水分以蒸汽的形式释放到环境中去，这部分水蒸气又会通过空气的对流作用而输送到整个大环境

中。同样，人工排热以及污染物会因为对流作用而得以在环境中不断循环。而降水和云团都会对太阳辐射有削弱的作用。

二、城市热岛效应

近几十年来，由于城市化飞速发展、下垫面结构的改变以及交通排热和建筑排热等因素的影响，城市热环境逐渐恶化，"热岛现象"及其负面作用日渐凸显。城市热岛效应是城市气候的突出特征，且市内各区也不同，若绘出等温线图，则与岛屿的等高线图极为相似，这种气温分布的特殊现象形象地称为"热岛效应"（图 2-2）。城市人口密集、工厂及车辆排热、居民生活用能的释放、城市建筑结构及下垫面特性的综合影响等是其产生的主要原因。热岛强度有明显的日变化和季节变化。日变化表现为夜晚强、白天弱，最大值出现在晴朗无风的夜晚。对于建筑小区而言，由于受规划设计中建筑密度、建筑材料、建筑布局、绿地率、水景设施及空调、

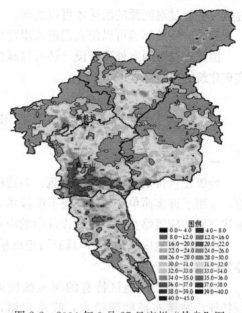

图 2-2 2004 年 9 月 27 日广州"热岛"图

车辆排热、居民生活用能的释放等因素的影响，小区室外气温也有可能出现"热岛"现象。"热岛"现象在夏季的出现，不仅会使人们高温中暑的机率变大，同时还促进了光化学烟雾的形成、加重污染，并增加建筑的空调能耗，给人们的工作生活带来负面影响。

建筑物所在地的气候条件，会通过围护结构直接影响室内的环境，从而对建筑能耗产生影响，而建筑物所在地的气候条件主要是室外热环境和城市热岛效应综合作用的结果。合理的室外环境规划对改善小区的局部气候有很大的影响，因此，在进行室外环境规划设计时，要充分考虑"热岛"效应的影响，采取适当的措施改善小区的局部气候。

三、室外环境规划的重要性

合理的室外环境规划，不仅可以满足人们对环境美的追求，同时会对人的热舒适性、室内的热湿环境以及建筑物能耗产生积极的影响。

1. 室外环境对人的热舒适性影响

人的热舒适感觉与人体活动强度、衣着量、空气温度、平均辐射温度、空气流速和空气相对湿度有关。对于城市或住区的室外环境而言，环境风场、温湿度、太阳辐射和散射、汽车和人群等移动热源，以及环境构建的水面蒸发、植被蒸腾等若干刺激量，都会对人体的热湿感觉量产生敏感反应，当环境的热舒适度超过极限值时，长时间停留还会引发高比例人群的生理不适直至中暑。合理的建筑设计和布局，高效美观的绿化形式、植物搭配及水景设置，可以改善室外热环境及其环境舒适度。

2. 室外环境对室内环境的影响

室外热湿环境会通过传导、辐射、对流、自然通风等形式通过建筑外围护结构作用于室内环境，从而对室内环境造成影响。

3. 室外环境对建筑能耗的影响

随着生活水平的提高，人们对生活环境的要求越来越高，当自然形成的室内环境无法满足人们的要求时，就需要通过人工手段（采暖、空调）去实现生活环境的优化，而这一过程必将通过对能源的消耗才可以实现。

良好的室外环境可以使人们最大限度地利用室外的空气资源实现室内环境的优化。

因此，合理的室外环境设计还可以减少建筑内部的能耗，减少对环境的污染，更好地实现建筑的可持续发展。

第二节　室外热环境规划设计策略

一、中国传统建筑规划设计

传统建筑特别是传统民居建筑，为适应当地气候，解决保温、隔热、通风、采光等问题，采用了许多简单有效的生态节能技术，改善局部微气候。下面以江南传统民居为例，阐述气候适应策略在建筑规划设计中的应用。

中国江南地区（图2-3）具有河道纵横的地貌特点。传统民居设计时充分考虑了对水体生态效应的应用。

（1）由于江南地区特有的河道纵横的地貌特征，城镇布局随河傍水，临水建屋，因水成市。由于水是良好的蓄热体，可以自动调节聚落内的温度和湿度，其温差效应也能起到加强通风的效果。

图2-3　江南传统民居

（2）在建筑组群的组合方式上，建筑群体采用"间—院落（进）—院落组—地块—街坊—地区"的分层次组合方式，住区中的道路、街巷呈东南向与夏季主导风向平行或与河道相垂直，这种组合方式能形成良好的自然通风效果。

（3）建筑组群横向排列，密集而规整，相邻建筑合用山墙，减少了外墙面积，这种建筑布局能减少太阳辐射得热，建筑自遮阳有较好的冷却效果。

二、目前设计中存在的问题

由于科技的发展，大量室内环境控制设备的应用，以及对室外环境规划的研究、重视不够。使规划师们常常过多地把注意力集中在了建筑平面的功能布置、美观设计及空间利用上，同时专业的环境规划技术顾问的缺乏，使城市规划设计很少考虑热环境的影响。目前城市规划设计主要存在着下列问题：

（1）高密度的建筑区。由于城市中心区单一，造成土地紧张、高楼林立。高密度建筑群使城市中心区风速降低，吸收辐射增加，气温升高（图2-4）。

图2-4　高楼林立的城市

（2）不透水铺装的大量采用。从热环境角度来讲，城市与乡村的最大区别在于城市下垫面大量采用不透水的地面铺装（图 2-5）。从而使得太阳辐射得热大量转化为显热热流向近地面大气传热。据东京市内与郊外的统计，城市内净辐射量中约 50% 作为显热热流传向大气，而在郊外只有大约 33%。

（3）不合理的建筑布局。不合理建筑布局造成小区通风不畅，在"SARS"期间造成惨重教训，例如香港淘大花园（图 2-6），由于"风闸效应"影响房间自然通风，损失惨重。因此在小区风环境规划时，建筑物间的间距、排列方式、朝向等都会直接影响到建筑群内的热环境，规划师在设计过程中需要考虑如何在夏季利用主导风降温，在冬季规避冷风防寒。同时更需要考虑如何将室外风环境设计与室内通风设计结合起来。如何设计合理建筑布局需要与工程师紧密沟通，模拟预测优化规划设计方案。

图 2-5　不透水路面　　　　　　　图 2-6　香港淘大花园

（4）不合理的绿地规划。绿地是改善热环境的重要元素，合理的绿地规划可有效遮阳，形成良好风循环，同时潜热蒸发可带走多余的太阳辐射热，降低气温。相反，如果盲目设计，仅从美观功能角度布置树木、水景可能不能取得最佳效果甚至反效果。例如，水景布置在弱风区就可能因为没风带走水气而使区域闷热；树木布置在风口处就会阻断气流通路，使区域通风不畅。科学有效的绿地规划应从建筑的当地气候环境、建筑物朝向等实际情况入手，选择恰当的植物类型、绿化率和配置方式，从而使绿地设计达到最大的优化效果。

三、气候适应性策略及方法

生态小区规划与绿色建筑设计中的核心问题就是气候适应性策略在规划与建筑设计中的实施。由于气候具有地域性，如何与地域性气候特点相适应，并且利用地域气候中的有利因素便是气候适应性策略的重点与难点。"生态气候地方主义"理论认为，建筑设计应该遵循：气候→舒适→技术→建筑的过程，具体如下：

（1）调研设计地段的各种气候地理数据，如温度、湿度、日照强度、风向风力、周边建筑布局、周边绿地水体分布等构成对地块环境影响的气候地理要素，这一过程也就是明确问题的外围条件的过程。

（2）评价各种气候地理要素对区域环境的影响。

（3）采用技术手段解决气候地理要素与区域环境要求的矛盾，例如建筑日照及其阴影评价、气流组织、热岛效应评价。

（4）结合特定的地段，区分各种气候要素的重要程度，采取相应的技术手段进行建筑设计，寻求最佳设计方案。

在此介绍一下城市热环境开发和改造成功的典型实例，就是德国的斯图加特市（stuttgart）（图 2-7），该市地处小盆地，市内空气污染，温度高、通风不良、炎热干燥。在改建该城时，采用了综合的治理措施。首先根据地理环境的现状，勘测了山口的风向，找出了引风入城的通道，把过去在上风向的山坡上，尤其在山口位置所建的楼房拆除，以免阻挡自然通风，让更多的新鲜空气引入城市内，并把原有18m 宽的道路扩宽到 48m。其出发点并不是完全为了交通，更主要的是为了更好的组织城市

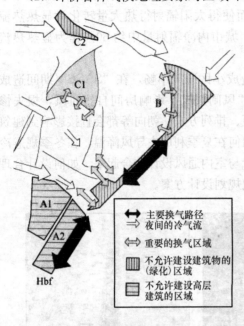

图 2-7 斯图加特市 21 世纪规划的建议图

的通风。同时加强环境的绿化，街道种树，广场、裸地种植草皮。甚至在屋顶上采用植被屋面（草场屋顶），重视屋顶和墙面的隔热，以及利用湖泊等水面使起到降温和调节小气候的作用。此外还大力推广以天然气代替煤、石油来做燃料，以减少废气的排放量，从而控制了大气的污染程度。

在小区规划中应用气候适应性策略时，主要的分析方法如下：

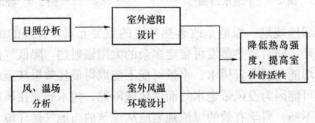

图 2-8　室外热环境设计方法

第三节　建　筑　气　候

气候适应性策略在室外环境规划中实施的关键就是需要充分了解区域室外气候，以便能利用室外气候条件中的有利元素进行规划设计。本节主要介绍与室外环境规划相关的建筑气候知识，即处于大气候背景下的应用与建筑领域的局部气候。

一、日照

日照是指物体表面被太阳光直接照射的现象。日照在一年中是不断变化的，这是由于地球按一定的轨道绕太阳运动造成。

地球公转的轨道平面叫黄道面。由于地轴是倾斜的，它与黄道面约成 66°33′ 的交角。在公转的运行中，这个交角和地轴的倾斜方向，都是固定不变的。这样一来，就使太阳光线垂直照射在地球上的范围，在南、北纬 23°27′ 纬度线之间作周期性变动，这两条纬度线则分别叫做南回归线和北回归线。如图 2-9 所示为地球绕太阳运行一周的行程，由于地球绕太阳的运动，形成春分、夏至、秋分、冬至四个重要节气。这四个节气也是室外热环境分析的关键日。

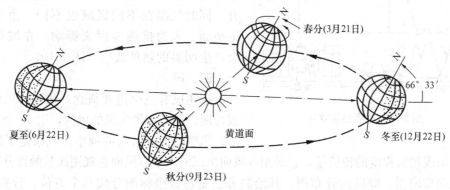

图 2-9　地球绕太阳运行图

太阳运行规律描述中有三个参数：太阳赤纬角、太阳高度角、太阳方位角。赤纬角描述地球绕太阳公转的行程，不同季节有不同的太阳赤纬角；太阳高度角是指太阳光线与地平面的夹角。太阳光线在地平面上的投影线与地平面正南子午线的夹角称为太阳方位角。

二、太阳辐射

到达地面的太阳辐射由两部分组成，一部分是方向未经改变的，叫做直射辐射；另一部分是由于被大气中气体分子、液体或固体颗粒反射，达到地面时无特定的方向，叫做散射辐射。直射辐射和散射辐射之和就是到达地面的太阳总辐射或简称太阳辐射。太阳辐射强度大小是用单位面积和单位时间内接收的太阳辐射能量表示，分别叫做太阳直射辐射照度、太阳散射辐射照度和太阳总辐射照度。

太阳直射辐射具有方向性，这是直射辐射与散射辐射最大的不同。直射辐射与散射辐射都是短波辐射。太阳直射辐射强度占总辐射的比例与大气透明度有关，大气透明度越高，直射辐射占总辐射的比例越大。一般来说，高山、海滨、草原等空旷地区的大气透明度稍高；盆地和沿江、海平原地区较低。城市由于上空的空气污染较乡村严重，其大气透明度往往低于乡村。

太阳光线辐射到地面后，其中的一部分被地面所反射，由于地表性质和地面形状千差万别，可认为对太阳辐射来说是一个粗糙度均匀的散射表面。

大气吸收太阳直射辐射的同时，还吸收地面的反射辐射，使其具有一定的温度，因而大气也要和地面进行辐射换热，这种辐射称为大气长波辐射。

三、气温

气温在一年中每天的不同时刻都在变化。一年中，最高气温出现的季节大约在 7 月下旬至 8 月上旬，最低气温出现的季节大约是 1 月下旬至 2 月上旬。一天中的气温则有一个最高值和一个最低值。日气温最高值出现的时刻，不在正午太阳辐射照度最大的时刻，而是在午后 2：00 前后，这是因为空气主要吸收地面热量而增温，当地面吸收了太阳辐射热后会在正午稍后时出现温度最大值，而地面热量再传给大气还要经历一个温度波的延迟过程；气温的最低值也不在午夜出现，而是出现在日出前后，这是因为地面储存的热量因太阳辐射热的减弱而减少，气温随之逐渐下降，到第二天日出之前，地面温度达到最低值，随后气温也达到最低值。日出后，太阳辐射逐渐加强，地面储热量又开始增加，气温也相应逐渐上升。同时气温在不同区域也不同。由于受到下垫面、人为排热等因素影响，在城市中心会产生明显的热岛效应（图2-10）。

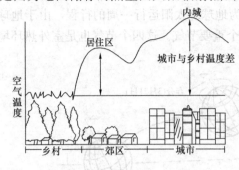

图2-10　城市热岛效应

四、风

描述风有三个重要概念：风向、风频、风玫瑰图。风向指风吹来的风向，用16个方位表示。风频，即各风向的频率。风频是了解某地各风向出现频繁程度的特征量，它是用各风向出现的次数占风向总观测次数的百分率来表示。风向玫瑰图，即风向分布图。其绘制方法是将极坐标图分成八个方位，分别是N，S，E，W，NW，NE，SW，SE。某气象观测站的风玫瑰图如图2-11所示。

在城市热环境规划中，对于风环境的规划应该充分考虑城市主导风向的影响，同时也应考虑到局部环流对城市规划的影响。在地形起伏的山区和临近海岸、湖岸的城市，往往还要受到山谷风、海（湖）陆风的影响。

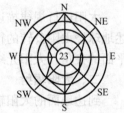

图2-11　某气象观测站的风玫瑰图

五、降水

降水是影响室外环境的一个重要变量。在我国，气候受季风影响，雨量多集中在夏季。华南地区季风降水为5～10月，长江流域为6～9月。梅雨是长江流域夏初气候的一个特殊现象，其特征是雨势缓而范围广，且持续时间长，雨期约为20～25天。珠江口和台湾南部，在7、8月间多暴雨，这是由于西南季风和台风的共同作用结果，它的特点是降雨强度高，但一般出现范围小，持续时间短。同时在亚热带的夏季，暴晒后往往伴随着降水，如果能利用透水性材料对降水进行利用，将对室外热环境起到良好的降温效果。

六、空气湿度

空气湿度直接影响着人体对室外环境的感受，例如广州夏季气温不如很多北方地区炎热，但热舒适却较差，就是因为空气湿度太高。

空气湿度是表示大气的湿润程度，指空气中水蒸气含量的多少，通常用相对湿度或绝对湿度来表示。绝对湿度是指单位质量干空气的湿空气所含水蒸气的质量；相对湿度是指在一定大气压力下，温度一定时，湿空气的绝对湿度与同温度下饱和湿空气的绝对湿度之比。空气的绝对湿度，亦即空气中的水蒸气含量冬季几乎没有变化，夏季在午后气温达到最高时因地表蒸发旺盛导致绝对湿度稍有增加。相对湿度的日变化情形则是以日为周期波动的，它与气温的日变化波动方向相反，一般气温升高则相对湿度减小；气温降低则相对湿度增大，最低值出现的时刻对应于气温最高值出现的时刻，一般在13：00～15：00左右；而最高值出现的时刻则对应于气温最低值出现的时刻，一般在日出前后。

在与地表面垂直的高度上，空气湿度是随着高度的增大而递减的，递减速度的快慢主要受到地表温度和空气流动（风）的影响。

第四节 风环境设计

所谓风环境是指室外空气流动在建筑区域的分布，在建筑室外风环境评价中，一般取 1.5m 的人活动高度作为评价高度。良好的室外通风环境是规划设计需要考虑的重要因素，不仅影响着室外的热舒适和室内的自然通风，而且也影响着室外活动的安全和卫生。特别是在高层建筑设计中，需要格外注意"峡谷效应"、"尾流效应"的影响。同时在城市风场设计中，密集交错的建筑群和道路网，形成城市风向的不定性和多变性，这需要通过一定的技术手段进行设计评价。

下面主要介绍在风环境下设计的基础知识、主要影响因素及其规划设计方法。

一、风环境基础知识

1. 主导风向和风速

在我国绝大多数地区，不同季节一般都有主导风向和风速，主导风向是指一段时间内频率出现最高的风向，可以通过风玫瑰图得到。风速一般指平均风速，平均风速是对一定时间段内 10m 高度风速求算术平均值，例如广州夏季主导风向是东南风，平均风速 1.8m/s。

2. 城市梯度风

建筑小区并不是一个孤立的系统，其周围存在着建筑和其他物体，来流风呈现下低上高的梯度风分布。

梯度风是按边界层规律分布的，如图 2-12 所示，梯度风计算公式如下所示：

$$\frac{\overline{v}}{v_s} = \left(\frac{z}{z_s}\right)^{\alpha} \tag{2-1}$$

式中 $\overline{v}$、z——任一点的平均风速和高度，m/s、m；

$\overline{v}_s$、z_s——标准高度处的平均风速和高度，大部分国家，标准高度常取 10m；

α——地面的粗糙度系数，地面粗糙程度愈大，α 愈大。

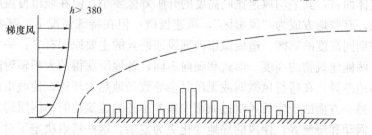

图 2-12 梯度风示意图

《建筑结构荷载规范》（GB 50009—2001）（2006 版）将我国地面粗糙度做出以下分类，如表 2-1 所示。

地面粗糙度分类   表 2-1

地面粗糙度类别	描述	α 值
A	指近海海面、海岛、海岸、湖岸及沙漠地区	0.12
B	指田野、乡村、丛林、丘陵以及房屋比较稀疏的乡镇和城市郊区	0.16
C	指有密集建筑群的城市市区	0.22
D	指有密集建筑群且房屋较高的大城市市区	0.3

其中梯度风高度 z_α 随地貌类型变化。当地貌类型是 A 时，z_α 是 300m；当地貌类型是 B 时，z_α 是 350m；当地貌类型是 C 时，z_α 是 400m；当地貌类型是 D 时，z_α 是 450m。

3. 建筑周围气流特征

建筑周围流场是区域风场模拟的基础。大多数建筑物为非流线型，不具有良好的空气动力学性质，其周围流场变得非常复杂。建筑物周围流场可分为位移区、分离区、空腔区和尾流区。来流与建筑物相遇在建筑物前方形成位移区，在前下方向流动产生回旋；经过建筑物两侧面和顶面的拐角处产生气流的分离现象，形成分离区；在建筑物背面形成空腔区，空腔区气流速度较低，发生回流现象。随后由于气流动能损失形成尾流区，一般延伸到几倍于建筑物高度的距离。图 2-13 给出建筑周围气流特征，包括来流撞击、迎风角处流场剥离、顶部回流再附着、后部回流等复杂现象。

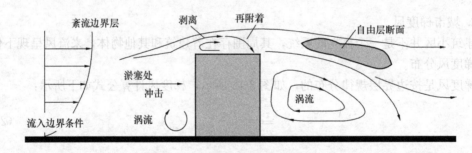

图 2-13　室外风环境设计图

4. 城市内部风特点

从城市整体而言，其平均风速比同高度的开旷郊区要小，但在城市覆盖层内部风的局部性差异很大，有些地方成为"风影区"，风速极微；但在特殊情况下，某些地点其风速也可大于同时期同高度的郊区。造成城市内部风速差异的主要原因有二：一方面由于街道走向、宽度、两侧建筑物的高度、形式和朝向不同，各地所获得的太阳辐射能就有明显的差异。这种局地差异，在盛行风微弱或无风时会导致局地热力环流，使城市内部产生不同的风向风速。另一方面由于盛行风吹过城市中参差不齐的建筑物时，因阻碍效应产生不同的升降气流、涡动和绕流等，使风的局地变化更为复杂。这些特点决定了对于复杂城市风环境分析必须借助计算机的强大计算能力。

二、风环境主要影响因素

在对室外风环境的研究中，一些规划设计因子对风场影响较大，这里提出对风环境影响较大的规划设计因子。

1. 建筑密度

建筑密度对风速的影响很大，一般来讲，建筑密度越大，区域平均风速就越低。日本通过风洞实验做了大量研究，对低层建筑和中高层建筑风速比与建筑密度关系分别提出了拟合公式，如图 2-14 所示：

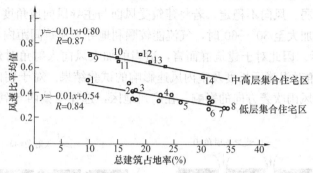

图 2-14　建筑风速与建筑密度关系的拟合公式

2. 建筑体量

由于建筑物的背风侧会产生背风涡流区，在背风涡流区，风力弱、风向不稳，对通风十分不利。建筑体量越大，其背风涡流区的范围越大，如图 2-15 所示。因此在城市规划布局中，建筑与建筑间需要保持一定间距，以利于采光与通风，其房屋背风涡流区长度见表 2-2。

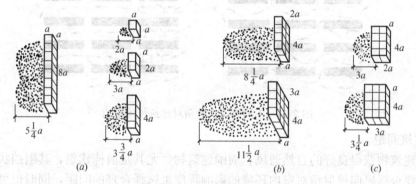

图 2-15　建筑体量与背风涡流区范围的关系

风向投射角对背风涡流区长度及室内风速的影响　　表 2-2

风向投射角	室内风速降低值（%）	房屋背风面的涡流区长度
0°	0	3.75H
30°	13	3H
45°	30	1.5H
60°	50	1.5H

注：H 为房屋高度，本表的建筑模型为平屋顶。

3. 迎风面积

迎风面积是指建筑外墙垂直于风向的投影面积。迎风面积越大，由于背风涡流区的影响，风速越低。

三、风环境规划设计方法

1. 建筑朝向

在建筑朝向选择时，室内外通风是重要的考虑因素。为了组织好房间的自然通风，应当使房间朝向尽量靠近夏季的主导风向。但当风正面吹向建筑物，建筑物的背风侧会产生背风涡流区，风力弱、风向不稳定。若将建筑受风面与主导风向成角度布置，则有明显改善，当风向入射角加大至30°～60°时，气流能较顺利地导入建筑间距内，从各排迎风面进风，如图2-16所示。因此对于建筑群而言，适当的加大风向入射角对建筑通风有利。表2-2给出风向投射角对涡流区长度及室内风速影响的试验结果。对于朝向要综合考虑室内外通风、日照、暴风雨吹袭方向的影响。在广州地区，选择南偏西5°到南偏东10°作为住宅朝向最佳。

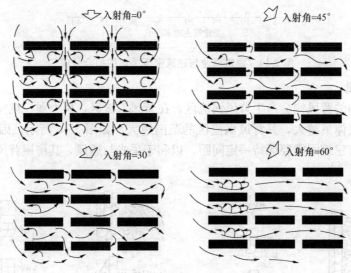

图 2-16　不同风向入射角对建筑气流影响

2. 建筑间距

欲使建筑物获得良好的自然通风，周围建筑物，尤其是前栋建筑，其阻挡状况是决定的因素。要根据风向投射角对室内环境的影响程度来选择合理的间距，同时也可结合建筑群体布局方式的改变以达到缩小间距的目的。综合考虑风的投射角与房间风速、风流场和漩涡区的关系，选定投射角在45°左右较恰当。据此，房屋间距争取$(1.3\sim1.5)H$，最少也要保证$(1.0\sim1.2)H$。

3. 建筑形体设计

前面已经讨论建筑单体对风环境的影响，一般在室外风环境设计中，建筑单体尽可能采用流线型较好的体形，选择合适的朝向和体量，减小背风涡流区的范围。同时合适的建筑"开口"有利于组团通风，开辟视线走廊。例如底层架空，建筑中部开口可有效疏导气流，改善室内外环境健康质量同时也可作为公共活动交流空间。图2-17为华南理工大学综合教学楼，其32、33、34号教学楼架空设计和中部走廊建筑开口配合组团合理布局，整个建筑群通风良好，同时位于水体下风向，大大改善了室外热环境。

4. 建筑平面布局

一般建筑群的平面布局有行列式、自由式、点式、周边式。行列式、自由式、点式均能

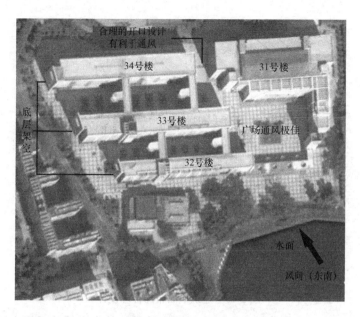

图 2-17　华南理工大学综合教学楼鸟瞰图

获得较好的通风效果，但具体量化描述不同位置通风性能，则需要通过软件进行模拟获得。一般而言，点式由于与外界环境交流的自由界面较多，同时建筑体量一般不大，所以室内外通风性能一般较好。自由式的风场则比较复杂，需要规划师精心布置。而对于行列式而言，行列式一般又分为行列式与错列式，由于较好地规避了前方建筑背风涡流区的影响，所以错列式通风效果好于行列式。周边式太封闭，不利于风的导入，而且使得较多的房间受到强烈的东、西晒阳光直射室内，同时对于高层建筑群而言，周边式中部天井通风不好，影响区域卫生与舒适，例如香港淘大花园规划为了节约用地，采用周边式布局，天井通风不畅，SARS 期间损失惨重。不同建筑平面布局形式对风环境影响见图 2-18。

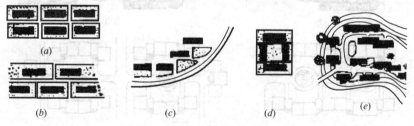

图 2-18　建筑平面布局对风环境的影响
(a) 行列式；(b) 错列式；(c) 斜列式；(d) 周边；(e) 自由式

在建筑平面布局中，布局形式十分复杂，一个地块规划，建筑布局形式一般都是复合存在的，所以需要把握一些原则：将体量较小的建筑布置在上风位采取"前低后高"和有规律的"高低错落"的处理方式（图 2-19），规避背风涡流区的影响。建筑群疏密相间，合理处理改善室内外通风。根据夏季与冬季主导风向差，采用合适的建筑布局，利用夏季风，规避冬季风。充分利用局部有利气候条件。

在满足湿热地区的建筑功能与室外环境的要求前提下，要力图做到住宅总体布局的多样化。在这方面，原建设部设计院陈登鳌的一个方案是值得借鉴的例子。他以本人在设计

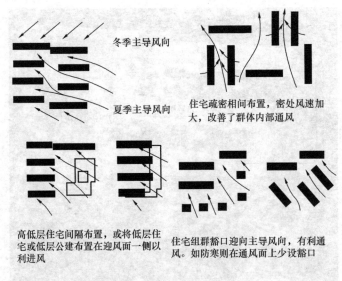

冬季主导风向

夏季主导风向

住宅疏密相间布置，密处风速加
大，改善了群体内部通风

高低层住宅间隔布置，或将低层住
宅或低层公建布置在迎风面一侧以
利进风

住宅组群豁口迎向主导风向，有利通
风。如防寒则在通风面上少设豁口

图 2-19　建筑平面布局合理设计

实践中的经验为基础，并充分借鉴和融合了国内外相关的先进经验后提出了一个有关"庭院式"组合建筑群的布局形式的方案，该方案以打破过去常用的条形建筑和各类行列式建筑的布局框框，采取以 A、B 型两种定型单元住宅来组成各种不同空间的"庭院式"布局方式，见图 2-20。这种方式不同于过去的"周边式"布局，在每座建筑的连接处采取适

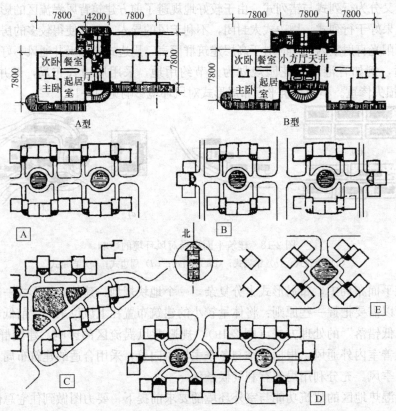

图 2-20　A、B 型定型单位住宅及其组成的庭院式布局示意图

当离空的手法，满足引风进室和改善院内小气候的需要。这种定型化、多样化的"庭院式"总体布局，不仅满足了湿热地区建筑总体上的功能需求，而且为形成幽静舒适的户外生活环境和加强居民之间的联系创造了有利的条件。

5. 路网规划

道路是风环境规划时一个重要考虑因素，道路一般污染物较多，同时又是公共活动场所，因此需要良好的通风环境，同时道路起到风道的作用，所以在充分考虑建筑形状与布置，利用道路、河流水路把其外围的外部空间与市区连接起来，起到犹如人体气管的作用。

6. 绿化

绿地按照种类主要可分为：草地、灌木、乔木、水体。因为乔木对风环境影响较大，这里主要讨论乔木对风环境的影响。

乔木对于风环境影响主要表现在两个方面：（1）乔木对风速的流体阻力；（2）乔木给下游流畅带来的湍流增大效果。

由于乔木的阻风效应，因此在进入组团的风口慎重布置乔木，利用其导风效果，同时在风速较大的地方可以将乔木作为防风墙处理。

7. 其他规划策略

（1）局部地理气候。由于地理位置不同，因此在风环境设计规划中，需要考虑特定的气候地理影响，利用其有利条件。例如：山谷风、水陆风以及绿地森林影响的局部风场，如图 2-21 所示。在居住区内部可通过道路、绿地、河湖水面等空间将风引入，并使其与夏季主导风向一致。

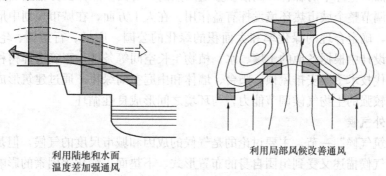

利用陆地和水面温度差加强通风　　　　　利用局部风候改善通风

图 2-21　地理因素影响局部风场

（2）不同功能场所性质。在风环境规划中，需要考虑对室外环境不同功能场地性质进行具体规划设计。将对环境要求较高的活动空间布置在风速适宜的地方，例如游乐场；而对于空气污染严重的地方也应注意通风，例如停车场。

第五节　室外热环境设计

影响室外热环境的主要因素有气候、太阳辐射、城市下垫面、城市绿地和水体、城市人工热源等，各因素之间相互联系，互相影响。通过对这些因素的控制调节，可以有效地控制热岛效应，改善小区热环境。因此，具体来说，需要对建筑与环境进行整体的综合设计，利用地区气候条件，通过城市规划、建筑设计以及环境设计等手段，建立城市良好微气候，再应用现代技术，建立室内外互相联系的良性循环热环境，进而达到改善建筑室内热环境的目的。

从利用气候条件入手，小区室外气候受到了区域性气候大趋势的制约，但是通过某些途径合理利用气候资源，可以在城市范围内对微气候进行调节，使空气温度在一定范围（5~8℃）内变化，这对人的生存、健康、生产和生活都有重要的作用。太阳辐射是影响空气温度的主要因素，影响太阳辐射的因素除了地理位置、地形外，还与城市街道走向、宽度，下垫面材料，建筑物高低，绿地和水体等有关，同时还受到大气中空气、水气、污染物和臭氧等的散射和吸收而减弱，这些都可以经过人为调整而影响热环境。

从规划入手，以系统的方法改善区域热环境，将与室外热环境有关的众多要素建立一个小区室外热环境系统，然后对其进行分析综合形成最优化的系统。确定合理的居住区的容量、人口规模与密度，合理规划布局，优化用地指标，控制人工热源和街道走向。

从建筑设计入手，以建筑体形控制方法改善城市热环境，通过对建筑体形，包括平面、剖面和立面等，以及各建筑外部空间的合理设计和组织，选择适当的建筑体形、朝向和建筑群布局。

从环境设计入手，以城市生态学的方法，通过调节城市生态系统内生物群落和周围环境之间相互作用而平衡的方法，建立合理的热平衡系统结构。居住区绿化对太阳辐射的反射率大，土壤含水量多，蒸发耗热多，绿化覆盖的地面热容量大，因而绿化起到了夏季降温、冬季保温的作用；同样水体由于热容量大，蒸发水分多，也起到调节气温的作用。在自然条件方面，室外中的森林和湖泊多数是天然的，对其重点保护并根据实际情况加以改造，能够对调节整个城市热环境发挥有益作用。在人工方面，在城市规划中形成良好的城市绿化系统，确定合理的绿化率和大面积的绿化的公园、广场、行道树、宅旁绿地的布局。在城市设计中根据各地的土壤、水、植物生长空间等条件，正确选择树种草种。在建筑中应用现代技术手段安排屋顶、阳台、墙体和中庭空间绿化，通过建筑形成一种自然生态环境，有较强的生物气候调节能力，与环境之间形成良性循环。

一、室外气候

在"建筑气候"一节，主要讨论的是气候的成因和城市尺度的气候，但是对于组团尺度而言，其气候描述又受到组团自身的布置形式、下垫面、绿化等因素的影响。这里主要讨论在城市大气候背景下的小气候，也称为"微气候"。其中风速是影响室外热环境十分重要的因素，特别是对于湿热地区，夏季良好的通风能有效改善室外热环境，创造舒适的人居环境。对于小区风速，已经在上一节详细讨论，本节主要讨论辐射、温度、湿度。

1. 辐射

辐射是影响室外热环境的主要因素。与气象站辐射相比，这里讨论的辐射主要指1.5m人活动区域的辐射，它包括：太阳直射辐射、散射辐射、反射辐射、周围环境的长波辐射（图 2-22）。

太阳直射辐射和散射辐射与气象站意义上的辐射不同，在不同的建筑区域具有不同值，直射辐射受到组团阴影率的影响，散射辐射则与组团对天空的开阔度有关。

反射辐射是指壁面（墙面、地面）接受太阳的直、散射辐射后反射到 1.5m 处辐射，其大小与到达壁面辐射大小和壁面反射率有关。

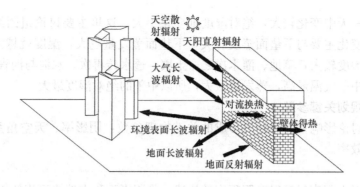

图 2-22 室外热环境辐射

长波辐射是由低温物体表面所发射的辐射，受到周围环境温度的影响，可以通过周围环境辐射温度来计算长波辐射大小。

2. 温度

小区的空气温度受到城市区域温度影响，但小区内部温度分布形成更加复杂，它是辐射、对流、导热、人为排热等综合影响形成，是一个动态热平衡过程，其主要热交换包括5个方面，形成规律见图 2-23，需要注意的是在这个过程中，近地层空气对太阳辐射是透明的，下垫面与外墙得到的太阳辐射通过一定的时间延迟，以对流的方式散发到空气中。

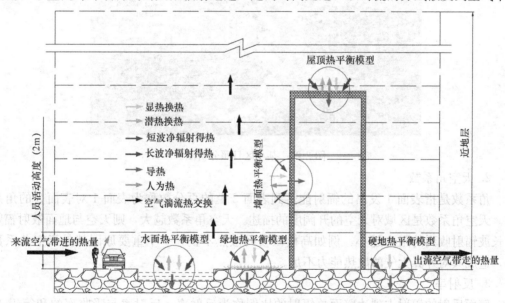

图 2-23 城市近地层热量交换示意图

（1）下垫面与近地层空气之间的显热交换；

（2）空气流入和流出带进与带走的能量；

（3）建筑外墙与附近空气的显热交换；

（4）人为散热量；

（5）空气内部的热交换：空气分子扩散和湍流运动引起的热交换。

3. 湿度

对于湿度的描述，一般有相对湿度和绝对湿度两个概念。相对湿度受到绝对湿度与空气温度影响。一天中变化较大，绝对湿度则变化不大。这里主要讨论组团绝对湿度变化。组团绝对湿度变化主要与下垫面蒸发有关，下垫面蒸发量越大，湿度就越大。一般来讲，水、乔木林的湿度较大，草地、灌木次之，土壤、透水砖再次，水泥与沥青地面基本没有蒸发量。由于中午气温最高，蒸发量最大，所以中午的绝对湿度最大。

二、环境规划关键参数

这里主要讨论影响室外热环境形成的关键物理参数：阴影率、天空角系数、吸收率、发射率、蒸发效率。

1. 阴影率

阴影率是对太阳直射辐射遮阳程度的描述，是阴影面积占地块面积的比例。建筑、乔木、遮阳构件都会形成阴影，并且阴影在白天不同时刻均不同，需要通过对太阳辐射模拟得到，如图 2-24 所示。

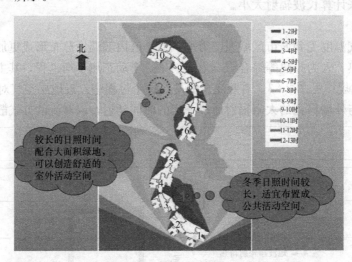

图 2-24　某小区日照分析图

2. 天空角系数

角系数是指表面 1 发出的辐射能落到表面 2 上的百分数称为表面 1 对表面 2 的角系数。天空角系数是区域对天空的开阔度的描述。天空角系数越大，则天空与地面散射辐射与长波辐射收到的阻力越小，例如高楼区夜间散热不畅，一个重要原因就是天空角系数小，造成其对外界大气的散热能力不足。

3. 反射率

壁面反射的辐射占到达壁面总辐射的比例称为反射率，反射率与吸收率的和等于 1。反射率越大，组团吸收的太阳辐射越小，通过对流释放到空气中的热量越少。因此在外墙面采用浅色饰面有利于改善室外微气候。不同材料的反射率如表 2-3 所示。

不同材料的反射率 ρ_s　　　　　　　　　　　　　　表 2-3

表面名称	ρ_s 值	表面名称	ρ_s 值
岩石	0.12~0.15	铸铁	0.06
黄砂	0.35	白色大理石	0.54
沥青道路	0.05~0.2	镀锌铁皮	0.35~0.6

表面名称	ρ_s 值	表面名称	ρ_s 值
开阔道路	0.3	红砖	0.25
草坪或树林	0.17	砾石	0.71
水体	0.09	黑色油漆	0.04
黑色干土壤	0.14	白色油漆	0.88
黑色湿土壤	0.18	混凝土	0.2～0.35

4. 发射率

在室外热环境分析中,一般将壁面对外界的长波辐射看成是漫灰表面。壁面对外辐射力与同温度下黑体的辐射力的比就是发射率。不同材料的发射率如表2-4所示。

不同材料的 ε 值   表2-4

材料类别和表面状况	ε (25℃)	材料类别和表面状况	ε (25℃)
黑体	1.00	沥青	0.90
高度抛光的铝表面	0.04	镀锌铁皮	0.20～0.30
高度抛光的铜表面	0.03	红砖	0.93
失去光泽的铜表面	0.75	砾石	0.85
铸铁	0.21	黑色喷漆	0.95
白色大理石	0.95	白色油漆	0.92
窗玻璃	0.90～0.95	混凝土	0.85～0.95

5. 蒸发效率

像草地、透水砖等下垫面的蒸发特性与水面不同,其地表面湿润度小于水面。蒸发效率是指下垫面单位时间蒸发量与同温度下水面的比,与地表面湿润状况相对应,地表面充分湿润时近似为1,而完全干燥时为0。

三、室外热环境设计技术措施

1. 地面铺装

地面铺装的种类很多,按照其自身的透水性能分为透水铺装和不透水铺装。透水铺装中草地将在绿化中讲解。这里主要讨论:水泥、沥青、土壤、透水砖。

(1)水泥、沥青。水泥、沥青地面具有不透水性,因此没有潜热蒸发的降温效果。其吸收的太阳辐射一部分通过导热与地下进行热交换,一部分以对流的形式释放到空气中,一部分与大气进行长波辐射交换。研究表明,其吸收的太阳辐射能需要通过一定时间的延迟才释放到空气。同时由于沥青路面的太阳辐射吸收系数更高,所以温度更高。华南理工大学在某年7月13日对不同性质下垫面进行测试,其逐时分布如图2-25所示。

(2)土壤、透水砖。土壤与透水砖具有一定的透水效果,因此降雨过后,能保存一定的水分,太阳暴晒时可以通过蒸发降低表面温度,减少对空气的散热。其对环境的降温效果在雨后表现尤为明显,特别在中国亚热带地区,夏季经常午后降雨,如能将其充分利用,对于改善城市热环境益处良多。图2-26是对晴天与大雨转晴下垫面对 WBGT(描述热环境的综合指标)的影响测试结果。

2. 绿化

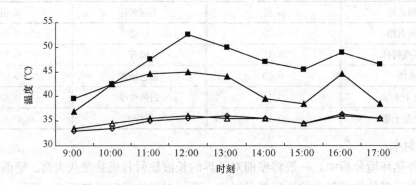

图 2-25　7 月 13 日不同性质下垫面的地面温度比较

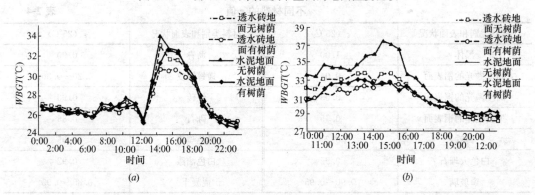

图 2-26　不同天气的 *WBGT* 温度曲线

(*a*) 8 月 9 日晴天 *WBGT* 温度曲线；(*b*) 9 月 11 日大雨转晴 *WBGT* 温度曲线

　　绿地和遮阳不仅是塑造宜居室外环境的有效途径，同时对热环境影响很大，绿化植被和水体具有降低气温、调节湿度、遮阳防晒、改善通风质量的作用。而水体绿化还可以净化水质，减弱水面热反射，从而使热环境得到改善。

　　(1) 蒸发降温。通过水分蒸发潜热带走热量是室外环境降温的重要手段。对于绿地而言，被其吸收的太阳辐射主要分为三块：蒸发潜热、光合作用、加热空气，其中光合作用所占比例较小，一般只考虑蒸发潜热与加热空气。

　　与透水砖不同，绿地（包括水体）的蒸发量普遍较大，同时受天气影响相对较小，不会因为持续晴天造成蒸发量大幅下降。同时树林的树叶面积大约是树林种植面积的 75 倍，草地上的草叶面积是草地面积的 25～35 倍，因此可以大量吸收太阳辐射热，起到降低空气温度的作用。

　　绿地对小区的降温增湿效果，依绿地面积大小、树形的高矮及树冠大小不同而异，其中最主要的是需要具有相当大面积的绿地。同时环境绿化中适当设置水池、喷泉，对降低环境的热辐射、调节空气的温湿度、净化空气及冷却吹来的热风等都有很大的作用。例如在空旷处气温 34℃，相对湿度 54%，通过绿化地带后气温可降低 1.0～1.5℃，湿度会增加 5% 左右。所以在现代化的小区里，也很有必要规划占一定面积、树木集中的公园和植物园。

　　地面种草对降低路面温度的效果也很显著，如广州夏季水泥路面温度 50℃，而植草地面只有 42℃，对近地气候的改善影响很大。盖格在其经典著作《近地气候问题》一书中，阐述了地面上 1.5m 高度内空气层的温度随空间与时间所发生的巨大变化。这种温度受土壤反射率与其密度的影响，还受夜间辐射、气流以及土壤被建筑物或种植物遮挡情况的影响。图 2-27 表示草地与混凝土地面上典型的温、湿度变化值与靠近墙面处温度所受的影响。

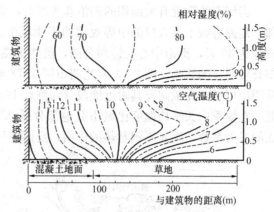

图 2-27　飞机场跑道与草坪的过渡气候

在大城市人口高度集中的情况下，不得不建造中、高层建筑。中、高层建筑间的间距显得十分重要，如果在冬至日居室有 2h 的日照时间，在此间距范围内栽种植物，有助于改善小范围的热环境。图 2-28 所示楼幢间不同的铺装与植被条件导致的热环境条件的差异，其效果比较见表 2-5。

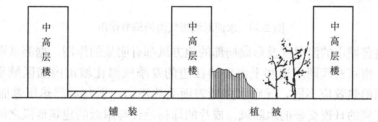

图 2-28　中、高层建筑物之间的铺装与植被的比较

高层建筑物之间的铺装与植被的效果比较　　　　表 2-5

季　　节		铺　　装	植　　被
夏	无风时	令人窒息	产生自然对流
	强风时	通风过剩	通风暖和
冬	无风时	冷气停滞	产生自然对流
	强风时	通风过剩	防风稍感温和
夏	无日射	干凉舒适	凉风舒适
	有日射	酷热	气温上升不易
冬	无日射	冷气停滞	防风温暖
	有日射	温暖通风	防风温暖舒适
	空气	飞尘多	清洁干净

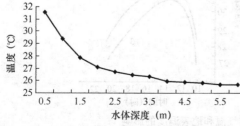

图 2-29　水表面温度随水体深度变化曲线

水是气温稳定的首要因素。城市中的河流、水池、雨水、蒸汽、城市排水及土壤和植物中的水分都将影响城市的温湿度。这是因为水的比热大，升温不易，降温也难。水冻结时放出热量，融解时吸收热量。尤其在蒸发情况下，将吸收大量的热。图 2-29 为水表面温度随水体深度变化的曲线。

当城市的附近有大面积的湖泊和水库时，效果就更加明显。如芜湖市，它位于长江东部，是拥有数十万人口的中等规模的工业城市。夏季高温酷热，日平均气温超过35℃的日数达35天，而市中心的镜湖公园，虽然该湖的水面积仅约25万 m^2，但是对城市气温却有较明显的影响。图2-30为芜湖市区1978年11月2日下午2：00的温度实测记录。从图中可见，在镜湖及其附近地段（约测点12~16），由于水温调节，气温要比其他地段低。在夏季白天平均温度比城市其他部分低0.5~0.7℃，当然，如水面污染，提高了表面的反射系数，则起不到蓄热的作用，反而使气温上升。

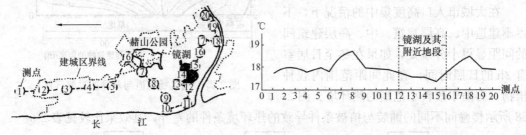

图2-30 水面对城市气温的调节作用

水面对改善城市的温湿度及形成局部的地方风都有明显的作用。据测试资料说明在杭州西湖岸边、南京玄武湖岸边和上海黄浦江边的夏季气温比城市内陆区域都低2~4℃。同时由于水陆的热效应不同，导致水路地表面受热不匀，引起局部热压差而形成白天向陆、夜间向江湖的日夜交替的水陆风。成片的绿树地带与附近的建筑地段之间，因两者升降温度速度不一，可出现差不多风速为1m/s的局地风，即林源风。

（2）遮阳降温。调查资料表明，茂盛的树木能挡住50%～90%的太阳辐射热。草地上的草可以遮挡80%左右的太阳光线。据实地测定：正常生长的大叶榕、橡胶榕、白兰花、荔枝和白千层树下，在离地面1.5m高处，透过的太阳辐射热只有10%左右；柳树、桂木、刺桐和芒果等树下，透过的是40%～50%。由于绿化的遮荫，可使建筑物和地面的表面温度降低很多，绿化了的地面辐射热为一般没有绿化地面的1/15～1/4。街道不同绿化方式对气温和地表温度的影响见图2-31。由图可见，从空气温度来看，无绿化街道

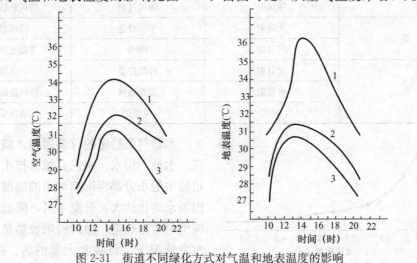

图2-31 街道不同绿化方式对气温和地表温度的影响

1—街道无绿化；2—植两排行道树；3—花园林荫道

46

达到34℃，植两排行道树的是32℃，相差2℃左右，而花园林荫道只有31℃，竟相差3℃之多。从地表温度来看，无绿化街道达到36.5℃，有两排行道树的街道是31.5℃，而林荫道只有30.5℃，相差5~6℃。

炎热的夏天，当太阳直射在大地时，树木浓密的树冠可把太阳辐射的20%~25%反射到天空中，把35%吸收掉。同时树木的蒸腾作用还要吸收大量的热量。每公顷生长旺盛的森林，每天要向空中蒸腾8t水。同一时间，消耗热量16.72亿kJ。天气晴朗时，林荫下的气温明显比空旷地区低。

（3）绿化品种与规划。建筑绿化品种主要分为乔木、灌木和草地。灌木和草地主要是通过蒸发降温来改善室外热环境，而乔木还具备遮阳降温的作用。因此，从改善热环境的作用而言：乔木＞灌木＞草地。

乔木的生长形态如图2-32所示，有扇形、广卵形、圆头形、锥形、散形等。有的树形可以由人工修剪加以控制，特别是散形的树木。

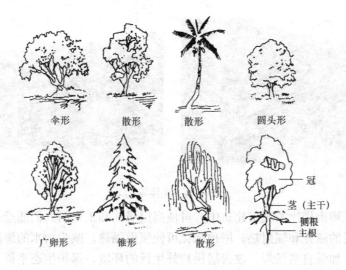

图2-32 树木生长的形态

一般而言，南方地区适宜于种遮阳的树木，其树冠呈伞形或圆柱形，主要品种有凤凰树、大叶榕、细叶榕、石栗等。它们的特点是覆盖空间大，而且高耸，对风的阻挡作用小。此外，攀缘植物如紫藤、牵牛、爆竹花、葡萄藤、爬墙虎、珊瑚藤等能构成水平或垂直遮阳，对热环境改善也有一定作用。

根据绿色的功能，城市的绿化形态可分为：1）分散型绿化；2）绿化带型；3）通过建筑的高层化而开放地面空间并绿化等几种类型。

分散型绿化可以起到使整个城市热岛效应强度减弱的效果；绿化带型可起到将大城市所形成的巨大的热岛效应分割成小块的作用。

1）分散型绿化。绿化与提高人们的生活环境质量和增强城市景观，改善城市过密而产生的热环境是密不可分的。在绿化稀少、城市过密的环境中，增加绿地是最现实的措施，图2-33所示的分散型绿化，也可以认为是确保多数小范围的绿化空间的方法。随着建筑物的高层化，绿化的空间不仅是在平面（地表面）上的绿化，而且也应该考虑在垂直方向（立体的空间）的绿化。

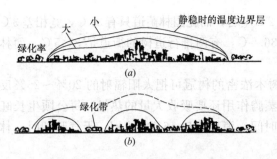

图 2-33 不同的绿化形态

在地表面的绿化设计中，宜采用复合绿化，绿化布置采用乔木、灌木与草地相结合的方式，以提高空间利用效率，同时采用分散型绿化，并且探讨如何使分散型绿化成为连续型和网络型绿化。

由于城市高密度化和高层化发展，城市绿地越来越少，伴随着多、高层住宅的大量涌现，现在实际中已经很难做到户户有庭院、家家设花园了。在这种情形下，为了尽量增加住宅区的绿化面积和满足城市居民对绿地的向往及对户外生活的渴望，建议在多层或高层住宅中利用阳台进行绿化，或者把阳台扩大组成小花园，同时主张发展屋顶花园（图 2-34）。

图 2-34 立体绿化

屋顶花园在鳞次栉比的城市建筑中，可使高层居住和工作的人们能避免来自太阳和低层部分屋面反射的眩光和辐射热；屋顶绿化可使屋面隔热，减少雨水的渗透；能增加住宅区的绿化面积，加强自然景观，改善居民户外生活的环境，保护生态平衡。屋顶花园在住宅区设计中有着特殊的作用，屋顶花园功能分析见图 2-35。

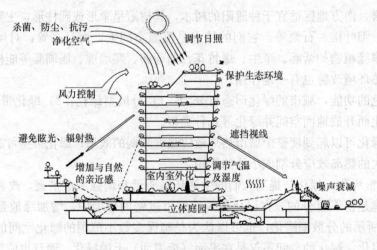

图 2-35 屋顶花园功能分析

2）绿化带绿化。城市热岛效应的强度（市区与郊外的温度差），一般来说城市的面积或人口规模越大其强度越大，建筑物密度越高其强度也越大。对连续而宽广的城市应该用绿地适当地进行分隔或划分成区段，这样可以分割城市的热岛效应。对热岛效应的分割大约需要150～200m以上宽度的绿化带。这些绿地在夏季可作为具有"凉爽之地"效果的娱乐场所之用，对维持城市的环境质量也是不可或缺的（图2-36）。

城市内的河流，由于气温低的海风可以沿着河流刮向市区的缘故，在夏季的白天起到了对城市热岛效应的分割作用。在日本许多沿海分布的城市里，在城市规划中就充分利用了这种效果。

3. 遮阳构件

在夏季，遮阳是一种较好的室外降温措施。在城市户外公共空间设计中，如何利用各种遮阳设施，提供安全、舒适的公共活动空间是十分必要的。一般而言，室外遮阳形式主要有：人工构件遮阳、绿化遮阳、建筑遮阳。下面主要介绍人工遮阳构件。

（1）遮阳伞（篷）、张拉膜、玻璃纤维织物等。遮阳伞是现代城市公共空间中最常见、方便的遮阳措施。很多商家在举行室外活动时，往往利用巨大的遮阳伞来遮挡夏季强烈的阳光。

随着经济发展，张拉膜等先进技术也逐渐运用到室外遮阳上来（图2-37）。利用张拉膜打造的构筑物既可以遮阳、避雨，又有很高的景观价值，所以经常被用来构筑场地的地标。

图2-36　城市绿化带　　　　　　　　　图2-37　室外遮阳——张拉膜

玻璃纤维遮阳织物于20世纪60年代开始，应用于室外遮阳。在德国、比利时、法国和美国，研究报告均显示，使用这种材料制作的室外遮阳能阻隔88％的太阳辐射，可以降低温度5～15℃。玻璃纤维遮阳织物的特殊制作工艺使得自然光线能均匀地渗透，在优化视觉舒适度的同时又保持外部景色清晰可见。但也应注意到，虽然遮阳伞、张拉膜等遮阳构件有良好的遮阳效果，但在夏季，由于其自身温度的提高，升高周围环境的平均辐射温度，影响环境的热舒适。

（2）百叶遮阳。与遮阳伞、张拉膜相比，百叶遮阳优点很多。首先，百叶遮阳通风效果较好，大大降低其表面温度，改善环境舒适度。其次，通过对百叶角度的合理设计，利用冬、夏太阳高度角的区别，获得更加合理利用太阳能的效果。再次，百叶遮阳光影富有变化，均有很强的韵律感，能创造丰富的光影效果。

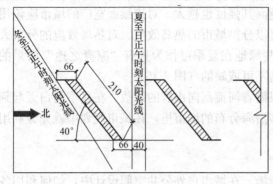

图 2-38　室外遮阳构件大样图

华南理工大学逸夫人文馆在室外百叶遮阳的设计上很有特色。通过对室外遮阳板构造尺寸的合理设计（图 2-38），满足了夏季和冬季对太阳辐射量的不同要求，达到冬季透过 80% 太阳直射辐射，从而减少了室外冷辐射对室内人员的不良影响；夏季遮挡 85% 的太阳直射辐射，可以有效降低室内外表面温度，从而减少房间空调能耗，改善室外的热舒适性。华南理工大学建筑节能中心对人文馆室外遮阳的效果进行了实地测试，通过对夏季 WBGT 指标的测试，可以得到，阴影区 WBGT 值在测试时间内均低于光照区的值，最大差值 2.44℃，平均差值为 1.4℃，由于 WBGT 值是评估炎热环境的最佳热指标，因此，上述测试结果充分说明了由于室外遮阳的存在，改善了室外热环境。同时室外遮阳板在建筑平立面上形成连续丰富的光影变化，如图 2-39 所示。

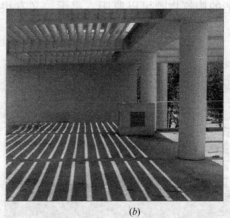

(a)　　　　　　　　　　(b)

图 2-39　室外遮阳光影效果
(a) 冬季；(b) 夏季

（3）绿化遮阳构件。绿化与廊架结合，是一种很好的遮阳构件。一方面其充分利用了绿色植物的蒸发降温和遮阳效果，大大降低环境温度和辐射；另一方面绿色遮阳构件又有很高的景观价值，值得大量推广（图 2-40）。

四、室外热环境规划设计方法

对于室外热环境设计而言，风环境的好坏是一个很重要的影响，良好的风环境有利于带走热量，改善室外热环境。对于风环境的设计，在上一节已经着重阐述，这里主要介绍如何利用室外规划的技术措施来改善热环境。

建筑布局对室外热环境影响主要体现在：1）建筑布局对室外风环境影响很大；2）建筑布局所形成的阴影也会影响室外热环境分布。但需要注意的是，建筑在地面形成的阴影越大，其落在建筑单体上的辐射也大，因此需要综合考虑建筑布局对室外风环境、地面阴影、建筑单体热环境的影响，可以通过CFD模拟实现。

图2-41是六种常见的简单建筑布局形式。对六种按照环境性能加以分析，并用形式参数加以描述的简化的建筑群布局进行了研究。选择简化形式使模型技术和计算更简单，并且在进入复杂的真实城市形式之前开始建立起形式参数和环境性能之间的联系。

所选择的六种简单形式，随着改变建筑的高度和宽度，其每一类都有相同的建筑容量。每一类形式的被动（被动一般来讲是距离外墙6m内的区域）和非被动区域的比率也是相同的。预期不同的形式，从封闭（内庭）到开放（亭）的城市结构，对城市微气候的影响将会有很大的不同。

图2-40 葡萄藤廊架

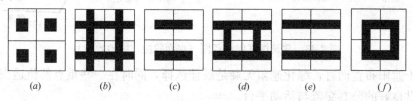

(a)　　(b)　　(c)　　(d)　　(e)　　(f)

图2-41 考虑建筑形式和环境联系的六种建筑形式

(a) 点式；(b) 内庭式；(c) 层式；(d) 行列＋内庭式；(e) 行列式；(f) 庭院式

对六种布局分别进行了太阳辐射分析，采用了SHADOWPACK按照真实的气象数据来计算照射在地面和建筑表面的年太阳辐射总量，也就是测试参考年中折射和散射的辐射都被综合考虑，结论如下：

（1）建筑表面和地面得到太阳辐射总量最高的建筑形式为亭阁式（pavilion），这种形式具有最大的自由地面面积和相对无遮阳的垂直表面。

（2）建筑表面得到最多太阳辐射的形式是内庭式（court），比得到最少的层式（以南北向为轴）（slab）高出了21%。这种形式中，多于一半的辐射落在了屋顶上。反过来说，它的垂直面得到的辐射是最少的，比亭阁式的少了32%。

（3）在城市区域的微气候环境中，亭阁式使最多的太阳辐射到达地面，比内庭式多出了24%。但是，这主要是由于它较小的占地面积。按照敞开地面每平方米的太阳辐射来计算，庭院式实际上是最好的，也即敞开的地面上有较少的阴影。

对于室外热环境设计，还要注意适当地配置城市中表面温度不同的区域，如水面、绿地的应用，就是利用两者与建筑物的表面、铺装地面和马路等温差平衡的过程来产生气流，外部空间表面状态不同，相互间产生气流的难易程度亦不同。在城市规划中为了改善城市的热环境，必须重视水面和绿地的保留和扩建。

由于透水砖具有一定的环境降温效果，因此在组团设计中，停车场、道路等热岛强度

图 2-42　具有透水效果的植草砖停车场

较大的地方应考虑采用透水设计（图 2-42）。同时如果能将透水砖与草坪等绿化配合使用，效果将更好。

一般而言，乔木对热环境改进的效果最好，特别是乔木的遮阳作用，宜在公共活动空间使用，例如道路、游乐场等。但是由于其具有一定的阻风作用，因此应规避其对夏季主导风的阻挡。水体、绿地的降温效果明显，宜布置在夏季主导风的上风向和热岛效应明显区域，充分利用其降温效应。同时在组团中心，也应考虑布置集中的水体与绿地，有利于改善微气候，如图 2-43 所示。

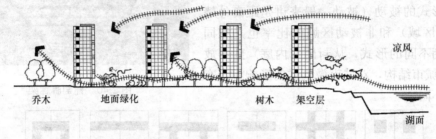

图 2-43　建筑微气候示意图（水面效应、绿地效应）

而对于遮阳布置而言，绿化遮阳无疑是最佳选择，同时在一些重点部位适当布置人工遮阳，提供良好的公共交流与活动平台。

第六节　热环境的评价方法

城市热环境质量评估应综合考虑其对人们户外活动、室内热环境及城市气候的影响，其中对户外活动的影响是最直接、最重要的。城市热环境直接影响到人们户外活动的安全性和舒适性。因此，如何对室外热环境进行评价是一个十分重要的课题。本节主要介绍三个方面的内容：室外热环境的评价指标及评估体系、室外热环境预测方法、室外热环境实测方法。

一、室外热环境的评价指标及评估体系

（一）室外热环境的评价指标

由于影响人对环境热反应的因素很多，既有环境固有的特性，即空气温度、湿度、气流速度及辐射量（热辐射）；又有个人活动量、衣着条件等因素。对于复杂多变的室外热环境进行客观评价是十分重要的，这里主要介绍室外热环境评价较为常见的两大指标：

1. 标准有效温度 SET

ASHRAE 的标准有效温度 SET（Standard Effective Temperature）定义为：在温度为 SET 的假想等温热环境中，空气相对湿度为 50%，空气静止，人体身着与活动量对应的标准服装，其皮肤润湿度和通过皮肤的换热量与实际环境下相同。

表 2-6 给出了 ASHRAE 规定的不同 SET 对应的温热感觉、生理现象及健康状态。

SET （℃）	热感觉		生理现象	健康状态
	冷热感觉	舒适感		
40～45	限值	限值	体温上升，体温调节不畅	血液循环不畅
35～40	非常热	非常不舒服	出汗，血压增加	危险增加 脉搏不稳定
30～35	暖和	不舒服		
25～30	中性	舒服	生理正常	正常
20～25				
15～20	微凉	略微不舒服		
10～15	冷	不舒服	散热加快，需要添加衣服， 手脚血管收缩	黏膜皮肤干燥，血液循 环不良，肌肉酸痛
5～10	非常冷	非常不舒服		

2. 湿黑球温度（WBGT）

湿黑球温度 WBGT 是一个环境热应力指数，它由干球温度 T_a、自然通风（非送风）下的湿球温度 T_w 以及黑球温度 T_g 按照如下关系构成：

$$WBGT = 0.7T_w + 0.2T_g + 0.1T_a \tag{2-2}$$

黑球温度与空气温度、平均辐射温度及空气运动有关，而自然通风湿球温度则与空气湿度、空气运动、辐射温度和空气温度有关。因此，WBGT 事实上是一个与影响人体环境热应力的所有因素都有关的函数。

有文献通过回归统计，提出一种由室外环境参数直接计算 WBGT 的关联式（定义为 $WBGT^*$），如下所示：

$$WBGT^* = 0.8288T_a + 0.0613MRT + 0.007377q_s + 13.8297\varphi - 8.7284V^{-0.0551} \tag{2-3}$$

上式的应用范围为：空气温度 20～45℃，平均辐射温度 MRT20～65℃，相对湿度 φ10%～100%，风速 V0.1～7.1m/s，其中 q_s 为太阳总辐射照度（W/m²）。

还有文献认为，上式与 WBGT 的计算公式（2-2）的总相关系数为 0.9858，平均相对误差为 4%；并提出用空气温度代替平均辐射温度，用太阳直射强度代替总太阳辐射度，这样平均相对误差为 4.5% 左右。

（二）室外热环境的评价体系

对于绿色生态小区规划的评估体系，国内外可持续发展相关研究的进展十分快。评估体系主要分为生态环境、绿化环境、声环境、光环境、气环境、水环境、热环境。本章主要讨论风环境与热环境，两者都关系到室外热舒适。

1. 风环境的评价

风环境的评价需要兼顾冬季防风和夏季、过渡季室内自然通风，同时要考虑室外人员活动的舒适性。在小区的行人活动区，对于风引起的不舒适性问题的评价，国内外研究人员做了大量的现场测试、统计调查和风洞实验，提出人的舒适感与风速之间的关系，如表 2-7 所示。

风速变化范围（m/s）	人的感觉
<1.0	感觉不到风
1.0～5.0	舒适
5.0～10.0	不舒适，行动受影响
10.0～15.0	很不舒适，行动受严重影响
15.0～20.0	不能忍受
>20.0	危险

（1）在小区主要人员活动区 1.5m 处风速不超过 5m/s；

（2）冬季保证建筑单体前后压差不大于 5Pa；

（3）夏季保证 80% 以上的板式建筑前后存在 1.5Pa 左右的风压差，避免局部出现旋涡和死角，从而保证室内有效的自然通风。

定量评估指标的计算方法主要有采用计算机模拟计算（CFD 模拟）或者风洞实验的方法。进行 CFD 模拟分析时，应根据当地的风玫瑰图确定不同季节室外典型风速情况，以此作为模拟分析输入边界条件。

2. 热环境的评价

室外热环境直接关系到室外活动人员的热舒适及人身安全。夏季室外热环境恶劣，需要建立合适的评价体系。近年来，我国城市规划和建设部门越来越重视城市和建筑周围的热环境评价，颁布的标准和评估手册中提到了热环境指标的评价等级，例如：在《中国生态住宅技术评估手册》中规定小区热岛强度不大于 1.5℃ 是改善小区微环境的必备条件，在《绿色奥运建筑评估体系》中，提出采用 WBGT 及其关联式作为室外热环境的评价指标，并要求对夏季典型日的室外热舒适进行模拟计算。在 2006 年颁布的国家标准《绿色建筑评价标准》（GB/T 50378—2006）中规定住区室外日平均热岛强度不高于 1.5℃，上述这些标准为绿色建筑和热环境的评价提供了评价的指标依据。

同时在室外热环境评价中，仅仅利用温度或风速并不能准确评价室外环境的优劣，其评价应采用一种综合考虑温度、相对湿度、辐射、环境温度、风速影响后的综合性指标体系。目前国际上主要有两大指标体系：WBGT（湿球黑球温度）和 SET（标准有效温度）。WBGT 是通过 ISO 7243 认证推荐，定量评价园区环境热舒适型，其限值见表 2-8。

WBGT 指标体系限值　　　　　表 2-8

评价指标	热舒适性	热适宜性
WBGT	≤29℃	≤32℃

二、室外热环境预测方法

1. 风洞

风洞是进行空气动力学实验的一种主要设备，几乎绝大多数的空气动力学实验都在各种类型的风洞中进行。风洞的原理是使用动力装置在一个专门设计的管道内驱动一股可控气流，使其流过安置在实验段的静止模型，模拟实物在静止空气中的运动。它可测量作用在模型上的空气动力，观测模型表面及周围的流动现象并根据相似理论将实验结果整理成可用于实物的相似准数，其主要优点是：

（1）实验条件（包括气流状态和模型状态两方面）易于控制；

（2）流动参数可各自独立变化；

（3）模型静止，测量方便而且容易准确；

（4）一般不受大气环境变化的影响；

（5）与其他空气动力学实验手段相比，价廉、可靠等。

缺点是难以满足全部相似准则数相等，存在洞壁和模型支架干扰等，但可通过数据修正方法部分或大部分克服。

为了研究室外热环境的舒适性和城市环境的保护，避免在施工甚至使用过程中出现各种风环境问题，应该在建筑物设计阶段就进行风环境模拟并寻找最佳方案。风洞实验是这方面研究的有力手段之一。研究者可通过风洞实验了解建筑物周围风环境的基本规律，从而得出建筑单体、建筑群乃至整个小区合理的建筑环境设计参数。图 2-44 是东京大学大岗研究室做的一次风洞实验。

图 2-44　风洞实验

2. CFD 模拟

CFD（Computational Fluid Dynamics）亦称为计算流体动力学，通过数值求解控制流体流动的微分方程，得出流体流动的流场在连续区域上的离散分布，从而近似模拟流体流动情况。简单地说，它相当于"虚拟"地在计算机做实验，用以模拟真实的流体流动情况。1933 年，英国人 Thom 首次用手摇计算机数值求解了二维黏性流体偏微分方程，CFD 由此而生。1974 年，丹麦的 Nielsen 首次将 CFD 用于暖通空调工程领域，对通风房间内的空气流动进行模拟。之后短短的 20 多年内，CFD 技术在建筑环境设计的研究和应用发展很快，其主要用途有：

（1）通风空调空间气流组织设计。通风空调空间的气流组织直接影响到其通风空调效果，借助 CFD 可以预测仿真其中的空气分布详细情况，从而指导设计。通风空调空间通常又可分为：普通建筑空间，如住宅、办公室、高大空间等；特殊空间，如洁净室、客车、列车及其他需要空调的特殊空间。

（2）建筑设备性能的研究改进。暖通空调工程的许多设备，如风机、蓄冰槽、空调器等，都是通过流体工质的流动而工作的，流动情况对设备性能有着重要的影响。通过CFD模拟计算设备内部的流体流动情况，可以研究设备性能，从而改进其更好地工作，降低建筑能耗，节省运行费用。

（3）建筑外环境分析设计。建筑外环境对建筑内部居住者的生活有着重要的影响，所谓的建筑小区风、热环境等问题日益受到人们的关注。采用CFD可以方便地对建筑外环境进行模拟分析，从而设计出合理的建筑风环境和室外热环境。

建筑外环境的CFD模拟一般采用辐射、对流、导热、传质过程联合求解，即传热与空气流动联立计算的方法，把太阳辐射、风、建筑结构和类型、下垫面状况、人员情况和各种排热状况等因素综合考虑在内，并获得温度场（分布参数）或温度集总参数的输出结果。在此基础上，可对小区风环境、热岛效应和绿化、水景等园林设计结果进行定量的评价。从国内外的工程应用来看，美国Berkeley大学、日本东京大学、国内清华大学等都分别利用自己开发的软件对城市、住区室外的热环境进行着预测和研究，并对住区的规划设计进行了优化。

而时至今天，由于计算机技术的飞速发展，CFD技术也日渐成熟并具备了成本低、速度快、资料完备且可模拟各种不同的工况等独特的优点。它可借助计算机图形学技术将模拟结果形象地表示出来，使得模拟结果直观，易于理解。同时，由于计算机模拟不受实际条件的限制，因此不论实际小区布局形式如何、建筑物形状是否规则等，都可以对其周围风环境进行模拟，获得详尽的信息。图2-45、图2-46是利用CFD技术对建筑外环境的仿真模拟及分析的一些实例。

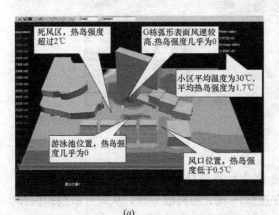 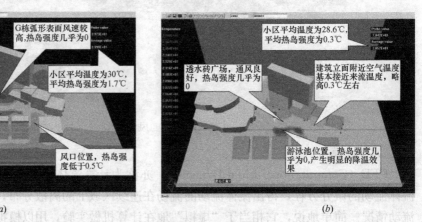

(a)　　　　　　　　　　　　　　　(b)

图 2-45　某小区规划热环境模拟图
(a) 改善前；(b) 改善后

尽管CFD大大提高了建筑环境设计的效率及相关数据的准确性，但是它仍存在着一些局限，例如：要求输入的参数量庞大，特殊情况需要通过繁琐的用户自定义程序编制才能求解，网格划分的精准性要求复杂等。这使CFD在某些情况下的模拟仍不尽如人意，如大尺度的区域建筑环境的模拟，一方面需要划分间距较大的网格来满足CFD软件和硬件的限制，另一方面在一些边界处需要划分间细小的网格来满足 CFD 软件的边界条件设置。因此，CFD 技术仍有待发展及完善。

3. CTTC 模型

1990 年，HANNA SWAID 和 MILO E. HOFFMAN 提出了用于计算城市街谷空气温度的 CTTC 模型，CTTC 模型是在热平衡的基础上，使用建筑群热时间常数的方法来计算局部建筑环境的空气温度随外界热量扰动变化情况的一种方法。CTTC 是"建筑群热时间常数（Cluster Thermal Time Constant）"的缩写。该模型把特定地点的温度视为几个独立过程温度效应的叠加，用下述公式表示：

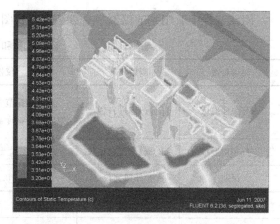

图 2-46　计算机对建筑物室外温度场的模拟

$$T_a(t) = T_0 + \Delta T_{a,\text{solar}}(t) - \Delta T_{\text{NLWR}}(t) \tag{2-4}$$

$$\Delta T_{a,\text{solar}}(t) = \int_{\lambda=0}^{t} \frac{m}{h} \frac{\partial I_{\text{pen}}(t)}{\partial \lambda} \times \left[1 - \exp\left(\frac{t-\lambda}{CTTC} \right) \right] d\lambda \tag{2-5}$$

式中　$T_a(t)$——t 时刻的大气温度，℃；

$\Delta T_{a,\text{solar}}(t)$——因城市覆盖层表面吸收太阳辐射而导致的大气温升，℃；

m——下垫面对太阳辐射的吸收率；

h——综合换热系数；

$I_{\text{pen}}(t)$——建筑群在 t 时刻接受到的平均单位面积上的太阳辐射强度，W/m²；

$CTTC$——建筑群热时间常数；

$\Delta T_{\text{NLWR}}(t)$——净长波辐射失热量而导致的温度变化，℃；

T_0——基准（背景）温度，℃。

斯沃德（Hanna Swaid）和霍夫曼（Milo E. Hoffman）按理论计算公式和实测结果得出：同一个城市不同建筑群的基准温度值很接近，误差不超过 0.5℃，且与乡村日平均空气温度相等。

三、室外热环境实测方法

现场实测是研究城市热环境的重要手段，测试的结果除了能客观评价测试区域的热环境水平，还能对理论分析的结果进行验证，同时还能发现理论分析中无法找到的规律。下面将通过华南理工大学建筑节能中心所作的其中一个室外热环境实测来简要介绍具体的室外热环境实测方法。

被测区域东湖位于湿热地区代表城市的广州华南理工大学校内，测试区域内的建筑类型主要为办公建筑，下垫面类型比较丰富，包括树木、水面、草地、不透水路面等，因此，该区域是测试、分析各类下垫面类型及建筑设计方式对小尺度区域热环境影响的良好实验对象。

1. 测试仪器介绍

测试过程中所用到的仪器设备如表 2-9 和图 2-47 所示。

测试仪器和精度   表 2-9

测量参数	测量仪器	仪器精度	采集频率
空气干球温度	HOBO 温度自记仪	温度测量范围：−20~70℃ 温度测量精度：±0.7℃（21℃）	5min（自动）
空气相对湿度	HOBO 湿度自记仪	±5%	5min（自动）
风速	热球风速仪	0.1m/s	1h（手动）
长波辐射热	热辐射计	5%	1h（手动）
地表温度	红外温枪	0.5	1h（手动）
建筑表面温度	红外热成像仪	4‰（−40~160℃）	1h（手动）

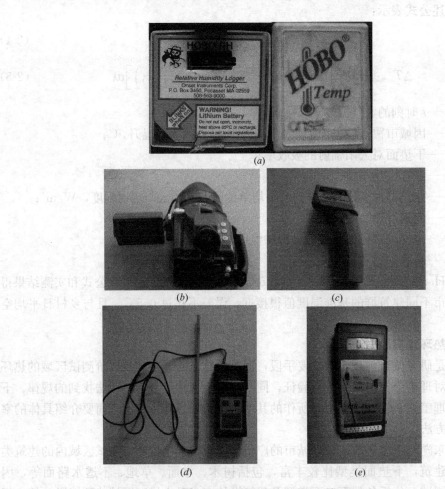

图 2-47　本次测试使用的测试仪器
(a) HOBO 湿度自记仪和温度自记仪；(b) 红外测温枪；
(c) 红外热成像仪；(d) 热球风速仪；(e) 热辐射计

2. 测点分布

测点分布应覆盖所有不同类型的下垫面和各种不同的室外热环境。东湖的测试区域及测点布置如图 2-49 所示，1～8 测点位于西区，9～16 测点位于中区，17～24 点位于西区，其中 1、10 点和 17 点位于湖边树荫下，9 点位于水面上方 1m 处，3 点和 20 点位于两栋建筑的开口处，6 点位于架空层内，其他各点均布置在空旷地带。由于受实验仪器的数量限制，仅在 7 月 10～13 日在测点 4、测点 9、测点 13 和测点 21 处布置了湿度自记仪。各个温度自记仪均放置在防辐射装置内，并置于距地面 1.5m 高处，如图 2-48、图 2-49 所示。

图 2-48　测点放置和防辐射装置　　　　图 2-49　测点布置图

参 考 文 献

[1] 村上周三著．朱清宇等译．CFD 与建筑环境设计[M]．北京：中国建筑工业出版社．

[2] 李学，宋德萱．江南传统民居的适宜性生态技术初探[C]．第九届全国建筑物理学术会议论文集：绿色建筑与建筑物理．2004.

[3] 都市环境学教材编辑委员会编．林荫超等译，李海峰等校．城市环境学[M]．北京：机械工业出版社，2005.

[4] 叶荣贵，曾志辉，叶凯伦，方琳．健康、绿色与节能住宅综合研究[J]．热带建筑．2006.

[5] 韦佳．生态建筑与气候设计[C]．第九届全国建筑物理学术会议论文集二：绿色建筑与建筑物理．2004.

[6] 林其标，林燕，赵维稚．住宅人居环境设计[M]．广州：华南理工大学出版社，2000.

[7] 华南理工大学主编．建筑物理[M]．广州：华南理工大学出版社，2002.

[8] 张倩，王芳．城市住区规划设计概论[M]．北京：化学工业出版社，2006.

[9] 张恒坤，唐鸣放，赵万民．户外公共空间遮阳分析[C]．建筑环境与建筑节能研究进展．2007 全国建筑环境与建筑节能学术会议论文集．2007.

[10] 姚润明，李百战，昆·斯蒂摩司主编．可持续建筑环境与建设[C]．欧亚可持续城市发展国际会议．2006.

[11] 林波荣．绿化对室外热环境影响的研究[D]．清华大学博士学位论文，2004.

[12] ASHRAE，Chapter 8-Physiological Principles and Thermal Comfort. In Handbook of Fundamentals，Atlanta：American Society of Heating，Refrigerating and Air-Conditioning Engineers，Inc.，2001.

[13] 吉田伸治．連成数値解析による屋外温熱環境の評価と最適設計法に関する研究[D]．東京大学大学院博士論文，2001.

[14] 董靓，陈启高．户外热环境质量评价[J]．环境科学研究，1995．

[15] 绿色奥运建筑研究课题组著．绿色奥运建筑评估体系[M]．北京：中国建筑工业出版社，2003．

[16] 张磊．湿热地区城市热环境评价模型研究[D]．华南理工大学博士学位论文，2007．

[17] 中华人民共和国建设部．绿色建筑评价标准[S]．北京：中国建筑工业出版社．2006．

[18] 贾彬，王汝恒．风洞试验在我国建筑工程中的应用简介[J]．四川建筑科学研究．2006．

[19] HANNA SWAID, MILO E. HOFFMAN, Prediction of urban air temperature variations using the analytical CTTC model[J]. Energy and Buildings. 1990.

[20] H. Swaid. Intelligent Urban Forms (IUF) A New Climate-Concerned, Urban Planning Strategy[J]. Theoretical and Applied Climatology. 1992.

[21] 陈恩水．居住区气温变化模型及应用[J]．环境科学，1998．

[22] 孙越霞，卢建津，董文志，张于峰．基于 CTTC 和 STTC 模型的城市热岛分析[J]．煤气与热力，2005．

[23] 金玲，孟庆林．地面透水性对室外热环境影响的实验分析[C]．第九届全国建筑物理学术会议论文集一：绿色建筑与建筑物理，2004．

[24] 刘念雄，秦佑国．建筑热环境[M]．北京：清华大学出版社，2005．

[25] http：//219.239.88.36/design/lesson/68.

[26] www.123.netbabythread-4432178-1-1.html.

[27] http：//b2b.qx100.com.

第三章　节能建筑形态设计

建筑形态问题是建筑学的基本问题，对于广大建筑师和建筑学人而言，一幢建筑最易把握的就是建筑形态，也就是建筑的外观、空间构成以及由此反映的内容。形态是内容的表象，是建筑呈现的外在形式，是建筑的内容（空间及功能）的外显。对于建筑的认识、感知、阐述以及研究，无论是理论上的、美学上的，还是技术层面的，一切命题都最终落脚于建筑形态方面。

纵观建筑发展史可见，建筑形态及其设计理念随着技术与人文尤其是技术的发展而不断更新。现代节能技术的发展，已经给当代建筑带来了全面影响，对相关节能技术的应用，对自然环境、气候特征的尊重，使得当代建筑形态呈现出多样性的表达方式。总体看来，当代建筑形态的表现是异彩纷呈和躁动不安的。但在复杂的表象下面，暗藏着充满理性与积极探索的潮流，越来越多的中外建筑师以适应气候为设计思路，在妥善解决气候所引起的节能技术问题的同时进行新的建筑形态探索，使其设计作品既能够满足节能和环保要求，在建筑形象上又能够体现地域文化和时代风貌。

实际上尽管现代节能技术表现手段眼花缭乱，其实践仍须回归到建筑本体——建筑形态中去。高效的节能建筑要求建筑师在实践中注重建筑形态与各种节能技术的理性结合，将节能设计作为建筑形态创作中取之不尽的源泉，以节能技术措施为形态创作依据，通过合理的建筑形式和技术设计体现人类与自然和谐共存的关系，以使节能建筑并不局限在一个纯技术的领域之中。

作为对全球性能源危机的回应，而不是仅仅出于对风格或形式的考虑，如何通过建筑设计减少化石能源消耗，实现节能技术的有效性和可持续发展已经成为建筑师在新世纪中的重要课题。

第一节　传统民居的启示

相对于现代居住建筑而言，无论是原始的穴居和巢居，还是发展成熟的传统民居都充分表现出适应自然的要求和特征，它的生成和发展是人们长期适应自然环境的结果。传统民居中这种依靠自然循环解决自然问题的方法使得人类的健康得到了长足的发展。

世界各地的传统民居，由于其所在地的气候条件、地理环境的不同，物质资源、文化背景的各异，生活方式、生产力水平的差别等，呈现出丰富多彩、各具特色的空间格局和构筑形式。受技术、经济水平低下的限制，传统民居首先考虑的是尽可能利用外界能够有限利用的气候资源，尽可能获得自然采暖和空调效应，这也是早期传统民居形态的出发点。

由于气候类型多样，传统民居在平面布局、形体处理、材料运用和构造方法等方面形成了多种多样的形态特征。许多传统民居都是合理利用自然资源回应地方气候的典范。

以我国传统民居为例，藏、羌等少数民族的邛笼民居利用方整封闭的框套空间和竖向

图 3-1　邛笼式民居

分隔空间，通过敞间、气楼的设置和厚重的土石围护结构、深凹的漏斗形外窗等的使用来适应山区严寒的气候和早晚温差变化对室内热环境的影响（图 3-1、图 3-2）；新疆地区的高台民居利用内向型半地下空间与高窄型内院，通过吸热井壁、地下通道、双层通风屋顶、冬季空间和夏季空间的区别对待等设计手段来适应西北地区干热干冷气候条件（图 3-3、图 3-4）；厅井民居利用形式多样、以通为主的阴影空间，通过高敞堂屋（厅）和天井的组合、屋顶隔热、深远挑檐和重檐、多孔透气的隔墙和轻质围护结构等建筑手段来适应我国南方地区高温高湿的夏季气候条件（图 3-5）；而傣族的干栏式民居利用底层架空、通透开敞的平面空间，借助层层跌落的屋檐和腰檐、大坡度的屋顶、不到顶的隔墙、墙面外倾和轻薄通透的竹（木）板围护结构来适应当地的热带气候（图 3-6、图 3-7）。

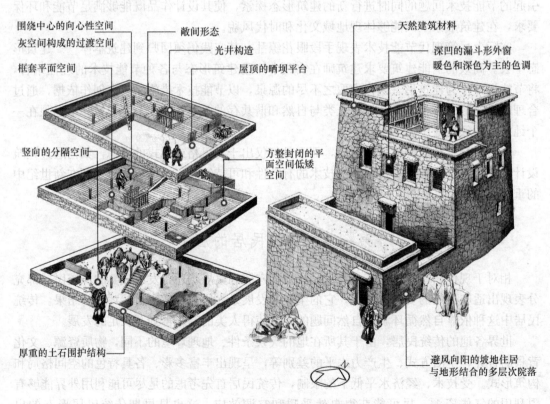

围绕中心的向心性空间
灰空间构成的过渡空间
框套平面空间
敞间形态
光井构造
屋顶的晒坝平台
天然建筑材料
深凹的漏斗形外窗
暖色和深色为主的色调
竖向的分隔空间
方整封闭的平面空间低矮空间
厚重的土石围护结构
避风向阳的坡地住居与地形结合的多层次院落

图 3-2　邛笼式民居的建筑形态特点

　　因此，可以说传统民居优美形态的产生与节能技术的巧妙运用有着密切的关系，其各项被动节能技术与当代技术没有效率和工艺水平以外的本质差异，其形态真实坦诚地体现了技术的特性和逻辑，符合当代节能建筑的审美要求。

图 3-3　高台式民居

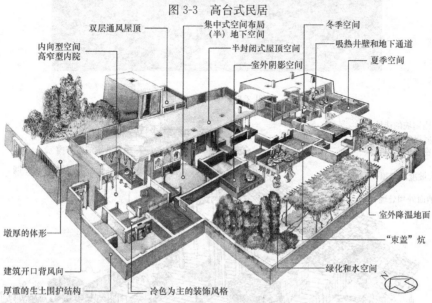

内向型空间 高窄型内院

双层通风屋顶

集中式空间布局 （半）地下空间

半封闭式屋顶空间

室外阴影空间

冬季空间

吸热井壁和地下通道

夏季空间

墩厚的体形

建筑开口背风向

厚重的生土围护结构

冷色为主的装饰风格

室外降温地面

"束盖"炕

绿化和水空间

图 3-4　高台式民居的建筑形态特点

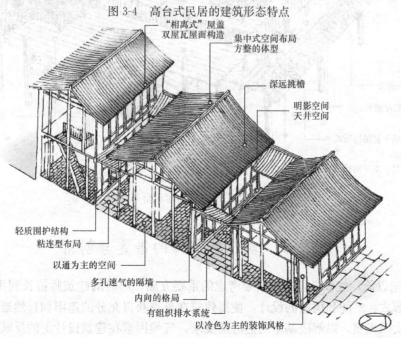

"相离式"屋盖 双屋瓦屋面构造

集中式空间布局 方整的体型

深远挑檐

明影空间 天井空间

轻质围护结构

粘连型布局

以通为主的空间

多孔速气的隔墙

内向的格局

有组织排水系统

以冷色为主的装饰风格

图 3-5　厅井式民居的建筑形态特点

图 3-6　干栏式民居

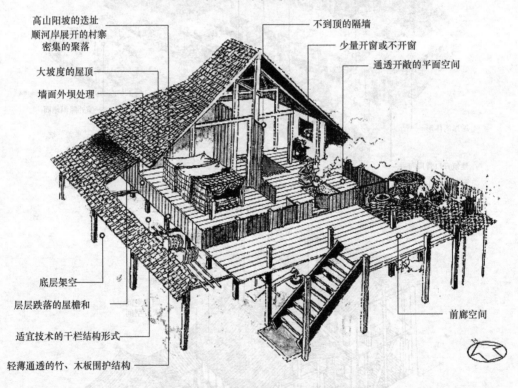

图 3-7　干栏式民居的建筑形态特点

第二节　现代建筑师的借鉴与创新

　　20 世纪以前，气候是建筑师所要考虑的重要方面，那时的建筑师擅长利用气候资源，通过建筑形式、空间和构造的设计，使得建筑在夏季获得充分的遮阳和自然通风，冬季获得温暖的太阳光照，以解决基本的热舒适要求，气候因素在建筑设计上的反映实质上是能源利用方式问题。

随着工业时代的来临，科学技术产生了巨大的生产力，尤其是小型采暖空调设备和技术的发展，使得建筑师的创作自由度大大提高，建筑物的采暖、降温和照明不再是建筑师关心的问题而变成设备工程师的工作。虽然直到1973年的能源危机，建筑界才广泛认识到节能建筑设计的重要性，改变设备万能观念，恢复建筑与气候的良性互动关系，为降低建筑能耗寻找出路。但是早在20世纪初，出于对气候和地域条件的关注，许多建筑师的作品中仍然显现着一些节能的智慧。

20世纪30年代，勒·柯布西耶改变了一些他在20年代的形式和手法以适应地区、地形和气候的特点，从北非传统建筑形式得到启发，增添了体现解决国际与地区问题的设计方式——即现代技术与地方智慧的巧妙结合——深遮阳、遮阳板和伞式屋顶，这些建筑构件成为柯布西耶在后来的设计中进行调节建筑小气候的工具，也逐渐演化成为他后期设计中得心应手的语汇。对遮阳元素可行性的研究，使得柯布西耶成为与光影美学关系最密切的建筑师。最好的范例在印度昌迪加尔：高等法院（图3-8）具有非常凸出的伞式屋顶、格栅状遮阳板立面和高起的连拱廊，不仅带来阳光与光影的丰富变化，还有效地起到了遮阳效果；议会大厦（图3-9）的门廊也是以"阳伞"的形象出现，它的断面是一个牛角的优美曲线，窗洞则做深以形成很多阴影深邃的空间，不但美观而且起到了遮阳与引风的双重作用。在建筑群中柯布西耶还设置了大面积的水池，将通过的热气流自然降温，以使室内气候环境得以调节，营造相对舒适的人工小气候。

图3-8　昌迪加尔高等法院

图3-9　昌迪加尔议会大厦

对于一个建筑物，与周围环境的和谐仅仅靠外形的协调是不够的，还应能适应当地的气候环境，创造舒适的空间。路易·康的作品更是很好地做到了这一点，他在所追崇的"式"的导引下，从"静谧"跨越"阴影"的门槛，走向"光明"，从而获得建筑的"形式"。如印度经济管理学院（图3-10）的"让每片墙与风的来向一致"、双层墙，论坛回顾报印刷所的大尺度的高窗和窄条形的低窗结合在一起"康氏窗户"，金贝尔艺术博物馆

（图 3-11）的摆线形拱壳采光屋顶。康曾这样描述道"建筑试图寻找一种适当的空间形式，通过出挑的屋檐、深深的前廊和防护墙体使室内外过渡空间免于太阳的暴晒、阳光的灼射、热浪的侵袭和雨水的淋湿。"

图 3-10　印度经济管理学院

图 3-11　金贝尔艺术博物馆

赖特倡导的"有机建筑"理论和众多精彩的建筑设计作品至今仍然是建筑师学习的典范，他的设计作品除了注重与建筑周围的室外自然环境的有机融合外，还特别重视建筑要有机地利用和适应自然条件来创造舒适的室内外生活空间。如利用不同深度的屋檐和挑檐来调节阳光的罗比住宅（图 3-12），利用天窗自然采光的约翰逊制蜡公司办公室（图 3-13），利用热惰性大的自然石灰石、建造在半地下以适应炎热干燥的沙漠环境的西塔里埃森。

图 3-12　罗比住宅　　　　　　　　　　图 3-13　约翰逊制蜡公司办公室

随着能源危机和环境恶化问题的日益加剧，节能建筑的设计成为许多建筑师考虑的主要问题。综合来说，节能建筑从设计手法上，呈现为三个类型：（1）从建筑所在地域出发，提倡利用本地材料和传统技术的乡土地方设计手法，如印度建筑师查尔斯·柯里亚、埃及建筑师哈桑·法赛等在学习和改进传统建筑中的节能智慧基础上，从特定地区气候因素出发为建筑设计提出了创造性的思路；（2）既重视地方性，又适当的引入较新技术的折衷主义设计手法，如马来西亚建筑师杨经文在处理热带高层建筑上独辟蹊径，形成一套较成熟的设计方法，他的创新思路表达了节能技术对建筑形态所带来的影响，以及对节能建筑创作中美学追求的进展；（3）结合当地自然生态条件与最新生态理论，充分利用新技术和新材料来解决生态问题的高技术设计方法，如诺曼·福斯特（Norman Forster）、伦佐·皮亚诺（Renzo Piano）、托马斯·赫尔佐格（Thomas Herzog）、理查德·罗杰斯（Richard Rogers）、尼古拉斯·格雷姆肖（Nicholas Grimshaw）等，他们将高技术作为一种手段，用来降低建筑的能耗与污染，高效率地解决建筑的采光、遮阳、通风问题，达到技术、建筑、自然的平衡发展的同时，也创造出了令人耳目一新的建筑形态。这三种手法有一个共同点，都是从当地的具体生态环境出发进行设计，所不同的是对节能技术的应用观念与方式上。

第三节　基于节能技术的建筑形态设计

节能建筑的形态表现不是目的，多数情况下，节能建筑的形态表现仅仅是实现建筑节能目的的"衍生物"，也因为节能技术和形态表现之间的无关联，使得节能建筑表达出来的形形色色的形态特征，同众多以形态表现为主的当代建筑思潮（如解构倾向、高技倾向、地域倾向）相比，不具备鲜明的特征和突出的共性。甚至在形态表现上，只要是符合节能的需求，可以是高技倾向的（如英恩霍文设计的德国埃森 RWE 总部，具有极其简单的外形和十分纯粹的体量，表皮采用的双层玻璃幕墙，具有十分精致的构造，图 3-14），也可以是地域倾向的（如伦佐·皮阿诺设计的 Tjibaou 文化中心，建筑形态来源于当地的"棚屋"，图 3-15）。所以对于节能建筑形态设计的探讨，必须从技术入手。

图 3-14　德国埃森 RWE 总部　　　　　　　图 3-15　Tjibaou 文化中心

　　而建筑的形态特征，包含从整体到局部的三个层面：外部形体轮廓、内部空间组织、局部建筑构件和构造。建筑形体作为建筑物最先传达给人的视觉信息，能给人最直接、最强烈的印象；合理的建筑造型，可以充分利用气候资源并将自然环境对建筑的不利影响减少到最小。建筑空间作为建筑处理的重要元素，一直是建筑师建筑素养和设计水准的重要标志。科学的空间处理不仅可以创造丰富的内部空间组合形式，还可以起到环境调节作用。建筑构件和构造作为产生丰富视觉效果的设计要素，往往在形态上各有特点；特定高效的建筑构件和节点构造，可以有力地保障节能技术的实现。

　　节约能源的最有效的方式是设计建筑时，使它尽可能充分利用自然资源如太阳能、风和自然光。直接利用气候的特性创造舒适的建筑环境而不求助于机械系统，是节能建筑设计的基本出发点。建筑设计中的节能技术就是被动式太阳能采暖、建筑遮阳、自然通风以及自然采光技术。

　　由于本书的其他章节会针对各种节能技术进行详细介绍，所以本章只是从被动式太阳能采暖、建筑遮阳、自然通风以及自然采光技术入手，针对节能建筑形态特征体现的三个层面，以建筑案例解析的方式展开对节能建筑形态设计的探讨。

一、被动式太阳能采暖技术下的形态解析

被动式太阳能（passive solar design）采暖设计是通过建筑物的朝向、方位的布置、建筑物的内外形态和构造的设计以及建筑材料的选择有效地采集、储存和分配太阳能，对太阳能资源加以利用。

1. 南向展开的纤长体形

沿南向充分展开的纤长建筑体形，可以增大建筑吸收太阳辐射的面积，这一形态由于

具有较强的可行性，因此被广泛应用于各类建筑中。

　　1948年建成的雅各布斯Ⅱ住宅（Herbert Jacobs House），被赖特称之为"半圆太阳屋"，如图3-16所示。为了节省冬季采暖能耗，赖特为住宅设计了被动式太阳能采暖系统。从建筑平面形状看，向南弯曲的纤长弧形不仅可以充分利用太阳能，也更易于寒冷的北风平滑地掠过建筑。朝南两层高的大玻璃窗起着直接受益窗的作用，由于冬季太阳的高度角较低，因此阳光透过南窗可以照射到住宅的深处直达后墙。混凝土地面厚实、不加修饰、用石灰石砌筑的后墙和山墙是很好的蓄热体，在阳光充足的白天吸收太阳热量，到夜晚慢慢释放出来维持室温，北侧及部分围过山墙的覆土又对建筑起着很好的保温作用。建筑虽然在一层地面设置了地板盘管并通过杂物间的锅炉供暖，但即便在室外气温低于0℃时，只要阳光充足，通常上午9点就可关闭供热系统直至下午很晚才重新恢复供热。

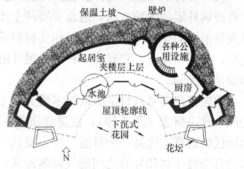

图 3-16　雅各布斯Ⅱ住宅

　　而托马斯·赫尔佐格（Thomas Herzog）通过研究如何高效地利用太阳能策略提出了"纤长矩形"的概念。与其他类型的建筑形态相比，东西轴长、南北轴短的纤长矩形不仅有利于获得太阳能，而且因外墙面积较小、散热少，也减少了建筑的热量损耗。"纤长矩形"概念在赫尔佐格很多作品中均有体现，德国文德伯格青年教育中心客房建筑就是其中一个（图3-17）。赫尔佐格将建筑体量分为长短不同的几个矩形，而且还根据不同空间的温度要求和使用时间，将使用时间较长的客房房间布置在建筑南侧，这一侧的房间通过大面积玻璃窗的设置可以直接利用太阳能和日光进行采暖和采光。同时为了减少温度变化幅度和存储热能，主体结构采用了厚重的、热稳定性较好的材料建造，南侧外墙不透光区域也使用了透光保温材料，这种材料允许阳光辐射通过，但同时又把热损失减至最小。整个晚上，当外界气温最低时，外墙起到了向内部空间传导太阳热能的作用。

图 3-17　德国文德伯格青年教育中心客房建筑

2. 对角线立方体

相关的研究表明，建筑外表面积的减少可以促进能源效率的最大化，但是对于太阳能建筑来说，建筑体型不是以外界面越少越好来评价的，而是以接受阳光照射外界面特别是南向外界面的面积越大，同时其他方向外界面尽可能少为佳的。为了最大限度地在冬季吸收太阳辐射和减少散热，建筑形体应该在东南和西南方向暴露尽可能大的外界面。正是基于这个出发点，托马斯·赫尔佐格构想了"对角线立方体"的概念，即一种近似于立方体的体块，以对角线为轴南北向放置，同时满足了增加太阳照射面积和减少外界面面积两方面的要求。1987年托马斯将这一概念应用于柏林国际住宅展览会一个8层的住宅方案（图3-18）上。

（1）"日光"边庭。日光间是一种常见的被动式太阳能采集方式，它实质上是一座覆盖着玻璃外墙的缓冲空间，通常需要两个元素：一个封闭的透明空间以接纳阳光；一些具备高热惰性的材料（如混凝土、相变材料等）来存储热能。日光间的作用不只是接收太阳光照，很多情况下，它起到一种气候缓冲的作用。许多节能建筑中的"日光"边庭，其雏形即是日光间。

德国盖尔森基兴科学园区技术研究中心（Gelsenkirchen Science Park）就发展了"日光间"这一概念（图3-19），在建筑临湖一面设置了一面巨大的玻璃幕墙，幕墙后就是科学园区的边庭，这是一个贯通三层、宽约10m、长约300m的公共区域。这一巨大的边庭作为办公楼主体和外界之间的气候缓冲区，对研究中心的内部气候调节和提高能源效率起到重要作用。在边庭之后，阵列着9个主要的研究设施。在冬季边庭所有的幕墙玻璃板是关闭的，以充分利用太阳能，但在夏季，下面4.5m高、7m宽的玻璃板可以用计算机控制的马达打开，使边庭的室内能享受到湖面冷却的空气并让人们能到达湖滨。

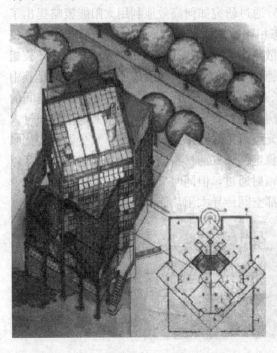

图 3-18　住宅方案中的"对角线立方体"

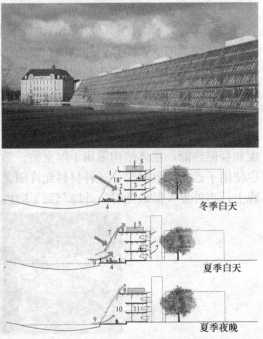

图 3-19　德国盖尔森基兴科技园

（2）倾斜的屋顶。为了最大限度地采集太阳能，常常将建筑的屋面垂直于太阳入射方向，这样自然就形成倾斜的建筑屋顶。倾斜的建筑屋顶一方面高效率地实现了对太阳能的采集作用，另一方面，作为一种独特的形式符号，又便于将各种主动式太阳能设备系统整合到建筑外立面上，从而赋予太阳能建筑本身的特征与属性，创造了大量新颖生动的建筑形态。

托马斯·赫尔佐格（Thomas Herzog）设计的慕尼黑住宅（图 3-20），是采用倾斜屋顶采集、利用太阳能的成熟之作。托马斯在南向设置了大大的倾斜玻璃屋顶，屋顶具有双层玻璃外皮（外层是单层强化安全玻璃，内层则为双层隔热玻璃），分别固定在构成斜面的钢架体系的上下两个面上。整个建筑轻盈而透明，并且便于安装太阳能设施。根据欧洲研究计划，Fraunhofer 协会的太阳能研究所在这栋建筑的倾斜屋面上部安装了 $60m^2$ 的太阳能电池板，同时还尝试使用真空管式太阳能热水器，即使在低日照条件下仍能保证使用，在中等日照条件下则可以获得很高的水温。在此之前，间接使用太阳能的设备都是以独立构件的形式附加在建筑围护结构上的，慕尼黑住宅则开了将各种太阳能系统整合到建筑立面上的先河，太阳能设备与建筑造型巧妙结合，赋予了建筑生动的形态特征。

图 3-20　慕尼黑住宅

（3）TWD墙。依据生物学家们的发现，北极熊白毛覆盖下的皮肤是黑的，黑皮肤易于吸收太阳辐射热，而白毛又起到热阻作用。依此原理，人们制造出了使热量"只进不出"的透明外保温材料（TWD），与普通外保温墙体相比，TWD墙（图 3-21）可以高效地吸收太阳辐射，同时又可以有效地阻止室内热量的外溢。具体做法是将一种两面为浮法的玻璃、中间填充有半透明材料的预制板材放在涂成黑色的墙面外。冬季阳光穿过半透明的热阻材料，照在涂成黑色的墙面上，墙面吸收辐射热量传递到室内，外墙成为吸收热量的构件；而夏季利用遮阳设施可以将半透明热阻材料遮盖起来，从而避免阳光照射。托马

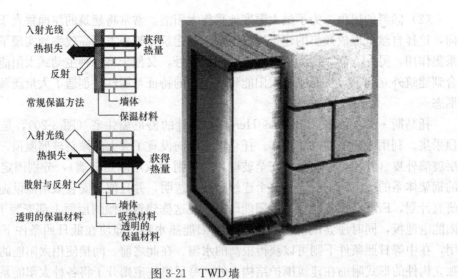

图 3-21 TWD 墙

斯·赫尔佐格在温德堡及慕尼黑普拉赫的设计作品使用 TWD 墙,在室外温度仅为 3℃时,外墙面温度可达 65℃,即使不开暖气,室内温度也可达 20℃。

二、建筑遮阳技术下的形态解析

建筑遮阳就是通过调节太阳直射辐射在建筑外围护结构尤其是窗户的分布,从而达到调节室内热舒适性和视觉舒适性、降低能耗的目的。建筑遮阳系统是建筑造型的一个组成部分,随着遮阳在现代建筑中的普及,建筑师已经把遮阳系统作为一种活跃的建筑语汇和不可或缺的节能设计手段加以组合运用,创造出了独特的建筑形态和丰富的光影效果。

1. 自遮阳形体

从遮阳的需要出发,根据冬、夏季太阳入射角度的不同,建筑整体的体型调整也是一种十分有效的遮阳方式。"形体遮阳"是运用建筑形体的外挑与变异,利用建筑构件自身产生的阴影来形成建筑的"自遮阳",进而达到减少建筑外围护结构受热的目的。

诺曼·福斯特设计的伦敦市政厅是一座倾斜螺旋状的圆形玻璃建筑(图 3-22),整个建筑倾斜度为 31°,但并非向河边倾斜,而是出于遮阳的考虑使之南倾,使得整个造型呈逐层向南探出的变形球体,上层楼板可自然为下层的空间遮阳,以最小的建筑外表面接收

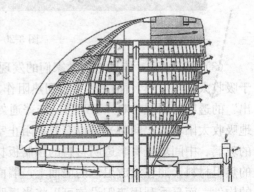

图 3-22 伦敦市政厅

太阳光照。但是建筑的这种自遮阳形体并非随意而来，而是通过计算和验证来尽量减小建筑暴露在阳光直射下的面积，而其计算依据则是夏、冬季伦敦的直射阳光，以使得夏季将太阳辐射热减少至最小，而又不影响冬季的日照得热，从而获得最优化的能源利用效率。具体做法是通过对全年的阳光照射规律的分析，得出建筑表面的热量分布图，利用这一结果确定建筑的外表面形式，以达到用最小面积的建筑表皮促进能源效率最大化的目的，同时也使得建筑的形态呈现出流动、非几何性的特征。

2. 凹入过渡空间

凹入过渡空间可以是遮荫的柱廊空间、凹阳台、凹入较大的绿平台，这种遮阳手法不仅丰富了呆板的建筑外表，还在阴影区提供了开窗的客观可能性。

杨经文在梅纳拉-鲍斯特德大厦上采用大进深的凹进与阳台、植被、吸热饰面层相结合（图 3-23），充足的阴影空间使得采用落地式的玻璃窗成为可能，从而保证了办公空间的采光质量。

图 3-23　梅纳拉-鲍斯特德大厦

3. 立面外遮阳构件

现有立面外遮阳构件随着遮阳材料的发展日益丰富多彩：有横向的或纵向的遮阳格片，有可以塑造震撼的室内光影效果的布幔遮阳，也有角度自动可调、多孔隙、百叶型的金属外遮阳等。

良好的立面外遮阳设计不仅有助于节能，而且遮阳构件本身也可以成为影响建筑形体和美感的关键要素。此外，遮阳构件的精致、细腻也使建筑更加趋于人性化，是建筑师们广泛采用的节能建筑形式语言。这些韵律感极强的遮阳构件已经被作为独立的生态元素，在各种类型的建筑中加以应用（图3-24、图3-25）。

图 3-24　英国 BRE 办公楼

图 3-25　柏林奔驰总部办公大楼

4. 遮阳棚架

相对遮阳板和百叶窗这些局部构件来说，遮阳棚架更容易创造出富有表现力的整体建筑形象，其遮阳效果也更好。屋顶遮阳棚架常常结合藤蔓植物的种植，进一步利用植物降低屋面温度。

图 3-26　印度电子有限公司办公综合楼

印度建筑师查尔斯·柯里亚在其作品中，常常将遮阳棚架用于入口、屋顶平台、过渡空间的部位。如印度电子有限公司办公综合楼（图3-26）、马德拉斯橡胶工厂公司总部大楼、印度驻联合国代表团大楼（图3-27）等一些建筑中，柯里亚采用遮阳棚架构筑了不同的建筑空间和形象。

遮阳棚架也是马来西亚建筑师杨经文常用的节能建筑语汇，在其自宅（图3-28）的设

图 3-27　印度驻联合国代表团大楼

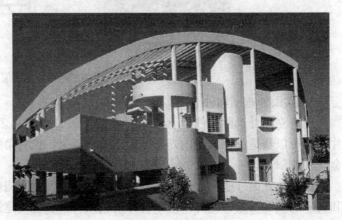

图 3-28　杨经文自宅

计中，屋顶遮阳棚架的格片根据太阳从东到西各季节运行的轨迹，每一片都做成了不同的角度，以控制不同季节和时间阳光进入的多少，使得屋面空间成为很好的活动空间，如设置游泳池和绿化休息平台。同时由于屋面减少曝晒，有利于节能。

三、自然通风技术下的形态解析

在节能建筑设计中，自然通风作为满足人体健康和舒适的一个必备要求，成为许多建筑师在节能方案设计中的首要目标之一。生态建筑师常常在设计过程调用现有的一切技术资源和设计手法来满足建筑通风的自然化和节能化，这也是生态建筑设计和一般建筑设计的显著区别之一。

1. 流线型形体

合理的建筑体型有助于在建筑周围形成风压，促进自然通风的形成。这就要求在整体上对建筑的功能以非传统的方式进行重组，从而产生新的有利于与气候形成对话关系的体型组合，一种完全立足于理性分析基础上的组合。

诺曼·福斯特在设计瑞士再保险公司大厦（Swiss Re Building）时借助于计算机技术创造了一个"具有自然生长的螺旋形结构"的"松果"式建筑形态（图3-29），建筑形态仿佛自然界的一株生长物，拔地而起，反映了建筑师对当代建筑发展的敏感。这主要出于两方面的考虑：一是曲线形在建筑周围对气流产生引导，使其和缓通过。这样的气流被建筑边缘，锯齿形布局的内庭幕墙上的可开启窗扇所"捕获"，帮助实现自然通风；二是可避免由于气流在高大建筑前受阻，在建筑周边产生强烈下旋气流和强风。

图3-29 瑞士再保险公司大厦

2. 螺旋型立体庭院

当庭院受到基地环境的限制，不能以单纯的线和面的方式来组合时，就需要采用立体庭院的方式与环境进行有机的对话，从而摆脱僵硬的组合。从建筑空间的构成角度而言，立体庭院使建筑空间在竖直方向上的连续性被打破。在具体的操作上，空中庭院既可以不再设置外围护表皮，从而在建筑的外部形态上形成巨大的凹洞空间，进而达到与室外直接连通的效果，也可以在外侧设置可开启的玻璃窗或百叶窗，导入风流，排除热气，对内则完全开敞。立体庭院可以增加与环境协调以优化的组织自然通风和采光,以此来调节微气候。立体庭院既可单独出现,作为建筑外形上的重要构成要素,也可以组合出现,庭院在立体组织过程中产生的韵律效果也是建筑形态的独特构成要素。

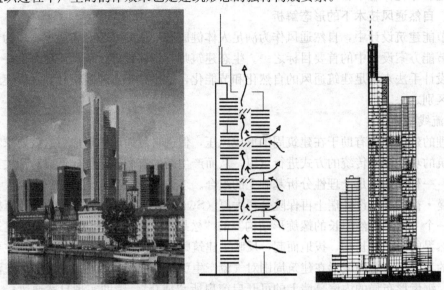

图 3-30　法兰克福商业银行总行

螺旋式的缓冲空间一般出现在高层建筑中,由诺曼·福斯特设计的法兰克福商业银行总行(图 3-30),就是其中之一。该建筑每隔三层就有一个三层通高的"立体庭院"沿塔楼盘旋而上,庭院的外侧为可开启的双层玻璃窗,内侧则完全开敞,使每一间办公室均能面对一个温室效应的绿色空间。再加上建筑中央筒体产生的"烟囱效应",大厦即拥有了良好的通风效果。而在瑞士保险大厦中,福斯特将每层楼板边缘空出,层与层空出的空间与楼板呈一角度,最后形成一系列的螺旋形前庭。建筑的自然通风就得益于螺旋形前庭的空气动力学形式产生巨大的压力差,使每个楼层都有自然通风,自然通风系统有效配合了中央空调系统降低了建筑的运行成本,提高了高层办公空间的质量。

吉隆坡的梅纳拉(Menara Mesiniaga)大厦则是体现杨经文"立体庭院"思想的杰作(图 3-31)。建筑圆筒形的塔楼外围,"雕刻"着自下螺旋而上的"立体庭院"。这些"立体庭院"不仅为大厦提供自然的通风源,同时为楼内的办公人员提供了遮阳的室外休息场所,而且种植的植被还能够吸收一定的太阳辐射。该建筑打破了高层建筑封闭的空间性质,成功地将高层建筑的功能性空间与生态化空间整合。

3. 夹层通风空间

在建筑内层与层或者是被竖向贯通的用以调节和改善室内气候的空腔被称作夹层空间。夹层可以是水平向也可以是竖向的,还可以是两者的综合。竖向的目的是为了解决大进深建筑得不到充足的自然通风、采光;而水平向主要用来辅助通风。

勒·柯布西耶在马赛公寓中,就利用夹层空间很好地组织了穿堂风(图 3-32)。他在公寓中每隔三层才设置一条走廊,每套公寓房都是跃层式的,两侧各有一个出口通向两边的走廊。阳台的栏板上有空隙,进一步方便了空气的流动,并且还形成了一个巨大的遮阳板,可以遮挡阳光。查尔斯·柯里亚在他的干城章嘉公寓(Kanchanjunga Apartments)

图 3-31　梅纳拉大厦

大楼（图 3-33）中也利用类似的夹层空间来组织自然通风。

4."文丘里管"渐缩式剖面

文丘里管效应就是利用截面积的变小产生负压区，从而产生压力差，获得良好热压通风。"文丘里管"式渐缩式剖面的形态要素，即使在无风的条件下，也可以利用热压形成局部的负压区域，加强自然通风效果。

查尔斯·柯里亚可以说是最擅长利用"文丘里管"渐缩式剖面的建筑师，因为这一剖面形式在他很多的作品中都能够看到，尤其是其著名的管式住宅。管式住宅是代表柯里亚设计思想最重要的作品之一，被看做是节约能源的一种有效方式，尤其对于承受不起使用空调的社会非常有用。在帕雷克（Parekh House）住宅中，柯里亚创造出了金字塔形的"夏季剖面"（图 3-34），主要是适应炎热的夏季使用。热空气沿着渐缩式墙壁上升，利用文丘里管的良好效应，从顶部的通风口把热空气带走，然后从底层吸入新鲜空气，建立起一种自然通风循环体系。它的通风原理是将住宅内部剖面设计成为类似烟囱的通风管道，从而加强自然通风的效果。

5.通风塔

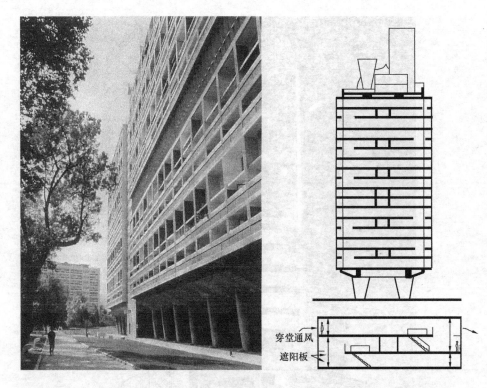

穿堂通风
遮阳板

图 3-32　马赛公寓

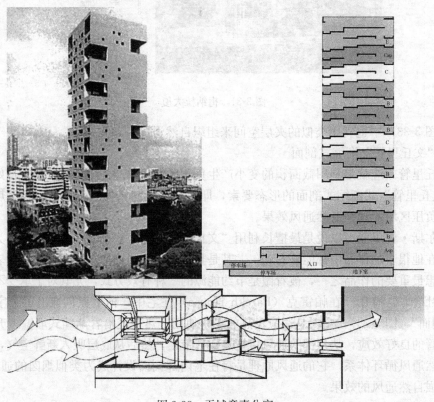

图 3-33　干城章嘉公寓

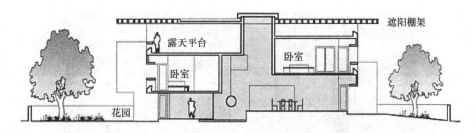
图 3-34 帕雷克住宅"夏季剖面"

通风塔可以说是一种古老的通风手段，至今在中东地区的乡土建筑中依然常见（图
3-35），它是利用竖向连续空间的"烟囱效应"，在建筑中设置高出屋面的通风塔，强化建
筑的自然通风效果。与此同时，通风塔体也创造了独特的建筑形体特征。

当代建筑中利用通风塔来组织自然通风的
建筑实例很多，英国迈克尔·霍普金斯在他的
很多作品中都使用了通风塔来组织自然通风，
英国伦敦的新议会大厦（图 3-36）就是其中之
一。该大厦临近西敏寺桥（west minister
Bridge），这是伦敦交通繁忙、空气污染最严重
的地方之一。因此从建筑顶层引入新风，从而
避免将街道上污浊的空气引入室内，避免吸入
汽车尾气。空气被风塔的拔风效应加压，通过
散气系统均匀地分配到各个房间。室内控温的
目标是 22℃左右，因此在需要的时候，新鲜空
气在进入大厦时可以用地下水冷却。长年保持
在地层中的地下水的温度为恒常的 14℃，冬季
也可以用来预热冷空气。大厦内取消了传统的
空调设备，采用自然通风来降温。自然通风系
统的重要组成部分是结构精巧的通风塔，整座
大厦共设有 14 个，从艺术上继承了维多利亚时

图 3-35 巴格达传统建筑上的通风塔

代工业建筑的烟囱，与英国国会大厦这一折衷式复古主义的著名建筑遥相呼应，不显得突
兀和不协调。

6. 导风翼形墙体

导风板一直是强化自然通风效果的有效建筑构件，一般来说，屋顶、阳台、遮阳板等
一些水平构件，可以视为"水平导风板"，具有良好的导风与冷却效果。导风板可以因形
式、位置的不同，给建筑带来丰富的立面表现。

杨经文设计的 UMNO 大厦就是一个很好的例子（图 3-37）。UMNO 大厦位于马来西
亚槟榔屿州，基地呈瘦长的平行四边形。总平面布局在与环境协调以及用地紧张的关系上
处理得比较得当，塔楼为 21 层，一～七层为大厅及会议用途，以上各层均为办公区。在
UMNO 大厦中，各层都满足自然通风，而自然通风也是该建筑体量生成的决定因素。建
筑总体分为两部分，楼梯、电梯、卫生间等附属空间位于一侧，可获得自然通风采光，另
一侧为使用空间。两者之间由被杨经文所称的"导风的翼型墙体"（wing-walls）插入，

图 3-36　英国新议会大厦

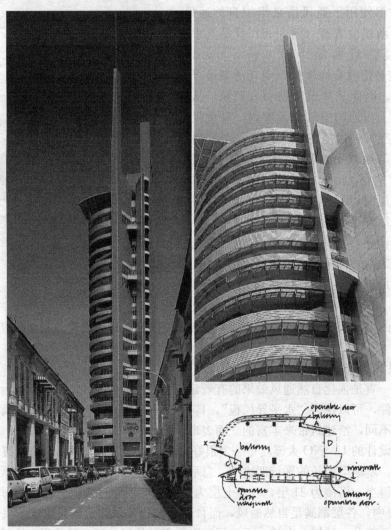

图 3-37　梅纳拉 UMNO

将气流引入特定的平台区，有效地"捕捉"到各个方向上的气流，并发挥着一个类似于"空气锁"的气囊作用（带有可调节的通道和面板，来控制开启窗口的百分比），通过可开启的落地式滑动门引入自然通风。看似怪异的建筑形体实则经过了仔细的推敲与分析，目的是使墙体能够对从各个角度吹来的微风进行导流，产生最大的气流降温作用。为了深入"翼型墙"的概念，除了两个大体量之间形成的风槽外，在主要使用空间一侧又做了进一步的划分。划分要依据当地的风玫瑰，在空气流通量大的一侧应用"翼型墙"的原理，形成三个比较小的风槽。这种划分为建筑获得充分的自然通风、采光创造了极为有利的条件。

7. 双层幕墙呼吸单元和鱼嘴型风口

在一般高层建筑中，自然通风几乎不可能实现，这是因为在高空中的阵风和巨大的扰流，让高层建筑使用者即便在无风的晴朗天气里也不可能开启窗户。而双层幕墙呼吸单元的使用者则可以在这样的情况下享受自然通风带来的种种益处。

建筑师英恩霍文及合作工程师在德国埃森 RWE 总部就发展了这种可"呼吸的外墙"来平衡保温隔热要求和日光照明、自然通风间的冲突。新的系统（图 3-38）包括一种双层玻璃幕墙系统和一些装置，用以控制和利用太阳光以及室内外空气的交换。埃森的风向主要为南风、西南风和西风，在 120m 高空风速平均为 5m/s，但采用双层幕墙系统以后，外界气流经空气腔的阻隔和缓冲，可以通过内侧打开的窗户进入室内，创造接近于地面的自然通风效果。每层楼板之前设了约 150mm 高的被称为"鱼嘴"的渐缩形进风口。该设计可在强风天气，将外界进入的气流降低到适宜的速度；而在无风的天气，利用"鱼嘴"构造导致的内外压力差吸入空气，以加速空腔内气流的运动。"鱼嘴"的具体尺度随建筑层数的变化而有所不同，以适应不同高度的气压。除此之外，该设计能有效地阻止火灾沿建筑的垂直高度蔓延，同时迅速地排除烟气。"鱼嘴"的构造控制设计强烈地体现出全面适应外界气候变化的特点。

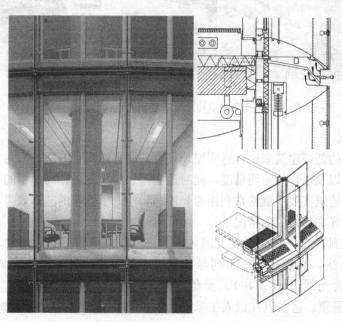

图 3-38 带有鱼嘴形风口的双层幕墙呼吸单元细部

四、自然采光下的形态解析

自然采光设计就是通过建筑手段将自然光有效引入室内，满足视觉功能要求，从而节约照明用电。在建筑设计中合理利用每一束可利用的太阳光创造出富有感染力，又具有良好适应性的自然光环境，应该是每个建筑师的责任。而作为实现自然光效果的建筑手段，又直接影响了独特建筑形态的生成。

1. 阶梯状退台体形

美国科罗拉多太阳能研究机构（NREL Solar Energy Research Facility）实验室建筑（图 3-39），其主要体量呈阶梯状退台，每层的南部配置一个办公区或者研究室，后部配置相关的实验室，两者之间通过走廊分开。朝南的办公室有较宽阔的视野和充足的日光照明；退台式体型和窗户的设计扩大了日光的入射深度，最大可以达到 27.4m，有效地减少了不必要的人工照明的能源消耗。

图 3-39　美国科罗拉多太阳能研究机构实验室建筑

2. 透光屋顶

对于大进深的低层建筑来说，透明屋顶是有效的自然采光方法，因为它可以提供比较均匀的室内亮度以及适合的照明角度，同时透明屋顶的照度是相同面积的垂直窗户的 3 倍左右。一些节能建筑实践中就常常利用透光屋顶，达到了独特的艺术效果，当然他们是建立在有效控制眩光和热效应的情况下。

意大利建筑师伦佐·皮亚诺在美国休斯敦梅尼收藏博物馆的设计中，皮亚诺没有采用通常的天窗作法，而是运用一系列悬挂在屋顶的翼形"叶片"来形成展览空间所需要的均匀的自然光线（图 3-40）。而他在贝耶勒基金会博物馆中，设计了面积达 4000m² 的透光屋顶，这在以往以人工采光为主的博物馆建筑中是个特例和创新（图 3-41）。这个透光屋面由阁楼、天花板以及遮光、散光和控光装置构成，每一层都只透射一部分光线。遮光板大约减少50%的入光量，入射光的光中有70%照射到带有紫外线涂层并有一定厚度以保证安全的主屋面上。而通过各种遮阳百叶和隔栅最后能够达到艺术作品的光只有屋顶透光的4%，这就是计算出作品所需要的透光量。在屋顶设置的感应器可以检测光的强度而调整百叶挡住多余的自然光，反之它将会开启人工照明作为补充。

图 3-40　梅尼收藏博物馆　　　　　　　　　　图 3-41　贝耶勒基金会博物馆

3. 立体反光构件

在柏林国会大厦的加建工程中，福斯特在议会大厦上新加的玻璃穹顶，瞬间就成为柏林的标志。在玻璃穹顶中心是被称为光雕塑的由 360 片镜面组成的类似圆锥体的结构。这个反光锥体不但是给人留下深刻印象的视觉焦点，而且在自然光照明和能源策略中扮演着重要的角色（图 3-42）。其凹面不仅有分散光线如灯塔那样的作用，而且，表面带有角度的镜面可以将水平方向的自然光反射到主会场内。与此配合，可动式遮阳板由于可以随着太阳的变动而移动，避免了直射阳光的热度及刺眼的光线对室内的影响。

4. 自然光反射板

对于自然采光设计来说，难度较大的就是多层的大进深的大面积的建筑。自然光反射板是比较常用的一种

图 3-42　柏林国会大厦反光锥体

增加室内自然采光的构件，是优化室内采光效果的"多面手"。当代生态建筑师为了能够使建筑室内选到相似的光照效果，经常在建筑南面设置遮阳避免阳光直射给人们来带的眩

光和过热的不适感，而在建筑的北面设置自然光反射板来增大北面房间的光线的均匀度和照度，而且这些遮阳和反光构件通常是可以调节的，以便于能够在阴天、晴天和各种季节达到舒适、足够的自然光照环境。

托马斯·赫尔佐格设计的位于威斯巴登的建筑工业养老保险基金会办公楼群，在建筑的南北立面分别设计了不同的自然光利用系统，可以根据不同的季节、一天的里的不同时间段、气候条件等进行自动调节。在南面的立面上设置了一组两个联动的镰刀形的遮阳构件（图3-43），镰刀形构件上设有反光板，上面的"镰刀"略大，因为它是遮阳的主要构件。大"镰刀"通过连轴固定在支撑杆件上，可以围绕固定轴旋转。小"镰刀"有两个固定点，尾部与大"镰刀"通过连轴联结，中部则与固定在盘撑杆件上并可沿杆件方向作上下活塞运动的连杆相连接，连杆的运动的动力是电控马达。中午光线过于强烈的时候，马达驱动连杆向下运动，小"镰刀"头部随之下移，而尾部则呈前推的状态，推动大"镰刀"的尾部前移，而整个大"镰刀"则呈迎向阳光的态势。直射光线中有可能影响到室内办公环境的部分，被大"镰刀"有效遮蔽，而其余光线则被大"镰刀"尾部的表面抛光的小型反射器和"小镰刀"反射到天花板上的铝合金反光板上，进而反射到办公台面。光线不足的时候，马达驱动连杆向上运动，小"镰刀"头部随之而上推，尾部后拉，拉动大"镰刀"下旋，并最终与小"镰刀"折叠呈水平状态。此时，构件本身遮阳效果达到最小，而且可以将太阳光线反射到天花板。完全做到了在有效遮挡可造成眩光的太阳直射光线的同时，最大利用了太阳光。北侧自然光实际上是最为稳定和最佳的光源系统，例如艺术院校的绘画、雕塑的专用课室，均是北侧天光和北侧自然光照明为首选。而为了延长利用自然光的时间，以及在多云、阴天的时候，充分利用天光，建筑师在建筑的北侧也设计了简易的固定反光系统（图3-44），而其反光效果是显著的，并能够使建筑内得到均匀舒适的光照环境。

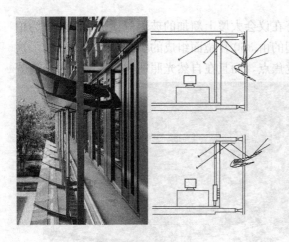

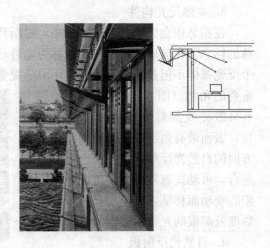

图3-43 南向反光板　　　　　　　　　　图3-44 北向反光板

第四节　新材料、新技术对节能建筑形态的影响

节能建筑发展到今天，许多跨学科的应用已经十分普及，并且走出实验室，应用在生

产实践上。节能技术和材料科学、计算机、自动化控制、生命科学等相结合，产生了许多先进有效的节能材料和围护结构（如集合感温层的透光建筑构件，图3-45），并对节能建筑的发展起到极大的推动作用。

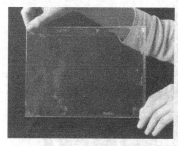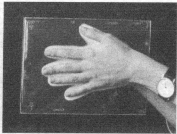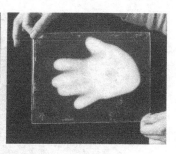

图 3-45　温度变化导致材料的透明性变化

计算机技术的飞速发展，使建筑师可以和计算机软件工程师以及建筑设备工程师相互配合，编写相关的计算机软件，在方案阶段对建筑室内外的物理环境如空气的流速、流向以及热的分布进行较为精确的预演，模拟出建筑建成后的实际情况。这不仅有助于建筑师对节能建筑建成后的实际效果有较为深刻的了解，也能及时避开无谓的错误，减少因为设计不合理而造成的能耗损失。这样，节能建筑的设计过程，通过计算机技术来实现更高目标的节约能源，减少污染以及更加舒适健康的室内外条件，这就是节能建筑的数字化倾向。

数字化技术对建筑形态产生的影响既包括直接的影响，比如直接应用于建筑设计、建造和控制过程之中的计算机技术，数字化技术的自由形体建筑在外形上突破过去建筑以方盒子、几何形状的形式，以形成极其自由的外观建筑，计算机技术的发达让更多建筑师在计算机技术的大力辅助下得以发挥更自由的想象空间。也可能是间接的影响，比如网络技术通过改变人类生活生产方式而间接地影响建筑形态。数字化技术不仅可以构建建筑的神经中枢，形成建筑的智能"皮肤"，还可以在建筑之外构建不消耗任何物料的虚拟空间，通过各种不同方式满足了人类对建筑的舒适化、效率化和集约化要求，成为节能建筑前沿技术的重要组成部分。

自动化控制技术和计算机技术的发展，使现在的建筑越来越具有生物般的感知和反应能力。生态高技建筑将人工智能技术，神经网络技术与建筑功能有机地结合起来，通过安装在建筑各个部位里能感知温度、亮度、湿度、空气质量等探头，来判断建筑的室内环境状况，并将这些感应数据，经由分布在建筑内部的数据线路，传送到控制中心的电脑中。而控制中心的电脑就如同人的大脑一样，根据设定好的程序，对收集的数据进行分析和判断，并立即做出反应。反馈给分布在建筑内部的自动化控制设备，如可控制开启的天窗，可控制的遮阳百叶和可控制的进、排气通道等，从而实现对建筑环境的自动化和智能化控制。增加这些控制设备，需要额外的成本和消耗一定的电能，但由于智能化控制及时有效地控制了灯光、空调等能耗的损失，因而从最终成本上来说，建筑的智能化仍然是有效地降低了能源的损耗。尽管人工智能技术本身一般并不构成建筑的界面，而以其作为中枢系统来控制界面和设备就能比以往更精确、更灵敏、更高效。让·努维尔（Jean Nouvel）设计的巴黎阿拉伯研究中心（Monde Arab，

1987年），微机通过机械传动控制外界面上的上千个相机快门一样的光线自动调节装置，而且在形式上隐含了传统的伊斯兰风格的构图，成为高科技与传统建筑形式结合的典范（图 3-46）。

图 3-46　阿拉伯研究中心

随着人类步入生物时代，生物技术得到长足发展。建筑师们也从中得到启发，将生物学的成果和技术引入到建筑设计之中，建筑仿生学就是应用之一。建筑仿生学认为，人类在建筑上所遇到的问题，自然界早已有了相应的解决方式。生物在长期的生存竞争中，为了适应自然界的规律需要不断的完善自身性能与组织，他需要获得高效低耗、自觉应变、新陈代谢、肌体完整的保障系统，只有这样，自然界才能成为一个整体。节能建筑的核心思想恰好和建筑仿生学的研究方向不谋而合，这使得仿生学可以很好地为节能建筑所利用。

生态建筑的仿生与视觉效果上达到同自然环境和谐一致的仿生建筑有所不同，节能建筑的仿生离不开节能建筑的基本目的——节能和环保，因此节能建筑的仿生很大程度上是一种技术仿生。节能建筑的技术仿生有如下体现：利用高技术和新材料，结合建筑自身特点，在技术层面上模拟生物在不断完善自身性能与组织的进化过程中，获得的高效率低能耗、自觉适应环境的变化、肌体完整的保障系统的内在机理以及生态规律，赋予建筑物某些"生物特性"。使之成为整个自然生态系统的有机组成部分，从而有效地实现高技术建筑的生态化与可持续性。尼古拉斯·格雷姆肖设计的德国科拢伊古斯工厂采用了仿生的眼球状屋顶采光窗，有效地采集自然光照，采光窗上的"眉毛"还能有效地防止太阳角度较低时对室内产生的眩光干扰。

　　从建筑的发展趋势来看，节能建筑要实现高效的节能，就必须借助科技发展的力量，新材料、新技术对节能建筑的影响正在快速发展之中，面对它已经带来的惊喜，我们有理由相信它将为未来的节能建筑领域引发新的契机，开启一个新的世界。

第四章　区域能源规划与区域能源系统

第一节　区域能源规划原理

一、综合能源规划（IRP）原理

综合资源规划方法是在世界能源危机以后，20世纪80年代初首先在美国发展起来的一种节约能源、改善环境、发展经济的有效手段。石油危机和中东战争之后，美国学者提出了电力部门的"需求侧管理（DSM，Demand Side Management）"理论，其中心思想是通过用户端的节能和提高能效，降低电力负荷和电力消耗量，从而减少供应端新建电厂的容量，节约投资。需求侧管理的实施，引起对传统的能源规划方法的反思，将需求侧管理的思想与能源规划结合，就产生了全新的"综合资源规划（IRP，Integrated Resource Planning）"方法。在1990年美国能源部编制的《国家能源战略》中规定联邦电力部门"要扩大综合资源规划，促进综合资源规划的实施。"从20世纪90年代开始，联合国环境署（UNEP）将综合资源规划方法作为资源节约的先进技术推广到发展中国家。

1. 综合能源规划的思想

综合资源规划就是除供应侧资源外，把资源效率的提高和需求侧管理（DSM）也作为资源进行资源规划，提供资源服务，通过合理地利用供需双方的资源潜力，最终达到合理利用能源、控制环境质量、社会效益最大的目的。IRP方法的核心是改变过去单纯以增加资源供给来满足日益增长的需求的思维定式，将提高需求侧的能源利用率而节约的资源统一作为一种替代资源看待。综合资源规划的思路如图4-1所示。

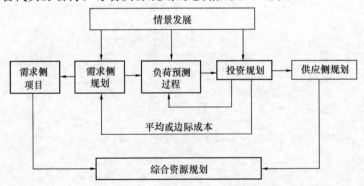

图 4-1　综合资源规划方法示意图

与传统的"消费需求—供应满足"规划方法不同，IRP方法不是一味地采取扩容和扩建的措施满足需求，而是综合利用各种技术提高能源利用率，把节能量、需求侧管理、可再生能源，以及分散的和未利用能作为潜在能源来考虑，另外，把对环境和社会的影响纳入资源选择的评价和选择体系。IRP方法带来了资源的市场或非市场的变化，其期望的结果是建立一个合理的经济环境，以此来发展和利用末端节能技术、清洁能源、可再生能源和未利用能源。与传统方法相比，由于包含了环境效益和社会效益的评价，综合资源规划方法更显示出其强大生命力。

2. 综合能源规划思想在建筑能源规划中的应用

建筑能源规划是建筑节能的基础，在规划阶段就应该融合进节能的理念，建筑节能应从规划做起。目前我国城市（区域）建筑能源规划中，仍是传统的规划方法，其特点是：(1) 在项目的选择和选址中以经济效益为先，例如地价和将来市场前景。(2) 在考虑能源系统时，指导思想是"供应满足消费需求"。采取扩容和扩建的措施，扩大供给、满足需求，从而成为一种"消费－供应－扩大消费－扩大供应"的恶性循环，在总体规划上，重能源生产、轻能源管理。(3) 在预测需求时，一般按某个单位面积负荷指标，然后乘以总建筑面积。往往还要再按大于1的安全系数放大。负荷偏大，是我国多个区域供冷项目和冰蓄冷项目经济效益差的主要原因。(4) 如果在区域规划中不考虑采用区域供冷或热电冷联供系统的话，规划中就会把空调供冷摒弃在外。随着全球气候变化和经济发展，空调已经成为公共建筑建设中重要的基础设施。我国城市中越来越大的空调用电负荷是城市管理中无法回避的问题。(5) 区域规划中对建筑节能没有"额外"要求，只要执行现行的建筑节能设计标准就都是节能建筑。实际上执行设计标准只是建筑节能的底线，是最低的入门标准，设计达标是最起码的要求。

所以在建筑能源规划中如要克服以上的不足或缺点，必须寻求更为合理的规划方法，综合资源规划方法就为建筑能源规划提供了很好的思路。IRP方法与传统的规划方法的区别在于：

(1) IRP方法的资源是广义的，不仅包括传统供应侧的电厂和热电站，还包括：需求侧采取节能措施节约的能源和减少的需求；可再生能源的利用；余热、废热以及自然界的低品位能源，即所谓"未利用能"。

(2) IRP方法中资源的投资方可以是能源供应公司，也可以是建筑业主、用户和任何第三方，即IRP实际意味着能源市场的开放。

(3) 正因为IRP方法涉及多方利益，因此区域能源规划不再只是能源公司的事，而应该成为整体区域规划（master planning）中的一部分。

(4) 传统能源规划是以能源供应公司利益最大化为目标，而IRP方法要考虑经济效益的"多赢"，还要考虑环境效益、社会效益和国家能源战略的需要。

应用IRP方法和思路，区域建筑能源规划可以分为以下步骤：

(1) 设定节能目标。在区域能源规划前，首先要设定区域建筑能耗目标，以及该区域环境目标。这些目标主要有：1) 低于本地区同类建筑能耗平均水平；2) 低于国家建筑节能标准的能耗水平；3) 区域内建筑达到某一绿色建筑评估等级，例如LEED中的"白金、金、银、铜"等级，我国绿色建筑评估标准中的"一星、二星、三星"等级；4) 根据当地条件，确定可再生能源利用的比例；5) 该区域建成后的温室气体减排量。

(2) 区域建筑可利用能源资源量的估计。区域建筑能源规划的第一步，就是对本区域可供建筑利用的能源资源量进行估计。这些资源包括：1) 来自城市电网、气网和热网的资源量；2) 区域内可获得的可再生能源资源量，如太阳能、风能、地热能和生物质能；3) 区域内可利用的未利用能，即低品位的排热、废热和温差能，如江河湖海的温差能、地铁排热、工厂废热、垃圾焚烧等；4) 由于采取了比节能设计标准更严格的建筑节能措施而减少的能耗；5) 采用区域供热供冷系统时，由于负荷错峰和考虑负荷参差率而降低的能耗。

（3）区域建筑热电冷负荷预测。负荷预测是需求侧规划的起点，在整个规划过程中起着至关重要的作用，由于负荷预测的不准确导致的供过于求与供应不足的状况都会造成能源和经济的巨大损失，所以负荷预测是区域建筑能源规划的基础，负荷预测不准确，区域能源系统如建立在沙滩上的楼阁。区域建筑能源需求预测包括建筑电力负荷预测和建筑冷热负荷预测两部分。

（4）需求侧建筑能源规划。在基本摸清资源和负荷之后，首先要研究需求侧的资源能够满足多少需求。根据区域特点，要考虑资源的综合利用和协同利用，以最大限度利用需求侧资源。综合利用的基本方式是：1）一能多用和梯级利用，2）循环利用，3）废弃物回收。综合利用中必须考虑是否有稳定和充足的资源量，综合利用的经济性，以及综合利用的环境影响，不能为"利用"而利用。

（5）能源供应系统的优化配置。能源规划最重要的一步是能源的优化配置，这是进行能源规划的关键意义所在。应用 IRP 方法进行建筑能源的优化配置时，需求侧的资源，

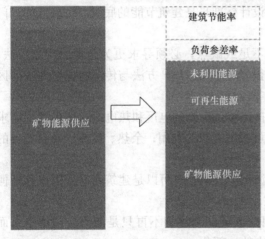

图4-2　虚拟电厂示意图

如可利用的可再生能源、未利用能源、在区域级别上的建筑负荷参差率，以及实行高于建筑节能标准而得到的负荷降低率等；及供应侧的资源，如来自城市电网、气网和热网的资源量等，两者结合起来共同组成建筑能源供应系统，其中需求侧的资源可视为"虚拟资源"或"虚拟电厂"，如图 4-2 所示。改变了传统能源规划中"按需供给"，即有多少需求就用多少传统能源（矿物能源）来满足的做法。

（6）实行比国家标准节能率更高的区域建筑节能标准。制订区域节能标准可以在国家标准的基础上从以下几方面入手：
1）将国家标准中的非强制性条款变为强制性；2）提高耗能设备的能效等级，即在产品招投标中设置能效门槛；3）制订本区域的建筑能耗限值；4）根据区域建成后的管理模式，制订有利于能源管理的技术措施（例如，分系统能耗计量），并作为设计任务下达，改变过去建筑设计与管理脱节的现象；5）根据区域特点，制订本区域建筑可再生能源利用的技术导则。

（7）区域建筑能源规划的环境影响评价。区域建筑能源规划中的环境影响评价，一般应包括以下内容：

1）自然环境评价。当地风环境、水环境、土壤环境、空气环境的评价。如果是土地再开发项目，还应掌握该地块的使用历史和污染历史。

2）自然通风可利用性评价。根据当地全年气象参数和区域建筑布局，通过 CFD 模拟，分析区域内建筑利用自然通风的可行性。重点在两方面：①自然通风实现"免费供冷（free cooling）"的可利用性，特别要注意室外相对湿度的影响，相对湿度高于 70% 的空气，不宜于引入室内；②自然通风改善室内空气品质的可利用性，通过空气年龄指标进行

评价。

3）能源效率评价。对能源规划中能源系统整体效率做预测，估计一次能源侧（比如火力发电）增加的污染排放。

4）空气污染预测。对于采用热电冷联供和分布式能源系统，以及采用锅炉供热的项目，必须分析原动机（或锅炉）烟气排放带来的空气污染。通过 CFD 模拟，分析①区域空气污染的扩散；②周边污染物对该区域的影响；③高层建筑形成的街区峡谷效应对污染物扩散及分布的影响；④区域能源中心或能源站点选址对大气污染的影响。

5）热污染预测。对于区域内采用的不同的能源系统做不同的分析：①向空气排热的系统，结合风环境评价，进行区域热岛效应的分析；②向地表水排热和取热的系统，结合水文资料，对水体的温升（降）以及对这种温升（降）对水体生态所造成的影响做预测分析；③向土壤排热和取热的系统，结合地质资料，对土壤热平衡和地温变化进行预测分析；④利用地下水作冷热源的系统，必须严格控制取水与回灌的量、预测回灌水对地下生态的影响。

（8）区域开发中的全程节能管理。区域开发中应当通过全程管理实现节能目标。首先，是能源规划的听证和公众参与制度。其次，可以通过商业化模式，通过融资和合同能源管理，引进外部资源（Outsourcing）来建设区域能源系统。采用何种运作模式，将在很大程度上影响能源系统的方案。

二、区域能源负荷预测

负荷预测是需求侧规划的起点，其准确性直接影响着区域能源规划质量的优劣。在区域能源规划中，电力负荷预测方法的研究相对成熟，而对建筑冷热负荷的预测，特别是建筑冷负荷预测，则研究得很不够，下面就分别对电力负荷预测和建筑冷热负荷预测作简单介绍。

1. 电力负荷预测

电力负荷预测是电网规划的基础性工作，其实质是利用以往的数据资料找出负荷的变化规律，从而预测出未来时期电力负荷的状态及变化趋势。电力负荷预测根据提前时间的长短可分为短期负荷预测和中长期负荷预测，对于不同的预测，其方法也不相同。目前常用的预测方法主要可分为经典预测方法和现代预测方法。经典预测方法主要包括指数平滑法、趋势外推法、时间序列法和回归分析法；而现代预测方法主要有灰色系统方法、小波分析法、专家系统方法、神经网络和模糊分析方法等，特别是神经网络和模糊分析得到了充分地应用。

2. 建筑冷热负荷预测

单体建筑负荷预测方法有很多种，如数值模拟方法、气象因素相关分析、神经元网络、小波分析法等。数值模拟方法通过设定建筑围护结构、气候因素和室内人员设备密度等参数，确定合理的计算模式，最终可以得到建筑物的逐时负荷，现在常用的模拟软件有 EnergyPlus、Dest、DOE-2 等。气象因素相关分析方法是通过分析建筑能耗随着气候参数的变化规律来预测建筑负荷，需要有大量的调查和测量数据做基础。

目前在区域级的建筑冷热负荷预测中，沿用了单体建筑负荷估算的方法，即单位面积负荷指标方法。这种估算方法，对于区域级的能源供应而言，存在很多问题。对采暖负荷而言，负荷指标只考虑作为不利因素的气象因素，即将围护结构传热的影响扩展到整个建筑，这对温差传热因素占支配地位的住宅建筑还是有效的，但大型公共建筑（例如，商场和大型办公楼）都有很大的内区，理论上内区终年需要供冷，此方法无疑加大了负荷预测；对于区域集中供冷的区域建筑冷负荷预测，一般的估算方法是利用同时使用系数法，即单位面积负荷指标乘以建筑面积，然后再乘以区域建筑的同时使用系数得到总冷负荷，但是同时使用系数的确定缺乏依据，此方法得到的负荷并不能准确反映区域建筑的冷负荷。

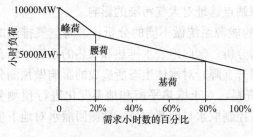

图 4-3　全年负荷分布曲线

正确的区域冷热负荷预测应采用情景分析（Scenario analysis）方法，即设定几种情景：用典型的气候条件、建筑物使用时间表、内部负荷强度的不同组合，用建筑能量分析软件得出几种情景负荷，并确定峰荷、腰荷和基荷。进一步分析各情景负荷的出现概率，最终确定区域的典型负荷曲线，如图 4-3 所示。有了负荷分布，才能合理分配负荷，掌握系统的冗余率和不保证率，并与能源系统的运行率相匹配，取得最大的效益。

在负荷分布确定过程中，必须对区域内未来影响负荷分布的因素进行预测分析。这些因素包括：

(1) 建筑形式（空间布局、高度、朝向、围护结构）。

(2) 园区环境（日照、风环境、水资源、污染）。

(3) 进入园区的产业工艺能耗特点，例如：高科技产业将传统产业工艺能耗转化为建筑能耗；高星级酒店多能耗品种需求；外包服务产业能耗的连续性（24 小时营业）；是否能形成生物质能源利用的循环链。

(4) 与区域或城市规划方案以及"大能源"的协调。

(5) 与室内环境方案的协调（室内供冷供热系统需要的参数）。

(6) 能源系统的管理和运作模式（是否采用合同能源管理模式、冷量热量的合理价格等）。

三、区域资源可利用量分析

作为综合资源规划的一个组成部分，能源资源估计的目的在于为能源规划者提供关于可取得的能源资源的数量和成本的信息。能源资源可利用量分析必须使能源规划者取得一些数据供综合能源规划之用，这些数据可以归纳为如下一些问题：

(1) 目前可得的能源资源总量。对于非再生能源，应是公用事业部门（Utility）所提供的能源总量及其禀赋（例如，提供的电压等级）；对于可再生能源，则是每年（或其他一定周期内）在一定范围内可收集的量值。可以利用地理信息系统（GIS）、遥感等现代化手段对区域内资源进行评估。

(2) 资源的增加（减少）速率。对于非再生能源，这一速率应根据当地总体的能源发展规划；对于可再生能源应是根据技术开发程度和当地土地利用和产业结构的远景规划而定。

(3) 资源的年生产能力。即每年（或一定周期内）能取得供使用的能源量，它涉及各种制约条件及政策因素对生产率的影响。比如，规划区域内能够利用的太阳能集热面积、太阳能建筑一体化与区域内建筑设计的协调、区域内可提供的土壤源热泵的埋管面积、可再生电力并网或上网的政策等，以便提出最大可利用资源量。

（4）资源成本。涉及每单位能源的生产成本。

由于可再生能源与非可再生能源的区别，在估计可再生能源时，必须考虑可提供的资源量、资源生产率和资源生产的经济性问题。下面就区域建筑能源规划中的几种能源做简单分析。

1. 太阳能

决定太阳能资源量的基本参数是地球表面接受的太阳辐射量，通常用"日射率"表示这一辐射量，其定义为地面上一水平平面上每单位时间接受的辐射能。但是将某地区全部地面面积上单位时间内的太阳辐射量相加得到的数值作为太阳能资源量，这样的资源量定义对能源规划没有意义，因为忽略了收集太阳能并使其转化为有用功的技术经济限制，这些限制包括：技术的可得性、太阳能集热器的允许占地面积以及采用这些技术的经济性。因此估计太阳能可利用量时首先需要对太阳能设备的技术性能作某些假设。

在能源规划中对太阳能利用潜力的估计取决于所考虑的具体应用类型及其与常规能源系统争夺市场的前景。评价太阳能应用潜力的方法是首先确定一种具体用途，然后决定在此用途上太阳能可能应用的上限。通过仔细选取此上限，实际上就定义了该种用途上的太阳能资源量，然后根据综合能源分析决定实际市场份额。按照此方法需要获取三种信息：太阳辐射水平、设备技术性能和对应用开拓最大份额的估计。表4-1列出了太阳能资源利用的典型估计方法。

评价各种太阳能系统的经济性可采用全寿命期成本分析方法。由于太阳能系统的初投资比常规能源大得多，全寿命周期成本分析是评价其经济性所必需的。

2. 土壤蓄能

土壤蓄能在建筑中的开发应用主要在于与热泵技术相结合，应用于供暖、制冷空调和供热水，土壤源热泵技术（GSHP）已经成为降低建筑能耗和环境污染的一项很有发展前景的技术，利用地壳的浅层地表土壤（包括地下水）中的蓄能为建筑物提供冷量或热量。

地壳浅层土壤蓄能指地下400m深度范围内的土壤层中蓄存的相对稳定的低品位热能。影响土壤蓄能量的因素主要是浅层土壤岩石层的热特性和地下水的流动特性，因此需要准确计算或测量地下岩土层的温度场、地表热流值以及地下水流动对换热的影响。从土壤中得到的可利用能实际是地下埋管与土壤之间的换热量，那么埋入土壤中的管道数是决定因素。土壤源热泵埋管形式有水平埋管和竖直埋管两种，水平埋管占地面积大，不适合密集型区域建筑，垂直埋管占地面积小，但涉及钻探工程，施工困难，投资大。所以在计算其可利用量时，要综合考虑当地水文地质结构、有效的土地面积和投资费用等因素。

太阳能资源利用的典型估计方法

表 4-1

用　　途	使用的太阳能技术	太阳能资源基础	应用范围
热　　水	太阳能集热器及储热水系统	直接辐射	家庭：独户、多户 商业：办公楼 饭店：旅馆 机构：医院、学校

用　　途	使用的太阳能技术	太阳能资源基础	应用范围
房屋供暖	太阳能集热器及 热交换器	直接辐射	家庭、商业、机构
发　　电	光电系统 集中式太阳热电系统	直接辐射及漫射	分散电厂 并网电厂
动　　力	太阳热机—朗肯循环	直接辐射及漫射	工业发电
炊　　事	太阳灶	直接辐射	农　　村

3. 地表水

城市地表水源是指流经城市的江河水、城市附近的湖泊水和沿海城市的海水等，与土壤蓄能相类似，地表水蓄能在建筑中的开发应用也主要是与热泵技术结合，即地表水源热泵（SWHP）技术，利用地表水中的低品位热能为建筑物供热或供冷。地表水相对于空气、土壤、地下水等冷热源相比具有水量大、热容量大的优势，但地表水温度由于气候、水体流动和水体深度等因素的影响，其在时间和空间上是不均匀的，这就为计算地表水蓄能可利用量增加了复杂性。

地表水中实际可利用能应为换热器与水体换热所得到的那部分能量，受到地表水温度、取水量和换热器效率等多方面因素的制约。计算可利用的地表水蓄能量首先要确定水体温度，不同类型的地表水温度分布是不一样的。海水的热容量大，在较深的地方全年水温变化非常小，非常适合于水源热泵；对于一些深水湖泊，其水温会产生分层现象，湖水底部常年可以保持一定的水温；而对于江河水的水温，由于受到气温和水体流动的影响，其水温不如海水和湖泊水的水温那么稳定，需要进行测量和分析来确定。

一般情况下，只有靠近地表水源的建筑才能够利用地表水源热泵，距离水源越远投资越高，难度也越大，工程应用的可行性就越小。地表水源热泵根据与地表水换热形式的不同可以分为开式和闭式两种。对于闭式系统，决定换热量的主要因素是水底换热器与水体的换热量，此外还应考虑施工难度的问题。对于开式系统，应计算可抽取的最大地表水水量，分析地表水水温变化规律，同时水质问题也是影响地表水利用的重要因素。

建筑节能潜力是指在实行更高的建筑节能标准从而提高能源利用率所减少的那部分建筑能耗量。节能潜力可以通过能耗模拟技术进行预测，并作为虚拟能源体现在区域建筑能源规划中。

建筑节能是建立在技术创新之上的，建筑节能技术有很强的地域性和气候适应性特点，没有所谓全国全世界都适用的技术，更没有采用某种技术就绝对节能的建筑，只有通过精心设计才能实现相对的节能，所以要计算节能技术的节能量，必须建立可行性分析、评估和检测等配套技术，同时加强能源管理，建立建筑能耗统计制度和建筑能耗评估体系，从而得到节能的量化值。

四、区域能源系统的选择

目前常用的区域能源系统有以下几类：集中供电，全分散供冷供热；区域供热（DH），分散空调（按房间）；区域供热（DH），集中空调（按建筑）；区域供冷供热（DHC）；区域供冷，集中供热（热源来自市政热网）；区域供冷供热供电（DCHP）；半分散区域供冷供热（集中供应热源和热汇水，分散使用水源热泵），又称"能源总线（energy bus）"方式（图 4-4）；分布式能源、楼宇热电冷联供，通过"微网（Microgrid）"技术（图 4-5）实现区域互联，又称"能源互联网"方式。

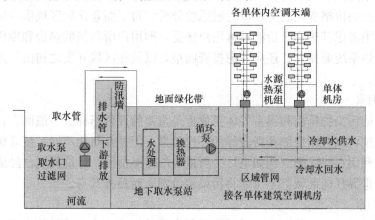

图 4-4 能源总线

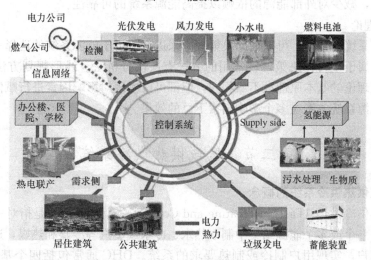

图 4-5 微网技术

选择系统，必须做技术经济分析。区域能源系统的选择，在满足建筑功能对空调需求的前提下，需要着重考虑以下几方面因素：

1. 节能效果

能源系统的节能特性是选择能源系统的最重要的评价指标之一。虽然不同的能源系统所使用的能源形式可能有所差别，比如蒸汽压缩式制冷采用二次能源电力作为投入能源，而蒸汽吸收式制冷则以天然气或重油等一次能源作为投入能源（也有利用废热的情况），但是可以将不同类型的投入能源均转换为一次能源的标准煤作为基准，对比不同系统的相对节能特性。此外，还要考虑系统的烟效率。实现能源利用的三"R"原则，即 Reduce（减量化）/Reuse（再利用）/Recycle（循环利用）；实现能源的多种利用（多联产）、梯级利用和热回收。

2. 经济合理

能源系统运行费用是建筑物主要的经常性支出之一，因此区域能源系统的选择必须进行经济分析和比较，系统在寿命周期内运行费用的经济合理是衡量能源系统的重要指标。由于能源的费用随供求关系的变动较大，因此经济性分析不但要考虑能源的当前价格，而且要预测其可能的价格变化趋势，进行敏感性分析。对于商业化的区域供冷供热或热电冷联供系统，必须考虑其热价冷价能够被用户接受，即用户所负担的热价和冷价必须比它自己经营供冷供热系统要便宜；还应考虑投资回报，以及在区域开发之初由于入住率低而造成的经营亏损。

3. 环保因素

能源系统的污染物排放和温室气体排放也是重要的评价指标。一般而言，使用电力等二次能源的系统可以在用户侧获得较好的环保效果，但是在对比不同系统环保效果时，还需要折算能源利用在一次侧（例如电厂）所造成的污染情况。环境问题已经成为全球化的问题，在当今世界任何区域都不可能将污染留给别人而独善其身。

4. 资源因素

区域能源系统的投入能源应该尽量因地制宜的采用当地容易获得的资源，以避免能源的长距离输送，减少对外部能源的依赖以提高能源系统的可靠性。

5. 决策理论

对于能源系统的优选，可以借助决策理论来进行。由于能源系统的选择一般要考虑多个限制因素，属于多目标决策，较常用的方法有层次分析法、线形规划方法、模糊方法等，这些决策理论的基本原理虽不尽相同，但都可以实现对影响因素进行赋值或量化，并能对比不同能源系统方案在多个影响因素下总的效果。

第二节　区域供热供冷系统

一、区域供热供冷系统的概念

区域供热供冷供热（District Heating and Cooling，简称DHC）是指对一定区域内的建筑物群，由一个或多个能源站集中制取热水、冷水或蒸汽等冷媒和热媒，通过区域管网提供给最终用户，实现用户制冷或制热要求的系统。DHC通常包括四个基本组成部分：能源站、输配管网、用户端接口和末端设备，其系统如图4-6所示。

其中能源站为集中生产冷热媒介的场所。能源站安装有制冷和制热的设备、相关的仪表和控制装置，并通过管网与用户连接。这些设备根据系统可以是锅炉、热电联产设备、电动制冷机组、热力制冷机组、热泵和蓄热（冷）装置等的不同组合。DHC系统的输入能源可以来自热电厂、区域锅炉房、工业余热以及各种天然热源；这些能源需要通过能源站中的设备转换为满足要求的冷热媒介，输送到空调建筑机房内换热给建筑物内循环空调冷冻（热）水，保证末端空调使用。输配管网是由热源向用户输送和分配冷热介质的管道系统。用户端接口是指管网在进入用户建筑物时的转换设备，包括热交换器、蒸汽疏水装置和水泵等。末端设备是指安装在用户建筑物内的冷热交换装置，包括风机盘管、散热器、空调机组等。

由图4-4可见，区域供热供冷系统与传统单体建筑的空调系统冷热源不同，区域供热供冷系统将高度集中化的制冷和制热设备分离于各单体建筑之外，这为第三方的商业投资

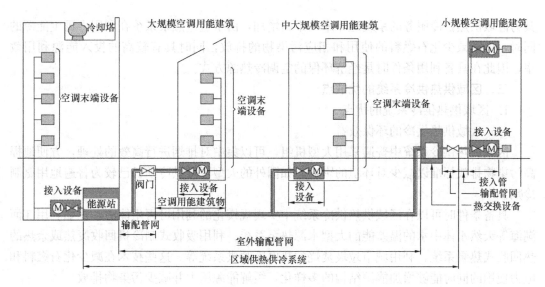

图 4-6　DHC 的组成

和运营提供了机会和天然的系统分界线。目前在国外的区域供热供冷系统多为商业投资运营，提供的空调冷热水是作为服务的一种商品，不同于国内建设方一次投资建设，提供的冷热水作为自用的一种福利的传统空调方式。

二、区域供热供冷系统的分类

区域供热供冷系统的形式比较多样，主要的区别在于其冷热源系统的构成上，常见的有以下几种：

1. 天然气热电冷联产

利用天然气先发电、然后回收余热用于制热或吸收式制冷的分布式能源系统，在负荷特性匹配较好时可以取得很高的能源利用效率，在冷负荷较大地区为了平衡负荷一般采用部分电力压缩式制冷作为补充，因此具有一定的气电互补特性，可以利用天然气夏季的使用低谷避开电力的使用高峰。

2. 区域供热加吸收式制冷

在已经建设有区域供热集中锅炉房或城市热网的地区，可以在集中供热的基础上根据需求增加吸收式制冷机形成区域供热供冷系统，优点是增加很少的投资可以同时解决夏季的供冷。

3. 天然气直燃型吸收制冷机

对于天然气供应稳定且价格具备经济性的地区，可以采用天然气直燃型吸收式制冷机作为建筑物集中空调系统的冷热源，优点是可以极大地减少用电，避免空调负荷对夏季电网形成冲击性负荷。

4. 电力驱动制冷加冰（水）蓄冷系统

电力驱动制冷加冰（水）蓄冷系统在以供冷为主要功能的大型区域供热供冷系统中使用较多，电力驱动制冷性能稳定可靠，结合冰（水）蓄冷系统可以降低系统配电容量和运行费用，是大型系统采用较多的技术组合。

5. 结合未利用能的热泵系统

采用热泵提升江、河、湖、海、污水、地铁排风、工厂废热等低品位能源的品位，使其为区域供热供冷服务的系统近年来在不断增加，由于这些热泵系统在利用可再生能源的同时，可以减少化石燃料的使用和相应污染物的排放，同时具有较高的投入能源利用效率，因此在具备利用条件时是经济环保的空调冷热源方式。

三、区域供热供冷系统的优缺点

1. 区域供热供冷系统的优点

（1）区域供热供冷的环保效益

区域供热供冷系统中普遍采用大型机组，可以集中对排烟进行高效的处理，方便地提高污染物排放标准以减少对环境的影响，如国外的大型区域供冷项目已较为普遍地用氨制冷剂。

具备条件时可以在区域供热供冷系统中实现规模化的利用可再生能源，比如利用江河湖海等天然水体中水的温差能的大型水源热泵系统、利用吸收式制冷机回收废热或余热的热回收式热泵系统、利用城市垃圾焚烧的热电冷联供系统等。这些技术在减少化石燃料和电力使用的同时能够增加能源结构的多样化，缓解能源压力并减少污染物排放。

采用区域供热供冷系统可取消各建筑物内部的分散冷源、锅炉房、冷却塔和风冷冷凝器，消除由其产生的噪声、漂水、霉菌、排烟等问题，改善了城市景观，也使得建筑物结构处理及抗震处理得以简化。在采用地表水源热泵时，还可以通过江河湖海的水带走空调系统的排热，缓解建筑群在夏季向室外大规模排热造成的空气温升，减轻城市的热岛效应。

（2）区域供热供冷的社会效益

采用区域供热供冷，在同等舒适度下可以节省空调系统的初投资和运行费用。区域供热供冷系统制冷设备的装机容量要低于各个建筑物最大冷负荷的总和，区域供冷的空调同时使用系数一般在 40%～60%左右，使区域供热供冷系统的装机容量可以相对减少，初投资较一般单独设置冷热源的集中空调系统有所降低。如果 DHC 作为城市基础设施，其初投资的回收还体现在土地价值里，建筑投资者可以免去自行设置空调冷热源的设备、电力增容、能源供应系统及设备间土建等投资。DHC 可以实现专业化的管理，采用先进的节能技术，可以大大减少运行维护人员的数量和费用。

区域供热供冷通常和蓄能技术结合使用。蓄能技术可以充分利用电网低谷时段的廉价电力储能，从而减轻电网峰值负荷，削峰填谷并降低系统运行成本。

区域供热供冷系统可以采用计算机控制技术实现系统的优化管理与控制，实现设备的优化节能运行、故障诊断、能耗计量和数据管理，能最大限度地降低系统的运行能耗。

商业化运营的区域供热供冷系统可以在专业化管理下更加高效合理地使用能源，避免了能源浪费和不合理用能，真正使能源管理成为一种服务。

（3）区域供热供冷的节能效益

大型制冷机组的 COP 可以得到提高，而且可以利用蓄冷技术把制冷机组的运行时间转移到电价低廉的夜间，从而提高了电厂发电机组的满负荷比率和发电效率。

区域供热供冷系统机组数量少，因而在部分负荷时大型制冷机组效率更高，调节性能更好，在部分负荷时可以利用台数控制技术，使投入使用的制冷机组始终保持高效率状态运行。

可以结合一次能源和低品位能源构成各种能源的梯级利用系统和复合能源系统，以规模化回收或利用各种低品位能源。根据日本的实测数据，和分散在各单体建筑物内的冷热源相比，区域供热供冷系统可以节约 12％的一次能源，而导入未利用能的集中供热供冷系统可以节约 15％～22％的一次能源。

2. 区域供热供冷系统的缺点

由于分散供冷方式中各个建筑各成独立系统，所以灵活性较大，因此在建筑物规模较小或单位面积空调负荷较低时，这种方式的能耗和运行费用会相对较大，适用性较低。

区域供热供冷系统需要事先预留室外输配管网，如果区域管网规模较大，则不但所需要的前期一次性初投资较大，而且由于供冷温差较小运行费用也将随着输配距离的增加而上升，使得整个系统经济性变差。

初投资较高，回收期长。由于区域供热供冷系统需要在前期一次性投入管网和设备费用，而楼宇的使用率和收益则是逐渐增加的，因此 DHC 系统在初期用户使用率较低时可能是亏损的，只有使用率超过盈亏平衡点后年度费用可以持平，继续运行数年后方可能赢利。

存在一定的投资风险。主要风险在于大规模建筑的工期拖延和负荷密度或使用率低于预测值。这将使得项目在初投资已经完成的情况下净收益减少，造成回收期延长甚至亏损。

四、区域供热供冷在国内外的应用情况

1. 区域供热供冷在国外的应用现状

区域供热供冷通过系统设计、运行和维护的综合规划带来环保效益，以集中空调冷水生产和销售产生的规模效益带来经济效益。因此在一些发达国家的城市中心区得到了较多的应用。在经历两次石油危机后，能源和环境问题日益受到重视，区域供热供冷的应用和研究重新成为焦点，其中以欧洲、美国和日本的应用和研究最为领先。

（1）欧洲。欧洲由于气候的原因，供热的需求多于制冷，区域供热和（冷）热电联产结合的比例很高，区域供热供冷系统大多是在区域供热系统建成后在其基础上增加制冷设备形成的。世界上最早的区域供热（DH）1870 年出现在德国，1890 年德国汉堡首次使用了热电联供系统，到 1930 年几乎所有的欧洲主要城市都有了区域供热。20 世纪 50 年代战后欧洲重建，住宅建设迅速发展，带动了区域供热事业的发展。北欧由于地域气候特点，在城市中区域供热的普及率高达 70％～80％。在石油危机之后，欧洲的区域供热更趋向于使用本地能源（如煤炭）和可再生能源（如垃圾焚烧、利用木屑等森林工业废弃物作为生物质能源）。近年来，由于欧洲第三产业和金融业发展，夏季供冷空调需求增加，更进一步发展到用热泵系统来利用海水、河水等地表水资源实现夏季供冷、冬季供热；还有一些案例根据欧洲夏季日照时间长的特点，利用太阳能做季节性蓄热。欧洲最早的区域供冷系统 1960 年出现在巴黎，目前在法国、德国和瑞典采用的较多。在法国有 12 个大型的区域供冷网络承担着超过 450MW 的制冷需求，另外还有较多的容量小于 2MW 的小型区域供冷系统在运行。德国有大约 10 个系统，主要是将吸收式制冷机组加入到区域供热系统中形成的区域供热供冷系统，柏林和汉诺威的区域供热供冷系统容量都超过了50MW。挪威、瑞典和丹麦较为普遍的采用海水、湖水、地下水、工业废水和城市污水作为热泵的热源和热汇，在瑞典有上百个大型热泵站，总容量约为 1200MW，其中容量最大的热泵站位于斯德哥尔摩，它由 6 台大型热泵组成，利用波罗的海的海水作为冷热源，供热能力达到 160MW。

（2）美国。美国纽约在 1877 年首次建成区域供热系统，开始仅是由小型集中锅炉房对几栋住宅集中供热，1880 年后随着火力发电工业的发展开始对电厂周边地区供热，建成一批热电联产系统。进入 20 世纪电厂逐渐大型化，蒸汽回用再发电（联合循环）比早期热电联产效率更高，逐渐地电厂与供热事业分离，由专用的区域锅炉房供热。但是由于这些锅炉房只承担供热，全年利用率低，而由于在纽约等中心城市中第三产业的迅速发展，夏季供冷需求增长，因此在纽约等地逐步出现了夏季利用区域锅炉房的蒸汽，用蒸汽涡轮机驱动离心式制冷机供冷的新方式。随着双效吸收式制冷机的研制成功，吸收式制冷系统也再次受到重视，20 世纪 70 年代纽约世界贸易中心采用该技术向其建筑物群集中供冷供热，供冷量达到 172MW，成为当时世界上规模最大的一项区域供热供冷工程。美国能源部（Department of Energy，DOE）一直在支持发展区域供热供冷技术，该技术在美国校园内的发展最为迅速，据统计截至 1980 年美国 2000 所大学中区域供热供冷管道长度已经超过 3479km。

（3）日本。日本的区域供热供冷系统出现较晚但发展迅速，最早的区域供热供冷系统是从 1970 年大阪世博会区域供热供冷系统，当时日本政府提出"日本列岛改造论"，试图解决都市人口密集、环境污染严重的问题，从法规上鼓励投资 DHC，并形成了公益型的都市热供给产业。但从 1973 年开始的石油危机，使 DHC 的热（冷）价高涨，需求减少，DHC 事业进入低迷期。在石油危机的刺激下，相继出现了利用蓄热、热泵和热电冷联供等新技术的 DHC 项目。1985 年以后，随着日本都市再开发的发展，日本的能源产业积极介入 DHC 的开发，形成了新的热潮。区域供热供冷技术在日本的发展可分为三个阶段。第一阶段是 1970~1990 年的实验期，当时区域供热供冷正处于技术和性能的实验阶段，此期间建造的有大阪万国博览会场、千里新城、东京新宿新都心和新东京国际机场等区域供热供冷项目，这些项目以天然气吸收式制冷机组为主；第二阶段是 1990~2000 年的完善期，这时区域供热供冷的技术已趋于完善，并尝试使用多种能量来源，如垃圾焚烧热利用、地铁废热利用、排水热利用和江河湖海中的水温差利用等；第三阶段是 2000 年以后，区域供热供冷作为适合城市建筑密集区的空调能源形式得到确认，政府通过法规、技术指导、补助、贷款、税收减免和土地使用等多方面支持区域供热供冷系统的发展。比如东京制定了详细的地域冷暖房实施指导标准，来指导该地区区域供热供冷系统的建设和运营。在日本 DHC 已经和自来水、电力一样成为一项公用事业，并形成了一个新兴的规模化产业——DHC 能源公司。这些公司投资建设能源站和区域管网，销售其生产的冷热水。

2. 区域供热供冷系统在我国的应用前景

中国建筑用能的特点是：（1）人口稠密，特别是城市建筑密集，人员办公和居住高度集中；（2）随着人民生活水平提高，空调负荷迅速增加；（3）生活热水需求快速上升；（4）城市居民大多住于集合式（公寓）而不是独立式（别墅）住宅中，并且越来越多集中于成片住宅小区；（5）新建住宅建筑与商业、办公建筑交织。中国正在经历城市化进程和加强环境保护，全国每年增加 16 亿~20 亿 m^2 建筑面积，各地都有集中成片开发的重大项目，许多城市依江临海，有可资利用的低品位"未利用能源"。因此中国的一些城市具备建设区域供热供冷系统的前提条件。

区域供热供冷的对象可以为商业用户、工业用户和公共用户。但针对不同用户的区域供热供冷系统在系统构成、服务范围、技术要求等方面都存在较大的不同，因此需要仔细分析系统需求，合理确定系统规模以避免投资风险。在采用区域供热供冷系统之前，不但要考虑系统大小、服务半径、管道输配半径、用户的动态发展情况、当地能源状况、当地的法律、用户的要求等，还必须对变动因素引起的系统的经济性敏感度进行详细预测。

我国目前在建和已经建成的各类区域供热供冷系统约有二十多项，但在我国区域供热供冷还是相对比较新的概念，作为一种高度集中化的空调能源形式，也存在一定风险。成功的项目可能获得极好的节能和环保效应，失败的项目也会造成建设资金的极大浪费和运行费用的上升，能耗反而高于分散系统。在我国推广区域供热供冷系统时，应结合我国的国情对区域供热供冷系统的可行性作充分仔细的论证，杜绝不开展调查研究、盲目攀比系统规模或者盲目照搬照抄国外经验的做法。目前应该结合我国新城区建设或者旧城区改造的实际情况，因地制宜的先建设一批试点项目，积累投资、设计、施工、运行、管理等方面的数据和经验，为在我国完善和发展区域供冷供热系统创造条件。

五、区域供热供冷系统的优化

1. 冷热源的优化

区域供热供冷系统的冷热源与常规的集中空调系统相比较，有相似但也有很多不同之处。整体上看，区域供热供冷系统的以下几点尤其需要得到重视。

(1) 选用高效率的大容量设备。区域供热供冷系统规模大，应尽量采用制冷效率高的机型，同时注意设备在部分负荷时的特性以及与建筑空调负荷的容量匹配。与常规集中空调方式相比，区域供热供冷系统由于设备规模大、设置集中，输配管网所需能量大，因此要结合设备在一年中所需要利用的负荷频度进行分析，对设备和管网配置从节能角度出发进行优化配置，而不能只是进行简单的设备选型。

(2) 因地制宜的利用"未利用能"。对区域供热供冷进行规划时，如果当地存在各种高温排热、低温排热、温差能等"未利用能"，应在经济可行的前提下尽量利用。利用未利用能，不但可以节能和减少运行费用，而且可以减少环境污染。

(3) 区域能源供应的均衡化。城市区域供热供冷系统中，电气或天然气都可能成为系统的主要能源。应考虑电力和天然气消费所具有的季节特点，采用能够实现能源利用均衡化和调节峰值的系统。离心式制冷机组的驱动除了使用电动机之外，也可以采用蒸汽轮机作大型制冷机组的原动机，或采用内燃机和燃气轮机直接驱动，以扬长避短，实现区域能源利用的均衡化。

(4) 蓄能系统和供应的稳定性。区域供热供冷系统一般要向多栋建筑物连续进行供冷供热，因此要考虑供应的稳定性并考虑预备能力和扩容可能，要合理规划设备容量以及分期实施计划，条件适合时应设置蓄能系统并在管网设计中考虑分支管路出现故障时的应急供应措施。

(5) 能源站选址。区域能源站在位置上要尽量靠近负荷中心，或者直接建设在某一较大空调负荷的建筑物内，以最大限度地减少管网投资和冷冻水的输配费用。对于规模比较大的区域供热供冷项目应该设置多个能源站分别就近供冷，以避免输配管径过大和输配管道过长。一般情况下，系统输送半径不超过 1km。

2. 系统规模控制

系统的规模控制体现在集中系统和分散系统的对比中，集中系统和分散系统是相对而言的，对一项具有一定规模供冷供热需求的空调工程，集中系统是指集中设置两台到多台大型设备，再通过输配管网将空调冷、热水配置到各个建筑物内的系统，一般在建筑内设有专用于换热的板式换热器。分散系统是指利用分散设置的多台设备，各自承担部分建筑物负荷。同时，多台机组联成管网网络，共同承担建筑群供冷供暖任务的空调系统。系统规模的控制没有一成不变的固定模式，必须因地制宜的根据实际情况进行比较分析，主要比较以下几点：

（1）初投资比较。在集中系统一定的输送半径内，分散系统的初投资一般要高于集中系统。这是因为分散系统的设备制冷制热量小，且各自单独启停不能反映集中系统空调同时使用系数引起的设备容量节省，因此相同冷量的工程分散系统需要的机组数量和装机总容量都要多于集中系统，这样分散系统等的设备总价将高于集中系统。当然集中系统比分散系统多了室外冷冻水输送管网，对于输送半径大而冷暖需求小的系统集中系统的初投资也可能高于分散系统，在我国的住宅中建设区域供热供冷系统的经济性相对较差就是这个原因造成的。

（2）运行费用比较。集中系统和分散系统相比较，在一定的条件下集中系统的运行费用要相对节省一些。这主要在于集中系统的设备更少、效率更高、调节性能更好。集中系统一般只有几台主机，相应的水泵数量也少，其主机的 COP 和水泵的效率均较高。而分散系统则需要更多的主机和水泵，其主机的 COP 和水泵的效率较差。同时分散系统中的小机组调节性能远远差于集中系统，在部分负荷下的运行管理也不如集中系统专业，分散系统由于不能调节而造成运行能耗远多于集中系统。当然输配管网长而负荷小、运行时间特殊的项目采用分散系统运行费用更为节省。

（3）系统可靠性比较。分散系统是多个独立运行的小系统，各自互不关联，如果小系统中任何一个主机出现故障，则该主机就必须停机检修，这个系统所承担的建筑物空调就无法得到保证了；而集中系统一般多台主机，可以互为备用，由于主机数量少出现故障的概率要小得多，另外大型主机采用的技术先进，所以整体可靠性比分散系统的要高。

（4）调节特性。集中系统的主机数量少，可以采用先进的自动控制系统，对于管理人员的劳动量和设备的维修量较少。分散系统由于规模小数量多，对于人员的劳动量和维修量更大，自动控制系统一般以实现简单控制为主。

（5）收费和计量。分散系统由于机组数量多，其主机和服务区域一一对应，产权明确、计量简单。集中系统服务范围较大，需要对每户或每栋楼宇安装计量设备对运行能耗进行监控，并根据计量值折算相应的公摊费用，因此收费比分散系统要麻烦，需要根据具体情况制定计量及收费方案。

3. 输配系统优化

区域供热供冷系统的负荷特性比常规系统更加复杂和多变，因此区域供热供冷系统一般采用变水量系统，但要注意保持水系统的水力平衡不能靠一味增加其流量，静态平衡阀、动态平衡阀和压差控制阀需要正确合理的匹配使用，才能有效的解决水力失调问题，确保空调水系统高效合理的运行。

合理设定压差控制位置及数值。虽然末端压差设定值越小越有利于节能，但末端压差设定值的提高有利于系统的稳定性，但在追求节能的同时也要考虑系统的稳定性，只有水泵和管网特性相匹配，才能达到节能的目的。对于变水量系统，考虑到水泵要适应系统的流量调节，水泵选型时一般要选择 Q-H 特性曲线较为陡峭的类型。

对某一具体的区域供热供冷系统，在电价和设计冷负荷确定时，存在一个最优的水流速度，它随系统供冷量的增大而增大；随电价的增大而减小，随供回水温差的增大而减小，而冷水输送距离对最优流速影响不大。

区域供热供冷管网布置时还要结合供热供冷的安全性，要分析枝状管网和环状管网等不同拓扑结构时的能效情况和安全性能。

4. 系统运行优化

大型区域供热供冷系统需要根据全年逐时负荷变化制定相应详细的运行策略，并最好能由自控系统完成自动调节，发挥集中系统的管理优势和自控优势以实现稳定可靠的节能运行。

设备需要制定台数控制策略或部分负荷时的设备控制策略，以提高比重较高的部分负荷时段系统效率，有蓄能系统的还包括融冰策略，策略的制定原则以减少运行费用和提高能源利用效率为主要原则。

要加强水系统的运行管理，保持其水力平衡和良好的保温情况，及时清理板换的堵塞并减少换热时的温度损失，始终保持输配系统高的输送效率是区域供热供冷系统节能性落到实处的可靠保证。

第三节　区域热电冷联供系统

热电（冷）联供系统是热电设备利用煤、天然气等能源，通过锅炉（或燃烧室）燃烧，然后通过蒸汽轮机、燃气轮机等设备，首先将产生的具有较高品位的蒸汽通过汽轮机发电，然后利用汽轮机的抽汽或排汽，冬季向用户供热、夏季利用吸收式制冷机向用户供冷形成的联产系统，由于可以实现能源的梯级利用，并满足多种不同品位的能源需求，在负荷特性匹配较好时可以获得比传统单独的电力或燃气空调系统都高的能源利用效率，同时作为分布式能源系统可以有效地缓解传统大电网的风险，平衡电力和天然气等不同能源的供应压力。

一、热电冷联供的几种方式

1. 背压式热电（冷）联产系统

电厂锅炉生产的蒸汽送入背压式汽轮机做功后，部分排汽供给供热系统热用户使用或者通入预热器，另一部分可以送入溴化锂吸收式制冷机制取 7～12℃ 冷冻水供给需要制冷的用户。这种系统由于调节功能差，所以只在少数小型热电企业中应用。

2. 抽凝式热电（冷）联产系统

在电厂侧锅炉生产的蒸汽送往汽轮机做功，其中部分蒸汽在部分做功后被抽出供给供热用户和制冷用户使用，余下的蒸汽在汽轮机中继续膨胀做功，尾汽在凝汽器中凝结成水，返回锅炉继续使用。该系统可以根据热（冷）负荷的变化来调节通过凝汽器的蒸汽流量，便于运行管理和调节负荷，现在多数热电厂采用这种系统形式进行生产调度。

3. 凝汽式热电（冷）联产系统

该系统与一般凝汽式发电设备不同的是它提高了凝汽式汽轮机的排汽压力，使凝汽器出口水温提高到 75～80℃，这样直接可以将热水供给冷热用户，夏季也可以直接送至单效热水型吸收式制冷机制取冷冻水供给用户。该系统的特点是充分利用了凝汽的热量，从而提高了能源系统的总热效率，冬季的节能效果较好但夏季的能源利用效率不高。

4. 汽轮机发电和离心式制冷机的热电（冷）联产系统

电厂锅炉生产的蒸汽送入背压式（或抽凝式）汽轮机发电，背压排汽（或抽汽）由供热系统供给热用户也可以送至吸收式制冷机制取冷冻水供应空调用户；生产的电力可以部分或全部驱动离心式制冷机制取冷冻水。该系统可以较好地满足供冷供热需求，在一些大型区域供热供冷系统中有所应用。

5. 燃气轮机热电（冷）联产系统

燃气轮机热电（冷）联产多用于楼宇，但是也有部分大型调峰燃气轮机电站使用热电（冷）联产。过程是将燃烧室燃烧的高温烟气通入汽轮机带动叶轮做功发电后，其排出的烟气经过减压降温后进入吸收式制冷机制冷。该系统的好处是利用余热锅炉可以根据负荷大小调节供热（冷）量，而且充分利用排出烟气可以提高燃气轮机的能源利用效率，降低运行成本。

二、发电的几种方式

1. 微型燃气轮机（Micro Turbine）

燃气轮机的工作原理是：叶轮式压缩机从外部吸入空气，压缩后送入燃烧室，同时将气体或液体燃料喷入燃烧室与高温压缩空气混合，在定压下进行燃烧。生成的高温高压烟气进入燃气轮机膨胀做功，推动透平叶轮带着压气机叶轮一起高速旋转，乏气排入大气中或再利用。燃气透平在带动压气机的同时，尚有余功作为燃气轮机的输出机械功。燃气轮机发电效率较高，与小型柴油发电机组相当，设备投资较高但维护费用较低。

2. 内燃机（Gas Engine 或 Diesel Engine）

燃气内燃机将燃料与空气注入气缸混合压缩，点火引发其爆燃做功，推动活塞运行，通过气缸连杆和曲轴，驱动发电机发电。回收热量主要来自于内燃机排出的烟气和汽缸套的冷却水。燃气内燃机的优点是发电效率较高，设备投资较低，缺点是余热回收复杂，余热品质较低。

3. 外燃机

外燃机是一种按斯特林循环工作的闭式往复活塞式热力发动机，又称作斯特林发动机（Stirling engine）。外燃机在四个封闭的气缸内充有一定容积的工质，气缸一端为热腔，另一端为冷腔。工质在低温冷腔中压缩，然后流到高温热腔中迅速加热，膨胀做功。燃料在气缸外的燃烧室内连续燃烧，通过加热器传给工质，工质不直接参与燃烧。外燃机可以利用的燃料范围广阔，发电效率较高，出力和效率不受海拔高度影响，较适合于高海拔地区使用。利用外燃机的特性也可以将多面反光镜聚焦在外燃机的热腔，形成有补热的太阳能发电系统。

4. 燃料电池（Fuel Cell）

燃料电池被称为是继水力、火力、核能之后第四代发电装置和替代内燃机的动力装置，21 世纪最有吸引力的发电方式之一。燃料电池内所发生电化学反应实质是氢气的燃烧反应。但与一般电池不同之处在于燃料电池的正、负极本身不包含活性物质，只是起催化转换作用，所需燃料氢和氧则由外界输入。因此燃料电池实际上是一个能量转换装置，原则上只要燃料和氧气源源不断地输入，它就能够连续发电。与其他热电联产方式相比，燃料电池发电效率高、清洁无污染、安静无噪声、排热的再利用价值高、在建筑物中使用方便，但是现阶段也存在价格昂贵、维护比较专业、燃料要求高等一些问题。

三、热电冷联供供电方案选择

热电冷联产发电机的运行方式有两种模式：1）受电电力一定，热电联产产生的电力作为市电的补充和削峰之用。要求发电机组有较好的调节能力，追踪电力负荷的变化。而产生的热量不稳定，给用热调节带来困难。2）发电一定，热电联产的发电机组以最大出力运行。这种模式又可分为发电电力削峰运行和发电电力作为建筑的基本负荷长时运行。后一种模式对于排热利用运行十分有利，可以提高系统的经济性。

热电冷联供系统的电力供应方案可以分为以下几种：

1. 独立回路方式

热电联产的发电通过独立的回路供电，与市电回路分开，一般用来供应特定的负荷设备，作为一个不间断电源（UPS）。这种供电方式一般用在规模较小的系统中，要将电力负荷分成发电专用、受电专用和发电/受电切换三部分。在发电专用负荷不工作时，发电机停止运行。发电/受电切换负荷用切换开关转为使用市电。

2. 单母线主回路方式

热电联产的发电与市电受电共用一根母线、并联运行。发电部分作为电力负荷削峰或作为市电停电时的备用电源之用。这种方式一般用于中等规模的系统。并联运行方式对发电品质（频率、电压）要求很高，必须与市电保持一致，同时还需设置防止电力逆潮进入市电网的装置。

3. 带母线联络断路器的单母线方式

这种方式从本质上说也是并联运行方式，但由于在两个回路之间加了断路器，所以在需要时也可以分开成两个独立回路。一般用于大规模系统。它也需要将负荷分为发电负荷和受电负荷两部分。

4. 双母线方式

发电和受电各自有单独的母线。负荷侧的进线分别来自两条母线，可以根据负荷管理的需要由两条母线供电。两母线之间设有联络断路器，在市电停电时可自动切换，从而保证供电安全。一般也用在大规模系统中。

四、热电冷联供供热（冷）方案选择

热电联产系统的热利用的一个重要原则就是热量的"物尽其用"和梯级利用。热利用的基本形式有以下五种：

1. 蒸汽系统

利用原动机的高温排气进入排烟锅炉（余热锅炉），产生蒸汽供吸收式制冷机制冷、供热交换器制成热水采暖，以及供水加热器制成生活热水。为了弥补产热量的不足和调节热负荷，系统中一般还设置有蒸汽锅炉。

2. 热水系统

利用原动机的高温排气进入排烟热交换器，而原动机的冷却水（如燃气发动机缸套冷却水）进入冷却水热交换器。冷却水热交换器加热的热水进入排烟热交换器进一步升温。制成的高温水先进入热水型吸收式制冷机制冷，再进入水-水热交换器制热用来采暖，最后进入水-水储热水槽制取生活热水。回水再循环至冷却水热交换器重新加热。排热量得

到充分的梯级利用。在系统中设有直燃型吸收式冷热水机组和热水锅炉作为补充。

3. 蒸汽＋热水系统

将上述蒸汽系统和热水系统结合起来就形成蒸汽＋热水系统。该系统中只需要一台蒸汽锅炉作为补充热源。

4. 排气系统

将燃气轮机发电后的高温尾气引入直燃机补燃后获得高温水进入吸收式制冷机制取冷量。

5. 联合循环系统

将燃气轮机的排气送入余热锅炉产生水蒸汽，再将水蒸汽引入汽轮机中做功，汽轮机排汽再进入凝汽器中放热。其优点是增加了总输出功率，热效率得到提高。也可以通过汽轮机的抽汽来实现供冷供热，这样就具有很大的灵活性。这种系统主要用于区域供冷供热系统。

五、热电冷联产系统的能效

热电冷联产系统的本质是回收发电系统过去被丢弃的排热、废热或余热，以提高综合能效，即在保证发电效率的前提下充分利用余热。如果为了用热而抑电，就是本末倒置了。尤其是楼宇热电冷联产，所用的发电机组功率比较小，效率远远比不上大型电厂的大发电机组。它的优势在于能源的综合利用效率和就近供能。而发挥其综合效率的关键是系统合理的配置和科学的运行。因此热电冷联产机组的研发固然重要，但用户侧的系统集成和末端合理应用则是更重要的环节。

热电冷联产系统从用户侧考虑，实际是用天然气取代电力作为建筑的能源。因此楼宇级的热电冷联产系统应优先采取以电定热而不宜采用以热定电的运行模式，首先提高设备的发电效率，其次尽量利用回收得到的废热满足供热供冷需求，以提高系统整体的能源利用效率和经济性。由于各地的电力和天然气价格相差很大，因此技术经济分析时必须因地制宜地根据当地实际情况进行计算。

参 考 文 献

［1］ Ken Church, COMMUNITY ENERGY PLANNING, A Guide for Communities, Vol. 1 Introduction, Natural Resources Canada, 2007.

［2］ Ken Church, COMMUNITY ENERGY PLANNING, A Guide for Communities, Vol. 2 The Community Energy Plan, Natural Resources Canada, 2007 Joel N. Swisher etc.

［3］ Tools and Methods for Integrated Resource Planning, UNEP Collaborating Centre on Energy and Environment. Risφ National Laboratory, Denmark, Nov. 1997.

［4］ Energy-Aware Planning Guide, CALIFORNIA ENERGY COMMISSION, US, 1993.

［5］ 龙惟定. 建筑节能管理的重要环节——区域建筑能源规划［J］. 暖通空调. 2007.

［6］ 刘晨晖. 电力系统负荷预报理论与方法［M］. 哈尔滨：哈尔滨工业大学出版社，1987.

［7］ R. 科多尼，朴熙天，K. V 拉曼尼著，吕应中译. 综合能源规划手册［M］. 北京：能源出版社，1989.

［8］ 赵军. 竖直埋管型地源热泵地下传热及热力性能的研究［D］. 天津大学博士论文，2002.

［9］ 范蕊. 土壤蓄冷与土壤耦合热泵集成系统理论和实验研究［D］. 哈尔滨工业大学博士论文，2006.

［10］ 龙惟定，马素珍，白玮. 我国住宅建筑节能潜力分析——除供暖外的住宅建筑能耗［J］. 暖通空调. 2007(5).

[11]　日本地域冷暖房协会. 地域冷暖房技术手册. （改订新版）[S]. 东京：社团法人日本地域冷暖房协会. 2002.

[12]　王刚. 区域供冷在世界的发展状况[C]. 2005 年暖通空调年会论文集. 北京：中国建筑工业出版社，2005.

[13]　龚俊华. 区域供热供冷系统优化设计及经济性分析[D]. 同济大学硕士论文，2005.

[14]　龙惟定. 建筑·能源·环境[M]. 北京：中国建筑工业出版社，2003.

第五章 室内环境品质

过去，人们关心与室内空气质量相关的问题，即室内空气品质（Indoor Air Quality，IAQ），随着科学技术的发展和生活、生产水平的提高，人们逐渐发现了与人的生活、生产更为密切的室内其他问题，并逐渐关注这些问题的产生和影响。美国职业安全与健康研究所提出内涵广泛、对生活生产影响更大的室内环境品质（Indoor Environment Quality，IEQ）概念。室内环境品质主要包括室内空气品质、室内热环境、光环境、声环境、视觉环境以及空气中的化学污染物等诸多因素。室内环境品质对人的影响包括直接影响和间接影响。直接影响指环境的直接因素对人体健康与舒适的直接作用，如室内良好的采光照明，特别是利用天然采光有利于人们的健康和节能；室内适宜的温度、湿度和清新的空气能提高人们的工作效率；人们喜欢的室内布局和色彩组合可以缓解工作时的心理压力等。间接影响指间接因素促使环境对人员产生的积极和消极作用，如情绪稳定时，适宜的环境使人精神振奋；萎靡不振时，不适宜的环境使人更加烦躁不安等。可见，室内环境品质的好坏，不仅直接关系到人们的身心健康，而且对人们的工作效率会产生重要的影响。

需要特别提出的是，在人们生活、生产活动的常规室内环境之外，还存在一种生活、生产活动的特殊环境，这种环境处于人体耐受的极端而人体不得不在这样的环境中工作。这种环境称之为极端环境。目前在极端环境的研究中，更多的局限在极端热环境、极端的不对称辐射环境、极端低氧环境等。

无任是常规的室内环境还是特殊的极端环境，人体与周围环境有着主动适应和被动接受两种情况。对于主动适应的环境，是指当环境条件不能满足人体适应的情况下，人体必须在一定的范围内进行自我调节以适应环境，同时要求环境各方面的参数尽可能的适应人体的需要。对于被动接受的环境，则指当环境条件不能满足人体需要，人体只能被动的接受这种环境。无论是主动适应还是被动接受的室内环境，建立满足甚至基本满足人和生产需要的室内环境，都必须以消耗能源为代价。

第一节 室内环境品质控制的对象

室内环境品质控制的参数一般包括空气温度、湿度、流速、不对称辐射强度、悬浮微生物浓度、光的照度、声级和化学污染物浓度等。对于室内的视觉环境，主要涉及的是环境艺术方面的问题，所以一般视觉环境与建筑能耗没有相关性。与此类似的室内噪声级别与建筑能耗也没有明显的相关性。室内环境品质控制的参数主要包括：

1. 室内空气温度

室内空气温度是影响人体热舒适的主要空气热工参数。室内空气的温度类参数包括干球温度、湿球温度和露点温度。室内空气温度是人体热感觉的最直接的参数，但不是惟一的参数。在某些特殊的工业建筑中，室内温度对于人的生活和生产影响较大，对空气的温度控制目标和精度高，由此需要的能源代价显著。

2. 室内空气湿度

室内空气湿度是影响人体热舒适的另一个主要空气热工参数。在室内空气的计算中，通常将空气视为由干空气和水蒸气两部分组成。空气中水蒸气含量的变化对空气的干燥和潮湿程度会产生重要影响，从而对人们的生活、生产工艺过程、设备状况、产品质量等许多方面都有极大的影响，更重要的是影响处理空气的能耗。

描述空气湿度的参数有空气的含湿量和相对湿度。空气的含湿量定义为每千克干空气中含有的水蒸气量；空气的相对湿度则直观地反映出了空气中水蒸气含量接近其饱和含量的程度，也就是反映出了空气吸收水蒸气的能力（又称为吸湿能力）和空气的潮湿程度。当然，描述空气含湿量的参数也包括空气的水蒸气分压力、湿球温度等。

空气的温度和湿度决定了空气的状态点，也决定了空气所携带的能量。因此，空气的温度和湿度也是空气的能量参数。常见的空气处理过程是冷却或加热空气，经常会碰到诸如将空气从高温冷却到低温需要多少制冷量，或将低温的冷空气加热到高温需要多少热量之类的问题。从另外一个角度分析，也是空气吸收的热量或空气释放的热量。这个过程空气能量变化的计量参数在专业领域中称为"焓"。工程热力学书中对焓的定义是"物质本身所包含的内部能量"，这个定义也适用于空气。

空气的温度和湿度结合，能够更准确地反映人体对空气环境的热感受；同时，以空气的焓为代表的空气能量，在空气热湿处理过程的计算中更为方便和直观。

3. 室内空气流速

室内空气品质的研究发现，追求良好的人体热舒适，除了要求有较好的空气温度分布以外，室内的空气速度场应该有良好的分布且应该小于某个值。研究表明，对人体热舒适的影响重要性依次为：风口到人体的距离、送风温度、送风速度、送风口形式。由此可知，空调房间的气流组织主要通过在室内形成的气流温度场与速度场来影响人体的热舒适。因此，如何使气流组织有效合理，对于创造良好舒适的室内热环境具有重大意义。

4. 平均辐射温度

平均辐射温度又称壁面平均温度，它主要取决于围护结构内表面温度。平均辐射温度的改变，主要对人体辐射热造成影响。在一般的民用建筑中，由于平均辐射温度产生不舒适的主要原因是建筑外围护结构和透明外围护结构保温不良。这种不良保温使得围护结构内表面温度偏高（夏季）或偏低（冬季），不仅导致人体的不舒适感觉，而且还使得建筑冷热负荷增加，是应该极力避免的现象。

室内严重的不对称辐射强度出现在一些工业建筑和特殊的封闭环境中，在这样的环境中，需要对工位（人员长期驻留的地点）的局部环境进行专门的处理。根据处理的方式不同，有不同程度的能源消耗。

5. 空气的悬浮微生物浓度

在一些有特殊要求的建筑物，如医院手术室、病房、制药车间、食品加工车间中，对空气的悬浮微生物浓度加以控制，以保障被保护对象（人或产品）的质量。与一般建筑相比，需要控制空气悬浮微生物浓度的建筑一般都需要空调净化系统，而且有较高的换气次数和系统阻力，流体的输送能耗比一般的空调系统要高出许多。

6. 室内照明

室内的照明直接关系到人的健康和能耗。室内照明是建筑的最基本的装置，也是人工作、生活的基本需要。但是如果过分追求室内照度，非但不利于人体的健康，而且造成能源的浪费，特别是当不需要照明的情况下，室内仍然灯火通明，是一种严重的浪费行为。

7. 室内空气的化学污染物浓度

人体每时每刻都在呼吸，一个成年人平均每天吸入 15kg 空气，与每天摄入 1.5kg 食物和 2kg 水相比，吸入空气是接触环境污染物的主要途径。室内空气的化学污染物是随着社会总体发展水平提高而出现的日益严重的室内环境问题。大量的建筑材料和装饰材料的应用，特别是劣质化学产品的应用，导致室内空气品质的恶化。

据统计，至今已发现的室内空气化学污染物约有 500 多种，其中挥发性有机化合物（VOCs）达 307 种。排除室内化学污染物的方法包括通风方法和化学处理方法，如果采用机械通风的方法，则直接消耗电能。

第二节 室内环境品质的相关能耗

实现对建筑室内环境品质的控制，改善人所在环境的空气质量，其代价是消耗一定的资源和能源，特别是能源的消耗。与建筑室内环境品质控制相关的能耗主要涉及：对室内空气进行热湿处理过程中的能耗、去除或稀释室内空气中的污染物的能耗以及室内环境品质控制中的流体输送能耗。

一、空气热湿处理能耗

1. 建筑物冷、热负荷

为了维持室内空气在一定的温度、湿度范围内，就需要对建筑物进行供冷（热）。建筑室内产生的冷负荷，分为建筑内部热量产生的冷负荷和建筑受外界影响得到的热量而产生的冷负荷。而建筑室内产生的热负荷，主要是由于建筑受外界影响得到的冷量，包括建筑围护结构散热和加热渗透到建筑物内部的冷空气而产生的热负荷。

在夏季，建筑室内产生的热量主要来自：人体的散热、灯光和办公设备散热，对于有生产工艺设备的建筑，工艺生产设备的散热量可能成为夏季建筑冷负荷的主要组成部分。另外，建筑物内外的空气交换，对室外有组织或无组织进入室内的空气进行的热工处理，也是构成夏季建筑冷负荷的主要组成部分。

在冬季，建筑围护结构散热是建筑热负荷的主要来源，包括外墙的散热、屋顶屋面散热、透明围护结构散热和地面散热等。同样，对室外有组织或无组织进入室内的空气进行的热工处理，也是构成冬季建筑热负荷的主要组成部分。

2. 建筑室内湿负荷

由于建筑内外空气的含湿量不同，加上人体散湿和某些设备在运行过程中散发出湿量，要维持稳定的室内空气相对湿度，要求对空气进行加湿或减湿处理。

在夏季，一般情况是室外空气相对湿度较高，人体的散湿量较大，因此以减湿为主。在对空气进行减湿处理时，需要将空气降温处理到空气露点温度以下，然后通过混合或加热，将空气处理到送风状态。

在冬季，由于室外空气的含湿量较低，一般情况下需要对空气进行加湿处理。对空气进行加湿处理的方式包括直接向室内空气加湿，或者集中对空气进行加湿处理。

总之，无论采用何种方式处理，都需要消耗能源。

二、去除或稀释室内空气中的污染物的能耗

建筑是为人类的生活、生产服务的，除了满足正常的人体生理需要，为维持室内空气正压和空调系统本身需要一定量的室外空气外，在人类生活、生产活动过程中，不可避免的会产生各种各样的有机或无机污染物和污染气体。特别是新型建筑材料的使用，包括建筑涂料和各种化学添加剂；家具材料的化学粘合剂和油漆；以及在生产过程中产生的化学污染物、粉尘等。除了对局部集中散发的污染物有可能实现集中排除外，多数情况下只能稀释污染物达到控制空气的目标。

对污染物采用集中排除的方式，相对来说对室内空气的影响小、节能效果好，但受到应用方面的限制多。分散的污染源很难采用集中排除的方式，采用稀释的方式实现室内空气达到控制目标是普遍采用的、较为实际的方法。稀释的方法就是通过加大引入满足要求的室外空气量，来稀释室内空气污染物的浓度。显然这种方法需要的空气量多，能耗大。

无论是采用集中排除的方法还是稀释的方法，都不同程度的增加了室外空气的引入量和对室外空气进行热湿处理的能源消耗。

三、流体输送能耗

在集中处理空气后，将满足参数要求的空气从空调机组送至空调房间，再将全部或部分空气从空调房间输送回空调机组进行再处理和再使用，期间流体输送过程必然要消耗能源。另外，冬季集中制备的热量（热水或蒸汽）和夏季集中制备的冷量（冷冻水）以及在制备冷冻水时冷水机组所需的冷却水系统，都将产生流体的输送能耗。理论上，流体流动产生的阻力与流量是二次方关系，流体的输送功率与流量是三次方关系。

1. 水泵输送能耗

在空调系统或供热系统中，涉及的水泵能耗包括：空调冷冻水输配系统、冷水机组的冷却水输配系统和供热系统热水输配系统。

空调冷冻水输配系统包括：冷水机组、水泵、空调末端设备、阀门、水过滤器、管网等。通常，将设备、管件、弯头等产生的流动阻力视为局部阻力，将管路系统产生的阻力视为沿程阻力。在实际计算中，局部阻力占总阻力的50%左右。

管路的远近、管材表面粗糙度、管网系统的维护都是影响管网系统总阻力的因素。在日常运行管理中，对产生阻力的部位不进行及时的清洗，造成管网因水垢和污染物堵塞等将增加管网系统的总阻力，进而增加流体的输送能耗；没有根据空调负荷的变化适时调整流量，造成流量过大或不能及时减小流量，是造成流体输送能耗不能实现节约的主要因素。

冷水机组冷却水输配系统包括：冷水机组、水泵、冷却塔、阀门、水过滤器、管网等。冷却水输配系统管路一般相对较短，阻力较小，但同样也存在运行维护对阻力产生影响和负荷调整对流体输配能耗影响的内容。对于冷却水输配系统，冷却塔一般置于通风效果良好的屋面或地面。冷却塔与冷水机组的位置高差对冷却水系统的流体输送能耗有较大的影响。通常，冷却水的供水干管是满管流，产生的阻力需要水泵提供扬程克服，而回水管是否满管流，要根据冷却塔积水盘的深度而定。如果由于积水盘深度不够，导致冷却水系统的回水干管非满管流，水泵提供的扬程不仅要克服供水干管的阻力，还要克服冷水机

组与冷却塔高差。因此会造成不必要的输送能耗。

供热系统中的流体系统包括：锅炉房、水泵、换热器（站）、阀门、水过滤器和管网等。对于高温水系统，水中的钙镁离子存在会导致管壁结水垢，因此，水处理设备运行的好坏、维护管理工作等直接影响管网系统的表面粗糙度和阻力的大小。根据负荷的变化调整水流量的大小，可以直接影响流体输送能耗。特别是近年来开展的计量供热运行模式，人对散热器的调节行为，直接影响到对流量的需要变化，而水泵流量调节的反应时间和调节的精度，直接关系到供热水系统的流体输送能耗。

2. 风机的输送能耗

建筑的空调与通风系统，包括风机，含风机的空气处理机组，阀门，送、回风风口和风道系统。与水系统一样，空调与通风管网的阻力包括局部阻力和沿程阻力。风道系统中的某些局部构件的形状，如弯头、三通等的形状，与局部阻力系数有很大的相关关系。如果弯头、三通等的形状接近流线型，其产生的阻力相对较小；如果采用直角型或其他与流线不相吻合的角度，在较高的空气流速条件下，会产生很大的阻力，有时阻力高达数百帕。因此，从建筑空调与通风系统设计开始，就应该特别关注局部阻力构件形状对产生阻力的影响。

风道系统的积灰，不仅影响房间的空气环境，而且会造成风道表面粗糙度增加，进而导致沿程阻力增加。空气处理机组内的表冷器、加热器和空气过滤器的积尘，是造成这些局部构件阻力增加的主要原因，及时对这些局部构件进行清理和必要的维护，是防止这些局部构件阻力增大的有效措施。

无论是水泵还是风机，都有效率较高的运行范围。在一定的流量和扬程（全压）范围内，泵或风机处于较高的效率范围，在这一范围内运行，泵或风机的运行是经济合理的，否则，在输送同样的流体时，所消耗的能量会明显增加。而这些多消耗的能源，会提高流体的温度，特别是空调系统的风机，有时由于风机导致的空气温升达到 $2 \sim 3 \mathrm{℃}$，这种情况从另一个角度，加大了空调系统的能耗。因此，在泵或风机的设计选型时，就应该注意系统运行的节能。

3. 流体管网系统水力不平衡造成的能耗

在空调和供热的管路系统中，根据所要输送的流体流量，按照合理的流速选配管径。流速的合理性指所产生的阻力合理、选配的管径和由此确定的管材消耗量合理。所以，在管网系统的运行中，也应该有合理的流体输送能耗。管网系统一般由复杂的串联管路和并联管路组合而成，在管网系统施工结束后，有必要对管网系统进行水力平衡的调节。所谓水力平衡的调节，指按照负荷的需要确定流量，通过阀门调节对并联管路的流量进行分配。

在实际管网系统的运行中，往往忽略了水力平衡调节，或者水力平衡的调节工作不完善，由此造成水力失调。水力失调的后果是流体流量的分配不能满足负荷要求，进而使得空调房间或供热房间的空气热工参数不能达到要求。实际工程中解决这一问题的较为普遍的做法是加大流量，以大流量的方式，掩盖水力不平衡现象。

由前述分析可知，理论上，流体管网系统泵或风机的能耗是流量的三次方关系。因此，流体管网系统水力不平衡所造成的能耗是巨大的，通过管网系统的水力平衡调节，降低管网系统能耗的潜力也是巨大的。

第三节　室内环境品质控制过程中的节能措施

维持建筑室内良好的空气品质，就必须消耗能源。就目前国内外现状分析，消耗一定的能源，保持良好的室内空气品质，是社会发展和进步的需要，也是能够接受的。而过多的消耗资源和能源来维持良好的室内空气品质是不可取的。若消耗大量的能源，而室内空气环境却不能达到控制目标，就更不应该了。除了前述节能措施之外还包括：加强围护结构的保温、加强围护结构的密封、有组织的引入室外新鲜空气、对管网系统进行水力平衡调节、根据空调负荷和采暖负荷对流体输送管网进行流量调节、安装变频调节装置等，此外，还应该采用新技术、新工艺来实现室内环境品质控制过程中的节能。

一、采用自然通风的节能措施

自然通风是一项比较成熟而廉价且朴素的技术措施。在中国许多传统建筑中都有自然通风的影子，例如传统民居中的穿堂风、内天井、四合院等空间布局处理手法。通过合理的建筑设计，可在不消耗不可再生能源的情况下降低室内温度、带走潮湿气体、排除室内污浊的空气，达到人体热舒适。另一个益处是减少人们对空调系统的依赖，从而节约能源、降低污染、防止空调病。通过与现代技术相结合，使自然通风从理论到实践都提高到一个新的高度。

1. 自然通风的原理

（1）利用风压实现自然通风。研究表明：当风吹向建筑时，因受到建筑的阻挡，会在建筑的迎风面产生正压力。同时，气流绕过建筑的各个侧面及背面，会在相应位置产生负压力。风压通风就是利用建筑的迎风面和背风面之间的压力差实现空气的流通。压力差的大小与建筑的形式、建筑与风的夹角以及建筑周围的环境有关。

（2）利用热压实现自然通风。热压是室内外空气的温度差引起的。由于温度差的存在，室内外密度差产生，沿着建筑物墙面的垂直方向出现压力梯度。如果室内温度高于室外，建筑物的上部分将会有较高的压力，而下部存在较低的压力。当这些位置存在孔口时，空气通过较低的开口进入，从上部流出。如果室内温度低于室外温度，气流方向相反。热压的大小取决于两个开口处的高度差和室内外的空气温度差。

（3）风压、热压综合通风。在实际建筑中的自然通风是热压和风压共同作用的结果，只是各自的作用有强有弱。由于风压受到天气、室外风向、建筑物形状、周围环境等因素的影响，风压与热压共同作用时并不是简单的线性叠加。一般来说，在建筑进深较小的部位多利用风压来直接通风，而在进深较大的部位则多利用热压来达到通风效果。

2. 自然通风的动力来源

建筑的自然通风从动力来源上可分为完全自然通风和机械辅助自然通风两种模式。完全自然通风是由来自室外风速形成的"压差"和建筑表面的洞口间位置及温度造成的"温差"形成的室内外空气流动。机械辅助自然通风是利用温差造成的热压和机械动力相结合而形成的室内外空气对流。与完全自然通风相比，虽然建筑内部作为辅助动力的机械装置要消耗一定的能源，但通过这种装置重新组织气流，甚至在局部范围内强迫气流改向，可以使自然通风达到更好的效果。

3. 现代建筑设计中的自然通风方式

建筑物中的自然通风在原理上是由风压和热压引起的空气流动。在实践中，往往由于条件所限制，单纯利用风压或热压不能满足通风需要，因此，必须采用一些特殊的方法增强风压或热压，甚至采用机械辅助自然通风以达到强化自然通风的目的。

(1) 调整建筑内部布局以组织穿堂风。穿堂风是自然通风中效果最好的方式。所谓穿堂风是指风从建筑迎风面的进风口吹入室内，穿过房子，从背风面的出风口吹出。为此，应该尽量组织好室内的通风：主要房间应该朝向主导风迎风面，背风面则布置为辅助用房；利用建筑内部的开口，引导气流；建筑的风口应该可调节，以根据需要改变风速风量。室内家具与隔断布置不应该阻断穿堂风的路线，合理的布局家具与隔断，还能让风的流速、风量更加宜人。

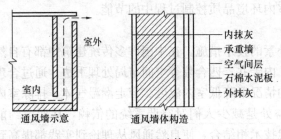

图 5-1　通风墙体

(2) 通风墙体。通风墙体是将需要隔热的外墙做成带有空气间层的空心夹层墙，并在下部和上部分别开有进风口和出风口，具体结构如图 5-1 所示。夹层内的空气受热后上升，在内部形成压力差，带动内部气流运动，从而可以带走内部的热量和潮气。外墙加通风夹层后，其内表面温度可大幅度降低，而且日辐射照度愈大，通风空气夹层的隔热效果愈显著，故对东西向墙更为明显。在冬季，将风口关闭，通风夹层成为具有一定厚度不流动空气的保温墙，同样降低外墙负荷。通风墙体的成本很低，实际仅增加了一个风道，且一面可以利用原建筑外墙的外表面代替，因此，增量成本很低。

(3) 大中型建筑中"烟囱效应"的利用。当室内存在贯穿整幢建筑的竖井空间时，就可利用其上下两端的温差来加速气流，以带动室内通风，其实质就是"温差—热压—通风"的原理。作为建筑共享空间的中庭就可以胜任竖井的职能。中庭是利用竖直通道所产生的"烟囱效应"以及层高所引起的热压来有效组织自然通风 (图 5-2)。中庭一般具备两种功能：一是让太阳射入中庭，加热中庭内的空气，使得上下空气形成温差。二是这种中庭一般是可开启的，在需要通风时可使空气流出。比如在冬天，阳光透过玻璃屋顶直射进来，中庭屋顶的侧窗关闭，使中庭成为一个巨大的"暖房"，到了夜晚，白天中庭储存的热量又可以向两侧的房间辐射；而夏天，中庭屋顶的侧窗开启，将从门厅引进的自然风带着热量一并排出，使建筑在夜间能冷却下来。可作为竖井空间的，除了中庭外，还可以利用建筑的楼梯间。同样，拔风井也是利用"烟囱效应"，造成室内外空气的对流交换。由福斯特主持设计的法兰克福商业银行就是一个利用中庭进行自然通风的成功案例。在这一案例中，设计者利用计算机模拟和风洞试验，对 60 层高的中庭空间的通风进行分析研究。为了避免中庭内部过大的紊流，每 12 层作为一个独立的单元，各自利用热压实现自然通风，取得良好的效果。

(4) 太阳能烟囱促使自然通风。太阳能烟囱是自然通风和太阳能相结合的产物。在太阳能烟囱的上部一般安装有太阳能集热器。集热器吸收的太阳能，可加热烟囱内的空气，产生抽吸作用，使冷空气从建筑物的下部进入，热空气从上部排出，这样在建筑物内形成空气流动，达到室内通风降温的目的，原理如图 5-3 所示。

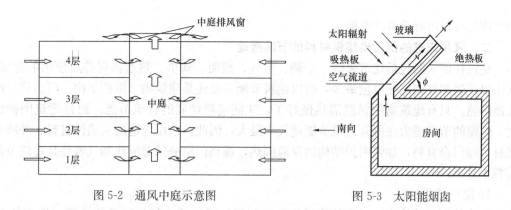

图 5-2　通风中庭示意图　　　　　　图 5-3　太阳能烟囱

（5）自然通风型双层玻璃幕墙。自然通风型双层玻璃幕墙又叫"呼吸式幕墙"或"热通道幕墙"，它由内外两层玻璃幕墙组成，两层幕墙中间要形成一个通道，并在外层玻璃幕墙设置进风口和出风口。自然通风型双层玻璃幕墙最大的特点就在于内外两层幕墙间形成了一个通风换气层——即气流通道。在气流通道中，可根据需要设置百叶等遮阳设施。冬季时，关闭通风层两端的进风口与出风口，换气层中的空气在阳光的照射下温度升高，形成一个温室，能有效提高内层玻璃的温度，减少建筑的采暖费用；夏季时，打开换气层的进、出风口，在阳光的照射下换气层的空气温度升高而自然上浮，形成自下而上的空气流，"烟囱效应"带走换气通道内的热量，降低内层玻璃表面的温度，减少空调的制冷费用。此外，通过对进、出风口的控制及对内层玻璃幕墙结构的设计，可在气流通道内形成负压，利用内层玻璃幕墙的开启扇，可在建筑物内部形成气流进行通风换气，从而优化建筑的通风质量。相关资料显示，自然通风型双层玻璃幕墙与传统的单层玻璃幕墙相比，采暖时可以节约能源 42%～52%，制冷时可以节约能源 38%～60%。

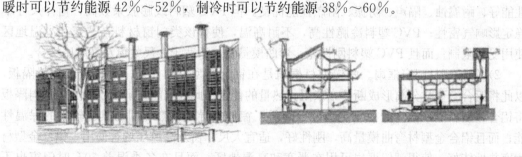

图 5-4　英国 BRE 办公楼

（6）风塔。风塔由垂直竖井和风斗组成。在通风不畅的地区，可以利用高出屋面的风斗，把上部的气流引入建筑内部，来加速建筑内部的空气流通。风斗的开口应该朝向主导风向。在主导风向不固定的地区，则可以设计多个朝向的风斗，或者设计成可以随风向转动。建在英国卡斯廷的 BRE（Building Research Establishment）办公建筑是一座利用热压差组织自然通风的典型实例，见图 5-4。最为引人注目的是南侧主立面上五个高耸的风塔，可以吸收太阳能加热内部空气。热空气上升，产生热压差，逐渐形成上升气流，形成自然通风；同时配有太阳能低压风扇，在炎热的天气条件下，增强风塔的抽风效能。在炎热天气里，开启地下水池处的进风口，利用水面冷却空气，然后送入室内；在气候温和的季节里，则打开窗户进行通风。整个建筑 100% 的面积达到自然通风，避免了高强度的夏季空调制冷，可有效节约电能。

二、采用先进的低污染建筑材料的节能措施

建筑耗能一般包括建筑采暖、空调、电气、照明、炊事、热水供应等所使用的能源，其中以采暖和空调能耗数量最多，所以建筑节能主要还是建筑物（围护结构、门窗等）的保温隔热。只有建筑物的保温隔热做好了，才能实现彻底的建筑节能。而且建筑围护结构、门窗的节能潜力在所有建筑节能途径中最大，因此，选用合适的主墙体材料、外墙保温材料和门窗材料，加强围护结构的保温隔热，提高门窗的保温隔热和气密性是建筑节能的根本途径。

1. 窗户节能材料

在建筑围护结构中，门窗的能耗约为同等面积墙体的 4 倍、屋面的 5 倍、地面的 20 多倍，约占建筑围护结构总能耗的 40%～50%。因此，增强门窗的保温隔热性能，减少门窗能耗，是改善室内热环境质量和提高建筑节能水平的重要环节。窗户是建筑的重要组成部分，除须考虑通风、日照和透光等功能要求外，作为围护结构的一部分还担负了保温和隔热作用。据一般统计，夏季通过玻璃窗的入射得热量占制冷机最大负荷的 20%～30%，冬季单层玻璃的热损失约占供热负荷的 30%～50%，所以应重视建筑窗户的节能研究。影响窗户保温隔热性能的主要因素是窗户框料和窗玻璃，可从这两个方面考虑。

（1）门窗框扇材料

1）塑钢型材门窗框扇。塑钢型材框扇是以聚氯乙烯（PVC）树脂为主要原料，加上一定比例的高分子改性剂、发泡剂、热稳定剂、紫外线吸收剂和增塑剂等挤出成型，然后通过切割、焊接或螺接的方式制成，再配装上密封胶条、毛条、五金件等。超过一定长度的型材空腔内需要用钢衬（加强筋或细钢条）增强。该类框扇比重小、导热系数低、保温性能好、耐腐蚀、隔声、防振、阻燃性能优良。但 PVC 塑料线膨胀系数高，窗体尺寸不稳定影响气密性；PVC 塑料冷脆性高，不耐高温，使得该类门窗材料在严寒和高温地区使用受到限制；而且 PVC 塑料刚性差，弯曲模量低，不适于大尺寸窗及高风压场合。

2）塑铝型材门窗框扇。塑铝型材框扇是在铝合金型材内注入一条聚酰胺塑料隔板，以此将铝合金型材分离形成断桥，来阻止热量的传递。此种节能框扇由于聚酰胺塑料隔板将铝合金型材隔断，从而在一定程度上降低了窗体的导热系数，因而具有较好的保温性能；而且铝合金型材弯曲模量高，刚性好，适宜大尺寸窗及高风压场合使用；铝合金型材耐寒热性能好，使得塑铝框扇可用在严寒和高温地区，而且在冬季温差 50℃ 时门窗也不会产生结露现象，并且隔声性能保持在 30～40dB 之间。但铝合金型材线膨胀系数较高，窗体尺寸不稳定，对窗户的气密性能有一定影响；铝合金型材耐腐蚀性能差，适用环境范围受到限制；而且目前该类型材价格较高，较难普及。

3）玻璃钢型材框扇。玻璃钢是将玻璃纤维浸渍了树脂的液态原料后，经过模压法预成型，然后将树脂固化而成。玻璃钢型材同时具有铝合金型材的刚度和 PVC 型材较低的热传导性，具有低的线膨胀系数，且和玻璃及建筑主体的线膨胀系数相近，窗体尺寸稳定，门窗的气密性能好；玻璃钢型材导热系数低，玻璃钢窗体保温性能好；玻璃钢型材对热辐射和太阳辐射具有隔断性，隔热性能好；玻璃钢型材耐腐蚀，适用环境范围广泛；弯曲模量较高，刚性较好，适宜较大尺寸窗或较高风压场合使用；玻璃钢型材耐寒热，使得玻璃钢门窗可以广泛应用在严寒和高温地区；而且玻璃钢型材重量轻，强度高，隔声性能好，可随意着色，使用寿命长（普通 PVC 寿命为 15 年，而玻璃钢寿命为 50 年），是国家重点鼓励发展的节能产品。

（2）窗玻璃材料

现代建筑的玻璃窗向大面积甚至幕墙方向发展，而透光且又单薄的平板玻璃既不遮阳又不保暖，成为建筑物消耗能源的主要构件。在这种情况下，一些新型的窗玻璃应运而生，并以其显著的节能和良好的美化装饰效果而受到国内外建筑行业的关注和广泛采用。

1）中空玻璃。中空玻璃是一种以两片或多片玻璃组合而成，玻璃和玻璃之间的内部空间与外界用密封胶隔绝，内部是空气或其他特殊气体组成的玻璃单元。中空玻璃按照结构、配置分很多种：双白中空玻璃、夹胶中空玻璃、彩釉钢化中空玻璃、阳光控制膜中空玻璃、低辐射（Low-E）中空玻璃、三玻两腔中空玻璃、点接式中空玻璃等。按照外部形状分有：平面中空玻璃、曲面中空玻璃等。中空玻璃具有良好的隔热保温性能，普通 6mm 单片浮法玻璃的传热系数值为 $6W/(m^2 \cdot K)$；3mm＋12mm 空气层＋3mm 双白槽式中空玻璃的传热系数值为 $3W/(m^2 \cdot K)$，隔热性能比 100mm 厚的混凝土墙还要好。通过合适的组合，中空玻璃的传热系数值能够小于 $1W/(m^2 \cdot K)$，比砖墙或混凝土又轻得多。对于建筑节能的要求，中空玻璃以其不可代替的优越性能被广泛使用。

2）真空玻璃。门窗玻璃材料从单片玻璃、中空玻璃，发展到真空玻璃已是第三代产品。建筑用真空玻璃的制造方法是将 2 片玻璃板（可以是浮法玻璃、夹丝玻璃、钢化玻璃、压延玻璃、喷砂玻璃、吸热玻璃、紫外线吸收玻璃、热反射玻璃等）之间放支撑物，用 450℃加热 15～60min，四周用焊接玻璃封边，用真空泵从适当位置的抽气孔抽真空，真空压力达到 0.001mmHg，即形成真空玻璃。玻璃板之间支撑物是直径为 0.35mm 的圆柱体，高度约等于半径（0.1～0.2mm），支柱间距 23mm。支柱材料可以是不锈钢、碳化钨钢、铬钢、铝合金等。真空玻璃中间的真空层将传导和对流传递的热量降至很低，真空玻璃窗保温性能为Ⅱ级。以空调节能性能比较，真空玻璃窗可分别比中空玻璃、单片玻璃节电 16%～18%、29%～30%。

3）镀膜玻璃。镀膜玻璃是一种玻璃二次加工产品。人们通过各种物理或化学的方法，将某种元素或化合物附着在普通玻璃表面上，使其具有人们预期的性能。根据镀膜的种类，它可以具有装饰、控制光线、调节热量、节约能源、改善环境等多种功能，是平板玻璃在功能上的衍生。

a. 热反射膜玻璃。热反射膜玻璃是目前应用广泛的一种镀膜玻璃。它是在玻璃表面镀一层或多层铬、钛、不锈钢等金属或其化合物的薄膜，产品呈现丰富的色彩。热反射膜玻璃对于可见光有适当的透射率，对红外线有较高的反射率，对紫外线有较高的吸收率。因此热反射玻璃又称遮阳膜玻璃或阳光控制膜玻璃。以厚度同样为 6mm 的热反射玻璃和无色浮法玻璃相比较，热反射玻璃能挡住 67% 的太阳能，只有 33% 进入室内，而无色浮法玻璃只能挡住 18% 的太阳能，有 82% 进入室内。因其隔热特性，组装在中空玻璃中可降低空调的安装成本及工作耗能 20%～40%左右。热反射膜玻璃主要应用于炎热地区的住宅或商业建筑。

b. 低辐射镀膜玻璃。简称 Low-E 玻璃，它是在普通玻璃表面镀多层由银、铜、锡等金属或其化合物组成的薄膜系，因其所镀的膜层具有极低的表面辐射率而闻名。低辐射镀膜玻璃可透射大量阳光进入室内，有利于室内采光和温度的提高。对波长为 3～50μm 的远红外辐射有强烈的反射，反射率达 90%。在室内温度高于室外温度时，室内温度较高的物体发射的远红外线，遇到低辐射玻璃时，有 90% 左右反射回室内，因此在采暖建筑中起到保温和隔热的作用。低辐射镀膜玻璃一般都用来制造中空玻璃，而不单片使用。由一片厚 6mm 的无色浮法玻璃与一片厚 6mm 的低辐射玻璃组成空气腔厚度为 12mm 的中空玻璃，与同样厚度无色浮法玻璃组成同样空气腔厚度的普通中空玻璃相比，室内辐射能的损失分别为 40% 和 80%。低辐射膜中空玻璃特别适用于寒冷而又需要大量阳光透射的地区和冷热交替地区。

2. 墙体保温材料

建筑保温节能系统，无论是内保温还是外保温，其保温节能效率主要取决于保温材料本身的保温隔热性能和保温层的厚度，这也是能否达到保温节能的关键因素。保温材料的保温原理主要是利用处于静止状态的空气及大部分气体如二氧化碳、氮气等，其导热率都很低，采用固体材料通过特殊的结构来限制空气的对流性能和透红外线性能，而达到保温的目的。这一原理就决定了保温材料通常具有质轻、疏松、多孔的特点。

(1) 按材料成分分类

1) 有机保温材料。有机保温材料如发泡聚苯板（EPS）、挤塑聚苯板（XPS）、喷涂聚氨酯（SPU）、聚苯颗粒等。有机保温材料质轻、致密性高、保温隔热性好，但缺点是：不耐老化、变形系数大、稳定性差、安全稳固性差、易燃烧、生态环保性很差、施工难度大、成本较高。

2) 无机保温材料。无机保温材料如中空玻化微珠、膨胀珍珠岩、闭孔珍珠岩、复合型无机保温隔热材料等。无机保温材料比有机保温材料致密性和可加工性较差、保温隔热性稍差，但防火阻燃、变形系数小、抗老化、性能稳定、生态环保性好、与墙基层和抹面层结合较好、安全稳固性好、使用寿命长、施工难度小、成本较低。

(2) 建筑中常用的保温材料

1) 复合硅酸盐绝热保温材料。复合硅酸盐保温材料是一种与固体基质联系的封闭微孔网状结构材料，主要采用火山灰玻璃、白玉石、玄武石、海泡石、膨润土、珍珠盐、玻缕高石等矿物材料和多种轻质非金属材料，运用静电原理和温法工艺复合制成的憎水性复合硅酸盐保温材料。具有对流、传导、辐射三种屏蔽阻热传递形式，具有特殊的晶象结构，造就了优良的绝热保温性能。这种保温材料具有导热系数低、容重轻、粘接性强、施工方便、不易老化、可重复利用、无尘、不污染环境等特点，是新型优质保温绝热材料。与传统保温材料相比，绝热工程总费用可减少四分之一，且取得良好的节能效果。

2) 硬质聚氨酯泡沫塑料（PU）。硬质聚氨酯（PUR）泡沫塑料是由二元或多元有机异氰酸酯与多元醇化合物和其他助剂相互发生反应而成的高分子聚合物。硬质聚氨酯泡沫塑料重要特性之一是导热系数小，在工程应用中该材料的导热系数一般在 $0.020 \sim 0.027W/(m \cdot K)$，是目前已使用的任何建筑保温材料都无法比拟的。硬质聚氨酯泡沫塑料导热系数的大小，主要受泡孔内发泡剂和泡沫密度的影响，考虑环保的原因，目前主要的发泡剂为一氟三氯乙烷和环戊烷。采用其他屋面保温材料时，要达到相当于 30mm 厚硬质聚氨酯泡沫塑料的隔热效果，需要 110mm 厚的水泥珍珠岩、130mm 厚的水泥蛭石或 165~420mm 厚的泡沫混凝土。同时该材料还具有比重轻、强度高、吸水性小、绝缘、隔声效果好、化学稳定性好、良好的粘接性和加工性能，可现场施工，又可预制成构件组装，满足建筑物轻量化、降低造价节能等要求。因此，硬质聚氨酯泡沫塑料可作为墙体、屋面和地板等结构的保温材料，广泛应用于工业及民用建筑、商业建筑和冷库等。

3）聚苯乙烯泡沫塑料。聚苯乙烯泡沫塑料是以聚苯乙烯树脂为主要原料，经发泡剂发泡制成的内部具有无数封闭微孔的材料。其表观密度小，导热系数小，吸水率低，保温、隔热、吸声、防振性能好、耐酸碱，机械强度高，而且尺寸精度高，结构均匀。因此在外墙保温中其占有率很高。但是聚苯乙烯在高温下易软化变形，安全使用温度为70℃，最高使用温度为90℃，防火性能差，不能应用于防火要求较高部位的外墙内保温。为了克服单纯使用聚苯乙烯泡沫塑料的缺点，研究者正致力于开发出新的聚苯乙烯复合保温材料，如水泥聚苯乙烯板及聚苯乙烯保温砂浆等。

4）胶粉聚苯颗粒保温浆料。胶粉聚苯颗粒保温浆料就是将一定量的胶粉料与聚苯颗粒（占浆料体积的80%以上）混合得到的一种导热系数较小的复合材料。它一般由保温组分、胶凝组分、纤维组分、改性组分组成。聚苯颗粒是利用废弃的聚苯板破碎成5mm以下的颗粒得到的，它具有表观密度小、导热系数小、不吸水等特性，并且耐腐蚀、耐霉变的能力极强。胶凝组分主要是普通的硅酸盐水泥、石灰，为了降低材料的容重和导热系数，采用部分粉煤灰代替水泥。胶粉聚苯颗粒保温材料的整合性和强度来自于胶凝组分，同时胶凝组分也决定了浆料的耐久、耐候性。纤维组分主要是加强弹性，提高抗裂性。改性组分保证各组分与水泥有良好的亲和性。胶粉聚苯颗粒保温浆料使用了大量的聚苯板和粉煤灰，是一种良好的绿色生态建材。同时该浆料的保温层具有轻质高强、保温隔热性能好、整体性强、施工快速简便等特点，与其他保温隔热材料相比，具有较高的性能价格比，能应用于不同结构类型的工业和民用建筑的外墙外保温工程。

3. 节能主墙体材料

（1）混凝土空心砌块。混凝土空心砌块是以水泥、砂、石为主要原料，经配合、搅拌、成型、养护等工序制成的块状空心新型墙体材料。它广泛用于建筑的承重和非承重墙体。它不仅可以直接代替黏土砖用于多层住宅的承重墙体，而且可以建造16～28层的高层建筑。生产非承重砌块可以大量使用粉煤灰、炉渣、煤矸石以及其他性能稳定的工业废渣。混凝土砌块具有保土节能，利用废渣、治理环境污染，改善建筑功能，增加房屋有效使用面积，施工方法简单，能提高劳动效率，减轻工人劳动强度，保持生态平衡等重大社会经济效益。但也具有易开裂、易渗漏等缺陷。混凝土空心砌块在建筑上大量推广应用，但墙体出现各种裂缝，成为混凝土砌块推广发展的一大障碍。

（2）加气混凝土砌块。加气混凝土砌块是以水泥、石灰等钙质材料，石英砂、粉煤灰等硅质材料和铝粉、锌粉等发气剂为原料，经磨细、配料、搅拌、浇注、发气、切割、压蒸等工序生产而成的轻质混凝土材料。该类产品材料来源广泛、材质稳定、强度较高、质轻、易加工、施工方便、造价较低，而且保温、隔热、隔声、耐火性能好，是迄今为止能够同时满足墙材革新和节能50%要求的惟一单材料墙体。但是在寒冷地区还存在加气混凝土外墙和屋顶的隔汽防潮、防止内部冷凝受潮、面层冻融损坏等问题。

三、采用先进技术的低能耗室内环境品质控制方法

除了上述考虑保障建筑内部空气环境品质，通过相关的节能措施实现这一目标以外，还有其他方法，既能够对建筑内部空气质量进行保障，同时也能在目前的基础上实现节能的目标。这些方法包括：排风热回收、置换通风、相变材料在建筑中的应用、调湿建筑材

料等。下面对热回收进行介绍。

把空调房间的热量排放到大气中既造成城市的热污染，又白白地浪费了热能。用排风中的余冷余热来预处理新风，可减少处理新风所需的能量，降低机组负荷，同时还可增加室内的新风供给，提高室内空气品质。虽然使用排风热回收系统也会增加一定量的风机能耗，但是回收系统本身所节约的能源要远远大于这一部分的能耗。有关数据显示当显热热回收装置回收效率达到 70％时，就可以使供暖能耗降低 40％～50％，甚至更多。

1. 热回收装置的分类

根据回收热量的形式，主要可分为全热换热器和显热换热器。所谓全热换热器是用具有吸湿作用的材料制作的，它既能传热又能传湿，可同时回收显热和潜热。显热换热器用没有含吸湿作用的材料制作，只有传热，没有传湿能力，只能回收显热。全热回收装置包括转轮式换热器、板翅式全热换热器、热泵式换热器。显热回收装置包括中间热媒式换热器，板式显热换热器，热管式换热器。

(1) 全热回收装置

1) 转轮式全热换热器。主要由转芯、传动装置、自控调速装置及机体构成（图5-5）。转芯是转轮式全热交换器的主体，可以采用各种不同材料和工艺制成。目前成熟的做法是采用铝箔或合金钢作为基本材料，添加硫酸钠、氯化钠和氯化锂等吸热剂和吸湿剂以及增加强度的胶料加工而成；也有采用硅酸盐类物质烧结而成的复合材料制作的。转轮呈蜂窝状，外形成轮形并转动。在换热器旋转体内，设有两侧分隔板，上半部通过新风，下半部通过室内排风，使新风与排风反向逆流。转轮以 8～10r/min 的速度缓慢旋转，把排风中冷热量收集在覆盖吸湿性涂层的抗腐蚀铝合金箔蓄热体里，然后传递给新风。空气以 2.5～3.5m/s 的流速通过蓄热体，靠新风与排风的温差和水蒸气分压差来进行热湿交换。所以它既能回收显热，又能回收潜热。转轮中间有清洗扇，本身对转轮有自净作用。对转速控制，能适应不同的室外空气参数，而且能使效率达到 70%～80% 以上。但是转轮式换热器是两种介质交替转换，不能完全避免交叉污染，因此流过的气体必须是无害物质。另外设备装置较大，占有较多面积和空间，接管固定，带传动设备，消耗一定的动能。

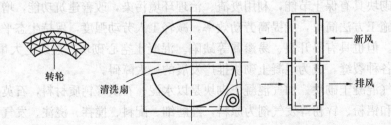

转轮

清洗扇

新风

排风

图 5-5　转轮式全热换热器结构示意图

2) 板翅式全热换热器，其主要内部结构为 1 个板翅式换热器，结构与板式换热器相似，只是在平板间通道内加装许多锯齿形、梯形等翅片，通常由铝材制成，它只能进行显热交换。全热式板翅换热器的隔板材质采用特殊加工的纸或膜，这种特殊材料具有良好的传热和透湿性，而不透气。当隔板两侧气流之间存在温差和水蒸气分压差时，两股气流之间就产生传热和传质过程，进行全热交换。其结构如图 5-6 所示。夏季运行时，新风从空调排风获得冷量，使温度降低，同时被空调排风干燥，使新风含湿量降低；冬季运行时，新风从空调室排风获得热量，温度升高，同时被空调室排风加湿。这样，通过换热芯体的全热换热过程，让新风从空调排风中回收能量。

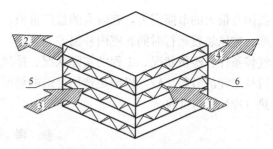

图 5-6　板翅式全热换热器结构示意图
1—送风气流进口，2—送风气流出口；3—排风气流进口；4—排风气流出口；5—波纹支撑板；6—透湿材料

（2）显热回收装置

1）中间冷媒换热器。在新风和排风侧，分别使用一个气液换热器，排风侧的空气流过时，对系统中的液体进行加热（或冷却）；而在新风侧被加热（或冷却）的冷媒再将热量（或冷量）传递给进入的新风，液体在泵的作用下不断地循环。新风与排风不会产生交叉污染，供热侧与得热侧之间通过管道连接，管道可以延长，布置灵活方便，但是须配备循环泵，存在动力消耗，通过中间液体输送，温差损失大，换热效率较低，一般在40%～50%之间。

2）热管换热器。热管（图5-7）利用工质相变的物理过程，以潜热的形式传递热量。当热管的蒸发段被加热时，管内的工质吸收潜热蒸发，变成蒸汽，压力增大后沿中间通道流向另一端，蒸汽在冷凝段接触到冷的吸热芯表面，冷凝成液体并放出潜热；工质在蒸发段蒸发时，其汽液交界面下凹，形成许多弯月形液面，产生毛细压力，液态工质在管芯毛细压力和重力等的回流动力作用下又返回蒸发段，继续吸热蒸发，如此循环往复，工质的蒸发和冷凝便把热量不断地从热端传递到冷端。典型的热管换热器，其外形一般为长方体，主要部件为热管管束、外壳、隔板。热管的蒸发段和凝结段被隔板隔开，热管管束、外壳、隔板组成了冷、热流体的流道。热管换热器属于冷热流体互不接触的表面式换热，它具有的占地小、无转动部件、运行安全可靠、换热效率高等优良特性，为工程选用创造了便利条件。

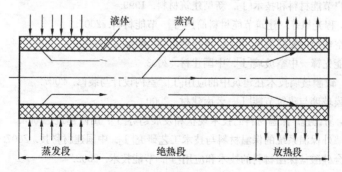

图 5-7　热管结构示意图

3）板式显热换热器。板式显热换热器具有结构简单，运行安全、可靠，无传动设备，不消耗动力，无温差损失，设备费用较低的特点。但是设备体积大，须占用较大建筑空间，接管位置固定，缺乏灵活性，传热效率较低。

2.热回收的应用

排风热回收的应用面很广，无论是家用、办公、还是商用建筑都可以使用，特别是对室内污染较大、空气品质要求较高、新风量要求很大、甚至是全新风的应用场合都有着尤为突出的节能效果。利用排风热回收装置回收排风中的冷热量是一种有效节能的方式，在我国有很大的节能潜力，有较大的推广价值。影响排风热回收效果的有热交换器的换热效率、排风装置运行时间、室内外温差（焓差）等几个因素。选择热回收装置时应结合当地气候条件、经济状况、工程的实际状况、排风中有害气体的情况等多种因素，综合考虑进行技术经济分析比较，以确定选用合适的热回收装置，从而达到花较少的投资，回收较多热（冷）量的目的。

参 考 文 献

[1] 连之伟，刘蔚巍. 空调房间气流组织与人体热舒适[J]. 建筑热能通风空调. 2006.

[2] 徐东群. 室内空气化学性污染研究[J]. 中国预防医学杂志. 2002.

[3] US Environmental Protection Agency（EPA）. Sources and health effects of selected contaminants. In：Introduction to indoor air quality：a referencemanual，EPA/400/3-91/003. Washington，DC：US EPA，Office of Air and Radiation. 1991.

[4] 彭小云. 自然通风与建筑节能[J]. 工业建筑. 2007.

[5] D. J. 克鲁姆，B. M. 罗伯茨. 建筑物空气调节通风[M]. 北京：中国建筑工业出版社，1982.

[6] 万鑫，苏亚欣. 现代建筑中自然通风技术的应用[J]. 建筑节能. 2007.

[7] 李哲海. 现代建筑屋顶与建筑的自然通风[J]. 节能创新. 2007.

[8] 戚志锋. 浅谈建筑生态设计中的自然通风技术[J]. 广东科技. 2007.

[9] 谭涛，王勇，罗庆. 利用自然通风技术降低建筑能耗研究[J]. 节能技术. 2007.

[10] 翟晓强，王如竹. 太阳能强化自然通风理论分析及其在生态建筑中的应用[J]. 工程热物理学报. 2004.

[11] 刘平. 自然通风型双层玻璃幕墙设计在节能建筑中的应用初探[J]. 邵阳学院学报（自然科学版）. 2006.

[12] 韦峰. 建筑自然通风在设计中的应用[J]. 河南科技大学学报（自然科学版）. 2004.

[13] 张弘，贺炬. 浅谈夏热冬冷地区窗户节能的几项技术措施[J]. 节能技术. 2007.

[14] 俞善庆. 窗户节能材料和技术[J]. 新型建筑材料. 1999.

[15] 贾哲，姜波，程光旭等. 建筑节能材料简述[J]. 节能材料. 2007.

[16] 邵凤丽. 中空玻璃的发展与应用[J]. 科技信息（学术版）. 2006.

[17] 戴大祥. 节能先锋—中空玻璃[J]. 中国建材. 2003.

[18] 蓝莉，王静. 镀膜玻璃技术在建筑中的应用[J]. 室内设计与装修. 2007.

[19] 钱平支. 镀膜玻璃与建筑节能[J]. 云南建材. 2000.

[20] 伍林，杨贺，易德莲. 保温材料的技术现状和发展趋势[J]. 山西建筑. 2005.

[21] 周广德. 外墙外保温系统的保温材料与技术工艺研究[J]. 中国建材科技. 2007.

[22] 王忠滨. 复合硅酸盐保温材料的技术和应用[J]. 节能技术. 2002.

[23] 鲁江，果莉萍. 硬质聚氨酯泡沫塑料在屋面保温防水工程中的应用[J]. 工程塑料应用. 2005.

[24] 闫格，周荣增，薄国清等. 保温防水双全新型建材—硬质聚氨酯泡沫塑料[J]. 墙体革新与建筑节能. 2001.

[25] 勾密峰，袁运法，张爱霞. 胶粉聚苯颗粒保温材料概述[J]. 河南建材. 2007.

[26] 方武. 新型墙体材料之骄子—优质承重混凝土空心砌块[J]. 中国建材. 1994.

[27] 宫军生，崔骋. 混凝土小型空心砌块施工的几点体会[J]. 海军工程技术. 2004.

[28] 蔡晟. 混凝土空心砌块墙体裂缝起因分析及防治措施[J]. 福建建材. 2005.

[29] 杨善勤. 加气混凝土产品面临机遇和挑战[J]. 墙材革新与建筑节能. 2004.

[30] 江亿. 我国建筑耗能状况及有效的节能途径[J]. 暖通空调. 2005.

[31] 赵建成，周喆，张海涛等. 排风热回收系统在工程中的应用[J]. 建筑科学. 2006.

[32] 杨光，汤广发，熊帅等. 全热换热器应用于空调系统节能的研究进展[J]. 制冷与空调. 2007.

[33] 王斌斌，仇性启. 热管换热器在烟气余热回收中的应用[J]. 通风机械. 2006.

[34] 李国庆，徐海卿，涂淑平. 热管换热器在空调热回收中的应用[J]. 科技咨询. 2007.

[35] 袁旭东，柯莹，王鑫. 空调系统排风热回收的节能性分析[J]. 制冷与空调. 2007.

[36] 陈赤，杨靖，周晓燕. 排风热回收系统的探讨[J]. 应用能源技术. 2001.

第六章　建筑围护结构的节能

第一节　建筑围护结构的传热模型

一、建筑围护结构的热过程

建筑节能基本原则之一：应依靠科学技术进步，提高建筑热工性能和采暖空调设备的能源利用效率，不断提高建筑热环境质量，降低建筑能耗。建筑的热过程涉及夏季隔热、冬季保温以及过渡季节的除湿和自然通风等四个因素，为室外综合温度波作用下的一种非稳态传热。如图 6-1 所示，夏季白天室外综合温度波高于室内，外围护结构受到太阳辐射被加热升温，向室内传递热量；夜间室外综合温度波下降，围护结构散热，即夏季存在建筑围护结构内外表面日夜交替变化方向的传热，以及在自然通风条件下对围护结构双向温度波作用；冬季除通过窗户进入室内的太阳辐射外，基本上是以通过外围护结构向室外传递热量为主的热过程。

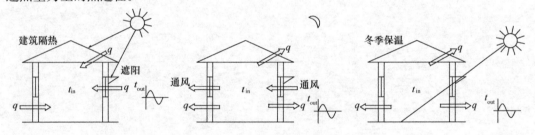

图 6-1　建筑围护结构热量传递图

因此，在进行围护结构热工设计时，不能只考虑热过程的单向传递，把围护结构的保温作为惟一的控制指标，应根据当地的气候特点，同时考虑冬夏两季不同方向的热量传递以及在自然通风条件下建筑热湿过程的双向传递。

二、外墙屋面的数理模型

将屋顶和外墙考虑为具有一定蓄热特性、不透明的物体，外扰通过屋顶和外墙的热传递过程是相同的。这些围护结构的外表面长期接受室外空气温度 t_a、太阳辐射 I_s、天空散射等扰量的作用。室外空气温度要影响到壁面还要通过一个表面换热热阻 $1/\alpha_a$；而太阳辐射还要通过壁面吸收（吸收率为 ρ）才能变成影响到壁面温度的热流；室外空间散射则是代表围护结构外表面与周围环境之间进行长波相互辐射的总结果。由于屋顶和外墙都具有各自的热阻和热容，所以外扰的影响是逐步反应到内表面的。同时各外壁的内表面还可能会受到透过玻璃窗直接照射到该表面的太阳辐射 q 的影响。

外扰通过屋顶和外墙的热传递过程，不论是以导热形式还是以辐射形式进行，不论是逐渐影响到室内还是立即影响到室内，都是首先作用到各个围护结构的内表面，使其温度发生变化，然后再以对流形式与室内空气发生热交换；同时，还以辐射形式在各个围护结构的内表面和家具之间进行相互热交换，如此一直进行下去。

房间通过屋顶和外墙所接受的潜热量，将直接、全部、立即影响到室内空气状态。而所接受的显热量则不同，在通过屋顶和外墙传递给室内的显热量中，只有以对流形式出现的换热部分会即刻影响到室内空气温度，其余以辐射形式的换热，都要待作用于壁体表面从而使其温度发生变化以后，才能逐渐通过对流方式影响到室内空气温度。

三、外窗能耗的数理模型

室外气象条件通过玻璃窗影响到室内热环境有两方面：一方面是由于室内外温差的存在，通过玻璃以导热方式进行热交换；另一方面是由于阳光的透射会直接给室内造成一部分得热。

1. 通过玻璃窗的传导得热

由于玻璃导热系数较大，热惰性很小，通过玻璃窗的热传导可以按照稳态传热考虑，即 n 时刻通过玻璃窗的传热量 $HG(n)$ 等于：

$$HG(n) = KF[t_a(n) - t_r(n)] \tag{6-1}$$

式中　K——玻璃窗的传热系数，$W/(m^2 \cdot K)$；

　　　F——玻璃窗的面积，m^2；

　　$t_a(n)$——n 时刻室外空气温度，℃；

　　$t_r(n)$——n 时刻室内空气温度，℃。

2. 透过玻璃窗的太阳辐射得热

透过玻璃窗的太阳辐射得热量，与玻璃窗的朝向有关，并随季节和每天的具体时刻而变化。阳光照射到窗玻璃表面后，一部分被反射掉；一部分直接透过玻璃进入室内，成为房间得热量；还有一部分则被玻璃吸收，使玻璃温度提高，其中一部分又以长波热辐射和对流方式传至室内，而另一部分则同样以长波热辐射和对流方式散至室外不会成为房间的得热。

关于被玻璃吸收后又传入室内的那部分太阳辐射热量，可以用室外空气综合温度的形式考虑到传热计算中，也就是在玻璃窗的传热温差中考虑进去，因为玻璃吸收太阳辐射后，相当于室外空气温度的增值；也可以作为透过窗玻璃的太阳辐射中的一部分，计入房间的太阳辐射得热中。如果采用后一种方法，则通过无遮阳窗玻璃的太阳辐射得热 HG_g 应包括透过的全部和吸收中的一部分，即：

$$HG_g = HG_\tau + HG_a \tag{6-2}$$

式中　HG_τ——透过单位玻璃面积的太阳辐射得热量，W/m^2，它等于太阳辐射强度乘以玻璃的透射率，即：

$$HG_\tau = I_{Di} \cdot \tau_{Di} + I_d \cdot \tau_d \tag{6-3}$$

　　I_{Di}——射到窗玻璃表面上的太阳直射辐射强度，入射角为 i，W/m^2；

　　I_d——投射到窗玻璃上的太阳散射辐射强度，W/m^2；

　　τ_{Di}——窗玻璃对入射角为 i 的太阳直射辐射的透过率；

　　τ_d——窗玻璃对太阳散射辐射的透过率；

　　HG_a——由于窗玻璃吸收太阳辐射热所造成的房间得热，W/m^2。假定玻璃吸收后温度仍均匀分布，则向室内的放热量应为：

$$HG_a = \frac{R_a}{R_a + R_r}(I_{Di}\alpha_{Di} + I_d\alpha_d) \tag{6-4}$$

　　α_{Di}——窗玻璃对入射角为 i 的太阳直射辐射的吸收率；

　　α_d——窗玻璃对太阳散射辐射的吸收率；

R_a——窗玻璃外表面的换热热阻，$(m^2 \cdot K)/W$；

R_r——窗玻璃内表面的换热热阻，$(m^2 \cdot K)/W$。

由于玻璃本身种类有多种，而且厚度也各不相同，即使都是无遮挡的玻璃窗，通过同样大小的玻璃窗的太阳得热量也不尽相同。因此，目前国内外常以某种类型和厚度的玻璃作为标准透光材料，取其在无遮挡条件下的太阳得热量作为标准太阳得热量，并用符号"SSG"表示。当采用其他类型或厚度的玻璃，或者玻璃窗内外具有某种遮阳设施时，只对标准太阳得热量加以不同的修正即可。目前，英国以 5mm 厚的普通窗玻璃作为标准透光材料，美国、日本和我国均采用 3mm 厚的普通窗玻璃作为标准透光材料。

遮阳系数是指在采用不同类型或厚度的玻璃，以及玻璃窗内外具有某种遮阳设施时，对标准太阳得热量的修正系数，用符号"SC"表示。遮阳系数的定义为：在法向入射条件下，通过其透光系统（包括透光材料和遮阳措施）的太阳得热率，与相同入射条件下的标准太阳得热率之比，即：

$$SC = \frac{\text{某透光系统的太阳得热率} \overline{g_{Di=0}}}{\text{标准太阳得热率} g_{Di=0}} \qquad (6-5)$$

以上是计算透光窗玻璃的太阳辐射得热量，要计算透光玻璃窗的太阳辐射得热量时，还应考虑到窗框的存在，采用玻璃的实际有效面积和阳光实际的照射面积。因此，透光玻璃窗的太阳辐射得热量的计算公式为：

$$HGS = (SSG_{Di} \cdot x_s + SSG_d) \cdot SC \cdot x_f \cdot F \qquad (6-6)$$

式中　SSG_{Di}——标准透光材料的太阳直射辐射得热量；

SSG_d——标准透光材料的太阳散射辐射得热量；

x_s——阳光实际照射面积比，等于窗上的实际照射面积（即窗上光斑面积）与窗面积之比；

x_f——窗玻璃的有效面积系数，等于玻璃面积与窗面积之比；

F——窗面积，m^2。

第二节　围护结构热工性能对建筑能耗的影响

前述表明，围护结构的传热过程十分复杂，具体数据需要通过计算机计算，本节采用国内外普遍使用的 DOE-2 软件进行分析。

一、能耗模拟计算基本条件

1. 建筑模型

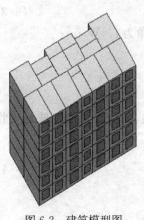

分析建筑外围护结构热工性能对建筑能耗的影响，建筑模型为一 6 层条形建筑，建筑朝向为南向，西面墙为绝热墙，如图 6-2 所示。建筑模型参数见表 6-1。

2. 计算模拟的室外气象参数为典型气象年 TMY-2

在建筑节能中，所关心的建筑能耗水平是该建筑历年来的平均能耗。DOE-2 采用的是典型年气象数据 TMY-2，典型气象年的原始数据与历年平均值所用的原始气象数据年相同，采用其计算的年能耗最能反映能耗的"平均"水平。

图 6-2　建筑模型图

建筑面积 (m²)	体积 (m³)	外墙面积 (m²)	屋顶面积 (m²)	体形系数	窗户面积 (m²)		窗墙比	
					南向	北向	南向	北向
1789.32	5010.09	1320.48	298.22	0.323	143.35	102.41	0.35	0.25

建 筑 参 数 表　　　　表 6-1

3. 室内环境设计温度

冬季室内采暖温度设定为 18℃；夏季室内空调温度设定为 26℃。

4. 采暖空调设备能效比

采暖、空调设备为家用空气源热泵空调器，空调额定能效比取 2.3，采暖额定能效比 1.9。能效比按照《重庆市居住建筑节能设计标准》（DB 50/5024—2002）选取，采暖设备的额定能效比取 1.9，主要考虑到冬季采暖设备部分使用单体风冷热泵空调器，部分使用电热采暖设备；空调设备额定能效比取 2.3，主要考虑到家用空调器标准规定的最低能效比。在计算中取较低的能效比，有利于突出建筑围护结构在建筑节能中的作用。

5. 不计内热源

由于本节着重研究不同围护结构条件下住宅的能耗情况，忽略内热源散热，包括照明、室内人员和电器设备等散热，更能掌握单由围护结构传热引起的能耗情况。

二、不同围护结构的组合方案及计算结果

1. 围护结构方案组合

表 6-2 是各种围护结构的热工性能表，表 6-3 是围护结构的不同组合方案，其中方案 1 是 20 世纪 80 年代长江流域居住建筑的普遍状况，在此作为计算能耗的基准方案。

外围护结构构成及热工性能表　　　　表 6-2

围护结构	代码	围护结构构成（由外向内）	传热系数 (W/(m²·K))
外墙	A	20mm 水泥砂浆+240mm 实心砖+20mm 石灰水泥砂浆	1.960
	B	20mm 水泥砂浆+20mm 保温砂浆+240mm 空心砖+20mm 石灰水泥砂浆	1.394
	C	20mm 水泥砂浆+180mm 钢筋混凝土+20mm 空气层+20mm 聚苯乙烯 EPS 板+20mm 石灰水泥砂浆	1.037
	D	20mm 水泥砂浆+180mm 钢筋混凝土+20mm 空气层+30mm 聚苯乙烯 EPS 板+20mm 石灰水泥砂浆	0.832
	E	20mm 水泥砂浆+180mm 钢筋混凝土+20mm 空气层+50mm 聚苯乙烯 EPS 板+20mm 石灰水泥砂浆	0.596
	F	20mm 水泥砂浆+180mm 钢筋混凝土+20mm 空气层+80mm 聚苯乙烯 EPS 板+20mm 石灰水泥砂浆	0.418
	G	20mm 水泥砂浆+180mm 钢筋混凝土+20mm 空气层+20mm 石灰水泥砂浆	2.048
外窗	A	单层玻璃钢窗	6.645
	B	单框普通单层玻璃铝合金窗	4.909
	C	单框普通双层玻璃铝合金窗	3.297
	D	单框双层低辐射玻璃塑钢窗	2.553

围护结构	代码	围护结构构成（由外向内）	传热系数 $(W/(m^2 \cdot K))$
屋 面	A	30mm 水泥板＋180mm 空气层＋10mm 防水层＋20mm 水泥砂浆＋70mm 水泥炉渣＋120mm 空心楼板＋20mm 石灰水泥砂浆	1.663
	B	30mm 水泥板＋180mm 空气层＋10mm 防水层＋20mm 水泥砂浆＋70mm 水泥炉渣＋20mm 聚苯板＋120mm 空心楼板＋20mm 石灰水泥砂浆	0.928
	C	30mm 水泥板＋180mm 空气层＋10mm 防水层＋20mm 水泥砂浆＋70mm 水泥炉渣＋30mm 聚苯板＋120mm 空心楼板＋20mm 石灰水泥砂浆	0.760
	D	30mm 水泥板＋180mm 空气层＋10mm 防水层＋20mm 水泥砂浆＋70mm 水泥炉渣＋50mm 聚苯板＋120mm 空心楼板＋20mm 石灰水泥砂浆	0.558

外围护结构组合方案　　　　　表 6-3

方案	外墙	外窗	屋面	备注
方案 1	A	A	A	
方案 2	B	A	A	
方案 3	C	A	A	
方案 4	D	A	A	
方案 5	E	A	A	
方案 6	F	A	A	
方案 7	G	A	A	
方案 8	C	B	A	
方案 9	C	C	A	
方案 10	C	D	A	低辐射玻璃窗透过率为 0.65
方案 11	C	C	B	
方案 12	C	C	C	
方案 13	C	C	D	

2. 计算结果

重庆地区模拟计算结果见表 6-4，表中数值指单位建筑面积全年能耗或负荷。本章未加说明时建筑能耗或负荷均指单位建筑面积全年能耗或负荷。

不同方案的能耗水平　　　　　表 6-4

方案	采暖年耗热量 Q_{ri} (kWh/m^2)	空调年耗冷量 Q_{li} (kWh/m^2)	采暖年耗电量 $Q_{ri}/1.9$ (kWh/m^2)	空调年耗电量 $Q_{li}/2.3$ (kWh/m^2)
方案 1	39.64	40.73	22.90	16.36
方案 2	33.56	36.36	19.86	14.61
方案 3	29.82	33.73	17.93	13.59
方案 4	27.59	32.32	16.72	13.02
方案 5	25.00	30.60	15.32	12.33
方案 6	22.97	29.27	14.21	11.81

方　案	采暖年耗热量 Q_{ri} (kWh/m²)	空调年耗冷量 Q_{li} (kWh/m²)	采暖年耗电量 $Q_{ri}/1.9$ (kWh/m²)	空调年耗电量 $Q_{li}/2.3$ (kWh/m²)
方案 7	40.59	41.41	23.41	16.64
方案 8	27.49	33.85	16.72	13.61
方案 9	24.90	33.99	15.36	13.64
方案 10	26.03	30.23	15.52	12.10
方案 11	23.00	32.12	14.33	12.90
方案 12	22.56	31.70	14.10	12.74
方案 13	22.02	31.19	13.80	12.54

从表 6-4 中的数据可以看出，外围护结构热工性能越好，建筑能耗越小。以方案 1 为基准，计算各个方案的节能率，结果列于表 6-5。节能率的定义为：

$$R = \frac{Q_1 - Q_i}{Q_1} \times 100\% \tag{6-7}$$

式中　　R——节能率；

Q_1——方案 1 单位面积建筑能耗，kWh/m²；

Q_i——方案 i 单位面积建筑能耗，kWh/m²。

重庆各种方案的节能率　　　　　　　　　　　　　　表 6-5

方　案	降低采暖耗热量 $Q_{r1}-Q_{ri}$ (kWh/m²)	采暖耗电量节能率 $Q_{r1}-Q_{ri}$ (kWh/m²)	R (%)	降低空调耗冷量 $Q_{l1}-Q_{li}$ (kWh/m²)	空调耗电量节能率 $Q_{l1}-Q_{li}$ (kWh/m²)	R (%)
方案 1	0.00	0.00	0.00	0.00	0.00	0.00
方案 2	6.08	3.05	13.30	4.37	1.75	10.70
方案 3	9.82	4.98	21.72	6.97	2.77	16.92
方案 4	12.05	6.18	27.00	8.41	3.34	20.44
方案 5	14.64	7.59	33.12	10.13	4.02	24.61
方案 6	16.67	8.69	37.96	11.46	4.55	27.84
方案 7	−0.95	−0.51	−2.21	−0.68	−0.28	−1.72
方案 8	12.15	6.18	26.97	6.88	2.75	16.82
方案 9	14.74	7.54	32.92	6.74	2.72	16.60
方案 10	13.61	7.38	32.23	10.5	4.26	26.03
方案 11	16.64	8.57	37.41	8.61	3.46	21.14
方案 12	17.08	8.81	38.45	9.03	3.62	22.14
方案 13	17.62	9.11	39.76	9.54	3.82	23.37

三、围护结构热工性能对建筑能耗的影响

1. 外墙

方案 1~7 为改变单一墙体材料热工特性，其余保持不变。图 6-3 表示了单位面积采暖耗热量、单位面积空调耗冷量随外墙传热系数 K 值的变化规律。图 6-4 表示采暖耗热节能率和空调耗冷节能率随外墙传热系数 K 值的变化规律。

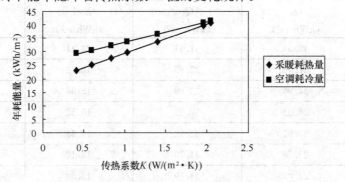

图 6-3   采暖耗热量和空调耗冷量随外墙 K 变化图

由图 6-4 可看出，随着外墙传热系数 K 的减小，采暖耗热量和空调耗冷量明显降低，采暖耗热节能率和空调耗冷节能率也大幅度提高。不难发现，传热系数减小对采暖耗热量影响更为显著，大于对空调耗冷量的影响。

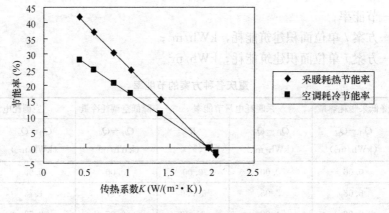

图 6-4   节能率随外墙 K 变化图

外墙传热系数由方案 1 中的 1.960W/(m² · K)降低到方案 6 的 0.418W/(m² · K)时，采暖年耗热量降低 16.67kWh/m²，节能率 42.05%；年耗冷量降低了 11.46kWh/m²，节能率为 28.14%。

方案 3～6 是在方案 7 的基础上设置保温层。

方案 7 未加设保温层，其传热系数为 2.048W/(m² · K)，采暖耗热量为 40.59kWh/m²、空调耗冷量为 41.41kWh/m²；方案 3 中增加了 20mm 聚苯板，传热系数为 1.037W/(m² · K)，降低了 1.011W/(m² · K)，降低了相应采暖耗热量 10.77kWh/m²，空调耗冷量降低了 7.65kWh/m²。随着保温层厚度的增加，外墙传热系数随之减小。保温层能有效的降低外墙的传热系数，建筑能耗明显降低，同理比较保温层厚度为 30mm、50mm、80mm 的单位传热系数的节能贡献，见图 6-5。

由图 6-5 所示，保温层的厚度从方案 3 中的 20mm 到方案 6 中的 80mm，单位传热系数的节能贡献是逐渐减少的。

方案 3 较之方案 7，加设 20mm 保温层，由表 6-5 可知，每年单位面积节约空调用电

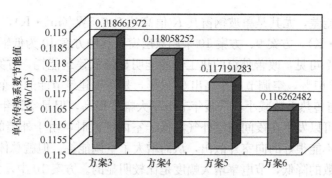

图 6-5　单位传热系数的节能效果比较

量 8.53kWh/m²，按照目前重庆市国家电网所提供居民用电费为 0.52 元/kWh，每年总节约用电 8.53kWh/m²×1789.32m²×0.52 元/kWh＝7937.28 元。同理，也可算出方案 4、5、6 较之方案 7 节约的电费。

　　由于墙体材料的选择遵循就近原则，重庆市场的聚苯乙烯 EPS 板的价格为 300 元/m³，可以算出方案 3 中保温层造价为 859.68m²×0.02m×300 元/m³＝5160 元。同理也可算出方案 4、5、6 保温层的造价。

　　图 6-6 显示了方案 3、4、5、6 较之方案 7 每年空调节约电费与保温层造价的比较关系，保温层造价比空调节约电费的增长要更为快速。可清晰看出，方案 3 加设 20mm 保温层，每年空调节约电费高达 7937.28 元，保温层造价 5160 元，大大低于空调节约电费。方案 4 加设 30mm 保温层，每年空调节约电费 9598.16 元，保温层造价 7740 元，仍然低于空调节约电费。方案 5 加设 50mm 保温层，每年空调节约电费 11536.20 元，保温层造价 12900 元，已经超越每年空调节约电费。在方案 6 中，保温层造价更是大大超过了运行空调节约的电费。这表明了当外墙保温层厚度太大时，节能效果上升缓慢，造价增大较快。

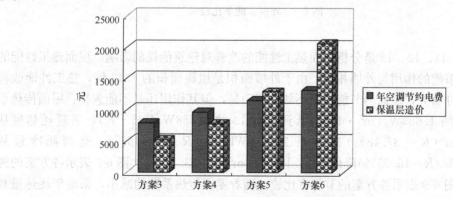

图 6-6　年空调节约电费与保温层造价比较

　　外墙传热系数不能盲目追求过小，外墙构造必须合乎经济，并且考虑施工、维护的方便。外墙增加保温层是一个有效的节能措施，但当采用后，随着厚度的增加，其单位厚度对节能的贡献越来越小，所以应当合理确定保温层厚度，同时考虑施工、维护的方便，性能和经济的合理性等方面因素。

　　2. 外窗

　　方案 3、8、9、10 的区别在于外窗不同，方案 3 与方案 8 均采用的是单玻窗，其传热系数高，热工性能差，尤其是单玻钢窗其 K 值高达 $6.645\mathrm{W/(m^2 \cdot K)}$，方案 8 外窗的 K 值 $4.909\mathrm{W/(m^2 \cdot K)}$，方案 9、方案 10 采用双层窗，其中方案 10 为低辐射玻璃窗，透过率为 0.65。图 6-7 可见，改善外窗的热工性能能明显降低建筑能耗，方案 10 比方案 3 采暖节电率高出 10.61%，空调节电率高出 9.11%，是实现建筑节能的一个有力措施。方案 3 到方案 9 中外窗传热系数减小，采暖年节电率大幅度提高，但是空调年节电率几乎保持不变，这种情况可以发生在夜间当室外气温低于室内气温时，由于外墙的隔热性能较强，使得室内的热量不能很好的向室外散出，从而增大了空调能耗。但就总体的全年节电率来说，随着传热系数的降低，节电率增大幅度是比较明显的。方案 10 中，由于加强了遮阳，冬季的太阳辐射得热可提高室内的热环境质量，有利于建筑采暖，降低外窗的透过率对冬季采暖不利，所以采暖年节电率比方案 9 低；重庆地区夏季太阳辐射热为 $1298\mathrm{MJ/m^2}$，降低外窗的遮阳系数能有效地防止太阳辐射热量进入室内，所以从图 6-7 中可以看出，加强了遮阳之后，空调年节电率大幅度提高。

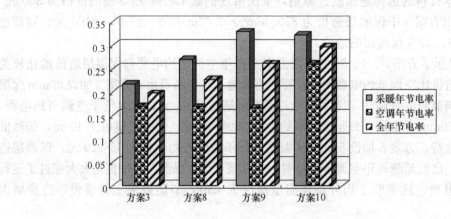

图 6-7　外窗节能率比较

3. 屋面

方案 9、11、12、13 是分析屋面热工性能的改善对建筑能耗的影响。屋面热工性能的改善对建筑节能的作用与外墙相似，由于外墙面积是屋面面积的 4.43 倍，热工性能改善程度也没有外墙大，屋面的节能效果不如外墙明显，但其作用还是不能忽视：屋面传热系数从方案 9 的 $1.663\mathrm{W/(m^2 \cdot K)}$ 降低到方案 13 的 $0.558\mathrm{W/(m^2 \cdot K)}$，采暖耗热量从 $24.90\mathrm{kWh/m^2}$（$R=37.18\%$）减少至 $22.02\mathrm{kWh/m^2}$（$R=44.45\%$），空调耗冷量从 $33.99\mathrm{kWh/m^2}$（$R=16.55\%$）降低至 $31.19\mathrm{kWh/m^2}$（$R=23.42\%$）。图 6-8 表示各方案的耗能量比较，图 6-9 表示各方案的节能率比较。随着屋面传热系数的减小，采暖年耗热量和空调年耗冷量都逐渐减小，下降幅度比较平缓，同样，节能率的增大幅度也显得较为平缓。

外墙、屋面以及外窗的传热系数降低对建筑能耗的影响有这样一个显著关系：外墙传热系数＞屋面传热系数＞外窗传热系数。

以上能耗均是指单位建筑面积的能耗，从建筑整体能耗分析，外墙热工性能的改善对建筑节能的贡献大于屋面；单位屋面面积引起的建筑能耗大于单位外墙面积，所以从投资回报率上看，屋面的节能效益要高于外墙。

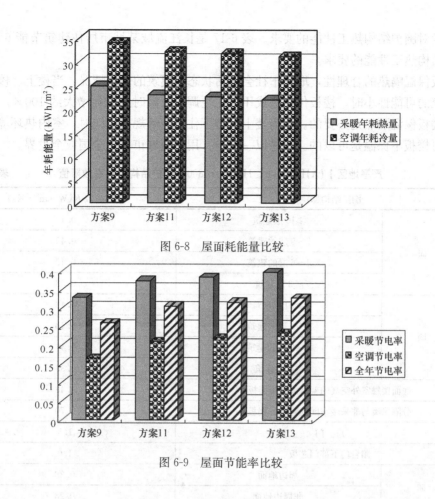

图 6-8　屋面耗能量比较

图 6-9　屋面节能率比较

第三节　建筑节能对围护结构热工性能的要求

建筑外围护结构的基本功能是从室外空间分隔出一个适合居住者生存活动的室内空间。它的基本功能是在室内空间与室外空间之间建立屏障，以保证在室外空间环境恶劣时，室内空间仍能为居住者提供庇护。而外门窗是穿越这一屏障联系室内外空间的通道。从建筑节能角度，外围护结构上的门窗的基本功能则是为了在室外环境良好时，建立室内外的联系，改善室内环境。墙体、屋面保温隔热的目的是为了加强外围护结构基本功能，削弱室内外的热联系，提高建筑抵御室外恶劣环境（气候）的能力，减少外围护结构的冷热耗量。要求保温隔热墙体在室外天气条件良好时散热，除要求散发墙体本身的蓄热是合理的外，要求保温隔热墙体散发室内热量是不合理的，如前所述，散发室内热量应依靠开启门窗的通风。因此本章不讨论保温隔热要兼顾散热的问题。

墙体保温隔热的程度和采用的技术使节能和经济效果差异很大。何者最好，一直存在争议。实际上并不存在绝对的谁优于谁，仍然是气候、社会经济和整体上谁更协调的问题。应针对具体项目，具体分析其合理性。参照第二节的方法可分析各种不同气候条件下，围护结构热工性能对能耗的影响，进而配合技术经济分析确定对其热工性能的要求。表 6-6～6-16 是适应我国各种气候区的，我国现阶段社会经济发展水平的居住建筑节能

50％阶段对围护结构热工性能的要求。表 6-17 是长江流域某城市居住建筑节能 65％阶段对围护结构热工性能的要求。

楼板保温隔热的合理性，取决于社会生活状态和建筑的使用情况。当楼上、楼下住户同时在家的可能性小时，楼板传热造成用户在空调或采暖时的能耗增大约 100％。此种情况下，楼板保温隔热是必要的。而当楼上、楼下住户生活规律相同时，室内热环境控制水平相近时楼板不保温是可以的。切忌以一概全，用一座城市概括全国或全世界。

严寒地区Ⅰ(A)区(5500≤HDD18<8000)围护结构传热系数限值　　　表 6-6

围护结构部位		传热系数 $K(\mathrm{W}/(\mathrm{m}^2 \cdot \mathrm{K}))$
屋　面	≥10 层建筑	0.40
	7～9 层的建筑	0.40
	4～6 层的建筑	0.40
	≤3 层建筑	0.33
外　墙	≥10 层建筑	0.48
	7～9 层的建筑	0.40
	4～6 层的建筑	0.40
	≤3 层建筑	0.33
底面接触室外空气的架空或外挑楼板		0.48
分隔采暖与非采暖空间的隔墙、楼板		0.70
户　门		1.5
阳台门下部门芯板		1.0
地　面	周边地面	0.28
	非周边地面	0.28
外窗(含阳台门透明部分及天窗)	窗墙面积比≤20％	2.5
	20％<窗墙面积比≤30％	2.2
	30％<窗墙面积比≤40％	2.0
	40％<窗墙面积比≤50％	1.7

严寒地区Ⅰ(B)区(5000≤HDD18<5500)围护结构传热系数限值　　　表 6-7

围护结构部位		传热系数 $K(\mathrm{W}/(\mathrm{m}^2 \cdot \mathrm{K}))$
屋　面	≥10 层建筑	0.40
	7～9 层的建筑	0.40
	4～6 层的建筑	0.40
	≤3 层建筑	0.36
外　墙	≥10 层建筑	0.45
	7～9 层的建筑	0.45
	4～6 层的建筑	0.45
	≤3 层建筑	0.40
底面接触室外空气的架空或外挑楼板		0.45

围护结构部位		传热系数 K(W/(m²·K))
分隔采暖与非采暖空间的隔墙、楼板		0.80
户 门		1.5
阳台门下部门芯板		1.0
地 面	周边地面	0.35
	非周边地面	0.35
外窗(含阳台门透明部分及天窗)	窗墙面积比≤20%	2.8
	20%<窗墙面积比≤30%	2.5
	30%<窗墙面积比≤40%	2.1
	40%<窗墙面积比≤50%	1.8

严寒地区Ⅰ(C)区(3800≤HDD18<5000) 表 6-8
围护结构传热系数限值

围护结构部位		传热系数 K(W/(m²·K))
屋 面	≥10 层建筑	0.45
	7~9 层的建筑	0.45
	4~6 层的建筑	0.45
	≤3 层建筑	0.36
外 墙	≥10 层建筑	0.50
	7~9 层的建筑	0.50
	4~6 层的建筑	0.50
	≤3 层建筑	0.40
底面接触室外空气的架空或外挑楼板		0.50
分隔采暖与非采暖空间的隔墙、楼板		1.0
户 门		1.5
阳台门下部门芯板		1.0
地 面	周边地面	0.35
	非周边地面	0.35
外窗(含阳台门透明部分及天窗)	窗墙面积比≤20%	2.8
	20%<窗墙面积比≤30%	2.5
	30%<窗墙面积比≤40%	2.3
	40%<窗墙面积比≤50%	2.1

寒冷地区Ⅱ(A)区(2000≤HDD18<3800,CDD26≤100)**围护结构传热系数限值** 表 6-9

围护结构部位		传热系数 K(W/(m²·K))
屋 面	≥10 层建筑	0.50
	7~9 层的建筑	0.50
	4~6 层的建筑	0.50
	≤3 层建筑	0.45

围护结构部位		传热系数 K(W/(m²·K))
外　墙	≥10 层建筑	0.50
	7～9 层的建筑	0.50
	4～6 层的建筑	0.50
	≤3 层建筑	0.45
底面接触室外空气的架空或外挑楼板		0.50
分隔采暖与非采暖空间的隔墙、楼板		1.2
户　门		2.0
阳台门下部门芯板		1.7
地　面	周边地面	0.50
	非周边地面	0.50
外窗(含阳台门透明部分及天窗)	窗墙面积比≤20%	2.8
	20%＜窗墙面积比≤30%	2.8
	30%＜窗墙面积比≤40%	2.5
	40%＜窗墙面积比≤50%	2.0

寒冷地区Ⅱ(B)区(2000≤HDD18＜3800，100　表 6-10
＜CDD26≤200)围护结构传热系数和遮阳系数限值

围护结构部位		传热系数 K(W/(m²·K))	
		轻钢、木结构、轻质墙板等围护结构	重质围护结构
屋　面	≥10 层建筑	0.50	0.60
	7～9 层的建筑	0.50	0.60
	4～6 层的建筑	0.50	0.60
	≤3 层建筑	0.45	0.50
外　墙	≥10 层建筑	0.50	0.60
	7～9 层的建筑	0.50	0.60
	4～6 层的建筑	0.50	0.60
	≤3 层建筑	0.45	0.50
底面接触室外空气的架空或外挑楼板		0.60	
分隔采暖与非采暖空间的隔墙、楼板		1.0	
户　门		2.0	
阳台门下部门芯板		1.7	
		传热系数 K(W/(m²·K))	遮阳系数 SC(东、西向/南、北向)	传热系数 K(W/(m²·K))	遮阳系数 SC(东、西向/南、北向)
外窗(含阳台门透明部分及天窗)	窗墙面积比≤20%	3.2	—	3.2	—
	20%＜窗墙面积比≤30%	3.2	—	3.2	—
	30%＜窗墙面积比≤40%	2.8	0.65/—	2.8	0.65/—
	40%＜窗墙面积比≤50%	2.5	0.60/—	2.5	0.60/—

夏热冬冷地区Ⅲ(A)区(1000＜HDD18＜2000，50＜CDD26＜150)　表6-11

围护结构传热系数和遮阳系数限值

围护结构部位		传热系数 $K(\text{W}/(\text{m}^2 \cdot \text{K}))$	
		轻钢、木结构、轻质墙板等围护结构	重质围护结构
屋 面	≥10层建筑	≤0.4	≤0.8
	7～9层的建筑	≤0.4	≤0.8
	4～6层的建筑	≤0.4	≤0.8
	≤3层建筑	≤0.4	≤0.6
外 墙	≥10层建筑	≤0.5	≤1.5
	7～9层的建筑	≤0.5	≤1.5
	4～6层的建筑	≤0.5	≤1.2
	≤3层建筑	≤0.4	≤0.8
底面接触室外空气的架空或外挑楼板		≤1.5	
分户墙和楼板		≤2.0	
户 门		≤3.0	
		传热系数 K $(\text{W}/(\text{m}^2 \cdot \text{K}))$	遮阳系数 SC (东、南、西向/北向)	传热系数 K $(\text{W}/(\text{m}^2 \cdot \text{K}))$	遮阳系数 SC (东、南、西向/北向)
外窗(含阳台门透明部分及天窗)	窗墙面积比≤20%	≤4.7	—	≤4.7	—
	20%＜窗墙面积比≤30%	≤3.2	≤0.80/—	≤3.2	≤0.80/—
	30%＜窗墙面积比≤40%	≤3.2	≤0.70/0.80	≤3.2	≤0.70/0.80
	40%＜窗墙面积比≤50%	≤2.5	≤0.60/0.70	≤2.5	≤0.60/0.70
天 窗	天窗面积占屋顶面积＜4%	≤3.2	≤0.6	≤3.2	≤0.6

夏热冬冷地区Ⅲ(B)区(1000＜HDD18＜2000，150＜CDD26＜300)　表6-12

围护结构传热系数和遮阳系数限值

围护结构部位		传热系数 $K(\text{W}/(\text{m}^2 \cdot \text{K}))$	
		轻钢、木结构、轻质墙板等围护结构	重质围护结构
屋 面	≥10层建筑	≤0.4	≤0.8
	7～9层的建筑	≤0.4	≤0.8
	4～6层的建筑	≤0.4	≤0.8
	≤3层建筑	≤0.4	≤0.6
外 墙	≥10层建筑	≤0.5	≤1.5
	7～9层的建筑	≤0.5	≤1.5
	4～6层的建筑	≤0.5	≤1.0
	≤3层建筑	≤0.4	≤0.8
底面接触室外空气的架空或外挑楼板		≤1.5	

围护结构部位	传热系数 K(W/(m²·K))			
	轻钢、木结构、轻质墙板等围护结构		重质围护结构	
分户墙和楼板	≤2.0			
户 门	≤3.0			
	传热系数 K (W/(m²·K))	遮阳系数 SC（东、南、西向/北向）	传热系数 K (W/(m²·K))	遮阳系数 SC（东、南、西向/北向）
外窗（含阳台门透明部分及天窗）｜窗墙面积比≤20%	≤4.7	—	≤4.7	—
外窗（含阳台门透明部分及天窗）｜20%<窗墙面积比≤30%	≤3.2	≤0.70/0.80	≤3.2	≤0.70/0.80
外窗（含阳台门透明部分及天窗）｜30%<窗墙面积比≤40%	≤3.2	≤0.60/0.70	≤3.2	≤0.60/0.70
外窗（含阳台门透明部分及天窗）｜40%<窗墙面积比≤50%	≤2.5	≤0.50/0.60	≤2.5	≤0.50/0.60
天窗｜天窗面积占屋顶面积≤4%	≤3.2	≤0.5	≤3.2	≤0.5

夏热冬冷地区Ⅲ(C)区（600<HDD18<1000，100<CDD26<300） 表 6-13
围护结构传热系数和遮阳系数限值

围护结构部位	传热系数 K(W/(m²·K))			
	轻钢、木结构、轻质墙板等围护结构		重质围护结构	
屋 面｜≥10 层建筑	≤0.5		≤1.0	
屋 面｜7～9 层的建筑	≤0.5		≤1.0	
屋 面｜4～6 层的建筑	≤0.5		≤1.0	
屋 面｜≤3 层建筑	≤0.4		≤0.8	
外 墙｜≥10 层建筑	≤0.75		≤1.5	
外 墙｜7～9 层的建筑	≤0.75		≤1.5	
外 墙｜4～6 层的建筑	≤0.75		≤1.2	
外 墙｜≤3 层建筑	≤0.6		≤1.0	
底面接触室外空气的架空或外挑楼板	≤1.5			
分隔采暖空调与非采暖空调空间的隔墙	≤2.0			
分户墙和楼板	≤2.0			
户 门	≤3.5			
	传热系数 K (W/(m²·K))	遮阳系数 SC（东、南、西向/北向）	传热系数 K (W/(m²·K))	遮阳系数 SC（东、南、西向/北向）
外窗（含阳台门透明部分及天窗）｜窗墙面积比≤20%	≤4.7	—	≤4.7	—
外窗（含阳台门透明部分及天窗）｜20%<窗墙面积比≤30%	≤4.0	≤0.70/0.80	≤4.2	≤0.70/0.80
外窗（含阳台门透明部分及天窗）｜30%<窗墙面积比≤40%	≤3.2	≤0.60/0.70	≤3.2	≤0.60/0.70
外窗（含阳台门透明部分及天窗）｜40%<窗墙面积比≤50%	≤2.5	≤0.50/0.60	≤2.5	≤0.50/0.60
天 窗｜天窗面积占屋顶面积≤4%	≤4.0	≤0.5	≤4.0	≤0.5

围护结构传热系数和遮阳系数限值

围护结构部位		传热系数 $K(W/(m^2 \cdot K))$		
		$D{\geqslant}3.0$	$3.0{>}D{\geqslant}2.5$	$D{<}2.0$
屋　面		1.0	1.0	0.5
外　墙		2.0	1.5	1.0 　0.7
		遮阳系数 SC（东、南、西向/北向）		
外窗（含阳台门透明部分及天窗）	窗墙面积比≤20%	≤0.60	≤0.80	≤0.90 　≤0.90
	20%＜窗墙面积比≤30%	≤0.50	≤0.70	≤0.80 　≤0.80
	30%＜窗墙面积比≤40%	≤0.40	≤0.50	≤0.70 　≤0.70
	40%＜窗墙面积比≤45%	≤0.30	≤0.40	≤0.50 　≤0.50
天窗	天窗面积占屋顶面积≤4%	≤0.5		

围护结构传热系数和遮阳系数限值

围护结构部位		传热系数 $K(W/(m^2 \cdot K))$			
		轻钢、木结构、轻质墙板等围护结构		重质围护结构	
屋　面	≥10 层建筑	≤0.4		≤0.8	
	7～9 层的建筑	≤0.4		≤0.8	
	4～6 层的建筑	≤0.4		≤0.8	
	≤3 层建筑	≤0.4		≤0.6	
外　墙	≥10 层建筑	≤0.5		≤1.0	
	7～9 层的建筑	≤0.5		≤1.0	
	4～6 层的建筑	≤0.5		≤1.0	
	≤3 层建筑	≤0.4		≤0.8	
底面接触室外空气的架空或外挑楼板		≤1.5			
分户墙和楼板		≤2.0			
户　门		≤3.0			
		传热系数 K $(W/(m^2 \cdot K))$	遮阳系数 SC（东、南、西向/北向）	传热系数 K $(W/(m^2 \cdot K))$	遮阳系数 SC（东、南、西向/北向）
外窗（含阳台门透明部分及天窗）	窗墙面积比≤20%	≤4.7	—	≤4.7	—
	20%＜窗墙面积比≤30%	≤4.0	≤0.80/0.80	≤4.0	≤0.80/0.80
	30%＜窗墙面积比≤40%	≤3.2	≤0.70/0.70	≤3.2	≤0.70/0.70
	40%＜窗墙面积比≤50%	≤2.5	≤0.60/0.60	≤2.5	≤0.60/0.60
天　窗	天窗面积占屋顶面积≤4%	≤4.0	≤0.6	≤4.0	≤0.6

围护结构传热系数和遮阳系数限值

围护结构部位	传热系数 K(W/(m²·K))			
	轻钢、木结构、轻质墙板等围护结构		重质围护结构	
屋 面	—		—	
外 墙	—		—	
底面接触室外空气的架空或外挑楼板	—			
	传热系数 K (W/(m²·K))	遮阳系数 SC (东、南、西 向/北向)	传热系数 K (W/(m²·K))	遮阳系数 SC (东、南、西 向/北 向)
外窗(含阳台门透明部分及天窗)	—	—	—	—

注：1. 建筑朝向的范围：北(偏东60°至偏西60°)；东、西(东或西偏北30°至偏南60°)；南(偏东30°至偏西30°)；

2. 外墙的传热系数是指考虑了结构性热桥影响后计算得到的平均传热系数，平均传热系数；

3. 遮阳系数的确定：

  有外遮阳时，遮阳系数=玻璃的遮阳系数×外遮阳的遮阳系数；

  无外遮阳时，遮阳系数=玻璃的遮阳系数。

围护结构各部分的传热系数 K 和热惰性指标(D)的限值 表 6-17

围护结构部位			传热系数 K(W/(m²·K))	
			热惰性指标 $D \leqslant 3.0$	热惰性指标 $D > 3.0$
体形系数 $\leqslant 0.3$	屋 面		$K \leqslant 0.8$	$K \leqslant 1.0$
	外 墙		$K \leqslant 1.0$	$K \leqslant 1.4$
	底面接触室外空气的架空或外挑楼板		$K \leqslant 1.5$	
	窗户	窗墙面积比≤0.25	$K \leqslant 3.8$	
		0.25<窗墙面积比≤0.35	$K \leqslant 3.2$	
		0.35<窗墙面积比≤0.5	$K \leqslant 2.5$	
		窗墙面积比>0.5	$K \leqslant 1.8$	
0.3<体形系数 $\leqslant 0.35$	屋 面		$K \leqslant 0.8$	$K \leqslant 1.0$
	外 墙		$K \leqslant 0.9$	$K \leqslant 1.3$
	底面接触室外空气的架空或外挑楼板		$K \leqslant 1.5$	
	窗户	窗墙面积比≤0.25	$K \leqslant 3.8$	
		0.25<窗墙面积比≤0.35	$K \leqslant 3.2$	
		0.35<窗墙面积比≤0.5	$K \leqslant 2.5$	
		窗墙面积比>0.5	$K \leqslant 2.0$	
0.35<体形系数 $\leqslant 0.4$	屋 面		$K \leqslant 0.8$	$K \leqslant 1.0$
	外 墙		$K \leqslant 0.8$	$K \leqslant 1.2$
	底面接触室外空气的架空或外挑楼板		$K \leqslant 1.5$	
	窗户	窗墙面积比≤0.25	$K \leqslant 3.2$	
		0.25<窗墙面积比≤0.35	$K \leqslant 2.5$	
		0.35<窗墙面积比≤0.5	$K \leqslant 2.0$	
		窗墙面积比>0.5	$K \leqslant 1.8$	

围护结构部位		传热系数 $K(W/(m^2 \cdot K))$	
		热惰性指标 $D \leqslant 3.0$	热惰性指标 $D > 3.0$
0.4<体形系数≤0.45	屋　面	$K \leqslant 0.6$	$K \leqslant 0.8$
	外　墙	$K \leqslant 0.8$	$K \leqslant 1.0$
	底面接触室外空气的架空或外挑楼板	$K \leqslant 1.0$	
	窗户 窗墙面积比≤0.25	$K \leqslant 2.5$	
	0.25<窗墙面积比≤0.35	$K \leqslant 2.0$	
	0.35<窗墙面积比≤0.5	$K \leqslant 1.8$	
	窗墙面积比>0.5	$K \leqslant 1.8$	

注：1. 平均传热系数以整片墙计，热惰性指标也取整片墙面积计权平均值。

2. 当外墙、屋面的面密度 $\rho \geqslant 200kg/m^2$ 时（由砖、混凝土等重质材料构成的墙、屋面）可不计算热惰性指标。

第四节　墙体保温隔热技术

墙体保温隔热技术可分为自保温和复合保温隔热两大类。这类墙体是由绝热材料与传统墙体材料或某些新型墙体材料复合构成。绝热材料主要是聚苯乙烯泡沫塑料、岩棉、玻璃棉、矿棉、膨胀珍珠岩、加气混凝土等。根据绝热材料在墙体中的位置，这类墙体又可分为内保温、外保温和中间保温三种形式。与单一材料节能墙体相比，复合节能墙体由于采用了高效绝热材料而具有更好的热工性能，但其施工难度大，质量风险增加，造价也要高得多。

一、墙体保温隔热技术

墙体保温隔热技术可分为自保温和复合保温隔热两大类。这类墙体是由绝热材料与传统墙体材料或某些新型墙体材料复合构成。绝热材料主要是聚苯乙烯泡沫塑料、岩棉、玻璃棉、矿棉、膨胀珍珠岩、加气混凝土等。根据绝热材料在墙体中的位置，这类墙体又可分为内保温、外保温和中间保温三种形式。与单一材料节能墙体相比，复合节能墙体由于采用了高效绝热材料而具有更好的热工性能，但其施工难度大，质量风险增加，造价也要高得多。

1. 墙体内保温

在这类墙体中，绝热材料复合在外墙内侧。构造层包括：

1）墙体结构层。为外围护结构的承重受力墙体部分，或框架结构的填充墙体部分。它可以是现浇或预制混凝土外墙、内浇外砌或砖混结构的外砖墙以及其他承重外墙（如承重多孔砖外墙）等。

2）空气层。其主要作用是切断液态水分的毛细渗透，防止保温材料受潮。同时，外侧墙体结构层有吸水能力，其内侧表面由于温度低而出现的冷凝水。在空气层的阻挡下，被结构材料吸入的水分不断地向室外转移、散发。另外，空气间层还增加了热阻，而且造价比专门设置隔汽层要低。空气间层的设置对易吸水的绝热材料是十分必要的。

3）绝热材料层（即保温层、隔热层）。是节能墙体的主要功能部分，采用高效绝热材料（导热系数 λ 值小）。

4）覆面保护层。其作用主要是防止保温层受破坏，同时在一定程度上阻止室内水蒸气浸入保温层。

内保温节能墙体的应用特点有：

1）设计中要注意采取措施（如设置空气层、隔汽层），避免冬季由于室内水蒸气向外渗透，在墙体内产生结露而降低保温隔热层的热工性能。

2）施工方便，室内连续作业面不大，多为干作业施工，较为安全方便，有利于提高施工效率、减轻劳动强度。

3）由于绝热层置于内侧，夏季晚间外墙内表面温度随空气温度的下降而迅速下降，能减少烘烤感。

4）由于这种节能墙体的绝热层设在内侧，会占据一定的使用面积，若用于旧房节能改造在施工时会影响室内住户的正常生活。

5）不同材料的内保温，施工技术要求和质量要点是不相同的，应严格遵守其相关的技术标准。

2. 墙体外保温

在这类墙体中，绝热材料复合在建筑物外墙的外侧，并覆以保护层。

1）保温隔热层。采用导热系数小的高效保温材料，其导热系数一般小于 0.05W/(m·K)。

2）保温隔热材料的固定系统。不同的外保温体系，采用的保温固定系统各有不同。有的将保温板粘结或钉固在基底上，有的为两者结合，以粘结为主，或以钉固为主。超轻保温浆料可直接涂抹在外墙外表面上。

3）面层。保温板的表面覆盖层有不同的做法，薄面层一般为聚合物水泥胶浆抹面，厚面层则仍采用普通水泥砂浆抹面。有的则在龙骨上吊挂薄板覆面。

4）零配件与辅助材料。在外墙外保温体系中，在接缝处、边角部，还要使用一些零配件与辅助材料，如墙角、端头、角部使用的边角配件和螺栓、销钉等，以及密封膏如丁基橡胶、硅膏等，根据各个体系的不同做法选用。

外墙外保温应用特点为：

1）外保温有利于消除冷热桥。

2）在夏季，外保温层能减少太阳辐射热进入墙体和室外高温高湿对墙体的综合影响，使外墙体内温度降低和梯度减小，有利于稳定室内空气温度。

3）由于采用外保温，内部的砖墙或混凝土墙受到保护。

4）外保温施工难度大，质量风险多。

保温材料的吸湿率要低，而粘结性能要好；可采用的保温材料有：膨胀型聚苯乙烯（EPS）板、挤塑型聚苯乙烯（XPS）板、岩棉板、玻璃棉毡以及超轻保温浆料等，其中以阻燃膨胀型聚苯乙烯板应用得较为普遍。

5）抹灰面层。薄型抹灰面层为在保温层的所有外表面上涂抹聚合物水泥胶浆。直接涂覆于保温层上的为底涂层，厚度较薄（一般为 4～7mm），内部包覆有加强材料。加强材料一般为玻璃纤维网格布，有的则为纤维或钢丝网。

我国不少低层或多层建筑，用砖或混凝土砌块作外侧面层，用石膏板作内侧面层，中间夹以高效保温材料。

6）基层处理。固定保温层的基底应坚实、清洁。如旧墙表面有抹灰层，此抹灰层应与主墙体牢固结合、无松散、空鼓表面。

对于既有建筑，考虑到保温层厚度的增加，拟建成的窗台应伸出装修层表面以外；对于新建建筑，应有足够深度的窗台。

3. 热桥的成因与处理

建筑物因抗震和构造的需要，外墙若干位置都必须和混凝土或者金属的梁、柱、板等连接穿插。这些构造、构件材料的导热系数大，保温隔热性能远低于已做保温隔热部分的性能，因此该部位的热流密度远远大于墙体平均值，造成大量冷热量流失，工程上称为（冷）热桥。热桥部位必然使外墙总传热损失增加。墙体温度场模拟计算结果表明，在370mm砖墙条件下，热桥使墙体平均传热系数增加10%左右；内保温240mm砖墙，热桥能使墙体平均传热系数增加51%～59%（保温层愈厚，增加愈大）；外保温240mm砖墙，能够有效消除热桥，使得热桥影响仅为2%～5%（保温层愈厚，影响愈小）。平屋顶一般都是外保温结构，故可不考虑这种影响。对于一般砖混结构墙体，内保温和夹芯保温墙体，如不考虑这种情况，则耗热量计算结果将会偏小，或使所设计的建筑物达不到预期的节能效果。考虑这一影响的做法主要有两种，一种是考虑热桥影响，用外墙平均传热系数来代替主体部位的传热系数；另一种是将热桥部位与主体部分开考虑，热桥部位另行确定其传热系数。我国工程实际中普遍采用前者。

单一材料和内保温复合节能墙体，不可避免存在热桥。在分析热桥对墙体热工性能影响的基础上，为避免在低温或一定气候条件下热桥部位结露，因此应对热桥作保温处理。

可用聚苯乙烯泡沫塑料增强加气混凝土外墙板转角部分的保温能力。为防止雨水或冷风侵入接缝，在缝口内需附加防水塑料条。类似的方法也可用于解决内墙与外墙交角的局部保温。

屋顶与外墙交角的保温处理，有时比外墙转角还要复杂，较简单的处理方法之一是将屋顶保温层伸展到外墙顶部，以增强交角的保温能力。

4. 墙体保温隔热的气候适应性

（1）不同气候地区应采取相应的隔热措施

严寒与寒冷地区墙体主要考虑冬季保温的技术要求，解决热桥是其主要问题。夏热冬暖地区，主要考虑夏季的隔热。要求围护结构白天隔热好，晚上内表面温度下降快。夏热冬冷地区，围护结构既要保证夏季隔热为主，又要兼顾冬天保温要求。夏季闷热地区，即炎热而风小地区，隔热能力应大，衰减倍数宜大，延迟时间要足够长，使夏季内表面温度的峰值延迟出现在室外气温下降可以开窗通风的时段，如清晨。

（2）要根据房屋的用途选择不同的隔热措施

对于白天使用和日夜使用的建筑有不同的隔热要求。白天使用的民用建筑，如学校、办公楼等要求衰减值大，对于屋顶而言延迟时间要有6h左右。这样，内表面最高温度出现的时间是晚上19：00左右，这已是下班或放学之后了。对于住宅，一般要求衰减值大，屋顶的延迟时间要有10h，西墙要有8h，使得内表面最高温度出现在半夜。此时，围护结构已散发了较多的热量，同时，室外气温也较低，减小了散热对室内的影响。对于间歇使用空调的建筑，应保证外围护结构有一定的热阻，外围护结构内侧宜采用轻质材料，这样既有利于空调使用房间的节能，也有利于室外温度降低时、空调停止使用后房间的散热降温。

（3）加强屋面与西墙的隔热

在外围护结构中，受太阳照射最多、最强，即受室外综合温度作用最大的是屋面，其次是西墙；在冬季，受天空冷辐射作用最强的也是屋面。所以，隔热要求最高的是屋顶，其次是西墙。

（4）散热问题

节能建筑不能完全依赖提高外围护结构热阻来实现。依据传热规律，要求一般保温隔热外墙承担建筑的散热在技术上是不合理的。建筑外围护结构基本功能就是用来隔断室内外两空间的，散热则要求加强室内外两空间的连通，这与外墙的基本功能相冲突。散热应要充分利用通风进行。为此，要设计合理的进风口与出风口，适宜的通风口面积，房屋要基本朝向夏季的主导风向。围护结构的蓄热量要适宜，内部蓄热量能改善室内热环境，但蓄热量过大，不利于建筑物的散热，故不能仅以增加围护结构蓄热能力实现围护结构的隔热。此外，蓄热量大的结构层置于外层，也有利于建筑夜间散热。

（5）夏热冬冷、夏热冬暖地区内保温的热桥耗能和结露等问题不及严寒、寒冷地区严重。内保温是适用于夏热冬冷、夏热冬暖地区的。

5. 外墙的绿化遮阳

要想达到外墙绿化遮阳隔热的效果，外墙在阳光方向必须大面积的被植物遮挡。常见的有两种形式，一种是植物直接爬在墙上，覆盖墙面，如图 6-10 所示，另一种是在外墙的外侧种植密集的树林，利用树荫遮挡阳光，如图 6-11 所示。

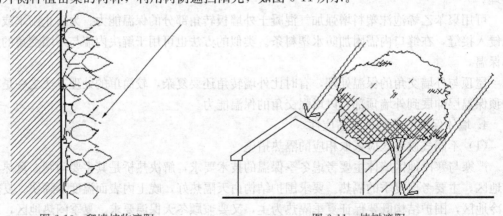

图 6-10　爬墙植物遮阳　　　　　图 6-11　植树遮阳

爬墙植物遮阳隔热的效果与植物叶面对墙面覆盖的疏密程度（用叶面积指数表示）有关，覆盖越密，遮阳效果越好。这种形式的缺点是植物覆盖层妨碍了墙面通风散热，因此墙面平均温度略高于空气平均温度。植树遮阳隔热的效果与投射到墙面的树荫疏密程度有关，由于树林与墙面有一定距离，墙面通风比爬墙植物的情况好，因此墙面平均温度几乎等于空气平均温度。

为了不影响房屋冬季争取日照的要求，南向外墙宜植落叶植物。冬季叶片脱落，墙面暴露在阳光下，成为太阳能集热面，能将太阳能吸收并缓缓向室内释放，节约常规采暖能耗。

外墙绿化具有隔热和改善室外热环境双重热效益。被植物遮阳的外墙，其外表面温度与空气温度相近但略高于空气平均温度，而直接暴露于阳光下的外墙，与空气平均温度相比，其外表面温度最高可高出15℃以上。为了达到节能建筑所要求的隔热性能，完全暴露于阳光下的外墙，其热阻值比被植物遮阳的外墙至少应高出50％才能达到同样的隔热效果。在阳光下，外墙外表面温度随外墙热阻的增大而增大，最高可达60℃以上，对周围环境产生明显的加热作用，而一般植物的叶面温度最高为45℃左右。因此，外墙绿化还有利于改善小区的局部热环境，降低城市的热岛强度。

与建筑遮阳构件相比，外墙绿化遮阳的隔热效果更好。被植物遮阳的外墙表面温度低于被遮阳构件遮阳的墙面温度，外墙绿化遮阳的隔热效果优于遮阳构件。

植物覆盖层所具有的良好生态隔热性能来源于它的热反应机理。太阳辐射投射到植物叶片表面后，约有20％被反射、80％被吸收。由于植物叶面朝向天空，反射到天空的比率较大。在被吸收的热量中，通过一系列复杂的物理化学生物反应后，很少部分储存起来，大部分以显热和潜热的形式转移出去，其中很大部分是通过蒸腾作用转变为水分的汽化潜热。潜热交换占了绝大部分，显热交换占少部分，而且日照越强，潜热交换量越大。潜热交换的结果是增加空气的湿度，显热交换的结果是提高空气的温度。因此，外墙绿化热作用的主要特点是：增湿降温。对于干热气候区，有非常明显的改善热环境和节能效果；对于湿热地区，一方面降低了干球温度，减少了墙体带来的显热负荷；另一方面，由于增加了空气的含湿量，使新风的潜热负荷增加，增加了新风处理能耗。综合起来是节能还是增加能耗，取决于墙体面积和新风量之间的相对大小关系，通常仍是节能的。

外墙绿化具有良好的隔热性能，然而要达到遮阳隔热的效果却并非易事。首先，遮阳植物的生长需要较长的时间，遮阳面积越大，植物所需的生长时间越长。凡是绿化遮阳好的建筑，其遮阳植物都经过了多年的生长期，例如，爬墙植物从地面生长到布满一幢三层楼的外墙大约需要5年时间，不像建筑的其他隔热措施，一旦施工完毕，其隔热效果就立竿见影。其次，遮阳植物的生长高度有效，遮阳的建筑一般为低层房屋。

二、屋面保温隔热技术

1. 实体材料层保温隔热屋面

实体材料层保温隔热屋面一般分为平屋顶和坡屋顶两种形式，由于平屋顶构造形式简单，所以是最为常用的一种屋面形式。设计上应遵照以下设计原则：

1）选用导热性小、蓄热性大的材料，提高材料层的热绝缘性，不宜选用密度过大的材料，防止屋面荷载过大。

2）应根据建筑物的使用要求，屋面的结构形式，环境气候条件，防水处理方法和施工条件等因素，经技术经济比较确定。

3）屋面的保温隔热材料的确定，应根据节能建筑的热工要求确定保温隔热层厚度，同时还要注意材料层的排列，排列次序不同也影响屋面热工性能，应根据建筑的功能，地区气候条件进行热工设计。

4）屋面保温隔热材料不宜选用吸水率较大的材料，以防止屋面湿作业时，保温隔热层大量吸水，降低热工性能。如果选用了吸水率较高的热绝缘材料，屋面上应设置排气孔以排除保温隔热材料层内不易排出的水分。

设计人员可根据建筑热工设计计算确定其他节能屋面的传热系数 K 值、热阻 R 和热惰性指标 D 值等，使屋面的建筑热工要求满足节能标准的要求。

（1）倒置式屋面

所谓倒置式屋面就是将传统屋面构造中保温隔热层与防水层"颠倒"，将保温隔热层设在防水层上面，故有"倒置"之称，所以称"侧铺式"或"倒置式"屋面。由于倒置式屋面为外隔热保温形式，外隔热保温材料层的热阻作用对室外综合温度波首先进行了衰减，使其后产生在屋面重实材料上的内部温度分布低于传统保温隔热屋顶内部温度分布，屋面所蓄有的热量始终低于传统屋面保温隔热方式，向室内散热也小，因此，是一种隔热保温效果更好的节能屋面构造形式。

倒置式屋面主要特点如下：

1）可以有效延长防水层使用年限。"倒置式屋面"将保温层设在防水层之上，大大减弱了防水层受大气、温差及太阳光紫外线照射的影响，使防水层不易老化，因而能长期保持其柔软性、延伸性等性能，有效延长使用年限。据国外有关资料介绍，可延长防水层使用寿命 2～4 倍。

2）保护防水层免受外界损伤。由于保温材料组成不同厚度的缓冲层，使卷材防水层在施工中不易受外界机械损伤，同时又能衰减各种外界对屋面冲击产生的噪声。

3）如果将保温材料做成放坡（一般不小于2%），雨水可以自然排走 因此进入屋面体系的水和水蒸气不会在防水层上冻结，也不会长久凝聚在屋面内部，而能通过多孔材料蒸发掉。同时也避免了传统屋面防水层下面水汽凝结、蒸发造成防水层鼓泡而被破坏的质量通病。

4）施工方便，利于维修。倒置式屋面省去了传统屋面中的隔汽层及保温层上的找平层，施工简化，更加经济。即使出现个别地方渗漏，只要揭开几块保温板，就可以进行处理，所以易于维修。

综上所述，倒置式屋面具有良好的防水、保温隔热功能，特别是对防水层起到保护、延缓衰老、延长使用年限，同时还具有施工简便、速度快、耐久性好，可在冬期或雨期施工等优点。在国外被认为是一种可以克服传统做法缺陷而且比较完善与成功的屋面构造设计。

倒置式屋面的构造要求保温隔热层应采用吸水率低的材料，如聚苯乙烯泡沫板、沥青膨胀珍珠岩等。而且在保温隔热层上应用混凝土、水泥砂浆或干铺卵石做保护层，以免保温隔热材料受到破坏。保护层采用混凝土板或地砖等材料时，可用水泥砂浆铺砌；当采用卵石保护层时，在卵石与保温隔热材料层间应铺一层耐穿刺且耐久性强的防腐性能好的纤维织物。

倒置式屋面的施工应注意以下几个问题：

1）要求防水层表面应平整，平屋顶排水坡度增大到3%，以防积水；

2）沥青膨胀珍珠岩配合比为：每立方米珍珠岩中加入 100kg 沥青，搅拌均匀，入模成型时严格控制压缩比，一般为 1.8～1.85；

3）铺设板状保温材料时，拼缝应严密，铺设应平稳；

4）铺设保护层时，应避免损坏保温层和防水层；

146

5）铺设卵石保护层时，卵石应分布均匀，防止超厚，以免增大屋面荷载；

6）当用聚苯乙烯泡沫塑料等轻质材料做保温层时，上面应用混凝土预制块或水泥砂浆做保护层。

（2）通风屋面

通风屋顶在我国夏热冬冷地区和夏热冬暖地区被广泛地采用，尤其是在气候炎热多雨的夏季，这种屋面构造形式更显示出它的优越性。由于屋盖由实体结构变为带有封闭或通风的空气间层的结构，大大地提高了屋盖的隔热能力。通过实验测试表明，通风屋面和实砌屋面相比虽然两者的热阻相等，但它们的热工性能有很大的不同，以重庆市荣昌节能试验建筑为例，在自然通风条件下，实砌屋顶内表面温度平均值为 35.1℃，最高温度达 38.7℃，而通风屋顶为 33.3℃，最高温度为 36.4℃，在连续空调情况下，通风屋顶内表面温度比实砌屋面平均低 2.2℃。而且，通风屋面内表面温度波的最高值比实砌屋面要延后 3~4h，显然通风屋顶具有隔热好、散热快的特点。

在通风屋面的设计施工中应考虑以下几个问题：

1）通风屋面的架空层设计应根据基层的承载能力，架空板便于生产和施工，构造形式要简单；

2）通风屋面和风道长度不宜大于 15m，空气间层以 200mm 左右为宜；

3）通风屋面基层上面应有保证节能标准的保温隔热基层，一般按冬季节能传热系数进行校核；

4）架空隔热板与山墙间应留出 250mm 的距离。

（3）种植屋面

在我国夏热冬冷地区和华南等地过去就有"蓄土种植"屋面的应用实例，通常称为种植屋面。目前在建筑中此种屋顶的应用更加广泛，利用屋顶植草栽花，甚至种灌木、堆假山、设喷水形成了"草场屋顶"或屋顶花园，是一种生态型的节能屋面。由于植被屋顶的隔热保温性能优良，已逐步在广东、广西、四川、湖南等地被人们广泛应用。

植被屋顶分覆土种植和无土种植两种：覆土种植是在钢筋混凝土屋顶上覆盖种植土壤 100~150mm 厚，种植植被隔热性能比架空其通风间层的屋顶还好，内表面温度大大降低。无土种植，具有自重轻、屋面温差小，有利于防水防渗的特点，它是采用水渣、蛭石或者是木屑代替土壤，重量减轻了而隔热性能反而有所提高，且对屋面构造没有特殊的要求，只是在檐口和走道板处须防止蛭石或木屑的雨水外溢时被冲走。据实践经验，植被屋顶的隔热性能与植被覆盖密度、培植基质（蛭石或木屑）的厚度和基层的构造等因素有关。还可种植红薯、蔬菜或其他农作物。但培植基质较厚，所需水肥较多，需经常管理。草被屋面则不同，由于草的生长力和耐气候变化性强，可粗放管理，基本可依赖自然条件生长。草被品种可就地选用，亦可采用碧绿色的天鹅绒草和其他观赏的花木。对上述这些地区而言，种植屋面是一种最佳的隔热保温措施，它不仅绿化改善了环境，还能吸收遮挡太阳辐射进入室内，同时还吸收太阳热量用于植物的光合作用、蒸腾作用和呼吸作用，改善了建筑热环境和空气质量，辐射热能转化成植物的生物能和空气的有益成分，实现太阳辐射资源性的转化。通常种植屋面的钢筋混凝土屋面板温度控制在月平均温度左右，具有良好的夏季隔热、冬季保温特性和良好的热稳定性。表 6-18 为四川省建科院对种植屋面进行热工测试的数据。

项　目	单　位	无种植层	有蛭石种植层	差　值
外表面最高温度	℃	61.6	29.0	32.6
外表面温度波幅	℃	24.0	1.6	22.4
内表面最高温度	℃	32.2	30.2	2.0
内表面温度波幅	℃	1.3	1.2	0.1
内表面最大热流	W/m²	153.6	2.2	13.1
内表面平均热流	W/m²	9.1	5.27	14.34
室外最高温度	℃	36.4	36.4	36.4
室外平均温度	℃	29.1	29.1	29.1
最大太阳辐射强度	W/m²	862	862	862
平均太阳辐射强度	W/m²	215.2	215.2	215.2

在进行种植屋面设计时应注意以下几个主要问题：

1) 种植屋面一般由结构层、找平层、防水层、蓄水层、滤水层、种植层等构造层组成。

2) 种植屋面应采用整体浇筑或预制装配的钢筋混凝土屋面板作结构层，其质量应符合国家现行各相关规范的要求。结构层的外加荷载设计值（除结构层自重以外）应根据其上部具体构造层及活荷载计算确定。

3) 防水层应采用设置涂膜防水层和配筋细石混凝土刚性防水层两道防线的复合防水设防的做法，以确保其防水质量。

4) 在结构层上做找平层，找平层宜采用 1∶3（质量比）水泥砂浆，其厚度根据屋面基层种类（按照屋面工程技术规范）规定为 15～30mm，找平层应坚实平整。找平层宜留设分格缝，缝宽为 20mm，并嵌填密封材料，分格缝最大间距为 6m。

5) 栽培植物宜选择长日照的浅根植物，如各种花卉、草等，一般不宜种植根深的植物。

6) 种植屋面坡度不宜大于 3%，以免种植介质流失。

7) 四周挡墙下的泄水孔不得堵塞，应能保证排水。

（4）蓄水屋面

蓄水屋面就是在屋面上贮一薄层水用来提高屋顶的隔热能力。水在屋顶上能起隔热作用的原因，主要是水在蒸发时要吸收大量的汽化热，而这些热量大部分从屋面所吸收的太阳辐射中摄取，所以大大减少了经屋顶传入室内的热量，相应的降低了屋面的内表面温度。蓄水深度与隔热效果热工测试数据见表 6-19。

测 试 项 目	蓄水层厚度（mm）			
	510	100	150	200
外表面最高温度（℃）	43.63	42.90	42.90	41.58
外表面温度波幅（℃）	8.63	7.92	7.60	5.68
内表面最高温度（℃）	41.51	40.65	39.12	38.91

测 试 项 目	蓄水层厚度（mm）			
	510	100	150	200
内表面温度波幅（℃）	6.41	5.45	3.92	3.89
内表面最低温度（℃）	30.72	31.19	31.51	32.42
内外表面最大温度（℃）	3.59	4.48	4.96	4.86
室外最高温度（℃）	38.00	38.00	38.00	38.00
室外温度波幅（℃）	4.40	4.40	4.40	4.40
内表面热流最高值（W/m²）	21.92	17.23	14.46	14.39
内表面热流最低值（W/m²）	−15.56	−12.25	−11.77	−7.76
内表面热流平均值（W/m²）	0.5	0.4	0.73	2.49

注：本表选自重庆建筑大学热工测试资料。

　　用水隔热是利用水的蒸发耗热作用，而蒸发量的大小与室外空气的相对湿度和风速之间的关系最密切。相对湿度的最低值发生在 14：00～15：00 附近。我国南方地区中午前后风速较大，故在 14：00 左右水的蒸发作用最强烈，从屋面吸收而用于蒸发的热量最多。而这个时刻的屋顶室外综合温度恰恰最高，即适逢屋面传热最强烈的时刻。这时就是在一般的屋顶上喷水、淋水，亦会起到蒸发耗热而削弱屋顶的传热作用。因此在夏季气候干热，白天多风的地区，用水隔热的效果必然显著。

　　蓄水屋顶也存在一些缺点，在夜里屋顶蓄水后外表面温度始终高于无水屋面，这时很难利用屋顶散热，且屋顶蓄水也增加了屋顶静荷重，以及为防止渗水还要加强屋面的防水措施。在设计和施工时应注意以下问题：

　　1）蓄水屋顶的蓄水深度以 50～100mm 为合适，因水深超过 100mm 时屋面温度与相应热流值下降不很显著。

　　2）屋盖的荷载。当水层深度为 200mm 时，结构基层荷载等级采用 3 级（即允许荷载 $P=300kg/m^2$）；当水层为 150mm 时，结构基层荷载等级采用 2 级（即允许荷载 $P=250kg/m^2$）。

　　3）刚性防水层。工程实践证明，防水层的做法采用 40mm 厚、200 号细石混凝土加水泥用量 0.05% 的三乙醇胺，或水泥用量 1% 的氯化铁，1% 的亚硝酸钠（浓度 98%），内设 $\phi4$、200mm×200mm 的钢筋网，防渗漏性最好。

　　4）分格缝或分仓。分隔缝的设置应符合屋盖结构的要求，间距按板的布置方式而定。对于纵向布置的板，分格缝内的无筋细石混凝土面积应小于 50m²；对于横向布置的板，应按开间尺寸以不大于 4m 设置分格缝。

　　5）泛水。泛水对渗漏水影响很大，应将防水层混凝土沿檐墙内壁上升，高度应超过水面 100mm。由于混凝土转角处不易密实，宜在该处填设如油膏之类的嵌缝材料。

　　6）所有屋面上的预留孔洞、预埋件、给水管、排水管等，均应在浇筑混凝土防水层前做好，不得事后在防水层上凿孔打洞。

　　7）混凝土防水层应一次浇筑完毕，不得留施工缝，立面与平面的防水层应一次做好，防水层施工气温宜为 5～35℃，应避免在负温或烈日暴晒下施工，刚性防水层完工后应及时养护，蓄水后不得断水。

2. 屋面保温隔热层施工

(1) 松散材料保温层施工。

松散材料保温层适用于平屋顶，不适用于有较大震动或易受冲击的屋面，一般屋面工程中用作松散保温层的材料有干铺膨胀蛭石、膨胀珍珠岩、高炉熔渣等。铺设要求基层应干净、干燥，松散材料中的含水率不得超过规定。

采用铺压法施工，即将松散保温材料按试验部门规定的虚铺厚度，摊铺到结构层上，刮平，然后按要求适当压实到设计规定的厚度。每层虚铺厚度不宜大于150mm。铺压时不得过分压实，以免影响保温效果，铺好后应及时铺抹找平层。

(2) 板状材料保温层施工

1) 板状保温材料适用于带有一定坡度的屋面。由于是事先加工预制，故一般含水率较低，所以不仅保温效果好，而且对柔性防水层质量的影响小。适用于整体封闭式保温层。常用材料有水泥膨胀蛭石板、水泥膨胀珍珠岩板、沥青膨胀蛭石板、沥青膨胀珍珠岩板、加气混凝土板、泡沫混凝土板、矿棉、岩棉板、聚苯板、聚氯乙烯泡沫塑料板、聚氨酯泡沫塑料板等。

铺设板状保温材料的基层应平整、干燥和干净。板状保温材料要防止受雨淋，要求板形完整，不碎不裂。

2) 采用铺砌法进行铺设。铺设时干铺的板状保温隔热材料，应紧靠在需保温的基层表面上，并应铺平垫稳。分层铺设的板块，上下层接缝应相互错开，板间缝隙应用同类材料嵌填密实。

当采用粘贴法铺砌板状保温材料时，应粘严、铺平。如用玛脂及其他胶结材料粘贴时，在反状保温材料相互之间及与基层之间，应满涂胶结材料，以便相互粘牢。如采用水泥砂浆粘贴板状保温材料时，板缝间宜用保温灰浆填实并勾缝。保温灰浆的配合比宜为1∶1∶10（水泥：石灰膏：同类保温材料的碎粒）。

3) 整体现浇保温层施工。整体现浇保温层适用于平屋顶或坡度较小的坡屋顶。此种保温层由于是现场拌制，所以增加了现场的湿作业，保温层的含水就率也较大，易导致卷材防水层起鼓，故一般用于非闭式保温隔热层，不宜用于整体封闭保温层。一般整体现浇保温隔热层多为水泥膨胀蛭石和水泥膨胀珍珠岩，对于一些小型的屋面或冬季施工时，也可用沥清膨胀蛭石或沥青膨胀珍珠岩。整体现浇保温隔热层铺设时，要求铺设厚度应符合设计要求，表面应平整，并达到规定要求的强度，但又不能过分压实，以免降低保温隔热效果。

整体现浇保温隔热层采用铺抹法施工。当采用水泥膨胀蛭石、水泥膨胀珍珠岩铺设保温隔热层时注意以下几点：

a. 配合比。一般为1∶10～1∶12；水灰比为2.4～2.6（体积比）。

b. 拌合。应采用人工搅拌，抖合均匀，随抖随铺。

c. 分仓铺抹。每仓宽度700～900mm，可用木条分格，控制宽度。

d. 控制厚度。虚铺厚度应根据试验确定，铺后拍实抹平至设计厚度。

e. 做外保护。保温隔热层压实抹平后，应立即做找平层，对保温隔热层要进行保护。

3. 屋面保温隔热材料的技术要求

屋面保温隔热材料的技术指标，直接影响节能屋面质量的好坏，在确定材料时应从以下几个方面对材料提出要求：

（1）导热系数是衡量保温材料的一项重要技术指标。导热系数越小，保温性能越好；导热系数越大，保温效果越差。

（2）保温材料的堆密度和表观密度，是影响材料导热系数的重要因素之一。材料的堆积密度、表观密度越小，导热系数越小；堆积密度、表观密度越大，则导热系数越大。屋面保温材料要求的堆积密度、表观密度见表 6-20。

保温材料的堆积密度和表观密度   表 6-20

保温材料种类	材料名称	要求的堆积密度（kg/m³）	要求的表观密度（kg/m³）
松散保温材料	膨胀蛭石	＜300	—
	膨胀珍珠岩	＜120	
	高炉熔渣	500～800	
板状保温材料	泡沫塑料类板材	—	30～130
	微孔混凝土类板材		500～700
	膨胀蛭石板材		300～800
	膨胀珍珠岩板材		300～800

（3）屋面保温材料的强度和外观质量，对保温材料的使用功能和技术性能有一定影响。屋面保温材料的强度要求如表 6-21 所示，保温材料的外观质量应符合表 6-22 的要求。

保温层的强度要求   表 6-21

屋面保温层类别	保温层及材料	抗压强度要求（MPa）
板状保温材料	泡沫塑料类板材	≥0.1
	微孔混凝土类板材	≥0.4
	膨胀蛭石类板材	≥0.3
	膨胀珍珠岩类板材	≥0.3
整体现浇保温层	水泥膨胀蛭石保温层	≥0.2
	沥青膨胀蛭石保温层	≥0.2
	水泥膨胀珍珠岩保温层	≥0.2
	沥青膨胀珍珠岩保温层	≥0.2

屋面保温材料的外观质量   表 6-22

保温材料类别	材料名称	外观质量要求
松散保温材料	膨胀蛭石	粒径宜为 3～15mm
	膨胀珍珠岩	粒径大于 0.15mm，小于 0.15mm 的含量不应大于 8%
	炉渣	粒径 5～20mm，不含有机杂物、石块、土块
板状保温材料	泡沫塑料类	板的外观整齐，厚度允许偏差为±5%，且不大于 4mm
	微孔混凝土类	
	膨胀蛭石类	
	膨胀珍珠岩类	

(4) 保温材料的导热系数，随含水率的增大而增大，含水率越高，保温性能越低。含水率每增加 1％，其导热系数相应增大 5％左右。含水率从干燥状态增加到 20％时，其导热系数几乎增大一倍，表 6-23 所示为导热系数与含水率之间的关系。

导热系数与含水率的关系表　　　　　　　　　　　　表 6-23

种　类	含水率（重量） （％）	导热系数 （W/（m·K））	导热系数增加 （％）
水泥膨胀珍珠岩	0	0.094	0
	4	0.130	38
	20	0.188	100
	40	0.235	150
	60	0.282	200
加气混凝土	0	0.011	0
	5	0.14	38
	10	0.17	49
	15	0.19	67
	20	0.23	101

（5）其他屋面隔热保温材料的技术要求

1）空心黏土砖非上人屋面的黏土砖强度等级不应小于 MU7.5；上人屋面的黏土砖强度等级不应小于 MU10。外形要求整齐，无缺棱掉角。

2）混凝土薄壁制品。混凝土薄壁制品包括混凝土平板、混凝土拱形板、水泥大瓦、混凝土架空板凳等制品，其混凝土的强度等级为 C20，板内加放钢丝网片。要求外形规则、尺寸一致，无缺棱掉角、无裂缝。

3）种植介质。种植介质包括种植土、炉渣、蛭石、珍珠岩、锯末等。要求质地纯净，不含石块及其他有害物质。

三、地面的防潮和节能设计

我国南方湿热地区由于湿气候影响，在春末夏初的潮霉季节常产生地面结露现象，因为大陆上不断有极地大陆气团南下与热带海洋气团赤道接触时的锋面停滞不前所产生，这种阴雨连绵气候，前后断断续续长达一个月，虽然雨量不大，但范围广。当空气中温、湿度迅速增加，可是室内部分结构表面的温度，尤其是地表的温度往往增加较慢，地表温度过低，因此，当较湿润的空气流过地表面时，常在地表面产生结露现象。

地面防潮应采取的措施有：

1）防止和控制地表面温度不要过低，室内空气湿度不能过大，避免湿空气与地面发生接触；

2）室内地表面的表面材料宜采用蓄热系数小的材料，减少地表温度与空气温度的差值；

3）地表采用带有微孔的面层材料来处理。

夏热冬冷地区对室内地面的节能也是不可忽视的问题，对于有架空层的住宅一层地面来讲，地板直接与室外空气对流，其他楼面也因这一地区并非建筑集中连续采暖和空调，相邻房间也可能与室外直接相通，相当于外围护结构，因此通常的 120mm 空心板无法达到节能热阻的要求，应进行必要的保温或隔热处理。即冬季需要暖地面，夏季需要冷地面，而且还要考虑梅雨季节由于湿热空气而产生的凝结。地板设计除热特性外，防潮又是同时需要考虑的问题。

节能住宅底层地坪或地坪架空层的保温性能应不小于外墙传热阻的 1/2（传热阻从垫层起算）。当地坪为架空通风地板层时，应在通风口设置活动的遮挡板，使其在冬季能方便关闭，遮挡板的传热阻应不小于 0.33（m² · K）/W。

夏热冬冷地区地面防潮是不可忽视的问题，从围护结构的保护、环境舒适度和节能等方面都要求认真考虑，仍需予以重视。尤其是当采用空铺实木地板或胶结强化木地板面层时，更应特别注意下面垫层的防潮设计。

第七章 供热系统节能

供热系统由热源、供热管网和建筑物供暖系统三部分构成,其能源消耗主要有燃料转换效率、输送过程损失和建筑散热构成。随着建筑节能的不断发展,供热系统各环节的节

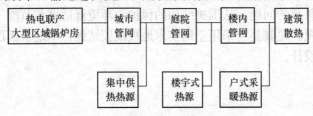

图 7-1 各种供热方式能量损失过程

能研究更加深入,节能措施也更加有效。各种供热方式造成能量损失的环节如图 7-1 所示。由于对热源的节能在本教材中有单独的论述,因此本章只对热网和建筑物供暖的节能问题进行论述。

供热系统的节能除热源采取各项有效措施外,在供热管网的水力平衡、管道保温、减少漏水、合理调节和控制循环水泵的耗电输热比等方面采取相应措施;对室内供暖系统从供暖方式、系统形式、散热设备、分户计量和分室控温等方面采取节能措施。对于供热系统的节能,国家多个标准都作了具体规定。

第一节 热网节能措施

供热管网的节能应从水力平衡、管道保温、减少漏水、合理调节和控制循环水泵的耗电输热比等问题进行研究,并取得了诸多的成效。研究结果表明:从技术经济综合考虑,管网保温效率可以达到 97.5%;系统的补水量可控制为循环流量的 0.5%,平衡效率可达到 98%。这表明,只要管网保温效率、输热效率和平衡效率同时达到要求,供热管网输送效率满足第三阶段节能标准要求的 93% 的水平是完全可行的。供热管网各项损失及输送效率如图 7-2 所示。热网运行的实际情况表明:系统的补水量可从管理方面加以控制,而提高管网的平衡效率和保温效率则应采取技术措施。

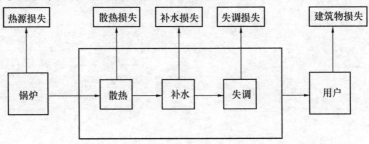

图 7-2 供热管网各项损失及输送效率

一、热网的水力平衡

1. 水力平衡的概念和作用

供热管网的水力平衡用水力平衡度来表示,所谓水力平衡度就是供热管网运行时各管

段的实际流量与设计流量的比值。该值越接近 1 说明供热管网的水力平衡度越好,在《采暖居住建筑节能检验标准》(JGJ 1321—2001)中规定:室外供热管网各个热力入口处的水力平衡度应为 0.9~1.2。否则在供热系统运行时就会出现有的建筑物供给的热量大于设计热负荷,而有的建筑物供给的热量小于设计热负荷,从而出现各建筑物内温度冷热不均的现象,造成热量浪费或达不到设计的室内温度,降低了供热质量。

为保证供热管网的水力平衡度,首先在设计环节就应仔细的进行水力计算及平衡计算。然而尽管设计者做了仔细的计算,但是供热管网在实际运行时,由于管材、设备和施工等方面出现的差别,各管段及末端装置中的水流量并不可能完全按设计要求输配,因此需要在供热系统中采取一定的措施。

2. 管网水力平衡技术

为确保各环路实际运行的流量符合设计要求,在室外热网各环路及建筑物入口处的采暖供水管或回水管路上应安装平衡阀或其他水力平衡元件,并进行水力平衡调试。

目前采用较多的是平衡阀及其平衡调试时使用的专用智能仪表,实际上平衡阀是一种定量化的可调节流通能力的孔板,专用智能仪表不仅用于显示流量,而更重要的是配合调试方法,原则上只需要对每一环路上的平衡阀做一次性的调整,即可使全系统达到水力平衡。这种技术尤其适用于逐年扩建热网的系统平衡,因为只要在每年管网运行前对全部或部分平衡阀重做一次调整即可使管网系统重新实现水力平衡。

(1)平衡阀的特性

1)平衡阀原理。属于调节阀范畴,它的工作原理是通过改变阀芯与阀座的间隙(即开度),来改变流经阀门的流动阻力,以达到调节流量的目的。从流体力学观点看,平衡阀相当于一个局部阻力可以改变的节流元件。流量因平衡阀阻力系数变化而变化,平衡阀就是以改变阀芯的行程来改变阀门的阻力系

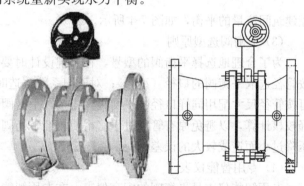

图 7-3 平衡阀外形示意图

数,达到调节流量的目的。平衡阀外形示意图如图 7-3 所示。

平衡阀与普通阀门的不同之处在于有开度指示、开度锁定装置及阀体上有两个测压小阀。在管网平衡调试时,用软管将被调试的平衡阀测压小阀与专用智能仪表连接,仪表能显示出流经阀门的流量值及压降值,经仪表的人机对话向仪表输入该平衡阀处要求的流量值后,仪表经计算分析,可显示出管路系统达到水力平衡时该阀门的开度值。

2)平衡阀的特性。平衡阀具有直线型流量特性,清晰、精确的阀门开度指示,设有开度锁定装置。如果管网环路需要检修,仍可关闭平衡阀,待修复后开启阀门,但只能开启至开度达到原设定位置为止。平衡阀的阀体上有两个测压小孔,在管网平衡调试时,用软管与专用智能仪表相连,由仪表显示出流量值及计算出该阀门在设计流量时的开度值。平衡阀耐压 1.6MPa,介质允许的温度范围为 3~130℃。局部阻力系数是计算局部压力损失的一个重要参数,根据平衡阀实测流量计算出其全开时的局部阻力系数。

（2）平衡阀安装位置

管网系统中所有需要保证设计流量的环路中都应安装平衡阀，每一环路中只需安设一个平衡阀（或安设于供水管路，或安设于回水管路），可代替环路中一个截止阀（或闸阀）。

热电站或集中锅炉房向若干热力站供热水，为使各热力站获得要求的水量，宜在各热力站的一次环路侧回水管上安装平衡阀。为保证各二次环路水量为设计流量，热力站的各二次环路侧也宜安设平衡阀。

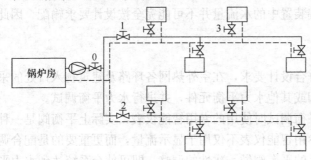

图7-4　小区供热管网系统平衡图

0—总管平衡阀；1、2—干管平衡阀；3—支管平衡阀

小区供热管网往往由一个锅炉房（或热力站）向若干幢建筑供热，由总管、若干条干管以及各干管上与建筑入口相连的支管组成。由于每幢建筑距热源远近不同，一般又无有效设备来消除近环路剩余压头，使得流量分配不符设计要求，近端过热，远端过冷。建议在每条干管及每幢建筑的入口处安装平衡阀，以保证小区中各干管及各幢建筑间流量的平衡，如图7-4所示。

（3）平衡阀选型原则

为了合理地选择平衡阀的型号，在系统设计时要进行管网水力计算及环路平衡计算，按管径选取平衡阀的口径（型号）；对于旧系统改造时，由于资料不全并为方便施工安装，可按管径尺寸配用同样口径的平衡阀，直接以平衡阀取代原有的截止阀或闸阀。但应作压降校核计算，以避免原有管径过于富裕使流经平衡阀时产生的压降过小，引起调试时由于压降过小而造成较大的误差。

（4）专用智能仪表

专用智能仪表是平衡阀的配套仪表。在专用智能仪表中已存储了全部型号平衡阀的流量、压降及阀门系数的特性资料，同时，也存储了简易法及比例法二种平衡阀调试法的全部软件。仪表由两部分构成，即差压变送器和仪表主机。差压变送器选用体积小、精度高、反应快的半导体差压传感器，并配以联通阀和测压软管；仪表主机由微机芯片，A/D变换、电源、显示等部分组成。差压变送器和仪表主机之间用连接导线连接。

二、热网的保温

供热管网在热量从热源输送到各用户用热系统的过程中，由于管道内热媒的温度高于周围环境温度，热量将不断地散失到周围环境中，从而形成供热管网的散热损失。管道保温的主要目的是减少热媒在输送过程中的热损失、节约燃料、保证温度。热网运行经验表明，即使有良好的保温，热水管网的热损失仍占总输热量的5%~8%，蒸汽管网占8%~12%，而相应的保温结构费用占整个热网管道费用的25%~40%。

供热管网的保温是减少供热管网散热损失，提高供热管网输送热效率的重要措施，然而增加保温厚度会带来初投资的增加，因此如何确定保温厚度达到最佳的效果是供热管网节能的重要内容。

1. 保温厚度的确定

供热管道保温厚度应按现行国家标准《设备及管道保温设计导则》（GB 8175）中的计算公式确定。该标准明确规定："为减少保温结构散热损失，保温材料层厚度应按'经济厚度'的方法计算"。所谓的经济厚度就是指在考虑管道保温结构的基建投资和管道散热损失的年运行费用两者因素后，折算得出在一定年限内其年费用为最小值时的保温厚度。年总费用是保温结构年总投资与保温年运行费之和，保温层厚度增加时，年热损失费用减少，但保温结构的总投资分摊到每年的费用则相应地增加；反之保温层减薄，年热损失费用增大，保温结构总投资分摊费用减少。年总费用最小时所对应的最佳保温层厚度即为经济厚度，如图 7-5 所示。

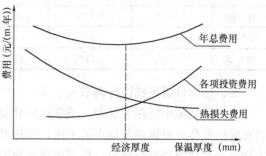

图 7-5 保温管道年总费用与热损失、各项投资费用关系曲线简图

在《民用建筑节能设计标准（采暖居住建筑部分)》、《公共建筑节能设计标准》中均对供热管道的保温厚度作了规定。推荐采用岩棉或矿棉管壳、玻璃棉管壳及聚氨酯硬质泡沫塑料保温管（直埋管）等三种保温管壳，它们都有较好的保温性能。敷设在室外和管沟内的保温管均应切实做好防水防潮层，避免因受潮增加散热损失。并在设计时要考虑管道保温厚度随管网供热面积增大而增加厚度等情况。

2. 管网保温效率分析

供热管网保温效率是输送过程中保温程度的指标，体现了保温结构的效果，理论上采用导热系数小的保温材料和增加厚度都将提高供热管网保温效率，但是由于前面提到的经济原因，并不是一味的增加厚度就是最好，应在年总费用的前提下考虑提高保温效率。

在相同保温结构时，供热管网保温效率还与供热管网的敷设方式有关。架空敷设方式由于管道直接暴露在大气中，保温管道的热损失较大、管网保温效率较低，而地下敷设，尤其是直埋敷设方式，保温管道的热损失小、管网保温效率高，经北京、天津、西安等地冬季采暖期多次实地检测，每千米保温管中介质温降不超过 1℃，热损失仅为传统管材的 25%。

管道经济保温厚度是从控制单位管长热损失角度而制定的，但在供热量一定的前提下，随着管道长度增加，管网总热损失也将增加。从合理利用能源和保证距热源最远点的供热质量来说，除了应控制单位管长热损失之外，还应控制管网输送时的总热损失，使输送效率提高到规定的水平。

在直埋敷设方式采用聚氨酯泡沫保温管，对 45 万 m² 小区热网保温效率进行分析计算结果如表 7-1 。数据表明：直埋保温管采用保温性能好的材料具有较高的保温效率。

不同厚度保温层时的保温效率　　　　　　　　　　　　　表 7-1

城 市	保温层厚度（mm）					
	30	40	50	60	70	80
西 安	0.9782	0.9820	0.9844	0.9862	0.9875	0.9885

城 市	保温层厚度（mm）					
	30	40	50	60	70	80
北京	0.9774	0.9813	0.9838	0.9856	0.9870	0.9880
沈 阳	0.9761	0.9802	0.9829	0.9848	0.9862	0.9873
乌鲁木齐	0.9751	0.9794	0.9822	0.9842	0.9857	0.9868
哈尔滨	0.9746	0.9790	0.9818	0.9839	0.9854	0.9865

三、热水供暖系统运行调节

在城市的集中供热系统中，通常把室外温度的变化作为调节的依据，以适应供热系统热负荷的变化。根据调节地点的不同，供热调节分为集中调节、局部调节和个体调节。集中调节是在热源处进行调节，局部调节在热力站或用户系统入口处调节，个体调节是在散热设备处进行调节，主要依靠温控阀的动作来实现。

供热系统的运行调节通常包括以下几种形式：

质调节——供热管网循环流量不变，改变热水管路供水温度；

量调节——供热管网供水温度不变，改变热水管路循环流量；

分阶段改变流量的质调节——在供暖期中按室外温度高低分成几个阶段，每个阶段供热管网循环流量不变，改变热水管路供水温度；

间歇调节——改变每天供暖小时数。

1. 质调节

集中质调节只需在热源处改变系统供水温度，运行管理简便，管网循环水量保持不变，因此，热用户的循环水量保持不变，所以管网水力工况稳定。对于热电厂热水供热系统，由于管网供水温度随室外温度升高而降低，可以充分利用汽轮机的低压抽气，从而有利于提高热电厂的经济效益。所以它是采用最为广泛的调节方式。但其本身也存在一定不足之处，由于整个供暖期中的管网循环水量长期保持不变，所以消耗电能较多。同时，在室外温度较高时，如仍按质调节进行供热，往往难以满足所有用户的用热需求。

2. 量调节

在供热管网进行集中量调节时，在热源处随室外温度的变化改变管网循环水量，而供水温度保持不变，这种调节方式就是量调节。热源的集中调节是根据室外气温变化调节供水流量以满足用户对室温的要求。但是该种调节由于系统水力工况变化，在实际运行中并不能对所供热的各个建筑物等比例进行流量变化，又由于流量减少降低回水温度，容易出现水力失调。因此，该调节方式应用较少。

3. 分阶段改变流量的质调节

分阶段改变流量的质调节需要在供暖期中按室外温度高低分成几个阶段，在室外温度较低的阶段中保持较大的流量，而在室外温度较高的阶段中保持较小的流量，在每一阶段内管网的循环水量总保持不变，按改变管网供水温度的质调节进行供热调节。这种调节方法是质调节和量调节的结合，分别吸收了两种调节方法的优点，又克服了两者的不足，因此，该调节方式目前应用较普遍。

分阶段改变流量的质调节可以这样进行分析，例如整个供暖期分为三阶段改变循环流

量 $\overline{G}=100\%$，$\overline{G}=80\%$ 和 $\overline{G}=60\%$，则此时相应的循环水泵扬程分别为 $\overline{h_\mathrm{p}}=100\%$，$64\%$ 和 36%；而相应的循环水泵电耗减小到 $\overline{n}=100\%$，51.2% 和 21.6%。分阶段改变流量系统实际常用的方法是靠多台水泵并联组合来实现。

如果分两个阶段改变循环流量：$\overline{G}=100\%$ 和 $\overline{G}=75\%$，则理论上对应的循环水泵扬程 $\overline{h_\mathrm{p}}$ 和运行电耗 $\overline{n}$ 分别变为 56% 和 42%，但是实际运行的能耗节约无法达到这么多。变流量可用两台同型号水泵并联运行实现，也可按循环流量值，选用两台不同规格的水泵单独运行，还可选用两级变速水泵。

通过上面的分析可以看出，分阶段改变流量的质调节对于系统节能有着很大的优势，但到底应该在何时改变流量，还应对系统运行进行经济性分析得出科学的结论，不应一概而论。即对分阶段改变流量的质调节进行优化分析，进一步确定分阶段改变流量时的相应热负荷 Q（即应何时开始进行分阶段）以及采用多大的相对流量比 φ 值来制定供热调节曲线，从而使整个供暖期间的循环水泵的电能消耗为最小值。同时还应满足使用要求，避免流量改变引起的供热系统的热力失调。

4. 间歇调节

在室外温度较高的供暖初期和末期，不改变供热管网的循环水量和供水温度，只减少每天供暖小时数，这种供热调节方式称为间歇调节。这种调节方式在锅炉房为热源的供热系统作为供暖初期和末期的一种辅助调节措施。

在维持室内平均条件相同的前提下，间歇供热与连续供热的总耗热量是相同的，但耗煤量却不相等，因为间歇供热时，锅炉在升温过程中，效率明显降低，因而间歇运行要比连续运行的效率低，另外间歇供热还可能增加耗煤量。

5. 地面辐射供暖质调节参数

低温地面辐射供暖系统目前在我国民用建筑中得到广泛的采用。但是，此种供暖方式普遍存在房间温度过热，甚至有的室温达到 $30\,^\circ\!\mathrm{C}$ 以上，用户只好开窗，从而造成了能源的浪费。其中出现过热现象的一个重要原因就是低温地面供暖系统的运行调节中供水温度高的问题。对于传统的散热器供暖系统，其供热调节已经具备完整的公式体系和调节方法，但由于地面辐射供暖与散热器供暖的散热形式不同，二者的供热调节存在差别。

（1）调节公式

目前在供热系统建立调节公式时，几乎都是采用散热器散热量计算式代入热平衡式，但是对于散热器供暖和地面辐射供暖散热量计算公式不同，因此不能简单地利用常用的调节公式计算地面辐射供暖的调节曲线，而是应将地面辐射供暖散热量计算公式代入热平衡式后，再整理出供热调节公式进行计算。

对于地面辐射供暖的质调节，将补充条件 $\overline{G}=1$ 代入供热调节的基本公式，即：

$$\overline{Q}=\frac{t_\mathrm{n}-t_\mathrm{w}}{t'_\mathrm{n}-t'_\mathrm{w}}=\frac{(t_\mathrm{pj}-t_\mathrm{n})^{1.032}}{(t'_\mathrm{pj}-t'_\mathrm{n})^{1.032}}=\frac{t_\mathrm{g}+t_\mathrm{h}-2t_\mathrm{pj}}{t'_\mathrm{g}+t'_\mathrm{h}-2t'_\mathrm{pj}}=\overline{G}\,\frac{t_\mathrm{g}-t_\mathrm{h}}{t'_\mathrm{g}-t'_\mathrm{h}} \tag{7-1}$$

可求出地面采暖系统质调节的供、回水温度的计算公式：

$$t_\mathrm{g}=t_\mathrm{n}+(t'_\mathrm{pj}-t_\mathrm{n})\,\overline{Q}^{0.969}+(t'_\mathrm{g}-t'_\mathrm{pj})\,\overline{Q} \tag{7-2}$$

$$t_\mathrm{h}=t_\mathrm{n}+(t'_\mathrm{pj}-t_\mathrm{n})\,\overline{Q}^{0.969}+(t'_\mathrm{h}-t'_\mathrm{pj})\,\overline{Q} \tag{7-3}$$

式中 $\overline{Q}$——相对供暖热负荷比，相应 t_w 下的供暖热负荷与供暖设计热负荷之比；

$\qquad t_{pj}$——地板表面平均温度，℃；

$\qquad t_n$——室内温度，℃；

$\qquad t_w$——室外温度，℃；

$\qquad t'_n$——室内计算温度，℃；

$\qquad t'_w$——室外计算温度，℃；

$\qquad t'_{pj}$——地表面计算平均温度，℃；

$\qquad t'_g$——供暖热用户的设计供水温度，℃；

$\qquad t'_h$——供暖热用户的设计回水温度，℃。

（2）质调节参数特点

地面辐射供暖系统运行质调节温度参数通过研究得到结论：低温地面辐射供暖系统调节曲线形式和散热器供暖质调节曲线形式相同，只是水温和温差上有差别。低温地面辐射供暖系统调节水温和散热器采暖相比，在供暖初期可以供很低的温度就可以达到供暖要求，一般可以低 10～20℃。在任一室外温度下，实际供水温度每升高或降低 2℃，室温就会升高或降低 1℃；实际供水温度和理想供水温度每偏离 2℃，室温就会偏离设计室温 1℃。

散热器供暖集中质调节公式为：

$$t_g = t_n + 0.5(t'_g + t'_h - 2t_n)\overline{Q}^{\frac{1}{1+b}} + 0.5(t'_g - t'_h)\overline{Q} \qquad (7-4)$$

$$t_h = t_n + 0.5(t'_g + t'_h - 2t_n)\overline{Q}^{\frac{1}{1+b}} - 0.5(t'_g - t'_h)\overline{Q} \qquad (7-5)$$

以哈尔滨某普通住宅楼为例，分别采用散热器采暖和地面辐射采暖。散热器供暖设计供回水温度为 85℃/60℃，室内计算温度为 18℃，采用 M-132 型散热器；地面辐射采暖设计供回水温度为 60℃/50℃，室内计算温度按设计规范规定可比散热器供暖低 2℃选取，确定为 16℃，地面表面材料取为瓷砖，管间距为 300mm。室外计算温度为 -26℃。计算后绘制质调节曲线如图 7-6 所示。

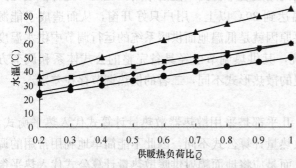

从图 7-6 中可以看出在室外温度 5℃时，即供暖初期和末期地面辐射供暖的供水温度在 27.9℃，回水温度在 25.3℃。在整个供暖期只需要

图 7-6　地面辐射供暖系统的质调节水温曲线图

▼ 地板采暖质调节供水温度　● 地板采暖质调节回水温度
▲ 散热器采暖质调节供水温度　■ 散热器采暖质调节回水温度

很低的水温就可以满足室温要求，而散热器采暖却要近 40℃，相差 10℃以上。散热器供暖系统调节曲线斜率要大于地面辐射供暖系统，随着室外温度的降低，水温和温差提高得很快；而地面辐射供暖系统调节曲线趋于平缓，水温和温差增加得都比较缓慢。从而可以知道，地面辐射供暖系统更加便于调节和控制。

6. 热网末端混水调节

目前供热系统运行中，出现一个供热系统中部分为满足节能标准的节能建筑，而其余部分则为不满足节能标准的一般建筑。由于管网的供水温度相同，楼内又采用单管串联方式，这就导致节能建筑过热，而一般建筑室温又偏低。为了满足基本的供暖要求，只能提高水温，造成"节能建筑不节能"。这种现象不能通过调节各座楼之间的流量分配来解决，清华大学提出了解决这一问题的方法，即实现供热系统供水温度的"分栋可调"，以实现对采暖散热设备热量的调节和室温的控制。即在每幢楼宇热入口的供回水管安装旁通管和变速混水泵，将热网较高温度的供水直接输送到楼宇入口，再与室内采暖系统的回水混合降温后送到室内用户里去，实现外网干管"小流量、大温差、高水温"，室内末端用户"大流量、小温差、低水温"运行，同时通过改变混水比调节供水温度，改变混水泵转速或阀门开度调节楼内循环流量，实现单幢楼宇的独立质、量并调，如图7-7所示。通过上述方式可以有效控制采暖散热设备的散热量和室温，从而使得建筑供热不均匀热损失由原来的20%～30%降低至10%以下。

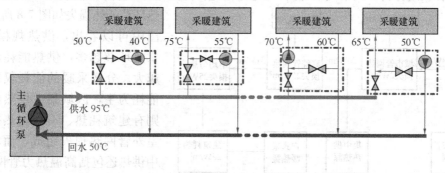

图 7-7　热网末端混水调节示意图

四、热水循环水泵的耗电输热比

热水采暖供热系统的一、二次水泵的动力电耗十分可观，一些系统在设计时选用水泵型号偏大。运行时采用大流量小温差的不合理运行方式，造成用电量浪费。因此，热水采暖供热系统的一、二次水泵的动力消耗应予以控制。一般情况下，耗电输热比，即设计条件下输送单位热量的耗电量 EHR 值应不大于按下式所得的计算值：

$$EHR = \frac{\varepsilon}{\Sigma Q} = \frac{\tau \cdot N}{24q \cdot A} \leqslant \frac{0.0056\,(14 + a\Sigma L)}{\Delta t} \tag{7-6}$$

式中　EHR——设计条件下输送单位热量的耗电量，无因次；

ΣQ——全日系统供热量，kWh；

ε——全日理论水泵输送耗电量，kWh；

τ——全日水泵运行时数，连续运行时 $\tau=24$h；

N——水泵铭牌功率，kW；

q——采暖设计热负荷指标，kW/m²；

A——系统的供热面积，m²；

Δt——设计供回水温差，对于一次网，$\Delta t=45\sim 50℃$，对于二次网，$\Delta t=25℃$；

ΣL——室外管网主干线（包括供回水管）总长度，m。

a——当 $\Sigma L\leqslant 500$m 时，$a=0.0115$；当 500m$<\Sigma L<1000$m 时，$a=0.0092$；当 $\Sigma L\geqslant 1000$m 时，$a=0.0069$。

一次网和二次网按式（7-6）计算所得的 EHR 值见表 7-2。

EHR 计 算 值
表 7-2

管网主干线总长度 ΣL（m）	设计供回水温差 Δt（℃）		
	50	15	25
1000	0.0025	0.0028	0.0050
2000	0.0031	0.00345	0.0062
3000	0.0039	0.0043	0.0078
4000	0.0047	0.0052	0.0093

五、热网管路热耗分析

综合上述分析，以某城市为例，在实测数据的基础上研究分析给出了供热管网在各供

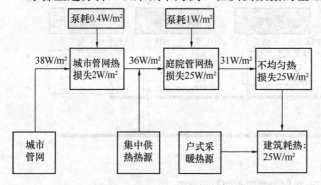

图 7-8 供热管网在各供热环节的热损失

热环节的热损失如图 7-8 所示。从图中可以看出，供热规模越大，供热环节越多，供热能耗和损失越大。分散采暖的能耗仅以建筑能耗为主，区域集中供热的能耗则有建筑耗热、不均匀热损失和室外管网热损失组成，而城市集中供热还包括高温热力管网损失。因此，集中供热应充分重视管网损失和不均匀损失，目前其占供

热能耗的比例很大。根据图 7-8 的数据，对于城市集中供热，建筑能耗占供热能耗的 66%，各项损失占 34%。如果仅改善了建筑保温水平，管网保温和调节没有得到相应的改善，不均匀热损失和各种管网损失就显得越来越突出了，所占能耗比例将增大。因此，对于集中供热必须减少管网热损失和不均匀热损失提高供热管网的输送效率，达到节能指标。

第二节 室内供暖系统节能

室内供暖的节能应从选择合理的供暖方式、系统形式有利于热计量和控制室温、采用高效节能的散热设备等几个方面采取措施，以使得进入到建筑物的热量合理有效利用，做到既节省热量又提高室内供热质量。

一、供暖方式选择

1. 集中供热为主导

我国住宅供热采暖系统多采用以热电联产或锅炉房为热源的集中供热系统。所谓集中供热是指由集中热源所生产的蒸汽、热水，通过管网供给采暖和生活所需的热量方式。集中供热不仅能提供稳定、可靠的高位热源，而且能节约能源，减少城市污染，具有显著的经济与社会效应，是我国目前提倡使用的供热热源。

近年来，由于能源构成情况的变化，同时为了适应按热计量的要求，住宅供暖方式呈

多元化发展的趋势，有些住宅开始采用燃气、轻质油或直接用电的单户独立的分散式采暖系统。这种系统由于规模小，调节灵活，使得这种供暖方式有所发展，特别是在小型别墅系统中应用较多。

尽管如此，从能源总效率、环境保护、消防安全等诸多方面考虑，城市热网、区域热网或较大规模的集中锅炉房为热源的集中供热采暖系统仍是城市住宅采暖方式的主体。

城镇供热在坚持以集中供热为主导的同时，可以根据当地的能源构成、环保要求以及经济发展状况，经过经济、社会及环境效益分析，从全局出发，合理地选择其他采暖方式。利用电、燃气等价格较高能源的采暖方式仅是一种辅助的供暖方式，

2. 供暖热媒及方式

集中采暖系统应采用热水作为热媒。实践证明，采用热水作为热媒，不仅提高供暖质量，而且便于进行节能调节。在公共建筑内的高大空间，提倡采用辐射供暖方式。公共建筑内的大堂、候车（机）厅、展厅等处的采暖，如果采用常规的对流采暖方式供暖时，室内沿高度方向会形成很大的温度梯度，不但建筑热损耗增大，而且人员活动区的温度往往偏低，很难保持设计温度。采用辐射供暖时，室内高度方向的温度梯度很小，同时，由于有温度和辐射照度的综合作用，既可以创造比较理想的热舒适环境，又可以比对流采暖时减少15%左右的能耗。

3. 电采暖

合理利用能源、提高能源利用率、节约能源是我国的基本国策。将高品位的电能直接用于转换为低品位的热能进行采暖，热效率低，运行费用高，是不合适的。国家有关标准《采暖通风与空气调节设计规范》、《住宅建筑规范》、《公共建筑节能设计标准》中甚至用强制条文加以约束。明确不得采用电热锅炉、电热水器作为直接采暖系统的热源。考虑到国内各地区的具体情况，在特殊情况时方可采用。如该地区确实电力充足且电价优惠或者利用如太阳能、风能等装置发电的建筑；无集中供热与燃气源，用煤、油等燃料受到环保或消防严格限制的建筑；利用低谷电进行蓄热、且蓄热式电锅炉不在日间用电高峰和平段时间启用的建筑；利用可再生能源发电地区的建筑。

4. 各种供暖方式费用

各种供热采暖方式的运行费用和综合年费用不同。运行费用包括供热能源燃料费用、动力电费、水费（管网）、运行管理费用、设备维修费用、人工费用等。燃料费用是运行费用的重要部分，不同的燃料差别极大。对于采用热电联产，运行费用在各项费用累计中减去发电的效益。各种供热设备的寿命年限（折旧年限）是不同的，所以在经济分析时应考虑初投资和一年运行费用的综合影响，例如采用直线折旧法可得出各种供热方式的综合年费用，即包括各项费用和各设备的年折旧费用。研究分析北方某城市的各种供热采暖方式的运行费用和综合年费用如图7-9所示。由图可见，电热锅炉的运行费用和年综合费用最高，是最不经济的。其他分散的直接电热采暖的费用均高于各种热泵采暖的费用。燃煤锅炉的运行费用和综合年费用随系统规模的增加而减少，燃煤热电联产的运行费用是最低的。燃气锅炉的运行费用和综合年费用随系统规模缩小而减少。而天然气热电联产的运行费用和综合年费用较高。因此在选择供暖方式时应考虑其运行费用。

二、供暖系统形式

目前，室内低温热水供暖系统主要有散热器供暖和地面辐射供暖两大类，热水地板辐

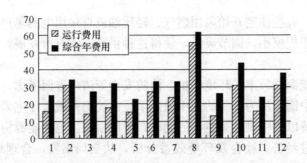

图 7-9　某城市各种供热方式的运行费用和综合年费用（元/m²）

末端供热：1—分户燃气炉；2—电加热（电热膜）；3—户式水源热泵；
4—户式空气源热泵

区域供热：5—燃煤锅炉；6—燃气锅炉；7—集中水源热泵；8—电热锅炉

城市集中供热：9—燃煤热电联产；10—燃气热电联产；

11—大型燃煤锅炉；12—大型燃气锅炉

射供暖明显有利于分户计量，其系统形式也很确定，因此不加叙述，在此只是针对散热器供暖系统形式进行论述。

1. 选择供暖系统形式的原则

住宅建筑和其他建筑由于计量点及计量方法不同对系统形式要求也不同，对于不影响计量的情况下，集中采暖系统管路宜按南、北向分环供热原则进行布置，并分别设置室温调控装置。通过温度调控调节流经各向的热媒流量或供水温度，不仅具有显著的节能效果，而且，还可以有效地平衡南、北向房间因太阳辐射导致的温度差异，克服"南热北冷"的问题。

室内供暖系统形式根据计量方法不同有很大的区别，采用热量表和热量分配表进行按户计量对供暖系统形式的要求完全相同。然而，室内供暖系统无论是否进行热计量都应设计成利于控制温度的系统形式。

适合热计量的室内采暖系统形式大致分为两种：一种是沿用传统的垂直单管式或双管式系统，这种系统在每组散热器上安装的热量分配表及建筑入口的总热表，进行热量计量；另一种是适应按户设置热量表形成的单户独立系统的新形式，直接由每户的户用热表计量。

2. 采用热分配表计量的系统形式

热分配表是安装在散热设备表面进行热量测量的仪表，因此对系统形式无特殊要求，从理论上任何系统形式都可由该方法进行热量计量，但是传统的单管顺流式系统无法对单组散热器进行控制，因此应加跨越管改造。

（1）垂直式双管系统

由于双管系统存在的重力垂直失调问题，往往只应用于 4 层及以下的供暖系统。在每组散热器入口处安装温控阀（图 7-10），不仅可使系统具有可调节性，而且有利于各个环路的平衡。

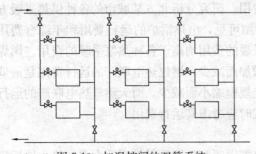

图 7-10　加温控阀的双管系统

（2）垂直单管系统

改原有单管顺流式系统为带跨越管和温控阀的可调节系统，是旧系统改造十分可行的一种方式。一般有两种形式：一种加两通温控阀，如图 7-11(a) 所示；一种加三通温控阀，如图 7-11(b) 所示。这两种形式都取得了明显的节能效果，同时改善了垂直失调的现象。

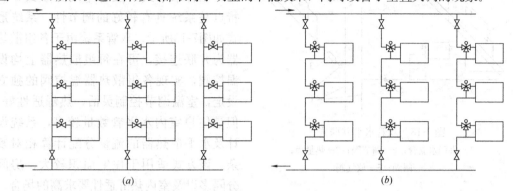

图 7-11　加温控阀垂直单管系统
(a) 加两通温控阀；(b) 加三通温控阀

3. 采用热量表的供暖系统形式

热量表是测量供暖系统入户的流量和供、回水温度后进行计量热量的仪表，因此要求供暖系统设计成每一户单独布置成一个环路。对于户内的系统采用何种形式则可由设计人员根据实际情况确定。《采暖通风与空气调节设计规范》中推荐，户内系统采用单管水平跨越式、双管水平并联式、上供下回式等系统形式。由设在楼梯间的供回水立管连接户内的系统，在每户入口处设热量表。

(1) 单管水平式

单管水平式采暖系统分有跨越和无跨越两种形式，系统中户与户之间并联，供、回立管可设于楼梯间。户内水平管道靠墙水平明设布置或埋入地板找平层中，系统形式如图 7-12 所示。

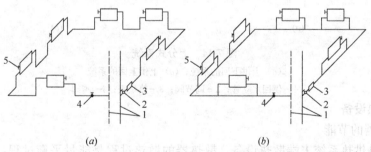

图 7-12　单管水平式供暖系统
(a) 无跨越；(b) 跨越式
1—供回水立管；2—调节阀；3—热量表；4—闸阀；5—放气阀

单管无跨越系统由于各组散热器为串联连接，不具有独立调节能力，因而不必要在每组散热器上都设温控阀，该系统特点是：室内水平串联散热器的数量有限，末端散热器的效率低，但是住户室内水平管路数量少。该方式适用住宅面积中小、房间分隔较少、对室温调节控制要求不高的场合。相对而言是一种室内采暖系统热计量与控制的廉价解决方案。

单管跨越系统可用温控阀对每组散热器进行控制温度，但是由于各组散热器同样为串

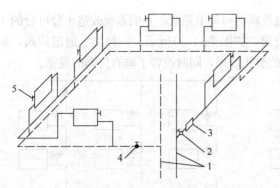

图7-13 双管水平并联式
1—供回水立管；2—调节阀；3—热量表；
4—闸阀；5—放气阀

联连接，散热器独立调节能力不佳。

（2）双管水平式

双管水平式一般都采用并联式，其特点是系统具有较好的调节性，系统形式如图7-13所示。双管系统由于各组散热器为并联连接，可在每组散热器上均设温控阀，实现各组散热器温控阀的独立设定，室温调节控制灵活，热舒适性好。但是住户室内水平管数量较多，系统设计及水平散热器的流量分配计算相对复杂。该方式适用于住宅面积较大、房间分隔多以及室内热舒适性要求高的场合。

（3）上分式系统形式

上分式系统的优点是很好的解决了系统排气问题，并可在房间装修中将户内供水干管加以隐蔽，尤其是上供上回的系统可减少地面的管道过门出现的麻烦。缺点在于沿墙靠天花板或地板水平布置管路和立管不美观，系统形式如图 7-14 所示。

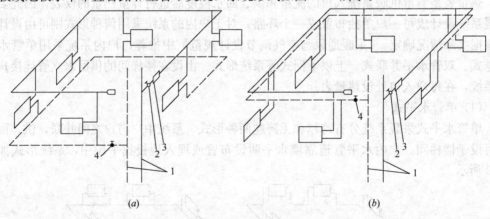

(a)　　　　　　　　　　　(b)

图7-14 上分式系统
(a) 上供下回的系统；(b) 上供上回的系统
1—供回水立管；2—调节阀；3—热量表；4—闸阀

三、散热设备

1. 散热器的节能

散热器是供热系统末端散热设备，散热器的散热过程是能量平衡过程，如图7-15所示。没有散出的热量又回到供热管网。对于散热器的节能一些专家认为可以从加工过程的耗能、耗材、使用过程的有利散热、水容量、金属热强度等指标考虑。

散热器的单位散热量、金属热强度和单位散热量的价格这三项指标，

图7-15 散热器散热的能量平衡

166

是评价和选择散热器的主要依据，特别是金属热强度指标，是衡量同一材质散热器节能性和经济性的重要标志。

2. 散热器的选择

散热设备首先应选用国家有关部门推荐的节能产品，目前《建设部推广应用和限制禁止使用技术》的有关公告中推荐了轻质钢制、铝制、铜铝复合和铸铁无粘砂等几种类型散热器。

《住宅设计规范》、《采暖通风与空气调节设计规范》均对散热器选用作了规定。要求散热器与供暖管道同寿命；民用建筑宜采用外形美观、易于清扫的散热器；具有腐蚀性气体的工业建筑或相对湿度较大的房间，应采用耐腐蚀的散热器；安装热量表和恒温阀的热水采暖系统不宜采用水流通道内含有粘砂的铸铁等散热器；要求根据水质选择不同的散热器。采用钢制散热器时，应采用闭式系统等。

3. 表面涂料的影响

表面涂料对散热器散热量影响很大，早在1946年，美国J.R.艾伦等著的《供暖与空调》一书中就指出涂料层对散热量的影响。我国早在20世纪80年代初原哈尔滨建工学院就做过这方面的研究，而后又有多个研究成果说明含金属颜料的涂层使散热器散热量减小。实验证明：散热器外表面涂刷非金属性涂料时，其散热量比涂刷金属性涂料时能增加10%左右。因此我国的有关标准中规定：散热器的外表面应刷非金属性涂料。

4. 安装要求

(1) 安装形式及位置

散热器提倡明装，如散热器暗装在装饰罩内，不但散热器的散热量会大幅度减少；而且，由于罩内空气温度远远高于室内空气温度，从而使罩内墙体的温差传热损失大大增加。为此，应避免这种错误做法。在需要暗装时装饰罩应有合理的气流通道、足够的通道面积，并方便维修。

散热器布置在外墙的窗台下，从散热器上升的对流热气流能阻止从玻璃窗下降的冷气流，使流经人活动区的空气比较暖和，给人以舒适的感觉；如果把散热器布置在内墙，流经人们经常停留地区的是较冷的空气，使人感到不舒适，也会增加墙壁积尘的可能；但是在分户热计量系统为了有利于户内管道的布置也可把散热器布置在内墙。

(2) 连接方式

散热器支管连接方式不同散热器内的水流组织也不同，使散热器表面温度场变化而影响散热量。在室内温度、散热器进、出口水温相同的条件下，如图7-16中的几种支管与散热器连接的传热系数的大小依此为A>B>C>D>E其差别与散热器类型有关，最大差别达40%，可见合理选择连接方式会大量节省散热器。尤其在分户计量系统有的设计只考虑管路布置的方便，而忽视了连接方式造成的浪费。

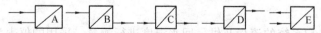

图7-16 散热器与支管连接方式

(3) 散热器的散热面积

应根据热负荷计算确定散热器所需散热量，并且扣除室内明装管道的散热量。这是防止供热过多的措施之一。不应盲目增加散热器的安装数量，有些人认为散热器装得越多就越好，其实际效果并非如此；盲目增加散热器数量，使室内过热既不舒适又浪费能源，而且还容易造成系统热力失匀和水力失调，使系统不能正常供暖。

四、热力入口

热水供暖系统应在进入室内处安装热力入口，如图 7-17 所示。热力入口应安装关断阀、温度计、压力表、计量仪表、调节装置、过滤、放气泄水等，其目的主要是为调节温度、压力提供方便条件。为适应供热量计费的要求，无论室内供暖系统采用哪种计量方法，在建筑物热力入口均应设置热计量装置，便于对整个建筑物用热量进行计量。设置分户热计量和室温控制装置的集中采暖系统，若户内系统为单管跨越式，在热力入口安装流量调节装置，保证系统定流量，满足用户要求；若户内系统为双管系统，在热力入口安装差压控制装置，保证系统流量、压降为设计值。为了使热量表和系统不被污物堵塞，需在建筑物热力入口的热量表前设置过滤器。

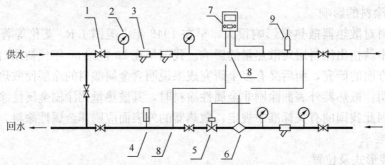

图 7-17 建筑物热力入口
1—阀门；2—压力表；3—过滤器；4—温度计；5—自力式差压控制阀或流量控制器；6—流量传感器；7—积分仪；8—温度测点；9—自动排气阀

第三节 分户热计量技术

自 2000 年 10 月 1 日起施行的建设部第 76 号令《民用建筑节能管理规定》的第五条规定：新建居住建筑的集中采暖系统应当使用双管系统，推行温度调节和户用热计量装置，实行供热计量收费。为推行分户热计量和室温控制的技术，国内已研究了多种计量方法和仪表，并在试点工程中成功应用。

一、热计量方法

目前，国内外采用的计量原理基本是直接测定用户从供暖系统中用热量；测定用户散热设备的散热量；测定用户的热负荷三种。依据以上原理研究出了多种热计量方法，在此仅介绍以下三种方法。

1. 热量表法

该方法需对入户系统的流量及供、回水温度进行测量，采用的仪表为热量表。该方法要求每户的供暖系统单独形成一个环路。该方法特点：原理上准确，但价格较贵，安装复杂，并且在小温差时，计量误差较大。目前国内提倡使用。

2. 热分配表分摊法

该方法是利用散热器平均温度与室内温度差值的函数关系来确定散热器的散热量。该方法采用的仪表为热量分配表，常用的有蒸发式和电子式两种。

该方法是在集中供热系统中一幢楼或一个单元作为一个热计量单位，在其热力入口处安装一块热量表，热用户的每组散热器上安装一块热分配表，就组成热量计量系统。热量表计量一幢楼或一个单元所有热用户的消耗总热量，热分配表测量每个热用户每组散热器散发热量的比例。每个采暖季节开始时，记录每块热分配表的初始数值；采暖季节结束后，记录每块热分配表的终数值。

该方法特点是计量方便，价格低，如采用电子式热分配表进行传送后可在户外读值，且对原供暖系统改动小。

3. 温度法

温度法是在热力入口安装总热量表，用测量每户室内温度的方法来分摊确定收费，因此相同室温和相同面积的热用户应交相同的热费。体现了舒适条件相同的情况下，相同面积的用户交相同热费的原则。解决了房间位置不同耗热量不同及户间传热的计量问题。

温度法采暖热计量分配系统是利用测量的每户的室内温度作为基数，来对每栋建筑的总供热量进行分摊的。温度法采暖热计量系统如图 7-18 所示。

采集器采集的室内温度经通信线路送到热量采集显示器。热量采集显示器接收来自采集器的信号，并将采集器送来的用户室温送至热量计算分配器；热量计算分配器接收采集显示器、热量表送来的信号

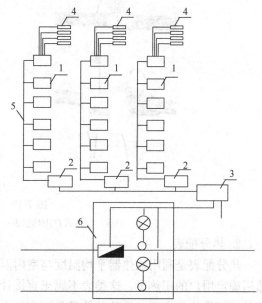

图 7-18　温度法供暖热计量分配系统
1—采集器；2—热量采集显示器；3—热量计算分配器；
4—温度传感器；5—通信线路；6—热量表

后，按照规定的程序将热量进行分摊，分摊后的热量送至热量采集显示器和上一级（社区）通信系统。采集显示器接收来自热量计算分配器的信号，将每户分摊的热量（当量热量）进行显示。

二、热计量仪表

目前，分户热计量所涉及的专用仪表主要有热量表和热分配表，其他的计量方法所需要的仪表大多是常规的仪表或是稍有改进的仪表。在此仅对专用热量表和热分配表加以介绍。

1. 热量表

热量表由流量、温度传感器和积算器组成。仪表安装在系统的供水管上，并将温度传感器分别装在供、回水管路上。按积算器是否和流量在一起有一体和分体的区别。

热量表实质上是一台热水热量积算仪，热水供暖系统的小时供热量可由下式计算，即

$$Q = M(i_2 - i_1) = \rho V(i_2 - i_1) \tag{7-7}$$

式中　Q——供热量，W；

i_2，i_1——供水和回水的焓，J/kg；

M——水的质量流量，kg/s；

ρ——水的密度，kg/m³；

V——水的体积流量，m³/s。

由上式可知，要测得热量，应该测量出水的焓值、密度和体积流量。热水的体积流量可由安装于供、回水管上的机械、超声波流量计测得。而焓值及密度则为温度的函数，一般用铂电阻温度计测出供、回水温度。关于热量表有相应的国家行业标准《热量表》（CJ 128），热量表如图 7-19 所示。

 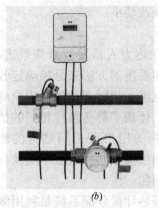

图 7-19　热量表

(a) 一体式户用热量表；(b) 分体式户用热量表

2. 热分配表

热分配表是利用散热器平均温度与室内温度差值的函数关系来确定散热器的散热量，然后确定用户的用热量。这类表不属于直接计量式仪表，它必须有热量表的配合。它的特点是能够将热量表所计量的总热量分配到每个用户的各个房间。根据测量原理的不同，热量分配表有蒸发式和电子式两种。使用热分配表应注意安装位置和对应的散热器系数。

(1) 蒸发式热分配表

蒸发式热分配表由一个石英玻璃管、刻度尺、导热板及外壳构成。石英玻璃管内装有蒸发液体，导热板或夹或焊在散热器上，盛有测量液体的玻璃管则放在密封容器内，比例尺刻在容器表面的防雾透明胶片上。

蒸发式热分配表紧贴散热器安装，导热板将热量传递到液体管中，由于散热器持续散热，管中的液体会逐渐蒸发而减少，液面下降。沿着液体管标有刻度，可以读出蒸发量。当然液体蒸发量与散热量有关，所以只要在每户的全部散热器上安装热量分配表，每年在采暖期后进行一次年检（读数及更换新的计量管），获得该户热量分配表刻度值总和（即总蒸发量），即可根据供热入口处的热表读值与各户分配表读值推算出各户耗热量。蒸发式热分配表如图 7-20 (a) 所示。

(2) 电子式热分配表

电子式热分配表是预先设置一个房间温度并固定在电子元件中，用传感器来测量安装点的散热器表面温度和房间温度之差的逐时值，也就是所谓的过热温度，再计量累计时间，得出衡量热量消耗的尺度，然后测量装置通过 A/D 转换器数字化，最后由计算单元得到结果。对散热器温度的测量有直接测散热器表面温度或将温度元件装在散热器供回水

170

管路的区分。

电子式热分配表设有存储和液晶显示功能，可以带无线电信号输出，实现远程抄表，对将来的自动化控制系统具有兼容性。电子式热分配表如图 7-20（b）所示 。

（a） （b）

图 7-20　热分配表
（a）蒸发式热分配表；
（b）电子式热分配表

三、分室控温技术

控制室内温度是有效利用免费热量和行为节能的更加有效的节能措施，并且可以提高室内空气质量。因此在供暖系统中比热计量更重要，一般说来分户计量和分室控温是同时采用的技术。

1. 散热器温控阀

（1）散热器温控阀构造及原理

散热器温控阀又称恒温器，安装在每组散热器的进水管上，用户可根据对室温高低的要求，调节并设定室温。温控阀构造如图 7-21 所示。恒温传感器是一个带少量液体的充气波纹管膜盒，当室温升高时，部分液体蒸发变为蒸汽，它压缩波纹管关小阀门开度，减少了流入散热器的水量。当室温降低时，其作用相反，部分蒸汽凝结为液体，波纹管被弹簧推回而使阀门开度开大，增加流经散热器水量，恢复室温。

温控阀属于比例控制器，即根据室温与恒温阀设定值的偏差，比例地、平稳地打开或关闭阀门。阀门的开度保持在相当于需求负荷位置处，其供水量与室温保持稳定。相对于某一设定值时恒温阀从全开到全关位置的室温变化范围称之为恒温阀的比例带，通常比例带为 0.5～2.0℃。

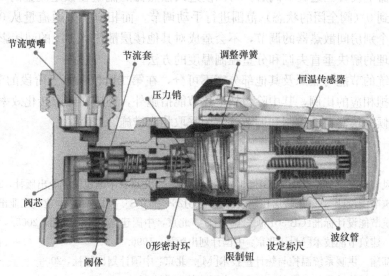

图 7-21　温控阀构造

（2）温控阀作用

散热器上安装温控阀可以自行调节室温，同时当室内有"自由热"时，恒温阀能自行调节进水量，保持室温恒定，不仅提高室内舒适度，更重要的是当室内获得"自由热"又称"免费热"，如阳光照射、室内热源——炊事、照明、电器及居民等散发的热量，而使室温有升高趋势时，温控阀会及时减少流经散热器的水量，不仅保持室温合适，同时达到节能目的。温控阀还确保了各房间的室温,避免了立管水量不平衡,以及单管系统上层及下层室温不匀问题。

自从 20 世纪 70 年代初世界能源危机后,许多国家(尤其是欧洲发达国家)颁布了建筑法规(标准),特别对采暖系统安设自动控制装置提出了明确的要求。如丹麦《建筑法规》(1985 年)规定"采暖系统必须要装置自动控制装置,以确保调节供给的热量为所需的热量"。其他国家如德国、芬兰、英国、法国、瑞典也有类似的规定。

北京市热力公司在北京市节能示范工程中采用了丹麦采暖系统自控技术,获得了很好的效果。我国也在有关的标准中作了这方面的规定。

(3)温控阀使用中应注意的问题

温控阀在单管系统中的应用先决条件是必须在每组散热器进出口管间安设跨越管;安装在装饰罩内的温控阀必须采用外置传感器,传感器应设在能正确反映房间温度的位置。

2. 手动三通阀

手动三通调节阀在供暖系统中使用也可达到控温的作用,而且价格低,在经济不允许的情况下也可采用,但控温效果明显不如自动温控阀。

三通调节阀结构上具备水流直通、旁通、部分旁通的特性。直通(阀全开状态)即流量全部进入散热器时,阀的局部阻力系数最小,可减少堵塞;旁通(阀全闭的状态)即流量不进入散热器而从跨越管段旁流时,阀的局部阻力系数大于直通时阀的阻力系数;部分旁通(阀中间状态)时,阀的局部阻力系数值应在上述两者之间,这也是三通阀的调节范围。

在散热器上设置三通调节阀后,可以使进入散热器的流量在额定流量的 100%(阀全开的状态)到 0(阀全闭的状态)范围进行手动调节,而相应使旁通流量从 0 到 100%范围内变化。个别房间散热器的调节,不会造成对其他楼层散热器工况的间接影响,因此是一种相对合理的解决垂直失调和分室控制温度的方法。

供热系统的节能与热源及其他部分密不可分,在第二阶段和第三阶段的节能目标中,供热系统承担相应的比例,其中除包括上述节能措施外,还应在热源转化效率、采用变速泵技术、气候补偿器自动控制和调节等方面采取相应措施。

参 考 文 献

[1] 采暖通风与空气调节设计规范(GB 50019—2003)[S]. 北京:中国建筑工业出版社,2003.
[2] 民用建筑节能设计标准(采暖居住建筑部分)(JGJ 26—95)[S]. 北京:中国建筑工业出版社,1995.
[3] 公共建筑节能设计标准(GB 50189—2005)[S]. 北京:中国建筑工业出版社,2005.
[4] 涂逢祥. 建筑节能技术[M]. 北京:中国计划出版社,1996.
[5] 徐伟,邹瑜. 供暖系统温控与热计量技术[M]. 北京:中国计划出版社,2000.
[6] 涂光备等. 供热计量技术[M]. 北京:中国建筑工业出版社,2003.
[7] 贺平,孙刚. 供热工程(第三版)[M]. 北京:中国建筑工业出版社,1993.
[8] 北京市政府专家顾问团供热组. 北京市民用建筑供热方式与发展研究. 清华大学建筑技术科学,2004.
[9] 高鹏. 节能 65%指标分配与温度法采暖热计量分配系统试验研究[D]. 哈尔滨工业大学硕士论文,2005.
[10] 董重成,赵立华,赵先智. 住宅分户热计量供暖设计指南的探讨[J]. 暖通空调新技术 2. 2000.

[11]　董重成，赵立华. 实现按户热表计量的室内采暖系统制式的探讨[J]. 低温建筑技术. 1999.

[12]　董重成，赵立华. 供暖方式的比较分析[C]. 第十一届全国暖通空调技术信息网大会论文集. 中国建筑工业出版社，2001.

[13]　董重成，李娥飞，房家声. 暖通规范采暖部分有关热计量条文的介绍[J]. 暖通空调. 2002.

[14]　董重成，那威，李岩. 供热管网保温厚度的计算研究[J]. 暖通空调. 2005.

[15]　王潇，董重成，赵先智. 低温热水地面辐射供暖系统调节的研究[J]. 暖通空调. 2006(增刊).

第八章　热泵技术及其在建筑中的应用

第一节　热泵的基本知识

一、热泵的定义

热泵是一种利用高位能使热量从低位热源流向高位热源的节能装置。顾名思义，热泵也就是像泵那样，可以把不能直接利用的低位热能（如空气、土壤、水中所含的热能，太阳能，工业废热等）转换为可以利用的高位热能，从而达到节约部分高位能（如煤、燃气、油、电能等）的目的。

由此可见，热泵的定义涵盖了以下几点：

(1) 热泵虽然需要消耗一定量的高位能，但所供给用户的热量却是消耗的高位热能与吸取的低位热能的总和。也就是说，应用热泵，用户获得的热量永远大于所消耗的高位能。因此，热泵是一种节能装置。

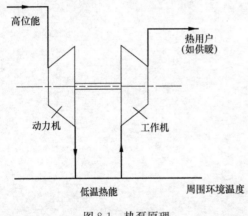

图 8-1　热泵原理

(2) 热泵可设想为图 8-1 所示的节能装置（或称节能机械），由动力机和工作机组成热泵机组。利用高位能来推动动力机（如汽轮机、燃气机、燃油机、电机等），然后再由动力机来驱动工作机（如制冷机、喷射器）运转，工作机像泵一样，把低位的热能输送至高品位，以向用户供热。

(3) 热泵既遵循热力学第一定律，在热量传递与转换的过程中，遵循着守恒的数量关系；又遵循着热力学第二定律，热量不可能自发的、不付代价的、自动的从低温物体转移至高温物体。在热泵定义中明确指出，热泵是靠高位能拖动，迫使热量由低温物体传递给高温物体。

二、热泵机组与热泵系统

图 8-2 给出热泵系统的框图。由框图可明确地看出热泵机组与热泵系统的区别。热泵机组是由动力机和工作机组成的节能机械，是热泵系统中的核心部分；而热泵系统是由热泵机组、高位能输配系统、低位能采集系统和热能分配系统四大部分组成的一种能级提升的能量利用系统。为了进一步理解热泵系统的组成，下面将结合某个典型热泵系统图式进行说明。

图 8-3 给出典型地下水源热泵系统图式，由图可以看出：

(1) 冬季，机组中阀门 V1、V2、V3、V4 开启，V5、V6、V7、V8 关闭。通过蒸发器 4 从地下水（低位热源）吸取热量，在冷凝器 2 中放出温度较高的热量，将满足房间供暖所要求的热量供给热用户。夏季，机组中阀门 V5、V6、V7、V8 开启，V1、V2、

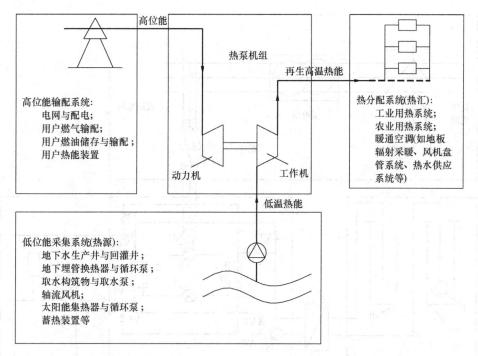

高位能

热泵机组

再生高温热能

高位能输配系统:
电网与配电;
用户燃气输配;
用户燃油储存与输配;
用户热能装置

热分配系统(热汇):
工业用热系统;
农业用热系统;
暖通空调(如地板
辐射采暖、风机盘
管系统、热水供应
系统等)

动力机   工作机

低温热能

低位能采集系统(热源):
地下水生产井与回灌井;
地下埋管换热器与循环泵;
取水构筑物与取水泵;
轴流风机;
太阳能集热器与循环泵;
蓄热装置等

图 8-2　热泵系统框图

V3、V4 关闭。蒸发器 4 出来的冷冻水直接送入用户 8，对建筑物降温除湿，而中间介质（水）在冷凝器 2 中吸取冷凝热，被加热的中间介质（水）在板式换热器 7 中加热井水，被加热的井水由回灌井 10 返回地下同一含水层内。同时，也起到蓄热作用，以备冬季采暖用。

（2）低位能采集系统一般有直接和间接系统两种。直接系统是空气、水等直接输给热泵机组的系统。间接系统是借助于水或防冻剂的水溶液通过换热器将岩土体、地下水、地表水中的热量传输出来，并输送给热泵机组的系统。通常有地埋管换热系统、地下水换热系统和地表水换热系统等。低位热源的选择与采集系统的设计对热泵机组运行特性、经济性有重要的影响。

（3）高位能输配系统是热泵系统中的重要组成部分，原则上可用各种发动机作为热泵的驱动装置。那么，对于热泵系统而言，就应有一套相应的高位能输配系统与之相配套。例如，用燃料发动机（柴油机、汽油机或燃气机等）作热泵的驱动装置，这就需要燃料储存与输配系统。用电动机作热泵的驱动装置是目前最常见的，这就需要电力输配系统，如图 8-3 所示。以电作为热泵的驱动能源时，应注意到，在发电中，相当一部分一次能在电站以废热形式损失掉了，因此从能量观点来看，使用燃料发动机来驱动热泵更好，燃料发动机损失的热量大部分可以输入供热系统，这样可大大提高一次能源的利用程度。

（4）热分配系统是指热泵的用热系统。热泵的应用十分广泛，可在工业中应用，也可在农业中应用，暖通空调更是热泵的理想用户。这是由于暖通空调用热品位不高，风机盘管系统要求 60℃/50℃ 热水，地板辐射供暖系统一般要求低于 50℃，甚至用 30～40℃ 进水也能达到明显的供暖效果，这为使用热泵创造了提高热泵性能的条件。

三、热泵空调系统

热泵空调系统是热泵系统中应用最为广泛的一种系统。在空调工程实践中，常在空调

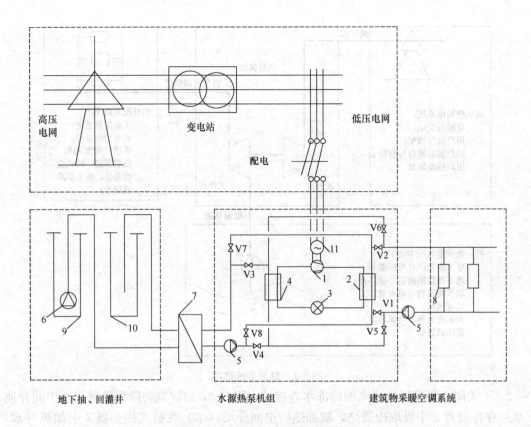

图 8-3　典型地下水源热泵系统图

1—制冷压缩机；2—冷凝器；3—节流机构；4—蒸发器；5—循环水泵；6—深井泵；7—板式换热器；

8—热用户；9—抽水井；10—回灌井；11—电动机；V1～V8—阀门

系统的部分设备或全部设备中选用热泵装置。空调系统中选用热泵时，称其系统为热泵空调系统，或简称热泵系统，如图 8-4 所示。它与常规的空调系统相比，具有如下特点：

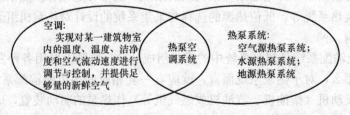

图 8-4　热泵空调系统

（1）热泵空调系统用能遵循了能级提升的用能原则，而避免了常规空调系统用能的单向性。所谓的用能单向性是指"热源消耗高位能（电、燃气、油、和煤等）——向建筑物提供低温的热量——向环境排放废物（废热、废气、废渣等）"的用能模式。热泵空调系统用能是一种仿效自然生态过程物质循环模式的部分热量循环使用的用能模式。

（2）热泵空调系统用大量的低温再生能替代常规空调系统中的高位能。通过热泵技术，将贮存在土壤、地下水、地表水或空气中的太阳能之类的自然能源，以及生活和生产排放出的废热，用于建筑物采暖和热水供应。

（3）常规暖通空调系统除了采用直燃机的系统外，基本上分别设置热源和冷源，而热泵空调系统是冷源与热源合二为一，用一套热泵设备实现夏季供冷，冬季供暖，冷热源一体化，节省设备投资。

（4）一般来说，热泵空调系统比常规空调系统更具有节能效果和环保效益。

四、热泵的评价

在暖通空调工程中采用热泵节能的经济性评价问题十分复杂，影响因素很多。其中主要有负荷特性、系统特性、地区气候特点、低位热源特性、设备价格、设备使用寿命、燃料价格和电力价格等，但总的原则是围绕着"节能效果"与"经济效益"两个问题。

1. 热泵的制热性能系数

热泵将低位热源的热量品位提高，需要消耗一定的高品位能量，因此，热泵的能量消耗是一个重要的技术经济指标。常用热泵的制热性能系数来衡量热泵的能量效率。热泵的制热性能系数通常有两种，一是设计工况制热性能系数，二是季节制热性能系数。

（1）热泵的设计工况（或额定工况）制热性能系数 ε_h。对于蒸气压缩式热泵，其设计工况制热性能系数定义为

$$\varepsilon_h = \frac{Q_c}{W} = \frac{Q_e + W}{W} = \frac{Q_e}{W} + 1 = \varepsilon_e + 1 \qquad (8-1)$$

式中　ε_h——热泵的设计工况（或额定工况）制热性能系数，有的文献用符号 COP 表示；

ε_e——热泵的设计工况制冷性能系数；

Q_c——冷凝热量，kW；

Q_e——制冷量，kW；

W——压缩机消耗的功率，kW。

热泵的设计工况（或额定工况）制热性能系数 ε_h 是无因次量，它表示热泵的设计工况（或额定工况）下制热量是消耗功率的 ε_h 倍。

由公式（8-1）可知，热泵的设计工况（或额定工况）制热性能系数 ε_h 永远大于1。因此，用热泵供热总比用热泵的驱动能源直接供热要节约高位能。

（2）季节制热性能系数 $\varepsilon_{h.s}$。众所周知，热泵的性能系数不仅与热泵本身的设计和制造情况有关，还与热泵的热源、供热负荷系数（供热设计负荷与热泵提供热量之比）、热泵的运行特性等有关。同时，上述 COP 值仅是对应某工况下的瞬态值，无法全面地评价热泵的经济性。因此，为了评价热泵用于某一地区在整个采暖季节运行时的热力经济性，提出了热泵的季节制热性能系数 $\varepsilon_{h.s}$（有的文献用 $HSPE$ 表示）的概念，其定义为

$$\varepsilon_{h.s} = \frac{\text{整个供热季节热泵供给的总热量} + \text{整个供热季节辅助加热量}}{\text{整个供热季节热泵消耗的总能量} + \text{整个供热季节辅助加热的耗能量}} \qquad (8-2)$$

由于室外空气的温度随着不同地区、不同季节变化很大，因此对于不同地区使用空气源热泵时，应注意选取 $\varepsilon_{h.s}$ 最大时热泵相应的最佳平衡点，并以此来选择热泵容量和辅助加热容量。

2. 热泵能源利用系数 E

热泵的驱动能源有电能、柴油、汽油、燃气等。电能、柴油、汽油、燃气虽然同是能源，但其价值不一样。电能通常是由其他初级能源转变而来的，在转变过程中必然有损失。因此，对于有同样制热性能系数的热泵，若采用的驱动能源不同，则其节能意义和经济性均不相同。为此，提出用能源利用系数 E 来评价热泵的节能效果。能源利用系数 E

定义为

$$E = \frac{热泵的供热量}{热泵消耗的初级能源} \tag{8-3}$$

对于以电能驱动的热泵，若热泵制热性能系数为 ε_h，发电效率为 η_1，输配电效率为 η_2，则这种热泵的能源利用系数 $E=\eta_1 \cdot \eta_2 \cdot \varepsilon_h$；对于燃气热泵，若热泵制热性能系数为 ε_h，燃气机的效率为 η，燃气机的排热回收率为 α，则燃气热泵的能源利用系数 $E=\eta \cdot \varepsilon_h + \alpha(1-\eta)$。

第二节　热泵系统的分类

1. 根据热泵在建筑物中的用途分类

（1）仅用作供热的热泵。这种热泵只为建筑物采暖、热水供应服务。

（2）全年空调的热泵。冬季供热，夏季供冷。

（3）同时供冷与供热的热泵。

（4）热回收热泵空调。它可以用来回收建筑物的余热（内区的热负荷，南朝向房间的多余太阳辐射热等）。

2. 按低位热源的种类分类

空气源热泵系统、水源热泵系统、土壤源热泵系统、太阳能热源热泵系统、废热源的热泵系统、多热源的热泵系统。

3. 按驱动能源的种类分类

电动热泵系统，其驱动能源为电能，驱动装置为电动机；燃气热泵系统，其驱动装置是燃气发动机。

4. 在热泵空调系统中常按低温端与高温端所使用的载热介质分类

空气/空气热泵系统、空气/水热泵系统、水/水热泵系统、水/空气热泵系统、土壤/水热泵系统、土壤/空气热泵系统。这几种热泵所采用的载热介质、低位热源和简图列入表 8-1。

热泵空调系统及典型图示　　　　　　　　　　　　　　　　　　　　表 8-1

热泵系统名称	低温端载热介质	高温端载热介质	主要热源的种类	典型图示	国内代表性产品
空气/空气热泵	空气	空气	空气 排风 太阳能	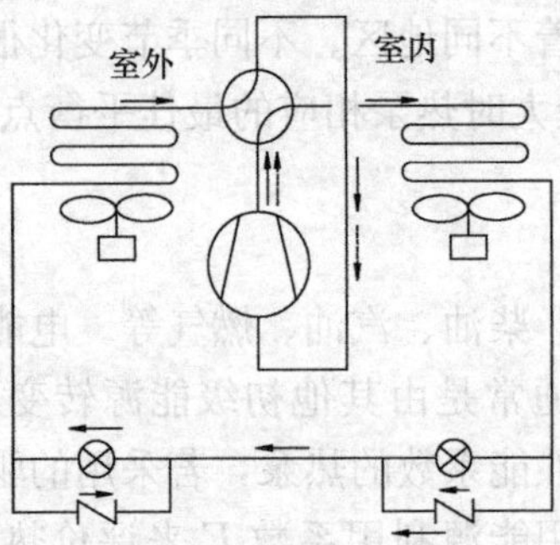	分体式热泵空调器；VRV 热泵系统

热泵系统名称	低温端载热介质	高温端载热介质	主要热源的种类	典型图示	国内代表性产品
空气/水热泵	空气	水	空气 排风 太阳能	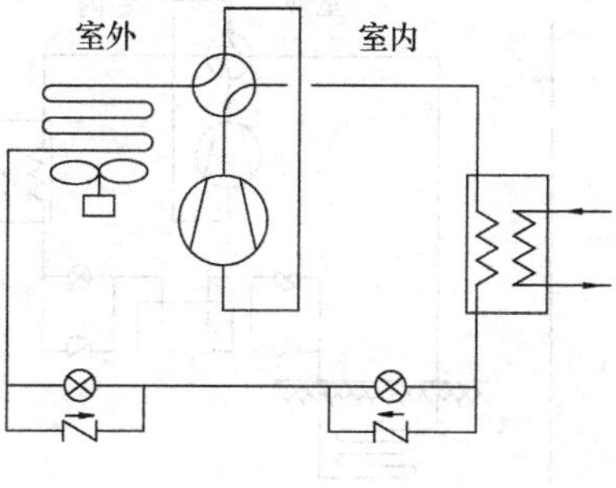	空气源热泵冷热水机组
水/水热泵	水、盐水乙二醇水溶液	水	水 太阳能 土壤	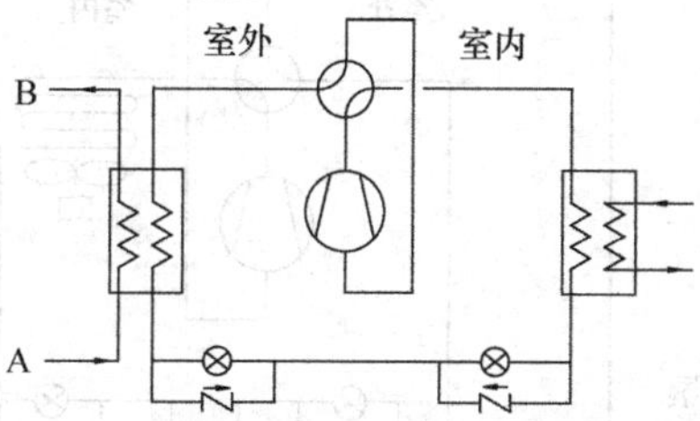 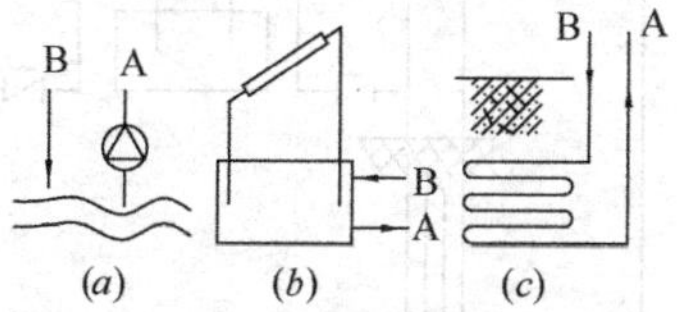 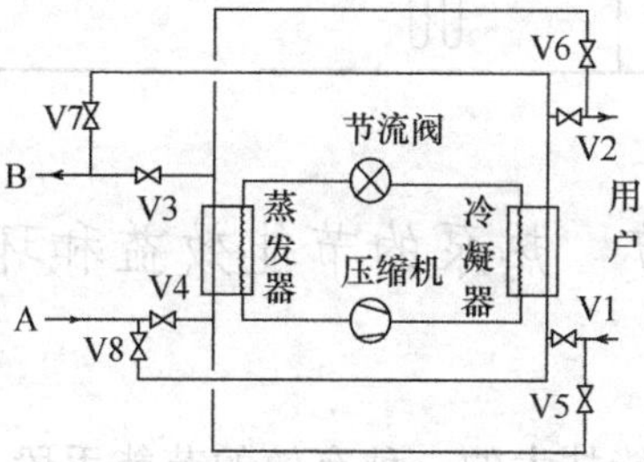	井水源热泵冷热水机组； 污水源热泵； 大地耦合热泵
水/空气热泵	水、乙二醇水溶液	空气	水 太阳能 土壤	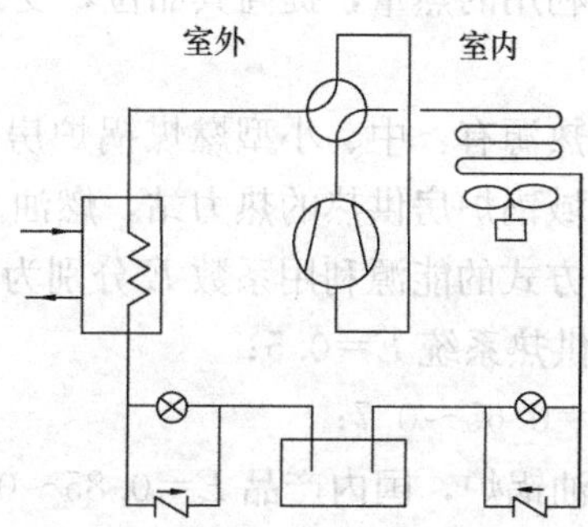	水环热泵空调系统中的小型室内热泵机组（常称小型水/空气热泵或室内水源热泵机组）

热泵系统名称	低温端载热介质	高温端载热介质	主要热源的种类	典型图示	国内代表性产品
土壤/水热泵	土壤	水	土壤	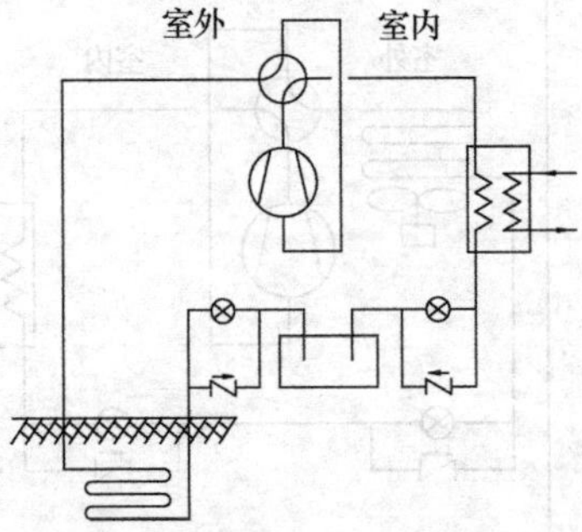 室外　室内	
土壤/空气热泵	土壤	空气	土壤	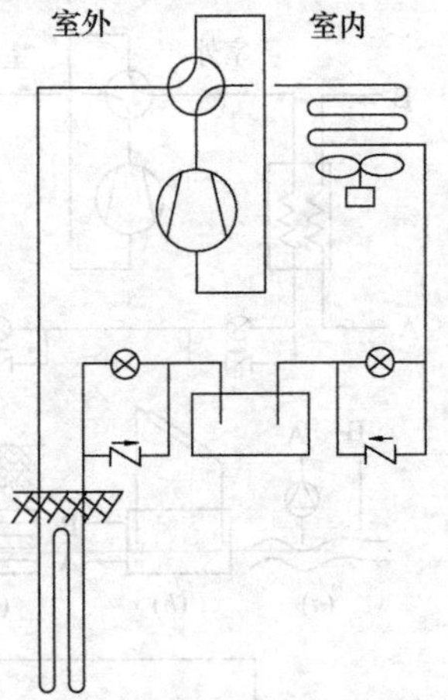 室外　室内	

第三节　热泵的节能效益和环保效益

一、热泵的节能效益

热泵空调技术是空调节能技术的一种有效的节能手段,它不是像锅炉那样能产生热能,而是将热源中不可直接利用的热量,提高其品位,变为可利用的再生高位能源,作为空调系统的热源。

目前,常用的传统空调热源有:中、小型燃煤锅炉房,中、小型燃油、燃气锅炉房,热电联合供热的热力站,区域锅炉房供热的热力站,燃油、燃气的直燃机(溴化锂吸收式冷热水机组)等。这些供热方式的能源利用系数 E 分别为:

(1)小型燃煤锅炉房的供热系统 $E=0.5$;

(2)中型燃煤锅炉房 $E=0.65\sim0.7$;

(3)中、小型燃气、燃油锅炉,国内产品 $E=0.85\sim0.9$,国外产品 $E=0.9\sim0.94$;

(4)燃油、燃气型直燃机(直燃型溴化锂吸收式冷热水机组),冬季供热水工况

$E=0.9$；

(5) 热电联合供热方式，一般来说，电站锅炉损失为 10%，发电机冷却损失为 2%，发电为 23%，供热量为 65%，则 $E=0.88$；

(6) 电动热泵作为空调系统的热源，电站锅炉损失为 10%，冷凝废热损失为 50%，发电机损失为 5%，输配电损失为 5%，电动热泵制热性能系数取 3.5，则电动热泵供热方式的有效供热量占一次能源的 105%，即 $E=1.05$；

(7) 燃气驱动的热泵作为空调系统的热源，燃气驱动热泵，首先从周围环境吸取 60% 的热量（燃气机效率为 30%，热泵的制热性能系数为 3），并提高其温度；其次从燃气机冷却水和排气热量中回收 55% 的热量。因此，该方式能源利用系数 E 可达 1.45。

虽然从能量利用观点看，热泵作为空调系统的热源要优于目前传统的热源方式，但是应注意其节能效果与效益的大小，取决于负荷特性、系统特性、地区气候特性、低位热源特性、燃料与电力价格等因素。因此，同样的热泵空调系统在全国不同地区使用，其节能效果与效益是不一样的。

如果假定电动热泵与区域锅炉房的 E 值相同，发电总效率为 27%，将不同 E 值时的电动热泵所应具有的制热性能系数 ε_h 值列入表 8-2 中。

由表 8-2 可以看出，电动热泵的制热性能系数只要大于 3，从能源利用观点看，热泵就会比热效率为 80% 的区域锅炉房节省用能。

不同 E 值时的电动热泵的制热性能系数 表 8-2

区域锅炉房 E	0.6	0.65	0.7	0.75	0.8
电动热泵相应的 制热性能系数 ε_h	2.2	2.4	2.6	2.8	2.96

二、热泵的环保效益

当今世界除了面临着能源紧张问题外，还面临着环境恶化问题。人们最关注的全球性环境问题有：CO_2、甲烷等产生的温室效应；二氧化硫、氮氧化合物等酸性物质引起的酸雨；氯氟烃类化合物引起的臭氧层破坏等环境问题，以及空调冷热源设备的运行过程中产生的直接或间接的环境污染问题。

众所周知，空调冷热源中采用的能源主要有煤、燃气、燃油、电力（火力发电为主）等，可以说基本是矿物能源。暖通空调系统的能量消耗量很大，日本暖通空调系统的能耗量占总能源消耗量的 13.9%，美国为 26.3%。尤其是在公共建筑能耗中，空调系统的能耗占了最大比例。矿物燃料的燃烧过程又产生大量的 CO_2、NO_x、SO_x 等有害气体和大量的烟尘，将会造成环境污染和地球温暖化。近十年来全球已升温 $0.3\sim0.6℃$，使海平面上升 $10\sim25cm$。预计到 2100 年，若 CO_2 增加一倍，地球将升温 $1.5\sim3.5℃$，海平面将上升 $15\sim95cm$。气温上升，陆地面积减少，将会严重干扰人们的正常生活和生产。

2001 年世界银行发展报告列举的世界污染最严重的 20 个城市中，中国占了 16 个；中国大气污染造成的损失已经占到 GDP 的 3%～7%。近年来，伴随着工业化、城市化、现代化，我国的环境保护问题十分突出。

此外，我国的温室气体排放量也仅次于美国而居世界第二。对此，应引起暖通空调工作者的关注。

减少暖通空调冷热源 CO_2、NO_x、SO_x 和烟尘的排放量，是当务之急，我们应采取下述有效措施来减少 CO_2、NO_x、SO_x 和烟尘的排放量：

（1）采取各种有效的技术措施，进行暖通空调系统的节能；

（2）暖通空调系统中要合理用能，提高矿物燃料的能源利用率；

（3）大力发展水力发电、核电，在暖通空调系统中使用非矿物燃料；

（4）发展可再生能源，在暖通空调系统中节约使用一次矿物燃料；

（5）采取各种有效的治理环境的技术措施。

热泵作为空调系统的冷热源，可以把自然界或废弃的低温废热变为较高温度的可用的再生热能，满足暖通空调系统用能的需要。这就给人们提出一条节约矿物燃料、合理利用能源，减轻环境污染的途径。

电动热泵与燃油锅炉相比，在向暖通空调用户供应相同热量的情况下，可以节约40%左右的一次能源，其节能潜力很大，CO_2 排放量约可减少 68%，SO_2 排放量约可减少 93%，NO_2 排放量约可减少 73%，这大大改善了城市大气污染问题。同时，对城市内的排热量约可减少 77%，又可以大大缓解城市热岛现象。

因此，许多国家都大力发展热泵，把热泵作为减少 CO_2、SO_2、NO_2 排放量的一种有效方法。热泵空调的广泛应用，大大改善了城市环境问题。全球温暖化问题已成为人们瞩目的焦点，人们要求减少温室效应。也就是说，能源效率再次变得非常重要，这不是由于经济问题，而是出于环境原因。

但是，在热泵空调的应用中，还应注意氯氟烃（CFC）类物质对环境的影响。CFC类热泵工质会造成臭氧层耗减和温室效应。虽然蒙特利尔议定书以及议定书各方的合作已经成功地减少了对臭氧层破坏的威胁，但对于热泵空调来说，如何解决 CFC 对臭氧层的破坏仍是一个重要问题。其解决途径主要有三：一是对现有使用的热泵采取回收/再循环技术；二是积极寻找被淘汰受控物质的替代物；三是采用不破坏臭氧层的其他热泵方式（如溴化锂吸收式热泵等）。

第四节　空气源热泵系统

一、空气源热泵及其特点

空气作为热泵的低位热源，取之不尽，用之不竭，处处都有，可以无偿地获取，而且，空气源热泵的安装和使用也都比较方便。但是空气作为热泵的低位热源也有缺点：

（1）室外空气的状态参数随地区和季节的不同而变化，这对热泵的供热能力和制热性能系数影响很大。众所周知，当室外空气的温度降低时，空气源热泵的供热量减少，而建筑物的耗热量却在增加，这造成了空气源热泵供热量与建筑物耗热量之间的供需矛盾。图 8-5 表示了采用空气源热泵供暖系统的特性。图中 AB 线为建筑物耗热量特性曲线；CD 线为空气源热泵供热特性曲线，两条线呈相反的变化趋势。其交点 O

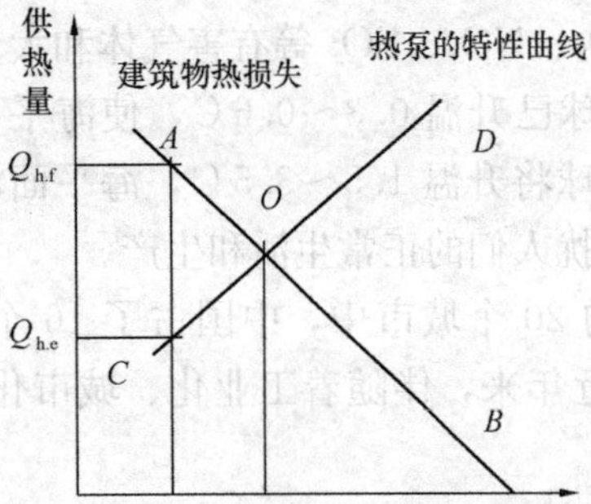

图 8-5　空气源热泵供热系统的特性

称为平衡点，相对应的室外温度 t_0 称为平衡点温度。当室外温度为 t_0 时，热泵供热量与建筑物耗热量相平衡。当室外空气温度高于 t_0 时，热泵的供热量大于建筑物的耗热量，此时，可通过对热泵的能量调节来解决热泵供热量过剩的问题。当室外空气温度低于 t_0 时，热泵的供热量小于建筑物的耗热量，此时，可采用辅助热源来解决热泵供热量的不足。如在温度为 t_a 时，建筑物耗热量为 $Q_{h.f}$，热泵的供热量为 $Q_{h.e}$，辅助热源供热量为 $(Q_{h.f} - Q_{h.e})$。因此，优化全国各地平衡点温度，合理选取辅助热源及热泵的调节方式是空气源热泵空调设计中的重要问题。

（2）冬季室外温度很低时，室外换热器中工质的蒸发温度也很低。当室外换热器表面温度低于周围空气的露点温度且低于 0℃时，换热器表面就会结霜。霜的形成使得换热器传热效果恶化，且增加了空气流动阻力，使得机组的供热能力降低，严重时机组会停止运行。结霜后热泵的制热性能系数下降，机组的可靠性降低；室外换热器热阻增加；空气流动阻力增加。

（3）空气的比热容小，要获得足够的热量时，需要较大的空气量。一般来说，从空气中每吸收 1kW 热能，所需要的空气流量约为 360m³/h。同时由于风机风量的增大，使空气源热泵装置的噪声也增大。

二、空气源热泵在我国应用的适应性

我国疆域辽阔，其气候涵盖了寒、温、热带。按我国《建筑气候区划标准》（GB 50178—93），全国分为 7 个一级区和 20 个二级区。各一级区气候特点及地区位置列入表 8-3。与此相应，空气源热泵的设计与应用方式等，各地区都应有不同。

一级区区划指标　　　　　　　　　　　　　　　　　　　　　表 8-3

区名	主要指标	辅助指标	各区行政范围
I	1 月平均气温＜−10℃；7 月平均气温＜25℃；7 月平均相对湿度＞50%	年降水量 200～800mm；年日平均气温＜5℃的日数＞145d	黑龙江、吉林全境；辽宁大部；内蒙古北部及山西、陕西、河北、北京北部的部分地区
II	1 月平均气温 −10～0℃；7 月平均气温 18～28℃	年日平均气温＜5℃的日数 145～90d；年日平均气温＞25℃的日数＜80d	天津、山东、宁夏全境北京、河北、山西、陕西大部；辽宁南部；甘肃中东部；河南、安徽、江苏北部的部分地区
III	1 月平均气温 0～10℃；7 月平均气温 25～30℃	年日平均气温＜5℃的日数 90～0d；年日平均气温＞25℃的日数 40～110d	上海、浙江、江西、湖北、湖南全境；江苏、安徽、四川大部；陕西、河南南部；贵州东部；福建、广东、广西北部及甘肃南部的部分地区
IV	1 月平均气温＞10℃；7 月平均气温 25～29℃	年日平均气温＞25℃的日数 100～200d	海南、台湾全境；福建南部；广东、广西大部；云南西南部的部分地区
V	1 月平均气温 0～13℃；7 月平均气温 18～25℃	年日平均气温＜5℃的日数 0～90d	云南大部；贵州、四川西南部；西藏南部一小部分地区
VI	1 月平均气温 0～−22℃；7 月平均气温＜18℃	年日平均气温＜5℃的日数 90～285d	青海全境；西藏大部；四川西部；甘肃西南部；新疆南部部分地区
VII	1 月平均气温 −5～−20℃；7 月平均气温＞18℃；7 月平均相对湿度＜50%	年降水量 10～600mm；年日平均气温＜5℃的日数 110～180d；年日平均气温＞25℃的日数＜120d	新疆大部；甘肃北部；内蒙西部

（1）Ⅲ区属于我国夏热冬冷地区的范围。夏热冬冷地区的气候特征是夏季闷热，7月份平均地区气温25～30℃，年日平均气温大于25℃的日数为40～100d；冬季湿冷，1月平均气温0～10℃，年日平均气温小于5℃的日数为90～0d。气温的日较差较小，年降雨量大，日照偏小。这些地区的气候特点非常适合于应用空气源热泵。《采暖通风与空气调节设计规范》（GB 50019—2003）中也指出夏热冬冷地区的中、小型建筑可用空气源热泵供冷、供暖。

近年来，随着我国国民经济的发展，这些地区国内生产总值约占全国的48%，是经济、文化较发达的地区，同时又是我国人口密集（城乡人口约为5.5亿）的地区。在这些地区的民用建筑中常要求夏季供冷，冬季供暖。因此，在这些地区选用空气源热泵（如热泵家用空调器、空气源热泵冷热水机组等）解决空调供冷、供暖问题是较为合适的选择。其应用愈来愈普遍，现已成为设计人员、业主的首选方案之一。

（2）Ⅴ区地区主要包括云南大部，贵州、四川西南部，西藏南部一小部分地区。这些地区1月平均气温0～13℃，年日平均气温小于5℃的日数0～90d。在这样的气候条件下，过去一般建筑物不设置采暖设备。但是，近年来随着现代化建筑的发展和向小康生活水平迈进，人们对居住和工作建筑环境要求愈来愈高，因此，这些地区的现代建筑和高级公寓等建筑也开始设置采暖系统。因此，在这种气候条件下，选用空气源热泵系统是非常合适的。

（3）传统的空气源热泵机组在室外空气温度高于－3℃的情况下，均能安全可靠地运行。因此，空气源热泵机组的应用范围早已由长江流域北扩至黄河流域，即已进入气候区划标准的Ⅱ区的部分地区内。这些地区气候特点是冬季气温较低，1月平均气温为－10～0℃，但是在采暖期里气温高于－3℃的时数却占很大的比例，而气温低于－3℃的时间多出现在夜间。因此，在这些地区以白天运行为主的建筑（如办公楼、商场、银行等建筑）选用空气源热泵，其运行是可行而可靠的。另外这些地区冬季气候干燥，最冷月室外相对湿度在45%～65%左右，因此，选用空气源热泵其结霜现象又不太严重。

三、空气源热泵热水器

空气源热泵热水器为一种利用空气作为低温热源来制取生活热水的热泵热水器，主要由空气源热泵循环系统和蓄水箱两部分组成。空气源热泵热水器就是通过消耗少部分电能，把空气中的热量转移到水中的制取热水的设备。它的工作原理同空气源热泵（空气/水热泵）一样，如图8-6所示。不同的是：

（1）空调用的空气/水热泵供水温度（50～55℃）基本不变，因此，其冷凝温度也是基本不变的，可认为运行工况是稳定的。而空气源热泵热水器的供水温度是变化的，由运行开始时的20℃左右变化到蓄热水箱内水温设计值（如60℃），因此，空气源热泵热水器在与空调用空气/水热泵相同的室外气温条件下，其冷凝温度随着运行时间的延续而不断升高，它是在一种特殊的变工况条件下运行的。

（2）空气源热泵热水器因其特殊的变工况运行条件，系统工质的充注量的变化对系统的工作性能影响很大。如充注量过少，系统的加热时间过长，其COP值小；充注量过多，蒸发、冷凝压力过高，COP值也不高。因此，在实际运行中系统最佳充注量应保证蒸发器出口的气体工质有1～2℃的过热度。

空气源热泵热水器一般均采用分体式结构，该热水器由类似空调器室外机的热泵主机

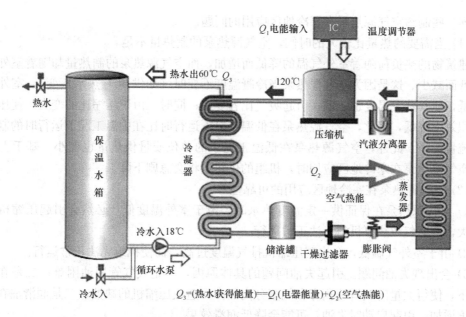

图 8-6　空气源热泵热水器的工作原理

和大容量承压保温水箱组成，水箱有卧式和立式之分。

空气源热泵热水器有以下几个特点：

(1) 高效节能：其输出能量与输入电能之比即能效比（COP）一般在 $3\sim5$ 之间，平均可达到 3 以上，而普通电热水锅炉的能效比（COP）不大于 0.90，燃气、燃油锅炉的能效比（COP）一般只有 $0.6\sim0.8$，燃煤锅炉的能效比（COP）更低，一般只有 $0.3\sim0.7$。

(2) 环保无污染：该设备是通过吸收环境中的热量来制取热水，所以与传统型的煤、油、气等燃烧加热制取热水方式相比，无任何燃烧外排物，是一种低能耗的环保设备。

(3) 运行安全可靠：整个系统的运行无传统热水器（燃油、燃气、燃煤）中可能存在的易燃、易爆、中毒、腐蚀、短路、触电等危险，热水通过高温冷媒与水进行热交换得到，电与水在物理上分离，是一种完全可靠的热水系统。

(4) 使用寿命长，维护费用低：设备性能稳定，运行安全可靠，并可实现无人操作。

(5) 适用范围广：可用于酒店、宾馆、学校、医院、游泳池、温室、洗衣店等，可单独使用，亦可集中使用，不同的供热要求可选择不同的产品系列和安装设计。

(6) 应考虑冬季运行时室外温度过低及结霜对机组性能的影响。

应注意，近年来国内外都在研究 CO_2 热泵热水器。文献［5］中指出，在蒸发温度 $0℃$ 的条件下，把水从 $9℃$ 加热至 $60℃$，CO_2 热泵热水系统的 COP 值可达 4.3。以周围空气为热源时，全年的运行平均供热 COP 值可达到 4.0，与传统的电加热或者燃煤锅炉相比，可以节省 75% 的能量。

四、空气源热泵在寒冷地区应用与发展中的关键技术

我国寒冷地区冬季气温较低，而气候干燥。采暖室外计算温度基本在 $-5\sim-15℃$ 之间，最冷月平均室外相对湿度基本在 $45\%\sim65\%$ 之间。在这些地区选用空气源热泵，其结霜现象不太严重。因此说，结霜问题不是这些地区冬季使用空气源热泵的最大障碍。但却存在下列一些制约空气源热泵在寒冷地区应用的问题。

（1）当需要的热量比较大的时候，空气源热泵的制热量不足。

建筑物的热负荷随着室外气温的降低而增加，而空气源热泵的制热量却随着室外气温的降低而减少。这是因为空气源热泵当冷凝温度不变时（如供 50℃ 热水不变），室外气温的降低，使其蒸发温度也降低，引起吸气比容变大；同时，由于压缩比的变大，使压缩机的容积效率降低，因此，空气源热泵在低温工况下运行时比在中温工况下运行时的制冷剂质量流量要小。此外，空气源热泵在低温工况下的单位质量供热量也变小。基于上述原因，空气源热泵在寒冷地区应用时，机组的供热量将会急剧下降。

（2）空气源热泵在寒冷地区应用的可靠性差。

1）空气源热泵在保证供一定温度热水时，由于室外温度低，必然会引起压缩机压缩比变大，使空气源热泵机组无法正常运行。

2）由于室外气温低，会出现压缩机排气温度过高，而使机组无法正常运行。

3）会出现失油问题。引起失油问题的具体原因，一是吸气管回油困难；二是在低温工况下，使得大量的润滑油积存在气液分离器内而造成压缩机的缺油；三是润滑油在低温下黏度增加，引起启动时失油，可能会降低润滑效果。

4）润滑油在低温下，其黏度变大，会在毛细管等节流装置里形成"腊"状膜或油"弹"，引起毛细管不畅，而影响空气源热泵的正常运行。

5）由于蒸发温度越来越低，制冷剂质量流量也会越来越小，这样对半封闭压缩机或全封闭压缩机的电机冷却不足而出现电机过热，甚至烧毁电机。

（3）在低温环境下，空气源热泵的能效比（EER）会急速下降。

文献 [6] 指出，当供水温度为 45℃ 和 50℃，室外气温降至 0℃ 以下时，常规的空气源热泵机组的制热能效比 EER 已经降到很低。如室外气温为 −5℃，供 50℃ 热水时，实验样机的 EER 已降低至 1.5。

为解决上述问题，才出现了双级耦合热泵系统，如图 8-7 所示。用空气源热泵冷热水机组制备 10～20℃ 低温水，通过水环路送至室内各个水/空气热泵机组中，水/空气热泵再从水中汲取热量，直接加热室内空气，以达到供暖目的。为了提高该系统的节能和环保效益，又提出单、双级混合式热泵供暖系统。该系统克服了双级耦合热泵系统在整个采暖期内，不管室外气温多高，都按双级运行的问题。在采暖期内，只有室外气温低，无法单级运行时，再按双级运行。系统的主要特点有：

1）与传统的供暖模式相比，它是一种仿效自然生态过程物质循环模式的部分热量循环的供暖模式。传统的供暖模式是一种"热源消耗高位能、向建筑物室内提供低温的热量、向环境排放废物（如废热、废气、废渣等）"的单向性的供热模式。随着人们生活水平的提高，人们对居住供暖的要求愈来愈高，使建筑物能耗急剧增长，也愈来愈严重地造成了对环境的污染。因此，人们开始认识到现有的这种单向性的供暖模式在 21 世纪已无法持续下去，而应当研究替代它的新系统。图 8-7 就是一种较为理想的替代系统。

2）建筑热损失散失到室外大气中，又作为空气源热泵的低温热源使用。这样，可以使建筑供暖节约了部分高位能，同时也不会使城市中的室外大气温度降低得比市郊区的温度还低，从而减轻建筑物排热对环境的影响。

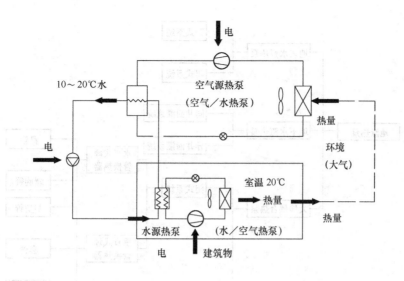

图 8-7 双级耦合热泵供暖系统示意图

3）系统通过一个水循环系统将两套单级压缩热泵系统有机耦合在一起，构成一个新型的双级耦合热泵系统。通常可由空气/水热泵＋水/空气热泵或空气/水热泵＋水/水热泵组成。若前者系统中水/空气热泵还兼有回收建筑物内余热的作用时，又可将前者称为双级耦合水环热泵空调系统。

4）水/空气热泵直接加热室内空气与水/水热泵间接加热室内空气相比，可以减少热量在输送与转换过程中的损失。同时还可以省掉用户的供暖设备（如风机盘管或地板辐射采暖等）。

另外，还可从热泵机组的部件与循环上，采取改善空气源热泵低温运行特性的技术措施和适用于寒冷气候的热泵循环。如：加大室外换热器面积、加大压缩机容量（多机并联、变频技术等）、喷液旁通循环、准二级压缩空气源热泵循环、两级压缩循环等。

第五节 地源热泵空调系统

地源热泵空调系统是一种通过输入少量的高位能，实现从浅层地能（土壤热能、地下水或地表水中的低位热能）向高位热能转移的空调系统，它包括了使用土壤、地下水和地表水作为低位热源（或热汇）的热泵空调系统，即：以土壤为热源和热汇的热泵系统称为土壤耦合热泵系统，也称地下埋管换热器地源热泵系统；以地下水为热源和热汇的热泵系统称为地下水热泵系统；以地表水为热源和热汇的热泵系统称为地表水热泵系统。

一、地源热泵空调系统的分类

地源热泵空调系统的分类如图 8-8 所示，系统形式见表 8-4。

二、地表水源热泵的特点

（1）地表水的温度变化比地下水的水温、大地埋管换热器出水水温的变化大，其变化主要体现在：

1）地表水的水温随着全年各个季度的不同而变化。

2）地表水的水温随着湖泊、池塘水深度的不同而变化。

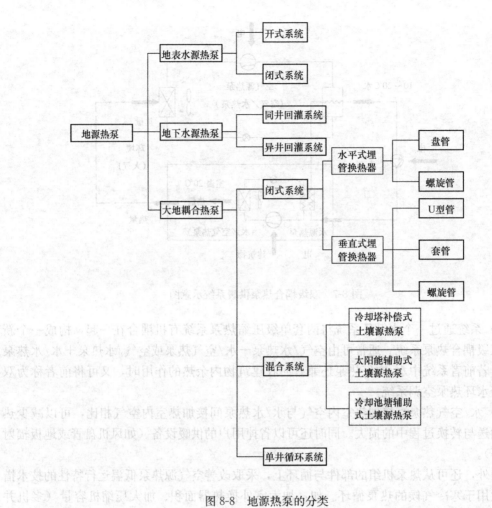

图 8-8　地源热泵的分类

地源热泵系统形式　　　　　　　　　　　　　　　　　　表 8-4

热泵形式	系统名称	图　式	说　明
地表水源热泵	闭式环路系统	盘管　　接热泵机组　　湖泊或江河	将盘管直接置于水中,通常盘管有两种形式,一是松散捆卷盘管,即从紧密运输捆卷拆散盘管,重新卸成松散捆卷,并加重物;二是伸展开盘管或"螺旋型"盘管
	开式环路系统	接热泵机组　　过滤器　　湖泊或江河	通过取水装置直接将湖水或河水送至换热器与热泵低温水进行热交换,释热后的湖水或河水直接返回湖或河内,但注意不要与取水短路

热泵形式	系统名称	图　式	说　明
地下水源热泵	同井回灌	接热泵机组	同井回灌热泵技术是我国发明的新技术。取水和回灌水在同一口井内进行，通过隔板把井分成二部分，一部分是低压（吸水）区，另一部分是高压（回水）区。当潜水泵运行时，地下水被抽至井口换热器中，与热泵低温水换热，地下水释放热量后，再由同井返回到回水区
	异井回灌		异井回灌热泵技术是地下水源热泵最早的应用形式。取水和回水在不同的井内进行，从一口抽取地下水，送至井口换热器中，与热泵低温水换热，地下水释放热量后，再从其他的回灌井内回到同一地下含水层中。若地下水水质好，地下水可直接进入热泵，然后再由另一口回灌井回灌回去
大地耦合热泵	水平式埋管换热器	Ⅰ—Ⅰ剖面　Ⅰ 单管　双管　四管　多管增强　板式	水平式埋管换热器在水平沟内敷设，埋深 1.2～3.0m。每沟埋 1～6 根管子。管沟长度取决于土壤状态和管沟内管子数量与长度。根据埋管形式可分为水平管换热器和螺旋管换热器（埋管在水平沟内呈螺旋状敷设）。一般来说，水平式埋管换热器的成本低、安装灵活，但它占地面积大。因此，一般用于地表面积充裕的场合
	垂直式埋管换热器　单竖井、单U形管	(a)同程系统 (b)异程系统	垂直式埋管换热器的埋管形式有 U 形管、套管和螺旋管等。垂直埋深分浅埋和深埋两种，浅埋埋深为 8～10m，深埋埋深为 33～180m，一般埋深为 23～92m。它与水平式埋管换热器相比，所需的管材较少，流动阻力损失小，土壤温度不易受季节变化的影响，所需的地表面积小，因此，一般用于地表面积受限制的场合。 　图（a）是较为普遍的一种形式，每个竖井布置一根 U 形管，各 U 形管并联在环路集管上，环路采用同程系统。图（b）环路采用异程系统
	双竖井、单U形管		每个竖井内布置一根 U 形管，由两个竖井 U 形管串联组成一个小环路，各个小环路并联在环路集管上

热泵形式	系统名称	图　式	说　明
大地耦合热泵	单井循环系统		单井循环系统是土壤源热泵同轴套管换热器的一种变形。相对于土壤源热泵套管换热器而言，取消了套管的外管，水直接在井孔内循环，与井壁岩土进行热交换。井孔直径为150mm，井深152.5~457.5m，井与井之间理想的间距15~23m

因此，地表水源热泵的一些特点与空气源热泵相似。例如冬季要求热负荷最大时，对应的蒸发温度最低，而夏季要求供冷负荷最大时，对应的冷凝温度最高。又如，地表水源热泵空调系统也应设置辅助热源（燃气锅炉、燃油锅炉等）。

（2）地表水是一种很容易采用的低位能源。因此，对于同一栋建筑物，选用开式地表水热泵空调系统的费用是地源热泵空调系统中最低的。而选用闭式地表水源热泵空调系统也比大地耦合热泵空调系统费用低。

（3）闭式地表水源热泵系统相对于开式地表水热泵系统，具有如下特点：

1）闭式环路内的循环介质（水或添加防冻剂的水溶液）清洁，避免了系统内的堵塞现象。

2）闭式环路系统中的循环水泵只需克服系统的流动阻力。

3）由于闭式环路内的循环介质与地表水之间换热的要求，循环介质的温度一般要比地表水的水温度低 2~7℃，由此将会引起水源热泵的机组的性能降低。

（4）要注意和防止地表水源热泵系统的腐蚀、生长藻类等问题，以避免频繁的清洗而造成系统运行的中断和较高的清洗费用。

（5）地表水源热泵系统的性能系数较高。

（6）冬季地表水的温度会显著下降，因此，地表水源热泵系统在冬季可考虑能增加地表水的水量。

（7）出于生物学方面的原因，常要求地表水源热泵的排水温度不低于2℃。但湖沼生物学家们认为，水温对河流的生态影响比光线和含氧量的影响要小。不管如何，热泵长期不停地从河水或湖水中采热，对湖泊或河流的生态有何影响，仍是值得进一步在运行中注意与研究的问题。

三、地下水源热泵系统的特点

近年来，地下水源热泵系统在国内北方一些地区，如山东、河南、辽宁、黑龙江、北京、河北等地，得到了广泛的应用。它相对于传统的供暖（冷）方式及空气源热泵具有如下的特点：

（1）地下水源热泵具有较好的节能性。地下水的温度相当稳定，一般比当地全年平均气温高 1~2℃左右。冬暖夏凉，使得机组的供热季节性能系数和能效比高。同时，温度较低的地下水，可直接用于空气处理设备中，对空气进行冷却除湿处理而节省冷量。相对于空气源热泵系统，能够节约 23%~44% 的能量。国内地下水源热泵的制热性能系数可达 3.5～4.4，比空气源热泵的制热性能系数要高 40%。

（2）地下水源热泵具有显著的环保效益。目前，地下水源热泵的驱动能源是电，电能是一种清洁能源。因此，在地下水源热泵应用场合无污染。只是在发电时，消耗一次能源而导致电厂附近的污染和二氧化碳温室性气体的排放。但是由于地下水源热泵的节能性，也使电厂附近的污染减弱。

（3）地下水源热泵具有良好的经济性。美国 127 个地源热泵的实测表明，地源热泵相对于传统供暖、空调方式，运行费用节约 18%～54%。一般来说，对于浅井（60m）的地下水源热泵不论容量大小，都是经济的；而安装容量大于 528kW 时，井深在 180～240m 范围时，地下水源热泵也是经济的，这也是大型地下水源热泵应用较多的原因。地下水源热泵的维护费用虽然高于大地耦合热泵，但与传统的冷水机组加燃气锅炉相比还是低的。国内的地下水源热泵工程也说明：根据北京市统计局信息咨询中心对采用地下水源热泵技术的 11 个项目的冬季运行分析报告，在供暖的同时，还供冷、供热水、新风的情况下，单位面积费用支出 9.48～28.85 元不等，63% 的项目低于燃煤集中供热的采暖价格，全部被调查项目均低于燃油、燃气和电锅炉供暖价格。据初步计算，使用地下水源热泵技术，投资增量回收期约为 4～10 年。

（4）地下水源热泵能够减少高峰需电量，这对于减少峰谷差有积极意义。当室外气温处于极端状态时，用户对能源的需求量亦处于高峰期，而此时空气源热泵、地表水源热泵的效率最低，地下水源热泵却不受室外气温的影响。因此，在室外气温最低时，地下水源热泵能减少高峰需电量。

（5）回灌是地下水源热泵的关键技术。在面临地下水资源严重短缺的今天，如果地下水源热泵的回灌技术有问题，不能将 100% 的井水回灌回含水层内，将带来一系列的生态环境问题，地下水位下降、含水层疏干、地面下沉、河道断流等，会使已不乐观的地下水资源状况雪上加霜。为此地下水源热泵系统必须具备可靠的回灌措施，保证地下水能100% 的回灌到同一含水层内。

目前，国内地下水源热泵系统有两种类型：同井回灌系统和异井回灌系统。同井回灌系统是 2001 年国内提出的一种具有自主知识产权的新技术，它与传统的地下水源热泵相比，具有如下特点：

（1）在相同供热量情况下，虽然所需的井水量相同，但水井数量至少减少一半，故所占场地更少，节省初投资。

（2）采用压力回水改善回灌条件。同井回灌系统采取井中加装隔板的技术措施来提高回灌压力，即使两个区（抽水区和回灌区）之间的压差大约是 0.1MPa，也可以使回灌水通畅地返回地下。

（3）同井回灌热泵系统不仅采集了地下水中的热能，而且还采集了含水层固体骨架、相邻的顶、底板岩土层中的热量和土壤的季节蓄能。

（4）同井回灌热泵系统也存在热贯通的可能性。在同一含水层中的同井回灌地下水源热泵的回水一部分经过渗透进入抽水部分是不可避免的，但这种掺混的程度与含水层参数、井结构参数和设计运行工况等有关。

四、大地耦合热泵系统的特点

与空气源热泵相比，土壤耦合热泵系统具有如下优点：

（1）土壤温度全年波动较小且数值相对稳定，热泵机组的季节性能系数具有恒温热源热泵的特性，这种温度特性使土壤耦合热泵比传统的空调运行效率要高40%～60%，节能效果明显。

（2）土壤具有良好的蓄热性能，冬、夏季从土壤中取出（或放入）的能量可以分别在夏、冬季得到自然补偿。

（3）室外气温处于极端状态时，用户对能源的需求量一般也处于高峰期，由于土壤温度相对地面空气温度的延迟和衰减效应，因此和空气源热泵相比，它可以提供较低的冷凝温度和较高的蒸发温度，从而在耗电相同的条件下，可以提高夏季的供冷量和冬季的供热量。

（4）地下埋管换热器无需除霜，没有结霜与融霜的能耗损失，节省了空气源热泵的结霜、融霜所消耗的3%～30%的能耗。

（5）地下埋管换热器在地下吸热与放热，减少了空调系统对地面空气的热、噪声污染。同时，与空气源热泵相比，相对减少了40%以上的污染物排放量，与电供暖相比，相对减少了70%以上的污染物排放量。

（6）运行费用低。据世界环境保护组织EPA估计，设计安装良好的土壤耦合热泵系统平均来说，可以节约用户30%～40%的供热制冷空调的运行费用。

但从目前国内外对土壤耦合热泵的研究及实际使用情况来看，土壤耦合热泵系统也存在一些缺点，主要有：

（1）地下埋管换热器的供热性能受土壤性质影响较大，长期连续运行时，热泵的冷凝温度或蒸发温度受土壤温度变化的影响而发生波动。

（2）土壤的导热系数小而使埋管换热器的持续吸热率仅为20～40W/m，一般吸热率为25W/m左右。因此，当换热量较大时，埋管换热器的占地面积较大。

（3）地下埋管换热器的换热性能受土壤的热物性参数的影响较大。计算表明，传递相同的热量所需传热管管长在潮湿土壤中为干燥土壤中的1/3，在胶状土中仅为它的1/10。

（4）初投资较高，仅地下埋管换热器的投资约占系统投资的20%～30%。

第六节　污水源热泵系统

污水源热泵是水源热泵的一种。众所周知，水源热泵的优点是水的热容量大，设备传热性能好，所以换热设备较紧凑；水温的变化较室外空气温度的变化要小，因而污水源热泵的运行工况比空气源热泵的运行工况要稳定。处理后的污水是一种优良的引人注目的低温余热源，是水/水热泵或水/空气热泵的理想低温热源。

一、污水源热泵的形式

污水源热泵形式繁多，根据热泵是否直接从污水中取热量，可分为直接式和间接式两种。所谓的间接式污水源热泵是指热泵低位热源环路与污水热量抽取环路之间设有中间换热器或热泵低位热源环路通过水/污水浸没式换热器在污水池中直接吸取污水中的热量。而直接式污水源是城市污水可以通过热泵或热泵的蒸发器直接设置在污水池中，通过制冷剂气化吸取污水中的热量。二者相比，各具有以下特点：

（1）间接式污水源热泵相对于直接式运行条件要好，一般来说没有堵塞、腐蚀、繁殖微生物的可能性，但是中间水/污水换热器应具有防堵塞、防腐蚀、防繁殖微生物等功能。

（2）间接式污水源热泵相对于直接式而言，系统复杂且设备（换热器、水泵等）多，因此，间接式系统的造价要高于直接式。

（3）在同样的污水温度条件下，直接式污水源热泵的蒸发温度要比间接式高2~3℃，因此在供热能力相同的情况下，直接式污水源热泵要比间接式节能7%左右。

另外，要针对污水水质的特点，设计和优化污水源热泵的污水/制冷剂换热器的构造，其换热器应具有防堵塞、防腐蚀、防繁殖微生物等功能，通常采用水平管（或板式）淋激式、或浸没式换热器、或污水干管组合式换热器。由于换热设备的不同，可组合成多种污水源热泵形式，如图8-9所示。

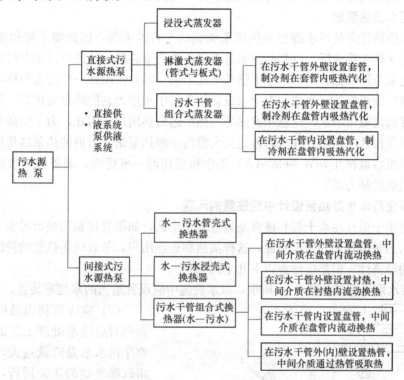

图8-9　污水源热泵形式框图

二、污水的特殊性及对污水源热泵的影响

城市污水由生活污水和工业废水组成，它的成分是极其复杂的。生活污水是城市居民日常生活中产生的污水，常含有较高的有机物（如淀粉、蛋白质、油质等）、大量柔性纤维状杂物与发絮、柔性漂浮物和微尺度悬浮物等。一般来说，生活污水的水质很差，污水中的大小尺度的悬浮物和溶解性化合物等污物的含量达到1%以上。工业废水是各工厂企业生产工艺过程中产生的废水，由于生产企业（如药厂、化工厂、印刷厂、啤酒厂等）的不同，其生产过程产生的废水水质也各不相同。一般来说，工业废水中含有金属及无机化合物、油类、有机污染物等成分，同时工业废水的pH值偏离7，具有一定的酸碱度。正因为污水的这些特殊问题，常使污水源热泵出现下列问题：

（1）污水流经管道和设备（换热设备、水泵等）时，在换热表面上易发生积垢、微生物贴附生长形成生物膜、污水中油贴附在换热面上形成油膜、漂浮物和悬浮固形物等堵塞管道和设备的入口。其最终的结果是出现污水的流动阻塞和由于热阻的增加恶化传热过程。

（2）污水引起管道和设备的腐蚀问题，尤其是污水中的硫化氢使管道和设备腐蚀生锈。

（3）由于污水流动阻塞使换热设备流动阻力不断增大，引起污水量的不断减少，同时传热热阻的不断增大又引起传热系数的不断减小。基于此，污水源热泵运行稳定性差，其供热量随运行时间延长而衰减。

（4）由于污水的流动阻塞和换热量的衰减，使污水源热泵的运行管理和维修工作量大，例如，为了改善污水源热泵的运行特性，换热面需要每日水力冲洗 3～6 次。文献[30]指出污水流动过程中，流量呈周期性变化，周期为一个月，周期末对污水换热器进行高压反冲洗。也就是说每月需对换热器进行一次高压反冲洗。

三、污水源热泵站

污水水质的优劣是污水源热泵供暖系统成功与否的关键，因此要了解和掌握污水水质，应对污水作水质分析，以判断污水是否可作为低温热源。处理后污水中的悬浮物、油脂类、硫化氢等均要比原生污水小十倍乃至几十倍，因此，国外一些污水源热泵常选用城市污水处理厂处理后的污水或城市中水设备制备的中水作为它的热源与热汇。而城市污水处理厂通常远离城市市区，这意味着热源与热汇远离热用户。因此，为了提高系统的经济性，常在远离市区的污水处理厂附近建立大型污水源热泵站。所谓的热泵站是指将大型热泵机组（单机容量在几 MW 到 30MW）集中布置在同一机房内，制备的热水通过城市管网向用户供热的热力站。

四、原生污水水源热泵设计中应注意的问题

城市污水干渠（污水干管）通常是通过整个市区，如果直接利用城市污水干渠中的原生污水作为污水源热泵的低温热源，这样虽然靠近热用户，节省输送热量的耗散，从而提高其系统的经济性，但是应注意以下几个问题：

（1）污水取水设施如图 8-10 所示，取水设施中应设置适当的水处理装置。

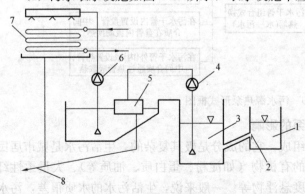

图 8-10　污水干渠取水设施

1—污水干渠；2—过滤网；3—蓄水池；4—污水泵；5—旋转式筛分器；6—已过滤污水水泵；7—污水/制冷剂换热器；8—回水和排水管

（2）应注意利用城市原生污水余热对后续水处理工艺的影响，若原生污水水温降低过大，将会影响市政曝气站的正常运行，这一点早在 1979 年英国 R·D·希普编《热泵》一书中已明确指出：在牛津努菲尔德学院的一个小型热泵中，已对污水热量加以利用。由于污水处理要依靠污水具有一定的热量，若普遍利用这一热源，意味着污水处理工程中要外加热量，这是所不希望的。

（3）文献[29]指出，由初步的工程实测数据表明，清水与污水在同样的流速、管径条件下，污水流动阻力为清水的 2～4 倍。因此，在设计中对这点应充分注意到，要适当加大污水泵的扬程，采取技术措施适当减少污水流动阻力损失。

（4）文献[30]以哈尔滨望江宾馆实际工程为对象，经 3 个月（2003 年 12 月～2004

年 2 月）的现场测试，基于实测数据得到污水/水换热器总传热系数列入表 8-5 中。水/水换热器当管内流速为 1.0～2.5m/s、管外水流速为 1.0～2.5m/s 时，其传热系数为 1740～3490 W/(m²·K)，而此时污水/水换热器换热系数约为清水的 25％～50％。因此，在设计中要适当加大换热器面积，或采取技术措施强化其换热过程。

污水/水壳管式换热器总传热系数　　　　　　　　　　　　表 8-5

工　况	1	2	3	4	5	6	7
污水供回水水温（℃）	10/6.8	14.2/10	14.8/7.2	14.0/8.5	11.5/8.5	14.2/8.1	14.0/8.9
清水供回水水温（℃）	6/3.2	9/6.4	6.8/4.5	7.6/4.7	8.0/5.0	8.3/6.1	9.0/7.4
管内污水流速（m/s）	2.78	2.4	1.72	1.47	1.14	1.0	0.87
总传热系数(W/(m²·K))	654	562	456	442	439	425	410

五、防堵塞与防腐蚀的技术措施

防堵塞与防腐蚀问题是污水源热泵空调系统设计、安装和运行中的重要的关键问题。其问题解决的好与坏，是污水源热泵空调系统成功与否的关键，通常采用的技术措施归纳为：

（1）由于二级出水和中水水质较好，在可能的条件下，宜选用二级出水或中水做污水源热泵的热源和热汇。

（2）在设计中，宜选用便于清污物的淋激式蒸发器和浸没式蒸发器，污水/水换热器宜采用浸没式换热器。经验表明：淋激式蒸发器的布水器的出口容易被污水中较大的颗粒堵塞，故设计中对布水器要做精心设计。

（3）在原生污水源热泵系统中要采取防堵塞的技术措施，通常采用：

1）在污水进入换热器之前，系统中应设有能自动工作的筛滤器，去除污水中的浮游性物质。目前常用的筛滤器有自动筛滤器、转动滚筒式筛滤器等。

2）在系统中的换热器中设置自动清洗装置，去除因溶解于污水中的各种污染物而沉积在管道内壁的污垢。目前常用胶球型自动清洗装置、钢刷型自动清洗装置等。

3）设有加热清洁系统，用外部热源制备热水来加热换热管，去除换热管内壁污物，其效果十分有效。

（4）在污水源热泵空调系统中，易造成腐蚀的设备主要是换热设备。目前污水源热泵空调系统中的换热管有：铜质材质传热管、钛质传热管、镀铝管材传热管和铝塑管传热管等。日本曾对铜、铜镍合金和钛等几种材质分别作污水浸泡试验，试验表明：以保留原有管壁厚度 1/3 作为使用寿命时，铜镍合金可使用 3 年，铜则只能使用 1 年半，而钛则无任何腐蚀。因此原生污水源热泵，宜选用钛质换热器和铝塑传热管。

（5）加强日常功能运行的维护保养工作是不可忽视的防堵塞、防腐蚀的措施。

第七节　水环热泵空调系统

所谓的水环热泵空调系统是指小型的水/空气热泵机组的一种应用方式，即用水环路将小型的水/空气热泵机组并联在一起，构成一个以回收建筑物内部余热为主要特点的热泵供暖、供冷的空调系统。20 世纪 80 年代初，我国在一些外商投资的建筑中采用了水环热泵空调系统，这些工程显示出了水环热泵空调系统具有回收建筑物内余热，有利于环保等优点。因此，从 20 世纪 90 年代，水环热泵空调系统在我国得到了广泛的发展。

一、水环热泵空调系统的组成

图 8-11 给出典型的水环热泵空调系统原理图。由图可见，水环热泵空调系统由四部分组成：室内水源热泵机组（水/空气热泵机组）；水循环环路；辅助设备（冷却塔、加热设备、蓄热装置等）；新风与排风系统。

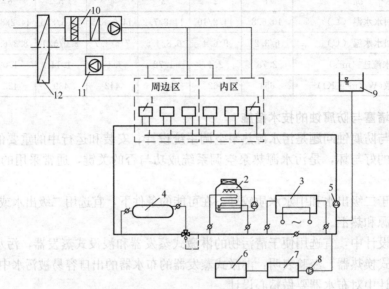

图 8-11　水环热泵空调系统原理图

1—水/空气热泵机组；2—闭式冷却塔；3—加热设备（如燃油、气、电锅炉）；4—蓄热容器；5—水环路的循环水泵；6—水处理装置；7—补给水水箱；8—补给水泵；9—定压装置；10—新风机组；11—排风机组；12—热回收装置

二、水环热泵空调系统的运行特点

根据空调场所的需要，水源热泵可能按供热工况运行，也可能按供冷工况运行。这样，水环路供、回水温度可能出现如图 8-12 所示的 5 种运行工况。

（1）夏季，各热泵机组都处于制冷工况，向环路中释放热量，冷却塔全部运行，将冷凝热量释放到大气中，使水温下降到 35℃以下。

（2）大部分热泵机组制冷，使循环水温度上升，达到 32℃时，部分循环水流经冷却塔。

（3）在一些大型建筑中，建筑内区往往有全年性冷负荷。因此，在过渡季，甚至冬季，当周边区的热负荷与内区的冷负荷比例适当时，排入水环路中的热量与从环路中提取的热量相当，水温维持在 13～35℃范围内，冷却塔和辅助加热装置停止运行。由于从内区向周边区转移的热量不可能每时每刻都平衡，因此，系统中还设有蓄热容器，暂存多余的热量。

（4）大部分机组制热，循环水温度下降，达到 13℃时，投入部分辅助加热器。

（5）在冬季，可能所有的水源热泵机组均处于制热工况，从环路循环水中吸取热量，这时，全部辅助加热器投入运行，使循环水水温不低于 13℃。

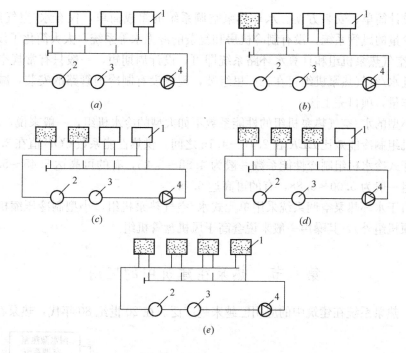

图 8-12　运行工况

(a) 冷却塔全部运行；(b) 冷却塔部分运行；(c) 热收支平衡；(d) 辅助热源部分运行；(e) 辅助热源全部运行

1—水/空气热泵机组；2—冷却塔；3—辅助热源；4—循环泵

▨ 机组供暖　▢ 机组供冷

三、水环热泵空调系统的特点

（1）水环热泵空调系统具有回收建筑内余热的特有功能

对于有余热、大部分时间有同时供热与供冷要求的场合，采用水环热泵空调系统将会把能量从有余热的地方（如建筑物内区、朝南房间等）转移到需要热量的地方（如建筑物周边区、朝北房间等），实现了建筑物内部的热回收，以节约能源。从而相应地也带来了环保效益，不像传统采暖系统会对环境产生严重的污染。因此说，水环热泵空调系统是一种具有节能和环保意义的空调系统形式。这一特点正是推出该系统的初衷，也使得水环热泵空调系统得到推广与应用。

（2）水环热泵空调系统具有灵活性

随着建筑环境要求的不断提高和建筑功能的日益复杂，对空调系统的灵活性和性能的要求越来越高。水环热泵空调系统是一种灵活多变的空调系统，因此，它深受业主欢迎，在我国的空调领域将会得到广泛的应用与发展。其灵活性主要表现在：

1）室内水/空气热泵机组独立运行的灵活性。

2）系统的灵活扩展能力。

3）系统布置紧凑、简洁灵活。

4）运行管理的方便与灵活性。

5）调节的灵活性。

（3）水环热泵空调系统虽然水环路是双管系统，但与四管制风机盘管系统一样，可达到同时供冷供热的效果。

（4）设计简单、安装方便。水环热泵空调系统的组成简单，仅有水/空气热泵机组、水环路和少量的风管系统，没有制冷机房和复杂的冷冻水等系统，大大简化了设计，只要布置好水/空气热泵机组和计算水环路系统即可，设计周期短，一般只有常规空调系统的一半。而且水/空气热泵机组可在工厂里组装，现场没有制冷剂管路的安装，减小了工地的安装工作量，项目完工快。

（5）小型的水/空气热泵机组的性能系数不如大型的冷水机组，一般来说，小型的水/空气热泵机组制冷能效比 EER 在 2.76～4.16 之间，供热性能系数 COP 值在 3.3～5.0 之间。而螺杆式冷水机组制冷性能系数一般为 4.88～5.25，有的可高达 5.45～5.74。离心式冷水机组一般为 5.00～5.88，有的可高达 6.76。

（6）由于水环热泵空调系统采用单元式水/空气热泵机组，小型制冷压缩机设置在室内（除屋顶机组外），其噪声一般来说会高于风机盘管机组。

第八节　热泵在建筑中的应用

目前，热泵系统在建筑中的应用已越来越广泛。在 20 世纪 80 年代，热泵在我国的应

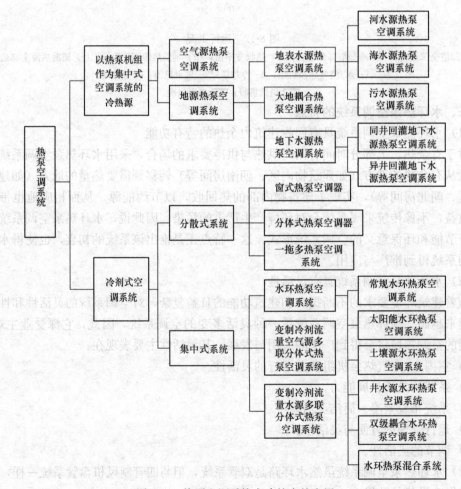

图 8-13　热泵空调系统在建筑中的应用

用主要集中在经济相对发达、气候条件比较适宜应用热泵的大城市，而且一些新的热泵空调系统也最早在这些城市开始应用。从 90 年代起，随着我国经济的发展，人民生活水平有了很大的提高，对室内环境的舒适程度也有更高的要求，这些因素促进了我国空调业的发展，同时热泵的形式及技术也有所发展，因此，热泵在我国的应用范围不断扩大。进入 21 世纪，人们更加注重能源的节约以及环境的保护，为热泵在我国的应用和发展再次提供了新的更大的空间，热泵应用范围几乎扩大到全国。

热泵空调系统在建筑中的应用见图 8-13，主要包括以热泵机组作为集中空调系统的冷热源和热泵型冷剂式空调系统。

参 考 文 献

[1] 姚杨，马最良. 浅议"热泵"定义[J]. 暖通空调. 2002.

[2] 马最良，姚杨，杨自强等编著. 水环热泵空调系统设计[M]. 北京：化学工业出版社，2005.

[3] 马最良，陆亚俊. 供热工程中采用热泵节能的前景[C]. 全国暖通空调制冷 1992 年学术会议论文集.

[4] 龙惟定. 试论建筑节能的新观念[C]. 全国暖通空调制冷 1998 年学术会议文集.

[5] 徐洪涛，李蒙沂，李国强等. 跨临界循环二氧化碳热泵型热水器的应用研究[J]. 制冷与空调. 2001.

[6] 马最良，杨自强，姚杨等. 空气源热泵冷热水机组在寒冷地区应用的分析[J]. 暖通空调. 2001.

[7] 姚杨，马最良. 寒冷地区供暖的新理念与新系统[J]. 流体机械. 2003(增刊).

[8] 马最良，吕悦主编. 地源热泵系统设计与应用[M]. 北京：机械工业出版社，2007.

[9] Office of Geothermal Technologies. Environmental and Energy Benefits of Geothermal Heat Pumps. Produced for the U. S. Department of Energy(DOE)by the National Renewable Energy Laboratory. A DOE National Labortory，DOE/Go-10098-653，1999.

[10] P. J. Lienall，T. L. Boyd，R. L. Rogers. Ground-Source Heat Pump Case Studies and Utility Programs. Prepared For：U. S. Department of Energy Geothermal Division. 1995.

[11] K. Rffery. A Capital Comparison of Comercial Ground-Source Heat Pump System[J]. ASHRAE Transactions. 1995.

[12] 北京市统计局信息咨询中心. 北京市地源热泵示范项目节能效果分析[J]. 太阳能信息. 2005.

[13] 郑祖义著. 热泵空调的设计与创新[M]. 武汉：华中理工大学出版社，1994.

[14] Xu S.，Rybch L. Utilization of Shallow Resources Performance of Direct Use System in Beijing[J]. Geothermal Resource Council Transactions，2003.

[15] 张佩芳，袁寿其. 地源热泵的特点及其在长江流域应用前景[J]. 流体机械. 2003.

[16] 高青，于鸣. 高效环保效能好的供热制冷装置—地源热泵的开发与利用[J]. 吉林工业大学自然科学学报，2001.

[17] 万仁里. 谈地源热泵[J]. 建筑热能通风空调，2002.

[18] 寿青云，陈汝东. 高效节能空调—地源热泵[J]. 节能，2001.

[19] 刘冬生，孙友宏. 浅层地能利用新技术—地源热泵技术[J]. 岩土工程技术，2003.

[20] 孙友宏，胡克，庄迎春等. 岩土钻掘工程应用的又一新领域—地源热泵技术[J]. 岩土钻掘工程(增刊). 2002.

[21] D. A. Ball，R. D. Fischer，D. L. Hodgett. Design Methods for Ground-Source Heat Pumps[J]. ASHRAE Transactions. 1983.

[22] O. J. Svec，L. E. Goodrich，J. H. L. Palmer. Heat Transfer Characteristics of in-Ground

Heat Exchangers[J]. Energy Research. 1983.

[23] 曲云霞，方肇洪，张林华等. 太阳能辅助供暖的地源热泵经济性分析[J]. 可再生能源. 2003.

[24] 李元旦，张旭. 土壤源热泵的国内外研究和应用现状及展望[J]. 制冷空调与电力机械. 2002.

[25] 冯健美，屈宗长，王迪生. 土壤源热泵的技术经济性能分析[J]. 流体机械. 2001.

[26] P. J. Petit, J. P. Meyer. Economic Potential of Vertical Ground-Source Air Conditioners in South Africa[J]. Energy. 1998.

[27] 王永镖，李炳熙，姜宝成. 地源热泵运行经济性分析[J]. 热能动力工程. 2002.

[28] 尹军，陈雷，王鹤立编著. 城市污水的资源再生及热能回收利用[M]. 北京：化学工业出版社，2003.

[29] 吴荣华，张承虎，孙德兴. 城市污水冷热源应用技术发展状态研究[J]. 暖通空调. 2005.

[30] 吴荣华，孙德兴，张承虎. 热泵冷热源城市原生污水的流动阻塞与换热特性[J]. 暖通空调. 2005.

[31] 马最良，姚杨，赵丽莹. 污水源热泵系统在我国的发展前景[J]. 中国给水排水. 2003.

[32] RD. 希普. 热泵[M]. 张在明译. 北京：化学工业出版社，1984.

[33] 陆耀庆主编. 供热通风设计手册[M]. 北京：中国建筑工业出版社，1987.

[34] H O Lindstrom. 利用污水作热源，功率 3.3MW 热泵使用经验. 国外热泵发展和应用译文集（之三）. 中国科学院广州能源研究所，1988.

[35] 姚杨，马最良. 水环热泵空调系统在我国应用中应注意的几个问题[J]. 流体机械. 2002.

第九章　太阳能与建筑一体化技术

第一节　太阳能热水系统

一、太阳能热水系统分类

太阳能热水系统一般包括太阳能集热器、储水箱、循环泵、电控柜和管道等。太阳能热水系统按照其运行方式可分为四种基本形式：自然循环式、自然循环定温放水式、直流式、和强制循环式，如图 9-1 所示。目前我国家用太阳能热水器和小型太阳能热水系统多采用自然循环式，而大中型太阳能热水系统多采用强制循环式或定温放水式。另外，无论家用太阳热水器或公用太阳能热水系统，绝大多数都采用直接加热的循环方式，即集热器内被加热的水直接进入储水箱提供使用。

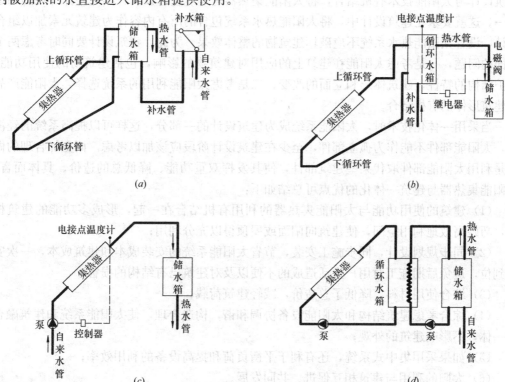

图 9-1　太阳能热水系统的四种基本形式

（*a*）自然循环系统；（*b*）自然循环定温放水系统；（*c*）直流式系统；（*d*）采用二次换热的强制循环太阳能热水系统

完全依靠太阳能为用户提供热水，从技术上讲是可行的，条件是按最冷月份和日照条件最差的季节设计系统，并考虑充分的热水蓄存，这样的系统需设置较大的储水箱，初投资也很大，大多数季节要产生过量的热水，造成不必要的浪费。较经济的方案是太阳能热水系统和辅助热源相结合，在太阳辐照条件不能满足制备足够热水的条件下，使用辅助热

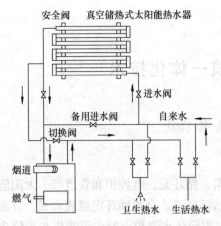

安全阀　真空储热式太阳能热水器

进水阀

备用进水阀

自来水

切换阀

烟道

燃气

卫生热水　生活热水

图 9-2　太阳能与燃气耦合热水系统

源予以补充。常用的辅助热源形式有电加热、燃气加热以及热泵热水装置等。电辅助加热方式具有使用简单、容易操作等优点，也是目前采用最多的一种辅助热源形式，但对水质和电热水器都有较高要求。在有城市燃气的地方，太阳能热水器还可以和燃气热水器配合使用，充分满足热水供应需求，图9-2为燃气辅助的太阳能热水系统形式。在我国南方地区，宜优先考虑高效节能的空气源热泵热水器作为太阳能热水系统的辅助加热装置。

二、建筑一体化太阳能热水系统的内涵

建筑作为人类的基本生存工具和文化体现，是一个复杂的系统，一个完整的统一体。将太阳能技术融入建筑设计中，同时继续保持建筑的文化特性，就应该从技术和美学两方面入手，使建筑设计与太阳能技术有机结合，将太阳能集热器与建筑整合设计并实现整体外观的和谐统一。这就要求在建筑设计中，将太阳能热水系统包含的所有内容作为建筑元素加以组合设计，设置太阳能热水系统不应破坏建筑物的整体效果。为此，建筑设计要同时考虑两个方面的问题，一是考虑太阳能在建筑上的应用对建筑物的影响，包括建筑物的使用功能，围护结构的特性，建筑体形和立面的改变；二是考虑太阳能利用的系统选择，太阳能产品与建筑形体的有机结合。

当采用一体化技术时，太阳能系统成为建筑设计的一部分，这样可以提高系统的经济性，太阳能部件不能作为孤立部件，至少在建筑设计阶段应该加以考虑。而更加合理的做法是利用太阳能部件取代某些建筑部件，使其发挥双重功能、降低总的造价。具体而言，太阳能集热器与建筑一体化的优点可总结如下：

（1）建筑的使用功能与太阳能集热器的利用有机结合在一起，形成多功能的建筑构件，巧妙高效地利用空间，使建筑向阳面或屋顶得以充分利用；

（2）同步规划设计，同步施工安装，节省太阳能系统的安装成本和建筑成本，一次安装到位，避免后期施工对用户生活造成的不便以及对建筑已有结构的损害；

（3）综合使用材料，降低了总造价，减轻建筑荷载；

（4）综合考虑建筑结构和太阳能设备协调和谐，构造合理，使太阳能系统和建筑融合为一体，不影响建筑的外观；

（5）如果采用集中式系统，还有利于平衡负荷和提高设备的利用效率；

（6）太阳的利用与建筑相互促进、共同发展。

三、建筑一体化太阳能热水系统设计途径

太阳能集热器与建筑一体化不完全是简单的形式观念，关键是要改变现有建筑的内在运行系统。具体的设计原则可以表述为吸取技术美学的手法，体现各类建筑的特点，强调可识别性，利用太阳能构件为建筑增加美学趣味。

目前，太阳能热水系统与建筑一体化常见的做法是将太阳能集热器与南向坡屋面一体化安装，蓄热水箱隐蔽在屋面下的阁楼空间或放在其他房间。通过屋面的合理设计，太阳能集热器可以采用明装式、嵌入式、半嵌式等方法直接安装在屋面，其中，嵌入式安装的

一体化效果最好，如图 9-3 所示；也可
以通过专用的钢结构实现一体化，这种
做法已在上海生态办公示范楼中成功地
进行了实践，如图 9-4 所示。前者造价
较低，但在建筑结构设计中需要考虑好
防水等问题，后者造价较高，但可以为
建筑增添特有的美学趣味，体现出前卫
的建筑风格。

图 9-3　太阳能集热器嵌入式安装在坡屋面

　　安装在屋面上的太阳能集热器存在着
连接管道较长，热损失大的缺陷；上屋面
检查或维护较为困难，如果没有统一设计，就会破坏建筑形象。此外，对于大多数多层尤其高
层建筑来说，有限的屋面面积难以满足用户的热水需求，从而阻碍了太阳能热水系统的推广应
用。因此，开发研究新的太阳能建筑一体化方案已成为城市推广利用太阳能的必然趋势。可行
的方法是在南立面布置太阳能集热器，形成有韵律感的连续立面，包括外墙式（图 9-5，平板
式太阳能集热器与南向玻璃幕墙一体化）、阳台式（图 9-6）以及雨篷式（图 9-7）。

图 9-4　太阳能集热器通过钢结构与
建筑实现一体化

图 9-5　太阳能集热器与南向玻
璃幕墙一体化

图 9-6　太阳能集热器与南向阳台一体化

图 9-7　太阳能集热器雨篷一体化

　　图 9-6 是一个将集热器与阳台落地窗护栏结合设计的成功典范，安装集热器的部分设
置高度为 1.1m 的阳台栏板，其余部分为落地窗，并在外侧做护栏。根据集热器的厚度，

将阳台底板多挑出 0.15m，太阳能集热器放置于阳台栏板外侧，与阳台栏板夹角为 0°。横向放置集热管，与落地窗的护栏取平，并且在集热器和护栏上面做一通长的横向栏杆，使之成为一体，既发挥了构件的功能作用，又做到与装饰构件有机结合。此外，根据集热器的安装需要，在阳台栏板上预留了固定螺栓和集热循环管道的穿墙套管。这种做法对多层以及高层住宅建筑中太阳能热水系统的应用具有重要的参考价值。

第二节　太阳能制冷系统

一、太阳能制冷的途径

近年来，太阳能热水器的应用发展很快，这种以获取生活热水为主要目的的应用方式其实与大自然的规律并不完全一致。当太阳辐射强、气温高的时候，人们更需要的是空调制冷，而不是热水，这种情况在我国南方地区尤为突出。随着经济的发展和人民生活水平的提高，空调的使用越来越普及，由此给能源、电力和环境带来很大的压力。因此，利用取之不尽、清洁的太阳能制冷是一个理想的方案，它不仅可使太阳能得到更充分、更合理的利用，可以利用低品位的太阳能为舒适性空调提供制冷，对节省常规能源、减少环境污染、提高人民生活水平具有重要意义，符合可持续发展战略的要求。

实现太阳能制冷有两条途径：1) 太阳能光电转换，利用电力制冷；2) 太阳能光热转换，以热能制冷。前一种方法成本高，以目前太阳电池的价格来算，在相同制冷功率情况下，造价约为后者的 4~5 倍。国际上太阳能空调的应用主要是后一种方法。利用光热转换技术的太阳能空调一般通过太阳能集热器与除湿装置、热泵、吸收式或吸附式制冷机组相结合来实现。在太阳能空调系统中，太阳能集热器用于向再生器、蒸发器、发生器或吸附床提供所需要的热源，因而，为了使制冷机达到较高的性能系数（COP），应当有较高的集热器运行温度，这对太阳能集热器的要求比较高，通常选用在较高运行温度下仍具有较高热效率的集热器。

二、利用光热转换效应的太阳能制冷方式

1. 太阳能吸收式制冷系统

以热能制冷的多种方式中，以吸收式制冷最为普遍，国际上一般都采用溴化锂吸收式制冷机。太阳能吸收式制冷主要包括两大部分：太阳能热利用系统以及吸收式制冷机组。太阳能热利用系统包括太阳能收集、转化以及贮存等构件，其中最核心的部件是太阳能集热器。适用于太阳能吸收式制冷领域的太阳能集热器有平板集热器、真空管集热器、复合抛物面聚光集热器以及抛物面槽式等线聚焦集热器。吸收式制冷技术方面，从所使用的工质对角度看，应用广泛的有溴化锂-水和氨-水，其中溴化锂-水由于 COP 高、对热源温度要求低、没有毒性和对环境友好，因而占据了当今研究与应用的主流地位。从吸收式制冷循环角度看，主要有单效、双效、两级、三效以及单效/两级等复合式循环。目前应用较多的是太阳能驱动的单效溴化锂吸收式制冷系统。

我国在"九五"期间曾经在广东江门和山东乳山两地组织实施了太阳能空调重点科技攻关项目。中科院广州能源所在江门市建成 100kW 太阳能空调系统，如图 9-8 所示。系统采用 500m² 高效平板太阳能集热器驱动双级溴化锂吸收式制冷机，热源设计水温为 75℃，实验表明，热源水温在 60~65℃ 时仍能很稳定地制冷，COP 约为 0.4。北京太阳

能研究所承担了乳山太阳能空调系统的设计工作，该系统采用 2160 支热管式真空管集热器，总采光面积 540m²，总吸热体面积 364m²。太阳能驱动的单效溴化锂吸收式制冷机可提供 100kW 左右的制冷功率，COP 达 0.70，整个系统的制冷效率可达 20% 以上。

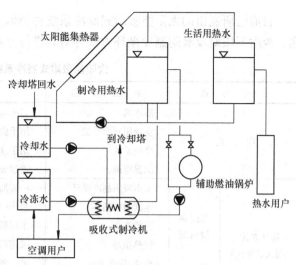

图 9-8　太阳能吸收式空调系统示意图

"十五"期间，中科院广州能源所在天普新能源示范楼实施了太阳能溴化锂吸收式空调项目。建设一套采光面积 812m² 的太阳能集热系统，系统的布置不仅可以满足太阳能集热器的安装要求，又能够保证新能源大楼造型美观、新颖别致，充分体现出太阳能与建筑一体化的特色。空调制冷采用一台 200kW 单级溴化锂吸收式制冷机组，设计工况下热源温度 75~90℃，冷冻水温度 12~15℃。试验结果表明，太阳能制冷机组的制冷能力最高达到 266kW，运行中热力 COP 最高可达 0.8 以上，在高效真空管集热器配合下，系统总的制冷效率可达 0.20~0.30。

2. 太阳能吸附式制冷系统

太阳能固体吸附式制冷是利用吸附制冷原理，以太阳能为热源，采用的工质对通常为活性炭—甲醇、分子筛—水、硅胶—水及氯化钙—氨等。利用太阳能集热器将吸附床加热用于脱附制冷剂，通过加热脱附—冷凝—吸附—蒸发等几个环节实现制冷。太阳能吸附式制冷具有以下特点：

(1) 系统结构及运行控制简单，不需要溶液泵或精馏装置。因此，系统运行费用低，也不存在制冷剂的污染、结晶或腐蚀等问题。如采用基本吸附式制冷循环的太阳能吸附式制冷机，可以仅由太阳能驱动，无运动部件及电力消耗。

(2) 可采用不同的吸附工质对以适应不同的热源及蒸发温度。如采用硅胶—水吸附工质对的太阳能吸附式制冷系统可由 65~85℃ 的热水驱动，用于制取 7~20℃ 的冷冻水；采用活性炭—甲醇工质对的太阳能吸附制冷系统，可直接由平板或其他形式的吸附集热器吸收的太阳辐射能驱动。

(3) 系统的制冷功率、太阳辐射及空调制冷用能在季节上的分布规律高度匹配，即太阳辐射越强，天气越热，需要的制冷负荷越大时，系统的制冷功率也相应越大。

(4) 与吸收式及压缩式制冷系统相比，吸附式系统的制冷功率相对较小。受机器本身传热传质特性以及工质对制冷性能的影响，增加制冷量时，就势必增加吸附剂并使换热设备的质量大幅度增加，因而增加了初投资，机器也会显得庞大而笨重。此外，由于地面上太阳辐射的能流密度较低，收集一定量的加热功率通常需较大的集热面积。受以上两方面因素的限制，目前研制成功的太阳能吸附式制冷系统的制冷功率一般均较小。

(5) 由于太阳辐射在时间分布上的周期性、不连续性及易受气候影响等特点，太阳能吸附式制冷系统用于空调或冷藏等应用场合通常需配置辅助热源。

目前已研制出的太阳能吸附式制冷系统种类繁多，结构也不尽相同，可以按系统的用途、吸附工质对及吸附制冷循环方式等对其进行分类，如表 9-1 所示。

太阳能吸附式制冷系统分类 表 9-1

分 类 方 式		系 统 名 称	应 用 及 特 点
用 途		制冰机	制冰，可采用基本制冷循环，系统结构简单
		空调用制冷系统	用于供应 7～20℃ 的冷冻水，制冷是连续的
		冷藏系统	用于食物及农产品等的低温贮藏
		除湿空调	通过吸附除湿直接处理空气，或配合蒸发冷却进行空调
循环方式（闭式、开式）	吸附制冷机组	基本吸附制冷循环	白天加热解析，夜间冷却吸附，制冷是间歇的
		连续制冷循环	采用两个或多个吸附器交替运行，制冷是连续的
		回质循环	采用回质过程提高系统性能，制冷是连续的
		回热循环	采用回热过程提高系统性能，制冷是连续的
		回热/回质循环	采用回热及回质过程提高系统性能
	除湿系统	转轮除湿或液体除湿	除湿剂直接吸收空气中的水分处理空气，或与水的蒸发冷却相结合处理空气，满足送风温度及湿度要求
吸附工质对		活性炭—甲醇	较适用于太阳能制冰工况
		活性炭—氨	系统工作在正压条件下制冰
		氯化锶—氨	吸附制冰性能优良，材料价格高
		硅胶—水	解吸温度低，较适用于空调用制冷
		分子筛—水	所需的解吸温度较高
		氯化钙—氨	适用于制冰系统

上海交通大学成功研制硅胶—水吸附冷水机组，其容量为 8.5kW，可以采用 60～85℃ 热水驱动，获得 10℃ 冷冻水。该制冷机与普通真空管太阳能集热器结合即可形成高效的太阳能吸附制冷系统，正常夏季典型工况可以获得连续 8h 以上的空调制冷输出。图 9-9 是上海建筑科学研究院生态办公示范楼的 15kW 太阳能吸附式空调系统，实验数据表明，相对于吸附床耗热量的平均制冷性能系数（系统 COP）为 0.35；相对于日总太阳辐射量的平均制冷性能系数（太阳 COP）为 0.15；在全天 8h 运行期间，太阳能吸附式空调

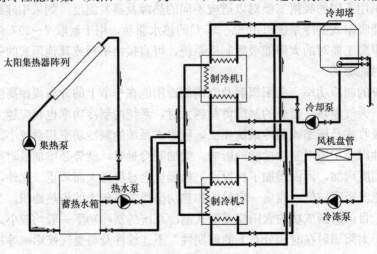

图 9-9 太阳能吸附式空调系统

系统相对于耗电量的日平均制冷性能系数（电力 COP）为 8.19。

3. 太阳能除湿空调系统

干燥剂除湿冷却系统属于热驱动的开式制冷，一般由干燥剂除湿、空气冷却、再生空气加热和热回收等几类主要设备组成。其中，干燥剂有固体和液体，固定床和回转床之分；空气冷却有水冷、直接蒸发冷却和间接蒸发冷却之分；再生用热源来自锅炉、直燃、太阳能等。干燥剂系统与利用闭式制冷机的空调系统相比，具有除湿能力强、有利于改善室内空气品质、处理空气不需再热、工作在常压、适宜于中小规模太阳能热利用系统。固体转轮除湿系统已普遍用于连续除湿的场合，两股不同的气流分别流经旋转的除湿转轮，处理侧空气流经转轮时，空气通过吸附作用而去湿，这并不改变干燥剂的物理性质；再生侧空气被加热后用来再生干燥剂。G. A. Florides 等人提出一种利用空气集热器的太阳能转轮除湿系统，如图 9-10 所示。陈君燕等人利用真空管太阳能集热器作为热源来加热再生侧空气，设

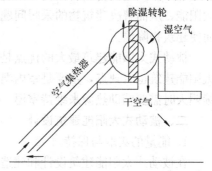

图 9-10 太阳能（空气）转轮除湿系统

计建造了太阳能转轮除湿复合空调系统，其中的太阳能转轮除湿系统如图 9-11 所示。将转轮除湿系统与常规制冷机结合，构成复合系统，可以实现显热、潜热分别处理，不仅可使压缩机电耗降低，而且可使常规制冷子系统结构尺寸减小。在热湿气候地区用作商业建筑的空调系统具有很强的经济性和实用性。

液体除湿空调系统具有节能、清洁、易操作、处理空气量大、除湿溶液的再生温度低等优点，很适合太阳能和其他低湿热源作为其驱动热源，具有较好的发展前景。太阳能液体除湿空调系统利用湿空气与除湿剂中的水蒸气分压差来进行除湿和再生。它能直接吸收空气中的水蒸气，可避免压缩式空调系统为了降低空气湿度，而首先必须将空气降温到露点以下，从而造成系统效率的降低。其次，该系统用水做工作流体，消除了对环境的破坏，而且以太阳能为主要能源，耗电很少。该系统同样可以单独控制处理空气的温度和湿度，实现热、湿分别处理。在较大通风量和高湿地区，该系统仍有较高的效率。太阳能液体除湿系统通常采用除湿塔作为除湿部件，利用太阳能集热器进行溶液浓缩，其系统如图9-12 所示，它表示带有直接蒸发冷却器的太阳能液体除湿空调系统。

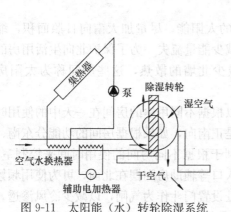

图 9-11 太阳能（水）转轮除湿系统

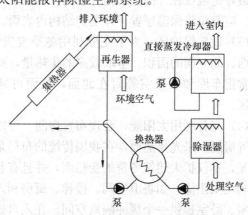

图 9-12 太阳能液体除湿系统

第三节 被动式太阳能建筑

一、被动式太阳能建筑概念

被动式太阳能建筑是通过建筑朝向和周围环境的合理布置，内部空间和外部形体的巧妙处理，以及建筑材料和结构、构造的恰当选择，使其在冬季能集取、保持、贮存、分布太阳能，从而解决建筑物的采暖问题；同时在夏季又能遮蔽太阳辐射，散逸室内热量，从而使建筑物降温。

被动式太阳能建筑最大的优点是构造简单、造价低廉、维护管理方便。但是，被动式太阳能建筑也有缺点，主要是室内温度波动较大、舒适度差，在夜晚、室外温度较低或连续阴天时需要辅助热源来维持室温。

二、被动式太阳能建筑设计

1. 能量的集取与保持

在被动式太阳能建筑设计和建造中，能量的集取和保持扮演着主要角色。为了获取最大的太阳能收益，并把它保持在建筑物内，恰当的朝向、合适的位置与布局和充分的保温都是很重要的。

（1）朝向的选择与被动式太阳房的外形 设计合理的被动式太阳房，在采暖季节，它的南向房屋可以受到最多的直射阳光，而在夏季照入室内的直射阳光又是最少。在被动式太阳房中，只有充分利用南向窗、墙获得太阳能才能达到被动式采暖的效果。对于因场地所限，导致朝向不尽合理的被动式太阳能建筑，可以设计天窗、通风天窗、通风顶、南向锯齿形屋面以及太阳能烟囱等建筑构造，实现自然通风以及自然采光，改善建筑内部的光环境和热环境。

太阳房的外形对保温隔热有一定的影响，太阳房的形体应从两方面来考虑，首先应对阳光不产生自身的遮挡，其次体形系数越小，通过表面散失出去的热量也越少。因此，太阳房的最佳形态是沿东西向伸展的矩形平面，并且立面应简单，避免立面上的凸、凹。

（2）良好的保温构造 合理的保温构造设计及新型的保温材料、保温装置及节能门窗的合理利用都能使能量得到良好的保持，因此太阳房的外围护结构都应有较好的保温。保温层最好是敷设在外围护结构外表面，其次是将保温层置于围护结构的中间，即做成夹芯结构。应避免将保温层置于外围护结构内表面。

（3）设置保护区 为了充分利用冬季宝贵的太阳能，尽量加大南向日照面积，缩小东、西、北立面的面积，争取较多的集热量，减少能量流失。为了保护北向生活用房的温度，常把车库和贮藏室等附在北面，从而可减少北墙的散热，这些房间称为太阳房的保护区。

（4）充分利用太阳能，合理布置房间 可以根据不同用途的房间在一天中的使用时间来布置房间。采光集热面，在我国传统的布局是正南向，如果根据房间的功能分东南、西南采光，不仅扩大建筑冬季的受热面，并且有利于根据不同房间的使用时间来控制室温，充分利用太阳能。如将卫生间、楼梯、厨房和人口等辅助房间摆在北面，可为使用频繁的起居室、卧室提供一个缓冲隔离空间。在入口处设置门斗作为气闸，以减少冷风渗透。

2. 采暖

（1）直接受益被动式太阳房 直接受益式太阳房是被动式太阳房中最简单的一种类型，如图 9-13 所示。通常将房屋朝南的窗户扩大，或者做成落地式大玻璃窗。在冬季，太阳光通过大玻璃窗直接照射到室内的地面、墙壁和家具上，大部分太阳辐射能被其吸收并转换成热量，从而使它们的温度升高；少部分太阳辐射能被反射到室内的其他表面，再次进行太阳辐射能的吸收、反射过程。温度升高后的地面、墙壁和家具，一部分热量以对流和辐射的方式加热室内的空气，以达到采暖的目的；另一部分热量则储存在地板和墙体内，到夜间再逐渐释放出来，使室内继续保持一定的温度。为使太阳房白天和夜间的室内温度波动较小，墙体应采用具有较好蓄热性能的重质材料。另外，窗户应具有较好的密封性能，同时应配备保温窗帘。重质材料的采用还能起到夏季调节室内温度的作用，延缓室内温度升高。

（2）集热蓄热墙被动式太阳房 集热蓄热墙是由法国科学家特朗贝（Trombe）最先设计出来的，因而也称为特朗贝墙。按照集热蓄热墙的结构特点，它主要有两种形式。

第一种形式称为实体式集热蓄热墙：一般设置在朝南的实体墙上，其外部装上玻璃板作为罩盖；墙体的外表面涂以黑色或深棕、深蓝、墨绿等其他颜色作为吸热面；玻璃板和墙体之间形成空气夹层；另外，还在墙体的上、下部开设风口，如图 9-14 所示。

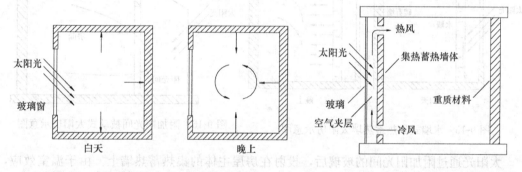

图 9-13 直接受益被动式太阳房的示意图　　图 9-14 实体式集热蓄热墙太阳房示意图

太阳光通过玻璃后，投射在实体墙的吸热面上，大部分太阳辐射能被实体墙吸收并转换为热量。被加热后的实体墙通过两种方式将热量传入室内：其一是通过墙体的热传导，将热量从墙体的外表面传往墙体的内表面，再由墙体的内表面通过对流和辐射方式将热量传入室内；其二是墙体的外表面加热玻璃板与墙体之间的空气夹层，被加热后的空气再经由墙体的上、下风口以对流方式向室内传递热量，调节室内热环境。研究表明，被动式太阳能集热蓄热墙体结构对室内湿环境同样具有很好的调节作用，能有效防止室内表面结露现象的发生。集热蓄热墙体的空气间层受太阳辐射的作用，相对湿度远低于室内侧的相对湿度，使集热蓄热墙体的湿传递从向室内和空气间层的双向传递过渡到向空气间层的单向传递，由于被动式太阳能墙体的吸放湿特性，太阳房内的相对湿度可保持一个适宜的状态值。

为了改善特朗贝墙的热性能，可以在特朗贝墙体内置卷帘。冬季，白天卷帘开启使太阳光直接照射到涂黑的特朗贝墙上，不影响其集热蓄热效果，晚上将卷帘放下减少墙体向外的散热；夏季，白天放下卷帘防止墙体吸收过多的太阳辐射热，避免室内出现过热。

第二种形式称为水墙式集热蓄热墙：与前者的主要区别是用水墙代替实体墙，而且在水墙的上、下部不再开设风口，如图 9-15 所示。这种集热蓄热墙以水为蓄热材料，它安放在南墙内或阳光能照射到的房间墙内。通常，水墙的容器用塑料或金属来制作。

太阳光通过透明盖层后，投射在水墙的吸热面上，大部分太阳辐射能被水墙吸收并转换为热量。由于对流作用，吸收的热量很快在水墙内传递，然后由水墙的内表面通过对流和辐射方式将水墙中的热量传入室内，以达到采暖的目的。水墙式集热蓄热墙与实体式集热蓄热墙相比，其主要优点是加热快、加热均匀、蓄热能力强；主要缺点是运行管理比较麻烦。

此外，PCM（相变蓄热材料）与建筑围护结构集成，形成 PCM 集热蓄热墙体或 PCM 地板，对降低被动式太阳能建筑的能耗、保持建筑室内热环境具有很大的潜力。PCM 适宜的熔点大致与冬季晴天平均室温相同，从而减小室内温度波动。

（3）附加阳光间被动式太阳房　附加阳光间实际上就是在房屋主体南面附加的一个玻璃温室。从某种意义上说，附加阳光间被动式太阳房是直接受益式（南向的温室）和集热蓄热墙式（后面带集热蓄热墙的房间）的组合形式。该集热蓄热墙将附加阳光间与房屋主体隔开，墙上一般开设有门、窗或通风口，如图 9-16 所示。

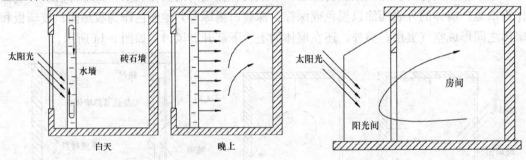

图 9-15　水墙式集热蓄热墙太阳房示意图　　　　图 9-16　附加阳光间被动式太阳房示意图

太阳光通过附加阳光间的玻璃后，投射在房屋主体的集热蓄热墙上。由于温室效应，附加阳光间不仅可以给房屋主体提供更多的热量，而且可以作为一个缓冲区，减少房屋主体的热损失。冬季的白天，当附加阳光间内的温度高于相邻房屋主体的温度时，通过开门、开窗或打开通风口，将附加阳光间内的热量通过对流的方式传入相邻的房间，其余时间则关闭门、窗或通风口。

（4）屋顶集热蓄热式太阳房　利用屋顶进行集热蓄热，如图 9-17 所示。它类似于蓄热墙，其集热和贮热功能由同一个部件完成。

（5）热虹吸式太阳房，又称对流环路式　利用热虹吸作用进行加热循环，如图 9-18 所示。

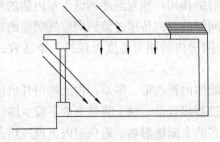

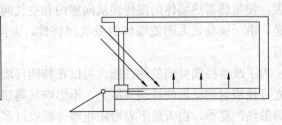

图 9-17　屋顶集热蓄热式太阳房示意图　　　　图 9-18　热虹吸式太阳房示意图

3. 降温

（1）太阳能强化自然通风　太阳能强化自然通风是基于热压诱导自然通风的原理，利用太阳能烟囱实现被动式冷却，在改善室内热环境方面起到积极的作用。其工作原理是：利用太阳辐射能量产生热压，诱导空气流动，将热能转化为空气运动的动能，形成烟囱效应。

太阳能烟囱通常作为专用建筑部件强化自然通风，也可对 Trombe 墙进行改造，使其具有自然通风冷却功能。在夏季，南墙下风口和北墙上风口开启，并打开南墙玻璃板上通向室外的排气窗，利用空气夹层的"热烟囱"作用，将室内热空气抽出，以达到降温的目的，如图 9-19 所示。研究表明，太阳能烟囱的自然通风量随太阳辐射强度的升高而升高。此外，太阳能烟囱的自然通风量随太阳能烟囱长度的增加而增加，但是，太阳能集热效率却在降低，由此可知，在建筑结构合理的情况下，与长的太阳能烟囱相比，多个短的太阳能烟囱并联将会取得更好的自然通风效果。

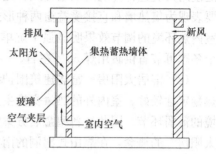

图 9-19　太阳能强化自然通风原理图

（2）改进建筑构造，完善室内气流通道　由于气流通道总是与室外相通的，在炎热的夏天，要改善室内的热环境，减弱室外的热作用，气流通道就要求尽量减少室外热量传入室内，同时又使室内热量尽快散发出去。这就要求协调好室内外气流通道的方位，即进风口要求置于顺风背阳、低气温位置。

（3）建筑遮阳　建筑遮阳的目的在于阻断直射阳光透过玻璃进入室内，防止阳光过分照射和加热建筑围护结构，防止直射阳光造成的强烈眩光。在所有的被动式节能措施中，建筑遮阳是最为立竿见影的有效方法。现代遮阳技术正朝多功能、智能化和艺术化发展。

（4）利用"生物气候"减少温度波动　树木和藤蔓的冬枯夏盛调节着建筑物四周的"小气候"，也调节着不同季节南向窗的进光量，植被夏季起到绿色遮阳功能。室内的植物将部分太阳能转化为生物能，减少了室温的波动。在室外种植树木，也能起到挡住夏季辐射，而在冬季不影响太阳光照射到房屋内的作用。我国南方城市近年来通过屋顶绿化、种植屋面，利用植物绿叶遮挡太阳辐射热，使太阳光通过光合作用，热能转化为植物能，有效控制了夏季房间内表面温度，从而减少室内的温度波动。

三、被动式太阳能建筑设计实例

1. 被动式太阳能设计在我国农村建筑中的应用

一般而言，我国寒冷地区和严寒地区的太阳辐射较好，被动式太阳能设计在这些地区具有较好的节能潜力；夏热冬冷地区被动式太阳能采暖的潜力预测为 40%；夏热冬暖地区被动式太阳能采暖的潜力预测为 90%。

被动式太阳房是适合我国国情的住宅发展模式，我国第一栋被动式太阳房建成于 1977 年，位于甘肃省民勤县，它是一栋南窗直接收益并结合实体集热蓄热墙的组合式太阳房。现在我国被动式太阳房已进入规模及普及阶段，主要表现在以提高室内舒适度为目标，由个体太阳能建筑向太阳能住宅小区、太阳村、太阳城发展，特别是常规能源相对缺乏，环境污染比较严重的西部地区，发展更为迅速，有的地区年平均递增达 15%，各地还制定了推广太阳能建筑的阳光计划。

将被动式太阳能技术与农村建筑相结合具有很大的节能潜力,已有关于被动式太阳能技术与东北地区的火炕以及西北地区的窑居相结合的研究。

(1) 被动式太阳能集热墙与新型节能灶炕耦合运行 目前,在中国东北农村地区仍广泛使用火炕这种传统的取暖方式。此外,有些地区还使用了被动式太阳能供暖方式,其主要表现为集热墙和直接受益窗两种形式。实验表面,被动式太阳能集热墙与炕耦合作用对室内热环境的调节效果明显强于炕单独作用的效果,虽然前者初投资增加了10%,但每个冬季可节省供暖用煤50%左右。

(2) 窑居太阳房 窑居建筑围护结构属于厚重型结构,其热阻和热容值均较大,室内热稳定性较好,室内外的热量交换主要通过门窗等轻型构件进行,门窗洞口处都成为热环境的薄弱环节。因此,新型窑居方案中提出了利用附加阳光间改善冬季热状况,即"窑居太阳房"的概念,在靠山式窑洞的南立面附加一阳光间,既解决了窑洞正立面热损失过大问题,又可利用太阳能提高冬季室内热环境质量。此外,通过组织自然通风及夏季遮阳,能够有效改善窑洞普遍存在的夏季潮湿问题。

图 9-20 阿根廷 La Pampa 国立大学被动式
太阳能建筑 (北立面)

2. 阿根廷被动式太阳能建筑

阿根廷 La Pampa 国立大学农业工程学院的被动式太阳能校园建筑,包括 6 间北向办公室、南向的实验室和公共服务空间,另设计了一个阳光间,作为热缓冲,建筑面积 315m²,如图 9-20 所示。在冬季,该建筑直接获取太阳能,由地板和墙体蓄热,所有办公室窗户均为北向,增加直接得热面积,北向办公室太阳辐射直接得热面积为地面面积的 23%;南向实验室设计北向天窗,太阳辐射直接得热面积为地面面积的 18%。建筑中央设计一个阳光间。在夏季,利用埋地管道以及空气与土壤之间的换热实现被动式制冷;通过设置在屋面的通风帽实现自然通风;利用屋檐遮阳减少过热;室外设置一个金属藤架,种植早落性植物,安装喷雾洒水装置,形成蒸发冷却,在建筑周围营造一个适宜的微气候。

3. 马德里的被动式太阳能建筑

马德里的一个公共保护建筑 (图 9-21),通过被动式太阳能冷却解决夏季热舒适问题。马德里的气候特点 (夜间气温较低) 适合于夜间自然通风的利用,可进一步提高被动式冷却效果。采用太阳能蓄热烟囱实现太阳能强化夜间自然通风。这些烟囱为西向,下午将太阳能蓄积在混凝土墙体,温度可高达 50℃,在集热过程中,烟囱关闭,晚上当环境温度下降到 20℃左右后,烟囱上部的风帽打开,蓄热产生的烟囱效应将对室内进行排风,同时,室外低温新风从东立面进入室内,冷却蓄热墙以及屋顶。南向立面设计为阳光间,冬季可最大限度获得太阳辐射能量,居住空间与阳光间之间的热交换通过隔墙上下的格栅实现;夏季,阳光间上部可开启,并配置可移动遮阳措施,使得居住空间免受太阳直接照射。

4. 塞浦路斯被动式太阳能建筑

图 9-22 为塞浦路斯的一座被动式太阳能建筑，该建筑根据建筑的气候分区选择了合适的被动式太阳能设计方案。采用了较大面积的南向窗户，冬季吸收太阳直射；夏季设置百叶窗防止过热，降低室温。设计屋顶窗形成自然通风；建筑周围种植树木用于夏季遮阳。

图 9-21　马德里的被动式太阳能建筑　　　　图 9-22　塞浦路斯被动式太阳能建筑

第四节　建筑一体化光伏系统

一、建筑一体化光伏系统概念

太阳能光伏发电可直接将太阳光转化成电能，光伏发电虽然应用范围遍及各行各业，但影响最大的是建材与建筑领域。20 世纪 90 年代，随着常规发电成本的上升和人们对环境保护的日益重视，一些国家开始将价格迅速下降的太阳能电池用于建筑。太阳能电池已经可以弯曲、盘卷，厚度仅为几个波长，易于裁剪、安装、防风雨、清洁安全，可以取代建筑用涂料、瓷块、价格不菲的幕墙玻璃，可以作为节能墙体的外护材料。1997 年，美国提出雄心勃勃的"克林顿总统百万太阳能屋顶计划"，计划在 2010 年前为 100 万户居民每户安装 3～5kWp 光伏电池。德国与此同期推出"十万太阳能屋计划"。日本推出"新阳光计划"，目标为 2010 年在全国推广 150 万套太阳能屋顶。2002 年悉尼成功举办奥运会，共在国际奥运村安装 665 套 1kWp 的屋顶光伏系统，是目前世界上最大的光伏住宅小区。

建筑一体化光伏（BIPV）系统是应用光伏发电的一种新概念，是太阳能光伏系统与现代建筑的完美结合。建筑设计中，在建筑结构外表面铺设光伏组件提供电能，将太阳能发电系统与屋顶、天窗、幕墙等建筑融为一体，建造绿色环保建筑正在全球形成新的高潮。光伏与建筑相结合的优点表现在：

（1）可以利用闲置的屋顶或阳台，不必单独占用土地；

（2）不必配备蓄电池等储能装置，节省了系统投资，避免了维护和更换蓄电池的麻烦；

（3）由于不受蓄电池容量的限制，可以最大限度地发挥太阳电池的发电能力；

（4）分散就地供电，不需要长距离输送电力输配电设备，也避免了线路损失；

（5）使用方便，维护简单，降低了成本；

（6）夏天用电高峰时正好太阳辐射强度大，光伏系统发电量多，对电网起到调峰作用。

二、光伏与建筑相结合的形式

（1）光伏系统与建筑相结合：将一般的光伏方阵安装在建筑物的屋顶或阳台上，通常其逆变控制器输出端与公共电网并联，共同向建筑物供电，这是光伏系统与建筑相结合的初级形式。

（2）光伏组件与建筑相结合：光伏组件与建筑材料融为一体，采用特殊的材料和工艺手段，将光伏组件做成屋顶、外墙、窗户等形式，可以直接作为建筑材料使用，既能发电，又可作为建材，进一步降低发电成本。

与一般的平板式光伏组件不同，BIPV组件既然兼有发电和建材的功能，就必须满足建材性能的要求，如：隔热、绝缘、抗风、防雨、透光、美观，还要具有足够的强度和刚度，不易破损，便于施工安装及运输等。为了满足建筑工程的要求，已经研制出多种颜色的太阳电池组件，可供建筑师选择，使得建筑物色彩与周围环境更加和谐。根据建筑工程的需要，已经生产出多种满足屋顶瓦、外墙、窗户等性能要求的太阳电池组件。其外形不单有标准的矩形，还有三角形、菱形、梯形，甚至是不规则形状。也可以根据要求，制作成组件周围是无边框的，或者是透光的，接线盒可以不安装在背面而在侧面。

三、BIPV对建筑围护结构热性能的影响

BIPV对建筑围护结构的传热特性具有明显的影响，从而对建筑冷热负荷产生影响。光伏与通风屋面结合，不仅可以提高光伏转换效率，而且可以降低通过屋面传入室内的冷热负荷。

通过分析四种不同形式的屋面结构，评价光伏性能及其对建筑冷热负荷的影响，四种屋面结构如图9-23所示。

分析表明：夏季，BIPV的最佳做法是将PV模块与通风空气夹层相结合（a），这种

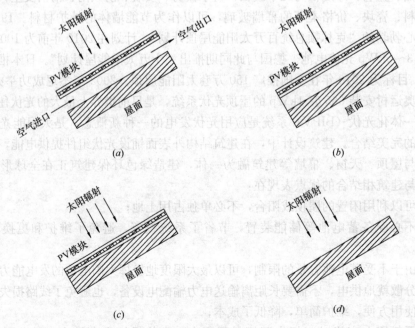

图9-23　屋面结构

(a) 通风架空屋面BIPV；(b) 非通风架空屋面BIPV；(c) 屋面镶嵌BIPV；(d) 传统屋面

做法可以降低空调冷负荷，同时提高光电转化效率。冬季，合适的做法是非通风架空屋面BIPV（b），这种做法具有热负荷低、光电转化效率高的优点。

四、建筑一体化光伏系统设计实例

建筑一体化光伏系统设计原则是：

（1）美观性　安装方式和安装角度与建筑整体密切配合，保证建筑整体的风格和美观。

（2）高效性　为了增加光伏阵列的输出能量，应让光伏组件接受太阳辐射的时间尽可能长，避免周围建筑对光伏组件的遮挡，并且要避免光伏组件之间互相遮光。

（3）经济性　首先要将光伏组件与建筑围护结构相结合，取代部分常规建材，其次，从光伏组件到接线箱、接线箱到逆变器以及从逆变器到并网交流配电柜的电力电缆应尽可能短。

1. 西班牙 Jaén 大学 BIPV 系统

Jaén 大学校园不同的建筑实施了 4 个 BIPV 系统。根据分析，年平均发电168.12MWh，占到 Jaén 大学总耗电量的 6.40%。其中：1 号光伏系统将 70kWp 太阳能光伏组件与校园停车场屋面集成，屋面倾角 5°。2 号光伏系统与 1 号光伏系统位于同一个停车场，移走原来的屋面，利用现有结构支撑光伏组件，与 1 号光伏系统并联，如图 9-24 所示。

3 号光伏系统与凉棚结合，额定功率 20kWp。光伏组件倾角 13°，分为 9 组，每组 20 个模块。发电的同时为学生和参观者提供一个阴凉空间，如图 9-25 所示。

图 9-24　1 号光伏系统、2 号光伏系统　　　　图 9-25　3 号光伏系统

4 号光伏系统与一座既有建筑的南立面一体化集成，包括 40kWp 的多晶硅光伏阵列。光伏阵列分为 15 组，每组 27 个模块，如图 9-26 所示。

2. 英国诺丁汉大学 BIPV 系统

英国诺定汉大学可再生能源（CRE）和绿色建筑（EEH）研究中心对两个太阳能光伏系统进行了研究。一个安装在教学楼（CRE），另一个安装在居住建筑。

CRE 建筑中的 PV 系统用来提供建筑的部分用电，并且用于 BIPV 系统应用的教育。PV 模块安装在建筑砖墙立面上的铝制框架支撑结构中。窗户下面的模块与水平面夹角成58°倾斜安装，其他的垂直安装。整个 PV 阵列总面积 19.9m²，7 组并联，每组 4 个模块，如图 9-27 所示，峰值发电量达到 952Wp。

图 9-26　4号光伏系统

图 9-27　CRE办公、教学建筑

EEH 建筑是一个四居室独立住宅，用来研究住宅中的一体化技术、可再生能源以及能源高效利用技术。PV 系统提供部分建筑用电负荷。PV 板安装在斜屋面（倾角为 52°，南向），排成 14 行。PV 板通过屋面木条上固定的吊钩安装在屋面，然后用钉子钉牢。阵列包括两个并联的子系统，每个子系统由 66 组串联的模块组成，如图 9-28 所示，峰值发电量达到 1568Wp。

3. 德国国会大厦 BIPV 系统

德国国会大厦的改造采用了圆形屋顶结构和创新的能量设计理念，通过成功的集成，40kW 的光伏屋顶模块在视觉上几乎看不出来，完全与建筑融为一体。它们与标准屋顶构件具有同样的尺寸和颜色，如图 9-29 所示。

图 9-28　EEH 建筑

图 9-29　德国国会大厦

4. 荷兰零能建筑 BIPV 系统

荷兰第一个采用 PV 作为防水屋面盖板的零能建筑 Woubrugge，PV 系统于 1993 年建在一个大的独立住宅上，建筑能量实现自维持，PV 和太阳能热利用负担全年能耗。无框 PV 模块固定在铸铝支架上，形成屋面防水层，如图 9-30 所示。

5. 中国 BIPV 系统

光伏建筑一体化在国外应用较多，近年来，随着能源紧张，节能意识的增强，我国正在逐渐应用该技术将光伏发电与建筑一体化，建设绿色环保型建筑。深圳国际园林花卉博览会安装的 1MW 太阳能光伏并网发电系统，采用 4000 多个单晶硅及多晶硅光伏组件（160 瓦和 170 瓦组件），将太阳光能转化为电能，并与深圳市电网并网运行，如图 9-31 所示。

图 9-30　荷兰采用 PV 作为防水屋面盖板的零能建筑　　图 9-31　深圳园博会屋顶光伏系统

北京天普太阳能工业有限公司天普新能源示范楼 50kWp 并网光伏示范电站,经过现场考察测量和协商沟通,采用在建筑物的多个部位,结合建筑需要,多角度多方法地安装了总容量为 50365Wp 的 6 种类型的光伏组件,展示各种不同的建筑一体化光伏发电技术。

国家体育馆建设的 100kWp 光伏电站,是国家级科技示范项目,在设计上注重了太阳能发电系统与建筑的结合,1300m² 的太阳能电池板,将分别安装在屋顶和南立面的玻璃幕墙上,不仅是建筑物遮阳挡雨的围护结构,而且还能发电,并与建筑外观融为一体。该系统日均发电量 212kWh,避开了白天电网的用电高峰,为近 20000m² 的地下车库提供照明电力。国家体育馆与建筑结合的 100kWp 并网光伏系统,将是我国第一个与体育建筑主体相结合的太阳能发电系统。按照安装方式,系统分为两部分:其中一部分采用常规的晶体硅太阳电池,安装在金属屋顶上,容量约为 90kWp;另一部分将采用双玻太阳电池,作为玻璃幕墙的一部分,安装在国家体育馆南立面,容量约为 10kWp。国家体育馆 100kWp 并网光伏系统无蓄电池储能,与低压电网并网运行。

参 考 文 献

[1]　孙光伟,蒋志坚,刘晓峰,胡汛. 建筑中太阳能的应用技术[J]. 低温建筑技术. 2002,2:69～70.

[2]　王崇杰,赵学义. 论太阳能建筑一体化设计[J]. 建筑学报. 2002,7:20～22.

[3]　Anne Grete Hestnes. Building integration of solar energy system[J]. Solar Energy. 1999,67(4-6):181～187.

[4]　闫鹏. 太阳能热水器与建筑一体化浅谈. 中国新能源网,http://www. newenergy. org. cn/meeting/article. asp? id=141.

[5]　魏曦,刘燕辉,韩亚非. 利用建筑方法解决太阳热水器建筑一体化问题[J]. 建设科技. 2005,17:18-19.

[6]　王如竹. 关于建筑物节能及复合能量系统的几点思考[J]. 太阳能学报. 2002,23(3):322～335.

[7]　李戬洪. 100kW 太阳能制冷空调系统[J]. 太阳能学报. 1999,20(3):239～243.

[8]　何梓年等. 太阳能吸收式空调及供热系统的设计和性能[J]. 太阳能学报. 2001,22(1):6～11.

[9]　李戬洪,白宁,马伟斌等. 大型太阳能空调/热泵系统[J]. 太阳能学报. 2006,27(2):152～158.

[10]　王如竹,代彦军. 太阳能制冷[M]. 北京:化学工业出版社,2007.

[11]　陈君燕等. 太阳能干燥剂复合式空调试验装置[J]. 太阳能学报. 2000,21(2):176～180.

[12]　G. A. Florides et al. Review of solar and low energy cooling technologies for buildings[J]. Renewable and Sustainable Energy Reviews. 2002,6:557～572.

[13] 赵云，施明恒. 太阳能液体除湿空调系统中除湿器形式的选择[J]. 太阳能学报. 2002，23(1)：32~35.

[14] 方承超，孙克涛. 太阳能液体除湿空调系统模型的建立与分析[J]. 太阳能学报. 1997，18(2)：128~133.

[15] 李俊鸽，李玲. 被动式太阳能建筑设计策略与室内的热环境[J]. 住宅科技. 2006，12：22~25.

[16] 黄岳海. 被动式太阳房简介[J]. 新农业. 2002，5：57~58.

[17] V. Garcia-Hansen，A. Esteves，A. Pattini. Passive solar systems for heating，daylighting and ventilation for rooms without an equator-facing fa? ade[J]. Renewable Energy. 2002，26：91~111.

[18] 何梓年. 太阳能热利用与建筑结合技术讲座(五)—被动式太阳房[J]. 可再生能源. 2005，123(5)：84-86.

[19] 陈滨，孟世荣，陈会娟，陈星，孙鹏，丁颖慧. 被动式太阳能集热蓄热墙对室内湿度调节作用的研究[J]. 暖通空调. 2006，36(3)：42~46.

[20] 陈滨，陈星，丁颖慧，陈会娟. 冬季特朗贝墙内置卷帘对墙体热性能的影响[J]. 太阳能学报. 2006，27(6)：564~570.

[21] K. Darkwa，P. W. O'Callaghan，D. Tetlow. Phase-change drywalls in a passive-solarbuilding [J]. Applied Energy. 2006，83：425~435.

[22] Xu Xu，Yinping Zhang，Kunping Lin，Hongfa Di，Rui Yang. Modeling and simulation on the thermal performance of shape-stabilized phase change material floor used in passive solar buildings[J]. Energy and Buildings. 2005，37：1084~1091.

[23] 喜文华. 被动式太阳房的设计与建造[M]. 北京：化学工业出版社，2007.

[24] Z. D. Chen，P. Bandopadhayay，J. Halldorson，C. Byrjalsen，P. Heiselberg，Y. Li. 2003. An experimental investigation of a solar chimney model with uniform wall heat flux[J]. Building and Environment，38：893~906.

[25] K. S. ong. A mathematical model of a solar chimney[J]. Renewable Energy. 2003，28(7)：1047~1060.

[26] Jongjit Hirunlabh，Sopin Wachirapuwadon，Naris Pratinthong，Joseph Khedari. New configurations of a roof solar collector maximizing natural ventilation[J]. Building and Environment. 2006，36(3)：383~391.

[27] 刘念雄. 欧洲新建筑的遮阳[J]. 世界建筑. 2002，12：48~53.

[28] Chris C. S. Lau，Joseph C. Lam，Liu Yang. Climate classification and passive solar design implications in China[J]. Energy Conservation and Management. 2007，48：2006~2015.

[29] 颜宏亮，于春刚，吴宝华. 建筑外围护结构门窗节能技术概述[J]. 节能. 2002，(2)：25~26.

[30] 郑宏飞，陈子乾. 绿色生态建筑中可应用的太阳能技术(1)[J]. 工业建筑. 2003，33(10)：5~8.

[31] 陈滨，庄智，杨文秀. 被动式太阳能集热墙和新型节能灶炕耦合运行模式下农村住宅室内热环境的研究[J]. 暖通空调. 2006，36(2)：20~24.

[32] 杨柳，刘加平. 利用被动式太阳能改善窑居建筑室内热环境[J]. 太阳能学报. 2003，24(5)：605~610.

[33] C. Filippin，A. Beascochea，A. Esteves，C. De Rosa，L. Cortegoso. A passive solar building for ecological research in Argentina：the first two years experience[J]. Solar Energy. 1998，63(2)：105~115.

[34] M. Macias，A. Mateo，M. Schuler，E. M. Mitre. Application of night cooling concept to social housing design in dry hot climate[J]. Energy and Buildings. 2006，38：1104~1110.

［35］ Kefa Rabah. Development of energy-efficient passive solar building design in Nicosia Cyprus［J］. Renewable Energy. 2005，30：937～956.

［36］ 张耀明. 中国太阳能光伏发电产业的现状与前景［J］. 能源研究与利用. 2007，1：1～6.

［37］ 陈光明，马胜红. 光伏发电技术应用实例［J］. 大众用电. 2006，12：39.

［38］ 杨金焕，葛亮，谈蓓月，陈中华，邹乾林. 太阳能光伏发电的应用［J］. 上海电力. 2006，4：355～361.

［39］ YiPing Wang，Wei Tian，Jianbo Ren，Li Zhu，Qingzhao Wang. Influence of a building's integrated-photovoltaics on heating and cooling loads［J］. Applied Energy. 2006，83：989～1003.

［40］ 吕晶，李伟，徐亚柯. 国家体育馆与建筑一体化的 100kWp 光伏发电系统综述［J］. 中国建设动态阳光能源. 2006，12：40～41.

［41］ M. Drif，P. J. Pérez，J. Aguilera，G. Almonacid，P. Gomez，J. de la Casa，J. D. Aguilar. Univer Project. A grid connected photovoltaic system of 200 kWp at Jae'n University［J］. Overview and performance analysis. Solar Energy Material & Solar Cells. 2007，91：670～683..

［42］ S. A. Omer，R. Wilson，S. B. Riffat. Monitoring results of two examples of building integrated PV (BIPV) systems in the UK［J］. Renewable Energy. 2003，28：1387～1399.

［43］ Joachim Benemann，Oussama Chehab，Eric Schaar-Gabriel. Building-integrated PV modules［J］. Solar Energy Material & Solar Cells. 2001，67：345～354.

［44］ Tony J. N. Schoen. Building-integrated PV installations in the Netherlands：examples and operational experiences［J］. Solar Energy. 2001，70(6)：467～477.

［45］ 刘莉敏，曹志峰，许洪华. 50kWp 并网光伏示范电站系统设计及运行数据分析［J］. 太阳能学报. 2006，27(2)：146～151.

第十章 建筑遮阳与自然通风技术

第一节 建筑遮阳的概念

一、建筑遮阳

建筑遮阳是为了避免阳光直射室内，防止建筑物的外围护结构被阳光过分加热，从而防止局部过热和眩光的产生，以及保护室内各种物品而采取的一种必要的措施。它的合理设计是改善夏季室内热舒适状况和降低建筑物能耗的重要因素。

二、建筑遮阳技术

无论对于透明的窗户部分，还是对于其他不透明的建筑围护结构，如屋顶、外墙等。大部分太阳辐射都可通过它们进入室内，又由于温室效应使房间温度迅速升高，这是造成夏季室内温度过高的主要原因之一。现代建筑由于立面上广泛应用大面积玻璃，加上工业化带来的轻质结构的普遍使用，加剧了室内热物理环境的恶化，这种情况甚至在寒冷地区也存在，因此对于这部分太阳辐射热的控制就非常重要。而控制房间太阳辐射得热量主要涉及三个方面：（1）窗户的朝向和大小；（2）建筑围护结构材料的选择；（3）建筑遮阳技术。在这三个要素中，遮阳技术是控制太阳辐射得热的最有效也是最经济的办法。良好的建筑遮阳设计具有许多好的作用，主要有以下几点：

1. 有效地防止太阳辐射进入室内，不仅改善室内热环境，而且可以大大降低建筑的夏季空调制冷负荷。研究表明，大面积玻璃幕墙外围设计1m深的遮阳板，可以节约大约15％的空调耗电量。

2. 可以避免建筑围护结构被过度加热而通过二次辐射和对流的方式加大室内热负荷。除了可以大大减少通过建筑围护结构进入室内的热量，还能降低建筑围护结构的日温度波幅，从而起到了防止围护结构热裂，延长其使用寿命的作用。

3. 建筑遮阳能够有效地防止眩光，起到改善室内光环境的作用。合理的遮阳措施可以阻挡直射阳光进入，或将其转化为比较柔和的漫射光，从而满足人们对照明质量的要求。

4. 可以防止直射阳光，尤其是其中紫外线对室内物品的损害。

基于以上优点，建筑遮阳技术已经成为当代建筑环境设计不可忽视的一部分。而我国大部分地区都具有夏季炎热、日照强烈的气候特点。与此矛盾的是我国大量建筑物不遮阳或者遮阳措施不得当，从而浪费了大量的能量，也造成恶劣的室内物理环境。因此，本章对建筑遮阳技术进行全面的介绍，以便于建筑师在设计中采取正确的措施，以达到建筑节能的目的。

第二节 建筑遮阳的形式

建筑遮阳形式和种类非常多，遮阳设施从总体上可以分为永久性和临时性两大类，临时性遮阳是指在窗口设置的布帘、竹帘、软百叶、帆布篷等。永久性遮阳是指在建筑围护结构上各部位安装的长期使用的遮阳构件。夏季太阳辐射造成室内过热的途径分为通过窗口直接进入室内和加热外围护结构表面两种，本节以遮挡太阳辐射传热途径为依据将建筑遮阳划分为窗口遮阳、屋顶遮阳、墙面遮阳和入口遮阳，下面将分别进行详细的介绍。

一、窗口遮阳（活动、固定）

夏季的太阳辐射直射室内，这是造成室内过热的主要原因。特别在炎热的天气下，室内气温已经非常高，若再受到太阳的直接照射，人会感觉到非常不舒适。采取窗口遮阳，可以防止直射阳光进入室内而引起的室内过热。而且窗口遮阳还可以防止直射阳光引起的炫目现象，防止直射阳光使某些物品变质、老化。窗口遮阳是建筑遮阳技术中最重要和最常见的遮阳方式。

窗口遮阳按照遮阳构件能否随季节与时间的变换进行角度和尺寸的调节，甚至在冬季便于拆卸的性能，可以划分为固定式遮阳和活动遮阳（可调节式遮阳）两大类型。

1. 固定式遮阳

固定式遮阳经常是结合建筑立面、造型处理和窗过梁位置，用钢筋混凝土、塑料或铝合金等材料做成的永久性构件，常成为建筑物不可分割和变动的组成部分。固定遮阳的优势在于其简单、成本低、维护方便；缺点在于不能遮挡住所有时间段的直射光线，以及对采光和视线、通风的要求缺乏灵活应对性，如图10-1、图10-2所示。

图10-1　固定式遮阳1

图10-2　固定式遮阳2

2. 活动式遮阳

与固定式遮阳相反，可调节式遮阳可以根据季节、时间的变化以及天空的阴暗情况，任意调整遮阳板的角度；在寒冷季节，为了避免遮挡太阳辐射，争取日照，还可以拆除。这种遮阳灵活性大，使用科学合理，因此近年来在国内外得到了广泛的应用。可调节式遮阳根据调节主体不同，又可以分为手控（或遥控）可调遮阳和自控可调遮阳（如图10-3、图10-4所示）。

手控可调节遮阳优点为造价低、设备简单。缺点是需要工作人员不停的根据室外环境参数去调节，使室内环境处于最优。往往会由于人为操作的失误而降低其效率，尤其是住宅中由于白天无人控制而使大量热量进入室内，起不到应有的节能效果。

自控可调节遮阳常用于公共建筑，优点为能够根据室外日照情况自动调节遮阳板的角度甚至遮阳收缩，使室内具有良好的光环境。缺点是造价较高，而且一旦出现故障，修理

图 10-3 活动式遮阳 1　　　　　　　　　　　图 10-4 活动式遮阳 2

较困难，从而可能长时间丧失遮阳调节功能。

从遮阳的适用范围分，窗口遮阳的形式可以分为五种：水平式、垂直式、综合式、挡板式以及百叶式，分别如图 10-5 所示。各种遮阳形式均有自己适应的朝向范围。

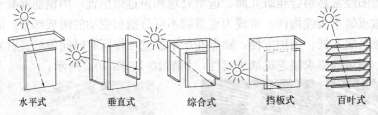

水平式　　　　垂直式　　　　综合式　　　　挡板式　　　　百叶式

图 10-5 窗口遮阳形式

1. 水平式遮阳

水平遮阳能够有效地遮挡高度角较大的、从窗户上方照射下来的阳光，它适用于南向或接近南向的窗口，或者北回归线以南地区北向及接近北向的窗口上。水平遮阳的另一个优点在于合理的遮阳板设计宽度及位置能非常有效地遮挡夏季日光而让冬季日光最大限度地进入室内。

2. 垂直式遮阳

能有效的遮挡高度角较小、从窗侧面斜射过来的阳光。不能遮挡高度角较大、从窗户上方照射下来的阳光或接近日出日落时分正对窗口平射过来的阳光。它主要适用于东北、西北及北向附近的窗户。

3. 综合式遮阳

由水平式及垂直式遮阳板组合而成，它能有效的遮挡中等太阳高度角从窗前斜射下来的阳光，遮阳效果比较均匀。这种形式的遮阳适用于东南或西南附近的窗口。

现代主义早期建筑常见的遮阳构架和常见的花格窗均是典型的综合式遮阳措施，如图 10-6、图 10-7 所示。

4. 挡板式遮阳

此种遮阳为平行于窗口的遮阳措施，能有效地遮挡高度角比较低、正射窗口的阳光。它主要适用于东西向及其附近的窗口。需要注意的是挡板式遮阳对建筑的采光和通风都有比较严重的阻挡，所以一般不宜采用固定式的建筑构件，而宜采用活动式或方便拆卸的挡板式遮阳。

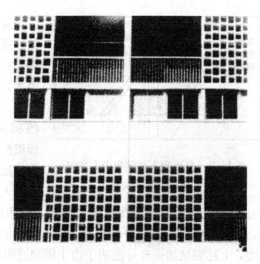

图 10-6　综合式遮阳 1　　　　　　　　　图 10-7　综合式遮阳 2

5.百叶式遮阳

百叶式遮阳的遮阳原理根据具体的百叶形式可归纳到前四种遮阳中，其适用范围很广，如果控制得当，室外的百叶遮阳可以适用于大部分朝向的遮阳而且效率都较高。

二、屋顶遮阳（固定）

图 10-8 和图 10-9 分别为北京地区全年太阳辐射总量图和广州地区主要朝向的太阳辐射强度图，结合两张图表，可以看出在整个建筑围护结构中，水平面接受的太阳辐射量最大，因而对屋顶的遮阳隔热就显得非常必要。从图中可以看出水平屋顶接受的太阳辐射量约是西墙接受辐射量的 2 倍。屋顶传热形成的空调负荷 CL，是在室外综合温度 t_{sa}（太阳辐射的当量温度和空气温度的叠加）与室内温度 t_i 之差作用下形成的，即 $CL = KF(t_{sa} - t_i)$，综合温度中的太阳辐射当量温度的峰值通常要接近空气温度峰值的 70%，而通过遮阳技术控制屋顶的太阳辐射照度 I，则屋顶的传热负荷可削减近 70%，节能效果十分显著，同时也大大改善了顶层房间的热环境状况。而且，通过对建筑屋顶的遮阳，可以减小屋顶日温度波幅，从而减小其产生热裂的可能性。近年来热带和亚热带地区涌现出了一批屋顶遮阳的优秀建筑作品，如印度柯里亚的大量作品、马来西亚杨经文自宅、广州华南理工大学逸夫人文馆等。

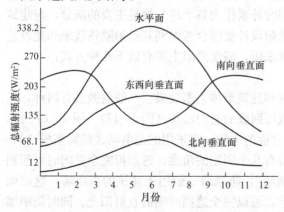

图 10-8　北京地区全年太阳辐射总量图

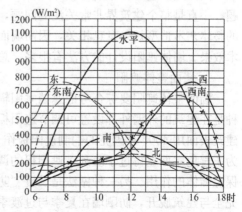

图 10-9　广州地区主要朝向的太阳辐射强度图

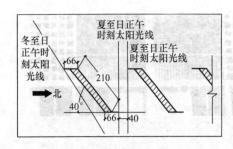

图 10-10 华南理工大学逸夫人文馆
屋顶构架遮阳设计

屋顶构架遮阳实例:华南理工大学逸夫人文馆。通过对屋顶遮阳板构造尺寸的合理设计(图10-10),满足了夏季和冬季对太阳辐射量的不同要求,达到冬季透过80%太阳直射辐射,从而减少了屋顶冷辐射对室内人员的不良影响;夏季遮挡85%太阳直射辐射,可以有效降低屋顶内外表面温度,从而减少房间空调能耗,改善屋顶空间和顶层房间热舒适性。华南理工大学建筑节能中心对人文馆屋顶遮阳的效果进行了实地测试,通过对夏季WBGT指标的测试可以得到,阴影区WBGT值在测试时间内均低于光照区的值,最大差值2.44℃,平均差值为1.4℃,由于WBGT值是评估炎热环境的最佳热指标,因此,上述测试结果充分说明了由于屋顶遮阳的存在,改善了屋顶的热环境。同时屋顶遮阳板在建筑平立面上形成连续丰富的光影变化,如图10-11所示。

图 10-11 华南理工大学逸夫人文馆屋顶构架遮阳

三、墙面遮阳 (固定)

无论对于居住建筑,还是公共建筑,外墙作为建筑的主要组成部分,是影响室内热环境和建筑能耗的重要部位。由图10-8和图10-9可知建筑外墙所接受的太阳辐射仅次于屋顶,因而遮阳就显得很有必要了。而外墙遮阳设计,尤其是西墙"西晒"怎样处理的问题,一直是整个建筑界非常关注的问题,同时外墙作为整个建筑物最主要的部分,与建筑的整体艺术造型效果息息相关,因而墙面遮阳设计要综合考虑其遮阳隔热效果和建筑艺术效果。墙体遮阳设计的方法有很多,总体来讲,墙面遮阳主要有以下几种方式:

1. 墙面整体遮阳

墙面整体遮阳要综合考虑遮挡太阳辐射和建筑形体艺术效果。一般的做法有两种,一种是在建筑的外墙外部设置可调节遮阳板或可回收的遮阳帘布(图10-12)。图10-13所示建筑表面用4000片闪亮的铜制遮阳板作为立面的主题,它采用的是电动式机翼型板产品。为了避免立面显得过于凌乱,遮阳板的调节有几个固定的角度,遮阳板完全关闭时可起到保温墙体的作用。另一种做法是设置"防晒墙",防晒墙一般用于建筑的东西墙,这面墙完全与建筑脱开,防晒墙在夏季与过渡季节,可以完全遮挡西晒的直射阳光。同时防晒墙与建筑主体之间的空隙不仅有利于室内外空气的流通(拔风作用),还可以保证主题建筑室内的均匀天光照明，如图 10-14 所示。图 10-15 为清华大学设计中心楼，该楼就采用了"防晒墙"遮阳手法。

图 10-12　可调节遮阳板

图 10-13　北欧五国驻德国使馆中心

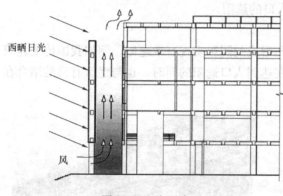

图 10-14　防晒墙

图 10-15　清华大学设计中心楼

2. 绿化遮阳

除了上述的外墙整体遮阳方法外，目前外墙遮阳设计用的较多的是外墙垂直绿化遮阳。落叶植物（树木或藤蔓植物）在夏季可以最大限度地遮挡阳光，而在冬季叶片脱落，阳光可以穿越而进入室内。植物吸收的能量中，40％通过对流扩散，42％通过蒸腾作用扩散，其余的通过长波辐射向外发射。一般来说，藤蔓植物可以让夏季西墙的热流量降低30％。植物绿化遮阳需要注意几个问题：第一是正确选择植物种类；第二要做好植物攀爬用的固定构件设计，不要让植物直接附着在外墙上，否则即减弱了墙体自身的散热性能，也会使建筑显得形态臃肿，建筑轮廓模糊，容易使建筑产生年老失修的感觉；第三要防止藤蔓植物带来的虫害（图 10-16）。

四、入口遮阳

建筑物入口作为连接建筑室外与室内的过渡空间，除了具有很重要的引导功能外，还是进入建筑或经过建筑的人员暂时停留或通过的空间。为了给人们提供一个良好的热环境，需要对建筑入口做遮阳处理。入口遮阳主要有两种方式：

1. 入口附加构件遮阳

图 10-16 绿化遮阳示例

当前建筑的入口遮阳多采用在入口上方架设水平遮阳构架，以达到遮阳防晒的目的。同时还能防雨。如图 10-17 所示为某建筑入口的遮阳。

2. 建筑自身构件遮阳

入口遮阳还可以通过建筑自身体型凹凸形成的阴影实现有效遮阳。例如我国传统建筑的大屋顶以及广州地区的"骑楼"建筑。在达到入口遮阳的同时，也与建筑有机的结合在一起。

图 10-17　入口附加构件遮阳　　　　　　　　图 10-18　"骑楼"建筑

第三节　建筑遮阳的效果

建筑围护结构设置遮阳后，能够阻挡大量的太阳辐射热量进入室内，降低室内气温，同时也会对室内采光和自然通风造成一定的影响。本节以窗口遮阳为例讲述遮阳的效果。

一、遮阳的降温效果

图 10-19 是在广州西向房间进行遮阳测试所测得的结果。可以看出，遮阳对防止室内空气温度上升是有作用的。即使在开窗的情况下，有无遮阳情况下室内气温的最大差值可

达 1.2℃，平均差值为 1℃。这在炎热的夏季，对室内热环境的改善具有一定的意义。而在闭窗的情况下，遮阳防止室温上升的作用更为明显，有无遮阳情况下室内气温的最大差值达到 2℃，平均差值达 1.4℃。而且由于设置了遮阳，室温的波幅值较小，室内最高温度出现的时间也推迟了，这对空调房间减少冷负荷是很有利的，而且房间内的温度场分布更均匀。

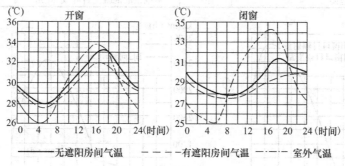

图 10-19　遮阳对室内气温的影响

二、遮阳的节能效果

建筑遮阳主要在两方面对于建筑节能起到重要的作用：一方面，遮阳措施能有效阻挡大量的太阳辐射进入室内，降低建筑物夏季空调制冷负荷；另一方面，遮阳板能将直射阳光转化成柔和的漫射光，改善室内光环境质量，从而减少日间人工照明能耗。

东南亚的一些国家和地区的遮阳节能率已占到其总节能率的 10%～24%，我国广州地区确定的建筑遮阳节能率目标为 20%，占到我国夏热冬暖地区住宅建筑节能目标的 40%。

建筑遮阳设计的节能效果一般用遮阳系数来描述。遮阳系数是指在照射时间内，透进有遮阳窗口的太阳辐射量与透进无遮阳窗口的太阳辐射量的比值。系数愈小，说明透过窗口的太阳辐射热量愈小，防热效果愈好，见表 10-1。通过实验表明遮阳对太阳辐射的阻挡效果是显著的，图 10-20 是广州地区四个主要朝向，在夏季一天内透进的太阳辐射热量及其遮阳后的效果。

几种遮阳设施的遮阳系数　　　　　　　　　　　　　　表 10-1

序号	遮 阳 形 式	窗口朝向	构 造 特 点	颜色	遮阳系数
1	木百叶窗扇	西	双开木窗、装在窗口	白	0.07
2	合金软百叶	西	挂在窗口，百叶成 45°角	浅绿	0.08
3	木百叶挡板	西	装在窗外 50cm 处，顶部加水平百叶	白	0.12
4	垂直活动木百叶	西	装在窗外，百叶成 45°角	白	0.11
5	水平木百叶	西	装在窗外，板面成 45°角	白	0.14
6	竹帘	西	挂在窗口，竹条较密	米黄	0.24
7	嵌磨砂玻璃的垂直旋转窗或磨砂玻璃百叶	西	装在窗口，木窗框	乳白	0.35
8	外廊加百叶垂帘	西	垂帘为木百叶	白	0.45

序号	遮 阳 形 式	窗口朝向	构 造 特 点	颜色	遮阳系数
9	综合式遮阳	西南	水或钢筋混凝土的水平百叶加垂直挡板	白	0.26
10	折叠式帆布篷	东南	铁条支架装帆在篷全放下	浅色	0.25
11	水平式遮阳	南	木或钢筋混凝土百叶成45°角	白	0.38

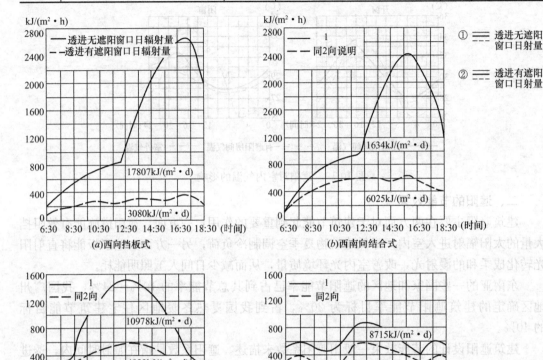

图 10-20　广州地区主要朝向遮阳效果

由图 10-20 可见，各主要朝向的窗口经遮阳透进的太阳辐射热量与无遮阳时透进的太阳辐射热量之比分别为：西向 17％；西南向 41；南向 45％；北向 60％。由此可见，西向太阳辐射虽强，但窗口遮阳后效果也最大。

遮阳设施遮挡太阳辐射热量的效果除取决于遮阳形式外，还与遮阳设施的构造处理、安装位置、材料与颜色等因素有关。

三、遮阳的调光效果

建筑遮阳对于天然采光有两个方面的影响：一方面，建筑遮阳可以阻挡直射阳光进入，或将其转化为比较柔和的漫射光，避免眩光直射工作面，从而满足人们对照明质量的要求，减少日间人工照明的能耗；另一方面，建筑遮阳措施确实会降低室内照度水平。据观察，一般室内照度大约降低 53％～73％，但室内照度的分布则比较均匀。

四、遮阳对通风的影响

遮阳设施的适用对于房间的自然通风有着两方面的影响。一方面，遮阳板会对房间的通风有一定的阻挡作用，使室内的风速有所降低，实验资料表明，在有遮阳的房间，室内的风速约减弱22%～47%，视遮阳的构造方式而异；另一方面，遮阳板对建筑的通风又会起到一定的引导作用。图10-21是水平遮阳板位于建筑立面不同位置时，对室外风导入室内后风向改变的影响。马来西亚著名建筑大师杨经文设计的马来西亚 Menara Umno 大厦（图10-22）中所提出的"捕风墙"特殊构造设计也为垂直遮阳板的导风作用作出了启示。此外"留槽式"遮阳体系也能很好的改善水平遮阳板对室内通风的影响。

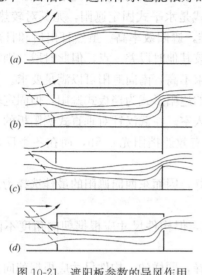

图 10-21　遮阳板参数的导风作用　　　　图 10-22　马来西亚 Menara Umno 大厦

第四节　遮阳技术的适用性

　　遮阳的措施多种多样，针对特定建筑项目的不同地理位置、朝向以及建筑的不同用途，不存在某一种遮阳措施普遍适用的情况。我国幅员辽阔，按照建筑热工分区共分为严寒地区、寒冷地区、夏热冬冷地区、温和地区和夏热冬暖地区五个建筑热工气候区。不同的遮阳形式在不同的气候区也有着不同的适用性。总体上应满足以下原则：在严寒地区和寒冷地区，对于夏季的遮阳措施要兼顾考虑不能阻挡冬季对太阳热能的利用，宜采取如竹帘、软百叶、布篷等可拆除的遮阳措施；在夏热冬冷地区和温和地区，夏季遮阳措施对冬季的影响相对小一些，宜采用活动式遮阳；在夏热冬暖地区，夏季的遮阳可不考虑冬季对太阳辐射的遮挡，可采取固定式遮阳，但仍以活动式遮阳为最佳。具体到某气候区特定的建筑，遮阳形式的选择应考虑以下因素：

　　1. 不同建筑方位遮阳需求

　　结合图10-8和图10-9可知水平面接受的太阳辐射量最大。所以，对屋顶和天窗的遮阳隔热非常必要。

　　对于竖向围护结构，无论是从全日的太阳辐射总量看，还是从房间内日照面积的大小看，东西向最大，其次是东南、西南；再次是东北、西北；南向又次之；北向最小。而由于下午室外气温要高于上午，所以西向遮阳比东向更加重要。南向虽然日照时间较长，但由于我国大部分地区处在中低纬度地区，夏季太阳高度角较高，照射房间不深，遮阳也比较容易处理。

因此对遮阳的需求程度的建筑方位排序依次为水平屋顶、西向、西南向、东向、东南向、南向、西北向、东北向、北向。

2. 不同建筑方位遮阳形式的选择

根据太阳运行规律，可以大致确定不同气候区不同朝向较为合适的遮阳方式。我国纬度跨度较大，同朝向的遮阳策略会略有不同，但以下意见在大部分情况下有效。

(1) 南向　在我国，南向比较合适的遮阳方式是水平式固定遮阳，尤其对较热季节，高度角大而方位角在90°附近的时段遮阳效果最佳，遮阳效率高。虽然日出后和日落前的一段时间，高度角较低，南向水平遮阳的效果要较其他时段差一点，但此时段一则室外气温不高，二则南向辐射不强，所以此时对遮阳要求不高，南向遮阳可以满足要求。

(2) 东、西向　对于建筑的东西向，最合适的遮阳形式为挡板式遮阳，但固定垂直式遮阳的实际遮阳效果很差，而且会阻挡冬季阳光入室。在武汉针对垂直式遮阳板的实测效果显示，垂直式遮阳板对东西向窗户在夏季只能有效遮挡阳光0.5h，而在冬季反而会遮挡2~3h的阳光。

而活动式垂直遮阳在东西向的遮阳效果非常好，因而东西向遮阳的最佳选择为活动式垂直遮阳。

(3) 东南、西南向　应选择综合式遮阳形式，但构件尺寸应根据朝向角度不同进行设计。

(4) 东北、西北向　垂直遮阳板是较好的选择，同样的，构件尺寸应根据朝向角度不同进行设计。

(5) 北向　对我国大部分地区而言，夏季太阳仅在日出和日落时的短暂时间照射到北窗，对北窗的影响很小，一般可不采取遮阳措施。

对于我国地处北回归线以南的热带地区，在夏至日前后太阳全天运行轨迹均在北向，因而要考虑北向遮阳问题，采取一定的水平式遮阳或综合式遮阳即可满足要求。

(6) 屋顶　前文已提到水平屋顶接受的太阳辐射是西墙接受的辐射量的2倍，所以，对屋顶进行遮阳非常有必要。对于不同的气候区因地制宜的考虑对阳光能有效进行遮挡的构件即可。

百叶式遮阳的适应范围非常广，合理设置其叶片倾斜角度和间距，室外或玻璃夹层间的遮阳可以适应大部分的朝向。但应同时注意综合考虑其他因素，如视线和通风的要求。

第五节　房间自然通风

建筑物内的通风十分必要，它是决定室内人体健康和热舒适的重要因素之一。合理的建筑自然通风不但可以为人们提供新鲜空气，降低室内气温和相对湿度，促进人体汗液蒸发降温，改善人们的舒适感，而且还可以有效的减少空调开启时间，降低建筑运行能耗。反之，不合理的建筑自然通风不仅不会改善室内热环境，还会直接导致建筑空调、采暖能耗的增加。例如，采暖地区住宅的通风能耗已占冬季采暖指标的30%以上。

一、自然通风的概念

建筑自然通风是由于建筑物的开口处（门、窗等）存在压力差而产生的空气流动。按照压力差产生的机理不同，建筑自然通风可以分为风压通风和热压通风两种方式。

1. 风压通风

当风吹向建筑正面时，因受到建筑物表面的阻挡而在迎风面上产生正压区，气流偏转后绕过建筑物的各侧面和屋面，在这些面及背面产生负压区。风压通风就是利用建筑迎风面和背风面产生的压力差来实现建筑物的自然通风，通常所说的"穿堂风"就是风压通风的典型范例。风压的计算公式为：

$$p = K \frac{v^2 \rho_e}{2g} \tag{10-1}$$

式中　p——风压，Pa；

　　　v——风速，m/s；

　　　ρ_e——室外空气密度，kg/m^3；

　　　g——重力加速度，m/s^2；

　　　K——空气动力系数。

建筑中要有良好的自然通风就要有较大的风压，由式（10-1）可以看出，较大的风压就要有较大的风速和室外空气密度。而室外空气密度与室外环境的空气温度和湿度密切相关。因此，影响风压通风的气候因素包括：空气温度、相对湿度、空气流速。此外影响风压通风效果的还有建筑物进出风口的开口面积、开口位置以及风向和开口的夹角。当处于正压区的开口与主导风向垂直，开口面积越大，通风量就越大。

2. 热压通风

由于自然风的不稳定性，或者由于周围高大建筑、植被的影响，许多情况下在建筑周围形不成足够的风压，这时就要考虑热压通风原理来加速通风。热压通风的原理为热空气上升，从建筑上部的排风口排出，室外新鲜的冷空气从建筑底部的进风口进入室内，从而在室内形成了不间断的气流运动。即利用室内外空气温差所导致的空气密度差和进出风口的高度差来实现通风。热压通风即通常所讲的"烟囱效应"，热压的计算公式为：

$$\Delta p = h(\rho_e - \rho_i) \tag{10-2}$$

式中　Δp——热压，Pa；

　　　h——进、出风口中心线间的垂直距离，m；

　　　ρ_e——室外空气密度，kg/m^3；

　　　ρ_i——室内空气密度，kg/m^3。

由式（10-2）可知，影响热压通风效果的主要因素为进出风口的高度差、风口的大小以及室内外空气温度差。

风压通风和热压通风这两种自然通风方式往往是互为补充、密不可分的。在实际情况下，风压和热压是同时存在共同作用的。两种作用有时相互加强，有时互相抵消。目前为止，还没有探明热压和风压综合作用下的自然通风的机理。一般来说，建筑进深小的部位多利用风压通风来直接通风，而进深较大的部位多利用热压通风来达到通风的效果。

二、自然通风的降温效果

建筑利用自然通风达到被动式降温的目标主要有两种方式，一种是直接的生理作用，即降低人体自身的温度和减少因为皮肤潮湿带来的不舒适感。通过开窗将室外风引入室内，提高室内空气流速，增加人体与周围空气的对流换热和人体表面皮肤的水分蒸发速度，增加人体因对流换热和皮肤表面水分蒸发所消耗的热量，这样就加大了人体散热从而达到降低人体温度提高人体热舒适的目的，此种自然通风可称之为"舒适自然通风"，舒适自然通风的降温效果，主要体现在人体热舒适的改善方面。研究表明当室外空气温度高于26℃，但只要低于30～31℃，人在自然通风的条件下仍然感觉到舒适；而在空调房间（封闭房间），则空调设定温度必须在26℃以下人才会感觉到舒适。上述研究结果表明房间利用自然通风进行被动式降温时可以提高空调的设定温度，但同时使人体达到了同等甚至更高的热舒适度，从而大大减少了空调的开启时间，降低了建筑的夏季空调能耗。这就提供了一种新的空调节能运行模式：自然通风＋机械调风＋空气调节。

另一种是间接的作用，通过降低围护结构的温度，达到对室内的人降温的作用。利用室内外的昼夜温差，白天紧闭门窗以阻挡室外高温空气进入室内加热室温，同时依靠建筑围护结构自身的热惰性维持室温在较低的水平，夜间打开窗户将室外低温空气引入室内降低室内空气温度，同时加速围护结构的冷却为下一个白天储存冷量，这种自然通风可称之为"夜间通风"。最近的一些研究表明了夜间通风的降温效果，如表10-2所示。

各种住宅夜间通风的降温效果 表 10-2

通风方式	住宅类型	室外气温日较差（℃）	室内外气温差（℃）		
			日平均	日最大	日最小
间歇自然通风	240mm 厚砖墙	7.1±0.8	−0.6±0.3	−3.1±0.6	2.0±0.8
	370mm 厚砖墙	8.9±0.7	−1.2±0.4	−4.8±0.8	1.8±0.3
	200mm 厚加气混凝土墙	8.2±0.8	−0.3±0.2	−3.2±0.5	2.9±0.3

由上表可以看出夜间通风的效果十分明显，可以有效改善通风房间的热环境状况。

三、自然通风的设计方法

1. 主导风向原则

为了组织好房间的自然通风，在建筑朝向上应使房屋纵轴尽量垂直于建筑所在地区的夏季主导风向。例如，夏季，我国南方在建筑热工设计上有防热要求的地区（夏热冬暖地区和夏热冬冷地区）的主导风向都是南、偏南或东南。因此这些地区的传统建筑多为"坐北朝南"，即房屋的主要朝向多朝向南向或偏南。从防辐射角度来看，也应将建筑物布置在偏南方向。

2. 窗的可开启面积比例

对于窗的可开启面积对于室内通风状况的影响，首先要了解建筑物的开口大小对于房间自然通风的影响。

建筑物的开口面积是指对外敞开部分而言，对一个房间来说，只有门窗是开口部分。从表10-3可以看出，如果进、出风口的面积相等，开口越大，流场分布的范围就越大、越均匀，通风状况也越好；开口小，虽然风速相对加大了，但流场分布的范围却缩小了。据测定，当开口宽度为开间宽度的1/3～2/3，开口的大小为地板面积的15%～25%时，室内通风效果最佳，当比值超过25%后，空气流动基本上不受进、出风口面积的影响。

进风口面积/外墙面积	出风口面积/外墙面积	室外风速（m/s）	室内平均风速（m/s）		室内最大风速（m/s）	
			风向垂直	风向偏斜	风向垂直	风向偏斜
1/3	3/3	1	0.44	0.44	1.37	1.52
3/3	1/3	1	0.32	0.42	049	0.67

　　还要指出，建筑的开口面积也不宜过大，否则会增大夏季进入室内的太阳辐射量，增加冬季的热损失。

　　在实际建筑中，建筑的开口面积应该为建筑窗户的可开启面积，因而需要对窗户的可开启面积比例加以严格控制，使其既能满足房间的自然通风的需要，又不至于造成建筑能耗的增加。对于夏热冬冷和夏热冬暖地区而言，尤其要注意控制窗户的可开启面积，否则过小的窗可开启比例会严重影响房间的自然通风效果。近年来为了片面追求建筑立面的简约设计风格，外窗的可开启比例呈现逐渐下降的趋势，有的甚至于不足 25%，导致房间自然通风量不足，室内热量无法散出，居住者被迫选择开启空调降温，从而增加了建筑物的能耗。建议在设计过程中，可以参照国家标准《夏热冬暖地区居住建筑节能设计标准》和《公共建筑节能设计标准》中对于窗可开启面积比例的相关规定来控制外窗的可开启面积，以真正实现自然通风的节能效果。

第十一章　建筑设备和空调系统节能

第一节　泵与风机及其能效

一、泵与风机的分类和工作原理

根据泵与风机的工作原理，可以将泵与风机进行如图 11-1、图 11-2 所示的分类。

根据泵产生的压力大小，可以将水泵分为三类：低压泵（压力在 2MPa 以下）、中压泵（压力在 2～6MPa）、高压泵（压力在 6MPa 以上）。

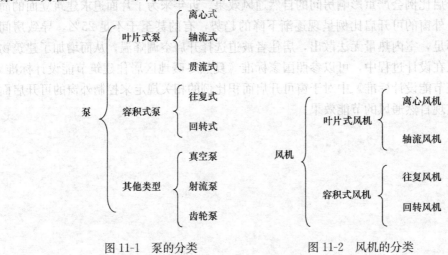

图 11-1　泵的分类　　　　图 11-2　风机的分类

风机按产生的风压分为：通风机（风压小于 15kPa）、鼓风机（风压在 15～340kPa 以内）、压气机（风压在 340kPa 以上）。通风机中最常用的是离心通风机及轴流通风机，按其压力大小又可分为：低压离心通风机（风压在 1kPa 以下）；中压离心通风机（风压在 1～3kPa）；高压离心通风机（风压在 3～15kPa）；低压轴流通风机（风压在 0.5kPa 以下）；高压轴流通风机（风压在 0.5～5kPa）。

流体通过泵与风机后获得能量，压能和动能都得到提高，从而能够被输送到高处或远处。

二、泵与风机的能效

为了表示输入的轴功率被流体利用的程度，可以采用泵或风机的全效率来计量。即：

$$\eta = P_e/P \tag{11-1}$$

式中　η——泵或风机的全效率；

P_e——有效功率，kW；

P——轴功率，指原动机传递给泵或风机轴上的功率，即输入功率，kW。

有效功率指的是在单位时间内通过泵或风机的流体所获得的总能量，可用公式（11-2）表示。

$$P_e = \frac{\rho g q_v H}{1000} \qquad\qquad (11\text{-}2)$$

式中 q_v ——泵输送液体的流量，$\mathrm{m^3/s}$；

H——泵给予液体的扬程，m。

由于流体流经泵或风机时存在机内损失，因此其有效功率必然低于外加于机轴上的轴功率，泵或风机的机内损失包括机械损失、容积损失和流动水力损失。

1. 机械损失和机械效率

机械损失（用功率 Δp_m 表示）包括：轴与轴封、轴与轴承及叶轮圆盘摩擦所损失的功率。机械损失功率的大小，用机械效率 η_m 来衡量。机械效率等于轴功率克服机械损失后所剩余的功率（即流动功率 P_h）与轴功率 P_{sh} 之比：

$$\eta_m = \frac{P_{sh} - \Delta P_m}{P_{sh}} = \frac{P_h}{P_{sh}} \qquad\qquad (11\text{-}3)$$

2. 容积损失和容积效率

在泵与风机中，由于结构上的要求，动、静部件之间存在着一定的间隙，当叶轮旋转时，在间隙两侧压强差的作用下，使部分已经从叶轮获得能量的流体不能被有效地利用，而从高压侧通过间隙向低压侧流动，造成能量损失。这种能量损失称为容积损失，亦称泄漏损失，用功率 ΔP_V 表示。

泵的容积损失主要发生在以下几个部位：叶轮入口与外壳之间的间隙处，多级泵的级间间隙处，平衡轴向力装置与外壳之间的间隙处，以及轴封间隙处等。但主要是在叶轮入口与外壳之间、平衡装置与外壳之间的容积损失，即总的容积损失

$$q \approx q_1 + q_3 \qquad\qquad (11\text{-}4)$$

式中 q_1 ——叶轮入口与外壳之间的容积损失；

q_3 ——平衡装置与外壳之间的容积损失。

为了计算容积损失，必须知道间隙两侧的压强差。通常，假设间隙两侧的压强差是通风机全压 p 的 $2/3$，其容积损失可用式（11-2）来估算。

容积损失的大小用容积效率 η_v 来衡量。容积效率为考虑容积损失后的功率与未考虑容积损失前的功率之比：

$$\eta_V = \frac{P'}{P_h} = \frac{\rho g q_V H_T}{\rho g q_{VT} H_T} = \frac{q_V}{q_{VT}} = \frac{q_V}{q_V + q} \qquad\qquad (11\text{-}5)$$

可见，容积损失的实质是使实际流量小于理论流量。因此，容积效率还可表述为：实际流量（泵与风机的流量）与理论流量（吸入叶轮流量）之比。

容积效率 η_v 与比转速有关。一般来说，在吸入口径相等的情况下，比转速大的泵，其容积效率比较高；在比转速相等的情况下，流量大的泵与风机容积效率比较高。

3. 流动损失和流动效率

流动损失是指：当泵与风机工作时，由于流动着的流体和流道壁面发生摩擦、流道的几何形状改变使流体运动速度的大小和方向发生变化而产生的旋涡，以及当偏离设计工况时产生的冲击等所造成的损失。

流动损失和过流部件的几何形状、壁面粗糙度、流体的黏性以及流体的流动速度、运行工况等因素密切相关，大体可以分为两类：一类是摩擦损失和局部损失，另一类是冲击

损失。

流动损失的大小用流动效率 η_h 来衡量。流动效率等于考虑流动损失后的功率（即有效功率）与未考虑流动损失前的功率之比，即：

$$\eta_h = \frac{P_{sh} - \Delta P_m - \Delta P_v - \Delta P_h}{P_{sh} - \Delta P_m - \Delta P_v} = \frac{\rho g q_v H}{\rho g q_v H_T} = \frac{H}{H + h_w} = \frac{p}{p_T} \tag{11-6}$$

由式（11-6）可知，流动损失的实质是使扬程下降。因此，流动效率可表述为：实际扬程与理论扬程之比。

4. 泵与风机的总效率

由定义知道，泵与风机的总效率等于有效功率和轴功率之比，即：

$$\eta = \frac{p_e}{p_{sh}} = \frac{P_h P' P_e}{P_{sh} P_h P'} = \eta_h \eta_v \eta_h \tag{11-7}$$

由此可见，泵与风机的总效率等于机械效率 η_m、容积效率 η_v 和流动效率 η_h 三者的乘积。因此，要提高泵与风机的效率，就必须在设计、制造、运行及检修等方面减少机械损失、容积损失和流动损失。

三、提高泵与风机能效的方法

如前所述，泵与风机在工作时会产生机械损失、容积损失和流动损失，而这三种损失正是影响泵与风机效率的最重要因素。因此从这三方面考虑，来提高泵与风机的能效。

在机械损失中，叶轮圆盘摩擦损失占据主要部分，尤其对低比转速的离心泵、风机，叶轮圆盘摩擦损失更需力求降低。降低叶轮圆盘摩擦损失的措施有：1）降低叶轮与壳体内侧表面的粗糙度。2）叶轮与壳体间的间隙不要太大，间隙大，回流损失大；反之回流损失小。

为了提高容积效率，一般可采取如下减少泄漏量的方法：1）减小泄漏面积，2）增大密封间隙的阻力。

流动损失比机械损失和容积损失大，为了提高泵与风机的流动效率，可采取以下措施：1）合理设计叶片形状和流道、流体在过流部件各部件的速度要确定合理，变化要平缓。叶片间的流道，尤其是叶片进、出口和导叶喉部，尽量采用合理的流道。选择适当的叶片进口几何角，减少冲击损失。2）保证正确的制造尺寸，注意流道表面的粗糙度。有了优化的设计，还必须有正确的制造、良好的工艺保证。3）提高检修质量。4）注意离心风机的几个主要尺寸与形状。离心风机进气箱的形状要尽量使旋涡区域少。进风口的形状与尺寸要合理。

四、泵与风机的运行与建筑节能

风机和水泵是建筑中不可缺少的设备，又是建筑中耗电最多的设备之一。大中型中央空调系统中水泵的耗电量甚至占整个系统耗电量的30%左右。

建筑物中泵与风机存在的主要问题有：1）为了压低初投资，所选用的泵与风机质量低，额定效率低于先进水平。2）系统设计不合理，大马拉小车，有较大裕量。运行时泵与风机偏离性能曲线上的最佳工作区，运行效率比额定效率低很多。3）输送管路的设计和安装不合理，管路阻力大，运行能耗加大。4）管路水力不平衡，只能采取阀门或闸板调节流量，增加了节流损失。5）维护保养不当，泵与风机经常带病工作，浪费了能源。

一般的节能措施有：1）更新和改造，用高效率泵与风机替代原有效率比较低的泵与风机。2）选择水泵或风机的特性与系统特性匹配。管网特性曲线尽量通过效率的最高点，对于流动特性变化比较大的管网系统，应尽量选择效率曲线平坦型的水泵。3）在主要管路上安装检测计量仪表。例如，在水管路上安装电磁流量计或超声波流量计以及温度计，结合楼宇自控系统，能够掌握水泵是否工作在特性曲线的经济区。4）切削叶轮、减小直径。如果所选水泵的流量和扬程远大于实际需求，最简单的方法就是减少叶轮的直径，从而减小轴功率。但是这种方法只适用于扬程比较稳定的系统。5）调节入口导叶，从而改变水泵或风机的流量压力曲线。入口导叶调节范围较宽，所花代价小，有较高的经济性，并可实现自动调节，因此被广泛采用。

另外，目前采用比较普遍的是泵与风机的变转速节能。对同一台泵与风机，其流量、压头（扬程）、转速和轴功率之间存在如下理论关系：

$$\frac{Q_1}{Q_2} = \left(\frac{n_1}{n_2}\right); \quad \frac{P_1}{P_2} = \left(\frac{n_1}{n_2}\right)^3; \quad \frac{p_1}{p_2} = \left(\frac{n_1}{n_2}\right)^2; \quad \frac{H_1}{H_2} = \left(\frac{n_1}{n_2}\right)^2 \tag{11-8}$$

其中，Q 为流量，P 为功率，p 为风机压头，H 为水泵扬程，n 为转速。可见泵与风机泵与风机的功率与转速成三次方关系，改变转速的节能潜力很大。

上述的节能措施均为一般情况的节能手段。视具体情况，还可以采用空调系统变水流量的节能、变风量系统的节能等。

第二节　锅炉及其能效

一、锅炉的种类及其工作原理

就一个供热系统而言，通常是利用锅炉及锅炉房设备生产出蒸汽（或热水），然后通过热力管道，将蒸汽（或热水）输送至用户，以满足生产工艺或生活采暖等方面的需要。因此锅炉是供热之源。通常，把用于动力、发电方面的锅炉，叫做动力锅炉；把用于工业及采暖方面的锅炉，称为供热锅炉，又称工业锅炉。

锅炉的工作包括三个同时进行着的过程：燃料燃烧的过程，包括燃料的输送、燃烧和燃烧后的灰渣清除（针对固体燃料）；空气的助燃过程，包括空气的输配、助燃和烟气的处理排放；传热过程，包括炉膛向水冷璧传热、烟气向对流管束传热以及水的加热和汽化过程（针对蒸汽锅炉）。

二、锅炉的能效

锅炉的热效率是锅炉的重要技术经济指标，它表明锅炉设备的完善程度和运行管理的水平。燃料是重要能源之一，提高锅炉热效率以节约燃料，是锅炉运行管理的一个重要方面。

锅炉生产蒸汽或热水的热量来源于燃

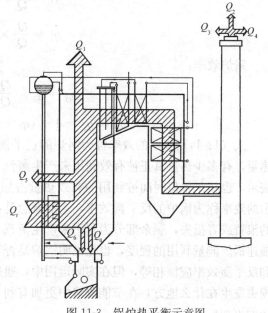

图 11-3　锅炉热平衡示意图

料燃烧生成的热量。但是进入炉内的燃料由于种种原因不可能完全燃烧放热，而燃烧放出的热量也不会全部有效地用于生产蒸汽或热水，其中必有一部分热量被损失掉。为了确定锅炉的热效率，就需要使锅炉在正常运行工况下建立锅炉热量的收、支平衡关系，通常称为"热平衡"。图 11-3 为锅炉热平衡示意图。

锅炉热平衡的公式可写为：

$$Q_r = Q_1 + Q_2 + Q_3 + Q_4 + Q_5 + Q_6 \qquad (11-9)$$

式中　Q_r——每千克燃料带入锅炉的热量，kJ/kg；

　　　Q_1——锅炉有效利用热量，kJ/kg；

　　　Q_2——排出烟气所带走的热量，kJ/kg；

　　　Q_3——未燃完可燃气体所带走的热量，称为气体不完全燃烧热损失，kJ/kg；

　　　Q_4——未燃完的固体燃料所带走的热量，称为固体不完全燃烧热损失，kJ/kg；

　　　Q_5——锅炉散热损失，kJ/kg；

　　　Q_6——灰渣物理热损失及其他热损失，kJ/kg。

对于气体燃料，上式各热量值均相对于 $1m^3$ 燃气，单位为 kJ/m^3；对于液体燃料，则相对于 1kg 燃料油，单位为 kJ/kg。因为油、气体燃料含灰量很小，Q_6 可以忽略。同时液、气体燃料燃烧时，一般没有固体不完全燃烧现象，即 $Q_4 = 0$。因此，对燃油燃气锅炉，热平衡方程式为：

$$Q_r = Q_1 + Q_2 + Q_3 + Q_5 \qquad (11-10)$$

如在公式（11-9）两边分别除以 Q_r，则锅炉热平衡就以带入热量的百分数来表示，即：

$$q_1 + q_2 + q_3 + q_4 + q_5 + q_6 = 100\% \qquad (11-11)$$

式中各项 q 分别表示有效利用热量和各项热损失百分数，如：

$$q_1 = \frac{Q_1}{Q_r} \times 100\% \qquad (11-12)$$

$$q_2 = \frac{Q_2}{Q_r} \times 100\% \qquad (11-13)$$

锅炉效率：

$$\eta_{gl} = q_1 = \frac{Q_1}{Q_2} \times 100\% \qquad (11-14)$$

$$\eta_{gl} = q_1 = 1 - (q_2 + q_3 + q_4 + q_5 + q_6) \qquad (11-15)$$

式（11-14）表示的效率称为锅炉的正平衡效率，它表示单位时间内加入炉内燃烧的热量，有多少热量真正被有效利用来产生蒸汽（或热水），这两个热量的比值，以百分数表示，也就是单位时间被利用的有效热量占加入燃料具有热量的百分数。式（11-15）表示的效率称为锅炉的反平衡效率，它的概念是：单位时间内加入炉内燃烧的热量，被无效的浪费或者损失，剩余部分为利用来产生蒸汽（或热水），以百分数表示。锅炉热效率是描述锅炉能量利用的程度，也是说明锅炉是否节能的主要指标。理论上，锅炉正平衡效率和反平衡效率应该相等，但在实际运用中，通过反平衡效率测量和计算，能够知道锅炉的损失发生在什么地方，在节能改造中更加有利于改造工作有的放矢，因此，在专业领域使用的更加广泛。

三、锅炉效率的测定方法

锅炉的热效率可以用热平衡实验方法测定，测定方法有正平衡实验和反平衡实验两种，实验必须在锅炉稳定运行工况下进行，下面分别介绍这两种方法。

1. 正平衡法

正平衡实验按式（11-14）进行，锅炉效率即有效利用热量占燃料带入锅炉热量的百分数。有效利用的热量 Q_1 按下式计算：

$$Q_1 = \frac{Q_{gl}}{B} \tag{11-16}$$

式中　Q_{gl}——锅炉每小时有效吸收热量，kJ/h；

　　　B——每小时燃料消耗量，kJ/h。

蒸汽锅炉每小时有效吸热量按下式计算：

$$Q_{gl} = D(i_q - i_{gs}) \times 10^3 + D_{ps}(i_{ps} - i_{gs}) \times 10^3 \tag{11-17}$$

式中　D——锅炉蒸发量，t/h，如锅炉同时产生过热蒸汽和饱和蒸汽，应分别进行计算；

　　　i_q——蒸汽焓，kJ/kg；

　　　i_{gs}——锅炉给水焓，kJ/kg；

　　　i_{ps}——排污水焓，kJ/kg；

　　　D_{ps}——锅炉排污水量，t/h；

当锅炉产生饱和蒸汽时，蒸汽干度一般都小于 1（即湿度不等于零）。湿蒸汽的焓可按下式计算：

$$i_q = i'' - \frac{rW}{100} \tag{11-18}$$

式中　i''——干饱和蒸汽的焓，kJ/kg；

　　　r——蒸汽的汽化潜热，kJ/kg；

　　　W——蒸汽湿度。

热水锅炉每小时有效吸热量按下式计算：

$$Q_{gl} = G(i''_{rs} - i'_{rs}) \times 10^3 \tag{11-19}$$

式中　G——热水锅炉每小时加热水量，t/h；

i''_{rs}，i'_{rs}——热水锅炉进水及出水的焓，kJ/kg。

供热锅炉常用正平衡来测定其效率，这是一种常用的比较简单的方法。

2. 反平衡法

正平衡法只能求得锅炉的热效率，不能进行影响锅炉热效率的因素分析。通过对锅炉的热平衡实验，得出锅炉的各项热损失，利用式（11-15）进行计算得出锅炉的热效率。这种方法称为反平衡法。

对于小型锅炉以正平衡为主，辅以反平衡。对于大型锅炉，由于不易准确的测定燃料的消耗量，因此锅炉的热效率主要靠反平衡法来求得。

上述锅炉效率，代表了锅炉在特定工况下的能源利用率，更能够反映锅炉能源利用状况的指标是锅炉的运行效率。锅炉运行效率是以长期计算、检测和记录数据为基础，统计时期内全部效率的平均值，因此从能效利用的角度，运行效率具有更重要的意义。

锅炉运行效率可由式（11-20）求取：

$$\eta_{YX} = \frac{\sum\limits_{j=1}^{N} \sum\limits_{i=1}^{n} Q_{ij}}{\sum\limits_{j=1}^{n} B_j Q_{dwj}^y} \qquad (11-20)$$

式中　η_{YX}——锅炉运行效率；

　　Q_{ij}——所测得的逐日供热量，W；

　　B_j——某统一计时期燃料消耗量，kg；

　　Q_{dwj}^y——某统一计时期，燃料的应用低位发热量，kJ/kg；

　　n——某统一计时期的天数，d；

　　N——采暖天数，d。

四、锅炉的运行与建筑节能

采取集中供热本身就是节能的一项重要措施。但是集中供热系统中仍存在如何节能增效的问题。目前，集中供热系统中，是将一次能源在锅炉中转换为热能，热源站房是燃料直接消耗的场所，因此，热源的节能在集中供热系统中占有极其重要的地位。

采取节能技术以提高锅炉热效率之前，首先要摸清锅炉热能利用的水平，利用反平衡效率测量和计算方法，分析造成热效率低的原因何在，针对存在的问题，有的放矢的采取节能措施；进行改善后，检查节能效果。

从反平衡法中可以看出，减小锅炉的各项热损失，减少燃料消耗量，尽力提高可利用的有效热量，是提高锅炉能效的有效途径，见表 11-1。

锅炉运行的节能方法　　　　　　　　　　　　　　　　表 11-1

分　类	具 体 的 措 施
减小排烟损失	加大传热面积 加装省煤器、空气预热器 降低蒸汽压力、热水温度 减少燃烧用空气量
减小散热损失	充分有效的保温措施 在停止燃烧时减少排烟量
减少给水系统的热损失	排污水的热回收 凝结水的回水利用 加装热水加热器
控　制	热水回水的控制 台数控制
维修、运行、管理	余（蓄）热的利用 传热管壁积灰的消除（检查排烟温度） 检查空气比

表 11-1 所列为锅炉运行的主要节能方法，从中可以看出，充分利用锅炉自身产生的各种余热是提高锅炉能效的重要措施，余热的利用主要包括以下三个方面。

1. 燃料及炉膛的余热利用

从系统上考虑，为了避免锅炉在不稳定工况下以低效率运行，可以适当控制锅炉的停烧时间，充分利用燃料及炉膛的余热。当作为锅炉负荷的是高压高温与低压低温负荷混合一起时（譬如，工厂的生产工艺用热与采暖用热等），靠调节运行时间，充分利用余热是可行的。

2. 排污水的余热利用

对蒸汽锅炉来说，在运行当中必须保持相当的排污量才能保证锅水品质和蒸汽质量。但这时锅炉所排出的是高温高压的锅水，含有从燃料中吸收的大量热量，如能将排污中的热量最大限度的回收利用，无疑是"废热"利用，这是一个能提高锅炉热量利用率，降低燃料成本、提高锅炉运行经济性的有效措施。

3. 烟气的余热利用

影响排烟热损失的主要因素是排烟温度和排烟容积。排烟温度越高，排烟热损失越大。为了减少排烟热损失，可以在排烟管路上设置烟气余热回收装置，利用烟气余热加热锅炉给水以减少燃料消耗，提高锅炉的能效。图11-4为某燃油锅炉采用节能器回收烟气余热的流程示意图。

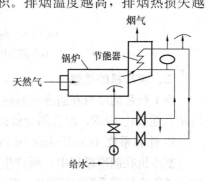

图 11-4　燃油燃气锅炉加装
节能器的示意图

对于电热锅炉可实现蓄热试运行，利用它将电网低谷时的电能来加热水并保温储存，供白天使用。因为合理利用电网峰谷差价，从而可以大幅度降低运行费用，做到节能安全可靠。

此外，锅炉的选型应按所需热量负荷、热负荷延续图、工作介质来选择锅炉形式、容量和台数，并应与当地供应的燃料种类相匹配。对于燃煤锅炉，在设计中还应注意采用分层燃烧技术、复合燃烧技术、煤渣混烧等燃烧技术、并通过加装热管省煤器、改善锅炉系统的严密性、保证锅炉受热面的清洁，防止锅炉结垢、大中型锅炉采用计算机控制燃烧过程等措施，提高锅炉效率。在系统运行方面采用连续供热运行制度，锅炉按连续供热设计和运行，可以减少锅炉的设计和运行台数。间歇供热与连续供热的供热设计热负荷是不相同的。因为间歇供热时，散热器放出的热量不仅要补充房间的耗热量，而且还要加热房间内所有已经冷却了的围护结构。而连续供热时散热器放出的热量只要补充房间的耗热量就可以了。连续供热有利于提高锅炉的运行效率。锅炉构造类型不同，一般对供热运行制度有不同的要求，当符合要求时，锅炉运行效率会比较高。这些年来普遍采用的链条炉排锅炉和往复炉排锅炉，因炉膛内有耐火砖砌体，需要较长的预热时间才能达到较好的燃烧条件，因此最适合连续运行。最后在锅炉房设置耗用燃料的计量装置和输出热量的计量装置，对燃烧系统、鼓风机和引风机、循环水泵等设备的运行采用节能调节技术，也是很有效的节能办法。

第三节　制冷机及其能效

一、制冷机的种类和工作原理

根据工作原理，制冷机可分为：压缩式制冷机、吸收式制冷机、蒸气喷射式制冷机、半导体制冷机。其中，以压缩式制冷机和吸收式制冷机应用较多。压缩式制冷机和吸收式制冷机流程见图11-5。

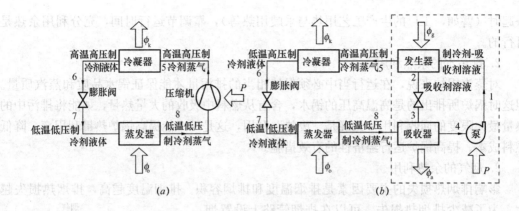

图 11-5 吸收式与蒸气压缩式制冷循环的比较

(a) 蒸气压缩式制冷循环；(b) 吸收式制冷循环

二、制冷机的能效

为了衡量制冷机在制冷或制热方面的热力经济性，常采用的能效评价指标有性能系数 COP，能效比 EER，综合部分负荷值 $IPLV$ 和非标准部分负荷值 $NPLV$。

1. 性能系数 (Coefficient of Performance，COP)

制冷机在制冷循环中，所产生的制冷量与所消耗的功量之比，称为制冷机的制冷系数，或称为性能系数 (COP)。即

$$COP = \varepsilon = \frac{Q_e}{W} \tag{11-21}$$

式中　Q_e——制冷量，W 或 kW；

　　　W——消耗功率，W 或 kW。

在国际单位制 (SI) 中，性能系数是无因次量。但在美国，有时也用英热单位表示性能系数，并将用 Btu/kWh 表示的性能系数称为能效比 (Energy Efficient Ratio，EER)。在中国，有时将 COP 和 EER 混用，尽管 EER 也成为一个无因次量 (kW/kW)。但其中似乎也有一个约定俗成：用 COP 时是单指制冷压缩机的性能系数；而用 EER 时则是指整台机组甚至整个系统的能效比。

2. 能效比 (Energy Efficiency Ratio，EER)

制冷压缩机的能效比是考虑驱动电动机的效率对制冷压缩机能耗的影响，就是以单位电动机输入功率的制冷量进行评价，该指标多用于评价全封闭制冷压缩机。其中，活塞式制冷压缩机的能效比等于：

$$EER = \frac{\phi_0}{P_{in}} = \frac{\phi_0}{P_e/\eta_d\eta_e} = \frac{\phi_0}{P_{th}}\eta_i\eta_m\eta_d\eta_e = \varepsilon_{th}\eta_i\eta_m\eta_d\eta_e \tag{11-22}$$

式中　　　ϕ_0——制冷量，kW；

　　　　　P_{in}——电动机输入功率，kW；

　　　　　P_e——制冷机的轴功率，kW；

　　　　　ε_{th}——理论制冷系数；

η_i，η_m，η_d，η_e——压缩机的指示效率、摩擦效率、传动效率、电动机效率（与电动机类型、额定功率以及负载功率有关）。

3. 综合部分负荷值 (Integrated Partial Load Value，$IPLV$)

1992年美国空调制冷协会（ARI）颁布了ARI550标准和ARI590标准。在这两项标准中提出了综合部分负荷值（IPLV）的指标与标定测量方法。1998年ARI又将这两项标准合并修订为ARI550/590—1998标准，采用非标准工况下的部分负荷值（NPLV）指标。

IPLV是制冷机组在部分负荷下的性能表现，实质上就是衡量了机组性能与系统负荷动态特性的匹配。它综合考虑了在不同负荷率条件下机组的EER值，然后再把整个负荷按照100％、75％、50％和25％四种负荷率的出现频率加权平均，最后计算得到每个负荷率占总运行时间的比例（即公式中的常数A、B、C、D）。公式中的4个系数，实际上是起到了一个"时间权"的作用，见式（11-23）。

$$IPLV = A(EER_{100}) + B(EER_{75}) + C(EER_{50}) + D(EER_{25}) \qquad (11\text{-}23)$$

美国ARI550/590标准得到制冷机组统一的IPLV计算公式，见表11-2。表11-2中，$A=100\%$负荷时EER_{100}；$B=75\%$负荷时EER_{75}；$C=50\%$负荷时EER_{50}；$D=25\%$负荷时EER_{25}。IPLV的计算条件见表11-3。

综合部分负荷值（IPLV）的计算公式　　　　　　　表11-2

1992年标准	1998年标准
$IPLV=0.17A+0.39B+0.33C+0.11B$	$IPLV=0.01A+0.42B+0.45C+0.12B$

IPLV的计算条件　　　　　　　表11-3

版　本	1992年标准		1998年标准	
方法	ASHRAE Temp BIN Method			
天气	亚特兰大，乔治亚州		美国29个城市加权平均	
建筑类型	办公楼		所有类型加权平均	
运行时间	12小时/天，5天/周		所有类型加权平均	
建筑负荷	10℃频段以上及平均内部负荷大于38%时，建筑负荷随温度和相应的平均湿球温度呈线性变化；在10℃频段以下制冷机的负荷为零		10℃频段以上及平均内部负荷大于38%时，建筑负荷随温度和相应的平均湿球温度呈线性变化；10℃频段以下负荷恒定在20%的最小平均内部负荷	
开机条件	室外气温>12.8℃，制冷机运行室外气温<12.8℃，新风供冷		室外气温12.8℃以上和以下时制冷机运行的加权平均	
ECWT(EDB)变化趋势	1.39℃/10%负荷(2.22℃/10%负荷)		2.22℃/10%负荷(3.33℃/10%负荷)	
冷冻水进出水温度	6.7℃/12.3℃			
冷却水进出水温度	29.4℃/35℃			
水侧污垢系数	冷冻水侧	0.044m²·℃/kW	冷冻水侧	0.018m²·℃/kW
	冷却水侧	0.044m²·℃/kW	冷却水侧	0.044m²·℃/kW
其他	使用经济器		可使用经济器	

美国的气象条件和气候分区同中国的实际情况有许多区别。与美国29个城市相比，我国冬季各地气温偏低8～10℃左右；夏季各地平均温度却要高出1.3～2.5℃。因此，美

国 ARI 标准所给数值不能真正反映出中国气象条件对建筑负荷分布的影响。

在建立中国自己的 *IPLV* 计算公式时，选择政府办公楼作为典型建筑，用跨越我国 4 个建筑气候分区（严寒地区、寒冷地区、夏热冬冷地区和夏热冬暖地区）的 19 个城市的气象参数。用建筑能耗模拟软件 DOE-2 对典型建筑进行大量模拟计算，并对中国 4 个气候区分别进行统计平均，可以得到各个气候区的 *IPLV* 的系数（见表 11-4）。

我国 4 个气候区冷水机组 *IPLV* 的系数   表 11-4

IPLV 的系数	A	B	C	D
严寒地区	0.7%	26.1%	52.7%	20.5%
寒冷地区	0.6%	28.9%	53.0%	17.6%
夏热冬冷地区	1.3%	30.6%	50.1%	18.0%
夏热冬暖地区	1.3%	41.6%	44.0%	13.1%

从节能角度出发，希望机组的综合部分负荷值越大越好。在各种建筑节能标准中，都规定了 *IPLV* 的最低要求。《公共建筑节能设计标准》（GB 50189—2005）中规定：水冷式电动蒸气压缩循环冷水（热泵）机组的综合部分负荷性能系数（*IPLV*）宜按下式计算和检测条件检测：

$$IPLV = 2.3\% \times A + 41.5\% \times B + 46.5 \times C + 10.1 \times D \tag{11-24}$$

式中　A——100%负荷时的 EER_{100}，冷却水进水温度 30℃；

　　　B——75%负荷时的 EER_{75}，冷却水进水温度 26℃；

　　　C——50%负荷时的 EER_{50}，冷却水进水温度 23℃；

　　　D——25%负荷时的 EER_{25}，冷却水进水温度 19℃；

公式（11-24）的计算依据是：取我国典型公共建筑模型，计算出我国 19 个城市气候条件下，典型建筑的空调系统供冷负荷以及各负荷段的机组运行小时数，参照美国空调制冷协会 ARI550/590—1998《采用蒸气压缩循环的冷水机组》标准中综合部分负荷性能 *IPLV* 系数的计算方法，对我国 4 个气候区分别统计平均，得到全国统一的 *IPLV* 系数值。

部分负荷检验条件：水冷式蒸气压缩循环冷水（热泵）机组属制冷量可调节系统，机组应在 100%负荷、75%负荷、50%负荷、25%负荷的卸载级下进行标定，这些标定点用于计算 *IPLV* 系数。

表 11-5 是《公共建筑节能设计标准》中规定的蒸气压缩循环冷水（热泵）机组综合部分负荷性能系数的最低值。

冷水（热泵）机组综合部分负荷性能系数   表 11-5

类　　型		额定制冷量 （kW）	综合部分负荷性能系数 （W/W）
水　冷	螺杆式	<528	4.47
		528~1163	4.81
		>1163	5.13
	离心式	<528	4.49
		528~1163	4.88
		>1163	5.42

注：*IPLV* 值是基于单台主机运行工况。

244

4. 非标准部分负荷值（Nonstandard Partial Load Value，NPLV）

这也是一个针对制冷机组在部分负荷下的性能表现，它是在不同于 IPLV（即非标准）的工况下，按照该标准所规定的方法，在 4 种部分负荷率下的 EER 的加权平均值，称为非标准部分负荷值 NPLV。它实际上是代表了所指定的单台冷水机组在非标准工况下部分负荷效率的综合指标。

以上几个评价指标中，COP 和 EER 是评价制冷机在满负荷运行下的指标，而制冷机绝大部分时间是在部分负荷下运行，因此综合部分负荷值 IPLV 和非标准部分负荷值 NPLV 的实际应用性更强。在选择机组时更加注重 IPLV 或 NPLV 值，以节省运行费用。

三、提高冷水机组（热泵）能效的方法及运行节能

对于制冷机组，通过能效评价的标准，可以看出要提高能效，不管是满负荷值，还是部分负荷值，最直接的方法是提高制冷机的能效比 EER，尤其是在使用频率较高的负荷率条件下的 EER 值。这就要求设计人员在选用制冷机组时，选用能效比、IPLV 较高的机组。虽然这样初投资较高，但相对于运行费用而言，初投资所占比例较小，选用性能好的机组可以通过减少运行费用很快回收增加的投资。以下简单介绍几种提高制冷机组能效的方法。

1. 提高制冷机的运行负荷率

制冷机在高负荷率附近时运行效率较高，由图 11-6 可以看出，随着制冷机运行负荷率的增大，单位制冷量的耗功逐渐减少，即能效越来越高。从能耗角度出发，对于一般大型建筑往往需要选用多台机组，用合理确定容量的多台机组并联代替单一机组运行时，其单机在高负荷区（100%～75%）运行的时间百分比随台数的增加而增加，因此，选用多台机组时的运行能效高。确定制冷机组数量时应该综合分析初投资和运行费用，合理确定数量及其每台机组的容量，尽量保证工作的机组能够在高负荷率下运行。

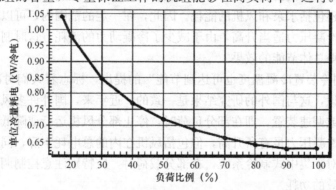

图 11-6　冷却水进水温度不变时制冷机运行效率

2. 合理调节蒸发温度和冷凝温度

制冷机组或制冷系统的性能受到制冷量和耗功率与外在参数之间关系的影响。其中蒸发温度和冷凝温度是影响制冷量的主要因素，如图 11-7、图 11-8 所示。在一定范围内提高蒸发温度或降低冷凝温度，可以提高单位容积制冷量，而蒸发温度的影响则更大。

提高蒸发温度将使制冷系统的压缩比减少、功耗减少，这对节能十分有利。蒸发温度取决于被冷却对象，调整蒸发温度必须以不影响被冷却对象的制冷工艺要求为前提。一

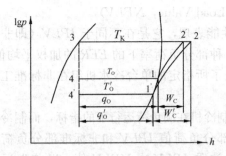

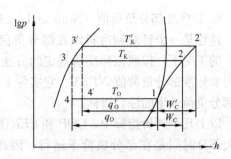

图 11-7　蒸发温度对制冷量的影响　　　　　图 11-8　冷凝温度对制冷量的影响

般制冷装置都按满负荷进行设计，而实际在满负荷运行的时间并不长，大部分时间是在小于设计负荷的条件下运行。在部分负荷即耗冷量减少时，提高蒸发温度，可以利用减小蒸发器的传热温差，达到同样的降温效果。

冷凝温度过高不仅会引起压缩机排气压力过高，排气温度升高，不利于压缩机的安全运行，而且会使制冷装置效率降低，能耗增加。从节能角度，在设计时应适当选取较低的冷凝温度，即配置较大的冷凝换热面积，达到节能运行的目的。从操作调节的角度，应控制制冷装置在尽可能低的冷凝温度下运行，以提高制冷效率，降低运行费用。冷凝温度决定于冷却介质的温度、流量、流速、冷凝面积、压缩机的排气量以及空气湿度、油污、水垢等影响冷凝器传热效率的各种因素。要使冷凝温度尽量低，主要从两方面入手：一是保持换热面积的清洁，消除影响热交换的因素，即及时除垢、放油、排除不凝结气体；另一方面，就是控制冷却介质的流量、流速，保证冷却介质均匀地流过换热表面；还要特别注意冷却水在冷凝器中分配的均匀性。

虽然降低冷凝温度可以减少压缩机的功耗，但是如果冷凝温度的降低是以冷却介质侧水泵、风机耗功增加为代价的，则不一定是经济的做法。因为制冷装置的总能耗不仅包括压缩机的能耗，还包括水泵和风机的能耗。因此，在一定的范围内，可以减少冷却介质的流量、流速，使冷凝压力适当升高，由于减少了冷凝动力的消耗，这时制冷系统的总能耗也可能降低，获得总体节能的效果。

"适当升高制冷装置冷凝温度也可达到节能"的提出，标志着人们对冷凝温度的控制有了更深入的认识，这与国外的研究结果是一致的。近年来，国外许多风冷冷凝器，采用了部分负荷调节或调速装置，即在部分负荷时，停止部分风机运行或降低风机转速，减少空气流量，此时冷凝压力虽有所升高，但包括风机在内的总电耗下降，同样可以达到节能的效果。因此，对于集中式制冷系统，在部分载荷时，应特别注意控制调节冷凝系统水泵或风机，避免无效的功耗。

3. 减小机组水侧污垢热阻（污垢系数）

冷水（热泵）机组水侧污垢系数随着机组运行时间的积累而增加，在很大程度上取决于所使用的水质及运行温度。相对较差的水质无法保证机组在 15～20 年常规使用周期中不出现结垢而影响传热，因此，国家标准《蒸汽压缩循环冷水（热泵）机组—工商业用和类似用途的冷水（热泵）机组》（GB/T 18430.2—2001）规定机组名义工况时的使用侧和水冷式热源侧污垢系数为 $0.086(m^2 \cdot \text{℃})/kW$。

选用国外生产的冷水（热泵）机组时，应注意生产国机组名义工况与我国名义工况的差异，特别是污垢系数的取值差异。如美国制冷协会的 ARI550/590—1998 标准规定机组冷水侧的污垢系数为 $0.0184(m^2 \cdot ℃)/kW$，明显低于我国规定的 $0.086(m^2 \cdot ℃)/kW$，所以在选用国外机组时，应根据规定的污垢系数与我国标准的差异对机组的制冷量和耗功率进行修正。否则冷水（热泵）机组在我国水质较差的情况下会过早出现冷

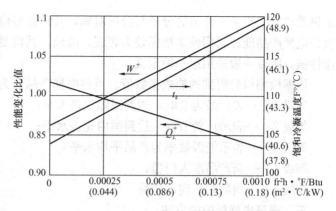

图 11-9　污垢系数对冷水机组性能的影响

（热）量衰减和耗功率增大，满足不了工况对冷（热）量的要求。污垢系数对冷水（热泵）机组制冷（供热）量的影响可参考图 11-9。由图 11-9 可见，随着机组水冷冷凝器污垢系数的增加，机组的饱和冷凝温度提高，制冷量下降，消耗功上升，显然机组的性能系数 COP 也随着污垢系数的增加而下降。

第四节　电梯及其能效

一、电梯的种类

由于电梯种类的多样性，一般按照用途、驱动方式、提升速度、曳引电动机、操纵方式、有无蜗轮减速器或机房位置等不同角度进行分类。

按拖动方式分类有，交流电梯：交流电动机拖动的电梯；直流电梯：直流电动机拖动的电梯；液压电梯：靠液压传动的电梯；齿轮齿条式电梯：靠齿轮齿条传动的电梯。

按控制方式分类有，手柄开关控制电梯：由司机用手柄操纵电梯的启动、运行和平层进行控制的电梯；按钮控制电梯：一种具有简单自动控制方式的电梯，具有自动平层功能；信号控制电梯：一种自动控制程度较高的有司机电梯；集选控制电梯：有/无司机操纵的电梯；并联控制电梯：2 或 3 台电梯的厅外召唤信号并联共用，电梯具有集选功能；梯群控制电梯：多台电梯集中排列，共用厅外召唤按钮，按规定程序和客流量的变化由电脑集中调度和控制电梯。

二、电梯的能效评价方法

所谓电梯能源利用效率的评价标准，就是评价电梯在使用过程中总体耗电水平的统一尺度，能够客观、公正、真实地衡量各种规格、型号的电梯在能源利用效率方面的性能指标。

电梯实际运行工况复杂，稳定运行的"输出与输入之比"不能代表电梯产品实际的能源利用效率指标，通常采用"能效指数"综合评价电梯产品在能源效率方面的性能指标。

电梯能效指数的定义为电梯运送载荷所做的功与能耗的比值。更严谨的定义为：在电梯工作周期内，轿厢运送有效载荷完成的工作量（所运送的载荷重量与被移动的垂直距离之乘积）与在此运行周期内该电梯所耗费电能的比值。

也可以把电梯能效指数定义为：单位能耗（kWh）完成的输送量（kgm）。这种定义

是将前述定义中关于比值的分子与分母对调，其计算与检测方法相同。由于采用能效指数表征电梯产品能源利用效率指标较为客观、准确，其检测方法与检测仪器相对简单，可操作性强，所以一般采用第一种定义。

依据检测检验得到的能效指数值。可将电梯产品分为5个等级：

等级1——表示最为节电，达到国际先进水平；

等级2——表示比较节电，达到国内先进水平；

等级3——表示能源效率为产品平均水平；

等级4——新产品准入门槛；

等级5——属限制、淘汰产品。

三、提高电梯能效的方法

提高电梯能效的方法可以分为两类，一类是从调节电梯配置情况和运行效率上着手，另一类是从调节电机拖动系统上着手。

1. 调节电梯的配置

使电梯节能增效、减少磨损最有效的办法就是减少电梯不必要的停层。由于各大厦的用途、电梯配置情况不同，电梯节能增效、减少磨损的措施也不尽相同，下面仅就常用的措施进行简单介绍。

（1）群控电梯一楼外召独立功能

群控电梯外召控制方式多为分散待梯控制方式，即当一楼有外召唤时，群控系统只分配一台电梯响应该召唤，而其他电梯停在其他楼层等待召唤。这样，当一楼乘客较多时（如上班高峰期或举行大型会议时），由于只有一台电梯接送一楼乘客，乘客无法及时到达目的地，从而导致电梯运行效率大大降低。这种控制方式的弊端在分区运行或分层运行时表现的更为明显。

若将群控电梯改为单梯运行，这样虽然一楼乘梯的问题得以解决，但由于其他楼层也是单梯运行，因此就会造成一个外召唤有多台电梯响应的情况，从而造成大部分电梯的空运行，不仅大大降低了电梯的运行效率，而且增加了电梯的机械磨损和能耗。

解决上述问题最理想的办法是一楼为独立外召单梯运行，其他楼层仍为群控运行，即各台电梯只响应自己的一楼外召唤，其他的一楼外召唤由其他电梯响应。这样既保留了群控运行的优点，又解决了一楼乘客乘梯问题。

（2）单梯运行改群控运行

由于种种原因，大厦内往往安装了两台以上独立运行的电梯。这样，当乘客召唤电梯时，一般都会同时按亮所有电梯的外召唤，哪台先到就乘坐哪台，这样势必会造成其他电梯的空运行，从而大大降低了电梯的运行效率，增加了电梯的能耗。

通过技术上的处理，把独立运行的电梯改为群控运行，这样，对于任何一个外召唤，都只有一台电梯进行响应，就避免了电梯的空运行，从而达到节能增效的目的。

（3）电梯分层响应

一般情况下，电梯在相邻两个楼层间停层时，只能做低速运行（即短层运行），电梯要达到额定运行速度必须在两个以上楼层间运行。因此，减少电梯在相邻两个楼层间停层就可以达到提高电梯运行效率的目的。

减少电梯在相邻两个楼层间停层的最直接的办法就是电梯分单双层运行或分高低区运

行。这里需要说明的是，电梯消防运行与电梯正常运行为两种不同的运行状态，电梯分层运行不会影响电梯的消防运行。

（4）增加电梯错误消号功能

当乘客进入电梯后，由于灯光昏暗、拥挤等原因，往往会导致乘客按错按钮，有时乘客背靠按钮面板时，可能会误将大部分按钮按亮，从而错误登记楼层，导致电梯在非目的层停层，造成电梯停站次数增加，电梯运行效率降低，能耗及机械磨损也相应增加。实际上，电梯每多停靠一个楼层，由于加速、减速、开关门等原因，电梯都将增加近七秒钟的运行时间，这在上班高峰期会大大降低电梯的运行效率。

电梯增加错误登记消号功能后，当有错误登记时，只要乘客连续按动两次按钮，即可取消该登记楼层，从而达到避免电梯不必要停层的目的。

2. 调节电机拖动系统

电梯的耗电主要来自于驱动轿厢升降的电动机，因此高效能的电机拖动系统是电梯节能的关键。一般来说，可以通过两个方面的技术改造使电梯节能降耗：

（1）改进机械传动方式和提高电力拖动系统运行效率

例如将传统的蜗轮蜗杆减速器改为行星齿轮减速器或采用无齿轮传动，机械效率可提高 15%～25%；将电梯曳引机采用变频器调速来取代异步电动机调压调速，是目前用得最多的提高电动机运行效率的措施。

（2）利用能量回馈器将负载发电回收

即将运动中负载上的机械能（位能，动能）通过能量回馈器变换成电能（再生电能）并回送给交流电网，再生运行或供附近其他用电设备使用，使电动机拖动系统在单位时间内消耗电网电能下降，从而实现电能的节约。

第五节　三"变"技　术

自从 1972 年能源危机以来，各种空调系统都以节能作为了主要的选择依据，因此变容量调节以匹配负荷变化的概念在空调系统中得到了广泛应用，从水系统、空气系统到制冷剂系统，分别出现了变风量（Varied Air Volume Air Conditioning Systems，VAV）、变水量（Varied Water Volume Air Conditioning Systems，VWV）和变制冷剂流量（Varied Refrigerant Fluent Air Conditioning Systems，VRF）等各类变容量系统。

一、VAV 空调系统

1. VAV 空调系统的概念和特点

变风量空调系统是全空气空调系统的一种，它是通过改变送风量（也可调节送风温度）来控制某一空调区域温度的一种空调系统。该系统是通过变风量末端装置调节送入房间的风量，并相应调节空调机的风量来适应该系统的风量需求。变风量空调系统可根据空调负荷的变化及室内要求参数的改变，自动调节空调送风量（达到最小送风量时调节送风温度），以满足室内人员的舒适要求或其他工艺要求。同时根据实际送风量自动调节送风机的转速，最大限度地减小风机动力，节约能量。

一般，VAV 空调系统具有以下特点：

（1）变风量系统属于全空气系统，没有风机盘管的凝水问题和霉变问题；

（2）能实现局部区域（房间）的灵活控制，可根据负荷的变化或个人舒适要求自动调节各房间的送入能量，在考虑同时使用系数的情况下空调器总装机容量可减少 10％～30％左右；

（3）可以消除或减小再热量，室内无过热过冷现象，由此可减少空调负荷 15％～30％左右；

（4）部分负荷运转时可大大降低风机能耗，据模拟计算，全年平均空调负荷率为60％时，VAV 空调系统（变静压法控制）可节约风机动力 78％。

（5）系统的灵活性较好，易于改、扩建，尤其适用于格局多变的建筑。

2. VAV 空调系统的组成

（1）末端装置

末端装置是变风量系统的关键设备，通过它来调节风量，补偿变化着的室内负荷，维持室温。一个变风量系统运行成功与否，在很大程度上取决于所选用的末端装置是否合适，性能是否良好。

VAV 空调系统的运行依靠称为 VAV 末端装置的设备来根据室内要求提供能量控制

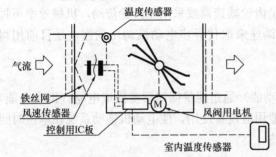

图 11-10　VAV 装置原理图

其送风量。同时向 DDC 控制器传送自己的工作状况，经 DDC 分析计算后发出控制风机变频器信号。根据系统要求风量改变风机转速，节约送风动力。最常用的 VAV 末端装置原理如图 11-10 所示。该装置主要由室内温度传感器、电动风阀、控制用 IC 板、风速传感器等部件构成。在国外，变风量末端装置已经发展了 20 多年，拥有不同的类型和规格，按调节原理分，变风量末端可以分成四种基本类型，即节流型、风机动力型（Fan Powered）（串联型和并联风机型）、双风道型和旁通型四种，还有一种是在北欧广泛采用的诱导型。

（2）系统控制器

系统控制 SC 的主要功能是根据系统中各 VAV 装置的动作状态或风管的静压值（设定点），分析计算系统的最佳控制量，指示变频器动作。在各种 VAV 空调系统的控制方法中，除 DDC 式外，其他方法均设置独立式系统控制器。

（3）变频风机

VAV 空调系统常采用在送风机的输入电源线路上加装变频器，根据 SC 的指示改变风机的转速，满足空调系统的设计。

此外，和一般空调系统一样，变风量空调系统还应包括集中空气处理设备、送回风系统。

3. VAV 空调系统的控制

VAV 空调系统送至各房间的风量和系统的总送风量，都会随着房间负荷的变化而变化，因此，它必然会有较多和较复杂的控制要求。只有实现了这些控制要求，系统的运行才能稳妥可靠，使它的节能性和经济性充分体现出来。

变风量系统的基本控制要求主要包括以下几个方面：

（1）房间温度控制：它是通过末端装置对送风量的控制来实现的；

（2）系统的静压控制：这是变风量系统十分重要的控制环节，它关系着整个系统的能耗情况和系统的稳定性和可靠性。

（3）空气处理装置的控制：实现了这类控制，既可以保证送风温度符合设计要求，又使送风量随着负荷的变化而变化，从而使系统在最经济的工况下运行。

此外，还有房间正压控制，它是通过对送风机和回风机的平衡控制来实现的。变风量系统的控制方式可以是气动式、电动式、模拟电子式和DDC控制，近年DDC控制通过精确的数字控制技术使得末端设备具有较好的节能性。

二、VRF 空调系统

1. VRF 空调系统的概念和组成

变制冷剂流量空调系统是制冷剂流量可自动调节的一大类直接蒸发式空调设备的总称。自20世纪90年代初以来，变频 VRF 系统在日本发展迅速，应用广泛。VRF 系统一般由室内机、室外机、控制装置和冷媒配管组成。一台室外机可以配置不同规格、不同容量的室内机（1~16 台）。根据室内、外机数量的多少可划分为单元 VRF 系统（SVRF 系统）和多元 VRF 系统（MVRF 系统）两大类。

VRF 空调系统由室内机、室外机、配线与控制系统和制冷剂配管等组成。从系统外观上看，该空调系统室外机相当于水系统空调中的制冷机组，制冷剂管道相当于冷水管，室内单机相当于风机盘管。图 11-11 为室内外机组合图。

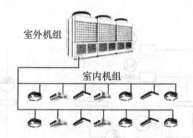

图 11-11　室内外机组合示意图

2. VRF 空调系统的压缩机技术

VRF 空调系统原理上与分体式空调相同，只是一台室外机可带多台室内机。VRF 空调系统通过压缩机的制冷剂循环量和进入室内各换热器的制冷剂流量，适时满足室内冷热负荷要求，是一种可以根据室内负荷大小自动调节系统容量的节能、高效、舒适的空调。在对制冷压缩机的控制上有变频 VRF 系统和数码涡旋 VRF 系统之分。

用于容量调节的变频压缩机技术包括由变频器驱动提供的可变速压缩机、带旁路（热气和液体）的多级压缩机、双速压缩机和二级容量控制压缩机等。数码涡旋技术是实现容量调节的一种全新的技术，数码涡旋技术使用的是涡旋压缩机，它有一独特固有性能，称为"轴向柔性"，该技术为谷轮公司专利。

3. VRF 空调系统的节能

VRF 空调系统的节能性表现在以下几个方面：

（1）空调系统在全年的绝大部分时间里是处于部分负荷运行状态，常规空调在设计时是按照设计负荷选定的制冷设备，在非额定工况下，制冷机 COP 值较低，而 VRF 空调产品在部分负荷下运行时也有较高的 COP 值；

（2）VRF 空调系统中，不同的房间可以设定不同的温度，以满足不同使用者的要求，避免了集中控制造成的无效能源消耗，也提高了舒适水平

(3) 空调系统直接以制冷剂作为传热介质，传送的热量约为水的 10 倍、空气的 20 倍，且不需用庞大的水管和风管系统，不但减少了耗材，节省了空间，还减小了输送能耗及冷媒输送中的能量损失。

三、VWV 空调系统

传统的中央空调水系统采用定流量质调节的方式，即冷冻水泵和冷却水泵都是定流量运行的，这导致在低负荷下水系统处于大流量小温差下运行工况，浪费了大量电能，因此，如何降低水泵的能耗对于空调系统节能意义重大。随负荷变化来降低水泵能耗的主要手段是变频技术，即通过 PLC 或工控机控制变频器，改变水泵的转速，在部分负荷下减小循环的水量以实现节能。VWV 空调系统具体的方式包括变冷却水量和变冷冻水量，以及上述两种方式的结合。变流量水系统在水泵设置和系统流量控制方面必须采取相应措施，才能达到节能目的。

VWV 系统的水泵配置方式有两种：

(1) 制冷机（或热源）与负荷侧末端共用水泵，称一次泵（Primary Pump）系统或"单式"系统。

在图 11-12 中可以看出，一次泵系统的末端如果用三通阀，则流经制冷机（R）或热源（H）的水量一定。如果末端用两通阀，则系统水量变化。为保证流经制冷机蒸发器的水量一定，可在供回水干管之间设旁通管。

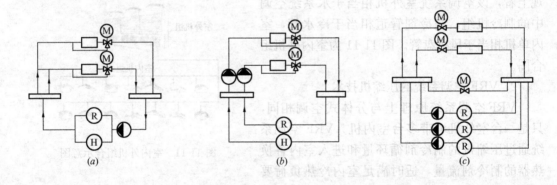

图 11-12　一次泵水系统

(a) 一次泵定流量系统；(b) 分区一次泵定流量系统；(c) 一次泵变流量系统

在供回水干管之间的旁通管上设有旁通调节阀。根据供回水干管之间的压差控制器的压差信号调节旁通阀，调节旁通流量。在多台制冷机并联情况下，根据旁通流量也可实现台数控制。

一次泵系统的台数控制有以下一些方式：

1) 旁通阀规格按一台冷水机组流量确定。当旁通流量降到阀开度的 10% 时，意味着系统负荷增大，末端用水量增加，这时要增开一台冷水机组。反之，当旁通流量增加到 90% 时，停开一台冷水机组。

2) 在旁通管上再增设流量计。当旁通流量计显示流量增加到一台冷水机组流量的 110% 时，停开一台冷水机组。旁通调节阀由压差控制，保证供回水管处于恒定压差。

3) 在回水管路中设温度传感器。当回水温度变化时，根据设定值控制冷水机组的启停。

一次泵系统比较简单，初投资省。目前在中小规模空调系统中应用十分广泛。

（2）将水系统设为冷热源侧和负荷侧。冷热源侧用定流量泵，保持一次环路流经蒸发器的水流量不变；负荷侧（二次环路）可以采用变频水泵或定流量水泵的台数控制实现变流量运行。这种系统称为二次泵系统或"复式"系统。如图 11-13 所示。

在二次泵水系统中，负荷侧用两通阀，则二次侧可以用定流量水泵台数控制、变频变流量水泵，以及台数控制与变流量水泵结合，实现二次侧变水量运行。

二次泵系统有很多优点：比如在多区系统的各子系统阻力相差较大的情况下，或各子系统运行时间、使用功能不同的情况下，将二次泵分别设在各子系统靠近负荷之处，会给运行管理带来更多的灵活性，并可以降低输送能耗。在超高层建筑中，二次泵系统可以将水的静压分解，减少底部系统承压。但二次泵系统初投资较高，需要较好的自控系统配合，一般用在大型、分区系统中。

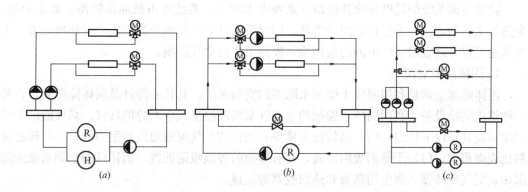

图 11-13　二次泵水系统

(a) 定流量水系统；(b) 分区供水定流量水系统；(c) 台数控制变流量水系统

第六节　除　湿　供　冷

空调的任务就是要为建筑物内提供舒适、健康的室内环境，保持室内合适的温度、湿度、空气流动速度、洁净度和空气品质。现有的空调系统对温湿度的控制采用温湿度同时处理的方法，夏季采用冷凝的除湿方式对建筑物的显热和潜热负荷同时处理，对空气降温与除湿。在舒适性空调系统中，由于空气的送风温度要高于露点温度，大型集中空调采用冷凝除湿方式会造成很大的能源浪费和一系列问题。而除湿空调既能够起到调节和控制湿度的目的，还可改善室内空气品质和提高舒适性。

一、温湿度独立控制

目前常规空调系统都使用制冷机制备的温度为 5～7℃冷水或更低的低温水作为冷媒，用来去除建筑所有的潜热负荷与显热负荷。因为对空气除湿，需要把空气冷却到露点温度，把空气中的水蒸气冷凝出来。若夏季室内空气温度控制在 25℃，相对湿度 60%，此时露点温度为 16.6℃，考虑到 5℃传热温差和 5℃介质输送温差，实现 16.6℃的露点温度需要 6.6℃的冷源温度，所以空调系统采用 5～7℃的冷冻水。但若只降低室内空气的干球温度，冷源的温度只需低于空气的干球温度 25℃即可，考虑传热温差和介质输送温差，冷源温度在 15℃左右。在空调系统中，显热负荷（排热）约占总负荷的 50%～70%，除湿负荷（除湿）仅占空调负荷的 30%～50%，结果大量的显热负荷用低温冷媒处理，就造成能源的浪费。解决此问题最好的方法就是空调系统的温湿度独立控制，即用干燥剂除湿代替冷凝除湿的方法来控制空气的湿度，采用高温冷水对空气冷却。

二、除湿空调

除湿空调是采用除湿和蒸发冷却原理对空气进行调节处理的空调方式，其实质是采用空气作为工质，水为制冷剂，整个系统在开放环境中运行。根据干燥剂类型的不同，除湿空调系统通常分为固体除湿空调和液体除湿空调两类，也可将常规空调与除湿空调组合使用，称为复合式除湿空调。除湿方式大致分为：冷凝除湿、加压除湿、膜除湿和干燥剂除湿，其中干燥剂除湿可分为固体吸附除湿和液体吸收除湿两种。

除湿空调系统的耗电量比传统制冷系统大大减少，系统可由低品位能源，如太阳能、余热等来驱动，减少了化石能源的消耗。同时系统以空气和水分为工质，对环境无害，干燥剂还可以有效吸附空气中的污染物质，提高了室内空气品质。

1. 固体除湿空调

固体除湿空调是利用固体干燥剂来除湿的空调系统，其核心部件是固体除湿装置，是一种热质交换设备，利用固体干燥剂的亲水性来实现湿空气中水分的转移。高性能的干燥剂除湿应具备以下特点：（1）高传热传质单元数；（2）气流通道流动阻力小；（3）转芯材料比表面积大；（4）干燥剂吸附率高，具有理想的等温吸附曲线。固体除湿空调系统由除湿床、空气冷却器、再生用热源和热回收器等组成。

根据吸附床的工作状态，固体除湿空调系统可分为固定式和旋转床式。由于干燥剂的再生和吸附要连续切换，旋转床系统得到较快发展，其中转轮式除湿装置由于能够连续再生，得到了广泛应用。如图 11-14 所示。

根据工作气流的来源分，固体除湿空调可分为通风式和再循环式两种。通风式除湿空调系统如图 11-15 所示，通风模式是将室外环境中的空气引入除湿器中，空气中的水蒸气被干燥吸附，由于吸附过程中产生吸附热，所以空气温度升高，从除湿器出来后的空气经过显热交换器和蒸发冷却器后进入房间。房间的排气首先经过蒸发冷却器冷却后回收处理空气的吸附热，接下来被低品位的热源加热，产生的热空气用来再生干燥剂。

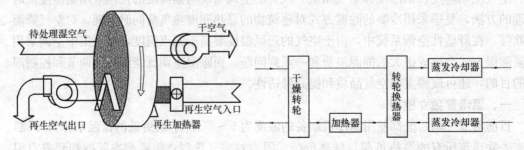

图 11-14　转轮除湿器示意图　　　　图 11-15　通风式干燥冷却系统

除湿常用的干燥剂材料有氯化锂、硅胶、分子筛和氧化铝等。开发高效吸附剂、提高除湿能力、减少设备体积、减低成本成为干燥剂除湿技术的关键。

2. 液体除湿空调系统

液体除湿的原理是利用液体除湿剂浓溶液的表面蒸气压比空气的水蒸气分压低的特点，空气与液体除湿剂接触，空气中的水分被液体除湿剂溶液吸收，从而降低空气含湿量。典型的液体除湿系统由三个主要的部件组成：除湿单元、再生单元和换热器。除湿单元的主要任务是用液体除湿剂把空气中的多余水分除去；再生单元负责把从除湿单元中出来的稀除湿剂溶液再生到一个合适的浓度，以维持循环的连续进行。除湿单元和再生单元通过换热器连接，回收从再生器出来的浓溶液带走的热量。

液体除湿空调系统与传统的空调系统相比有以下优势：

(1) 热负荷、湿负荷分开处理，避免了过度冷却和再热的损失，有较高的能源利用效率并提高了室内的舒适程度。

(2) 通过溶液的喷洒可以除去空气中的尘埃、细菌、霉菌及其他有害物；同时由于避免了使用有凝结水的盘管，也消除了室内的一大污染源；可采用全新风运行，提高了室内空气品质。

(3) 可使用低温热源驱动，为低品位热源的利用提供了有效的途径。

(4) 可以方便地实现蓄能，系统中设储浓溶液的容器，负荷小的时候储存浓溶液，负荷大的时候用来除湿，从而减小了系统的容量和相应的投资；单位质量蓄冷能力为冰的蓄冷能力的 60%，而且无需保温等措施。

(5) 整个设备各个部件构造简单，节省初投资。

3. 复合式除湿空调系统

复合式空调系统结合了干燥除湿装置与传统的冷却系统，除湿装置用来处理湿空气的潜热，传统的冷却系统处理空气的显热。比较传统压缩式制冷设备和除湿制冷可以得到以下不同之处：(1) 使用的能源不同，这是除湿空调的节能优势所在；(2) 压缩式制冷系统为单纯的传热过程，而除湿空调系统则是传热、传质两个过程同时进行，相互耦合。除湿空调系统具有除湿能力强、有利于改善室内空气品质、处理空气不需再热、工作在常压、适于中小规模太阳能热利用以及灵活性等特点。

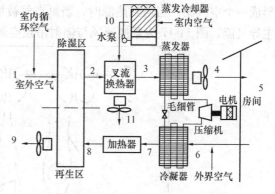

图 11-16　复合除湿空调系统简图

混合式干燥冷却系统包括除湿器、蒸发冷却装置、压缩制冷装置。干燥除湿装置能够利用低品位能源，并且在处理潜热负荷方面具有优势。如图 11-16 所示为一种复合除湿空调系统简图。

第七节　辐射供冷

辐射顶板供冷/供暖空调系统于 20 世纪 70 年代起源于欧洲，后来逐渐在美国、澳洲等地进行推广及应用，2002 年辐射供冷/供暖顶板空调系统被美国能源部列为节能效果最大的空调技术。

一、辐射供冷的概念和空调系统组成

辐射供冷是指降低围护结构内表面中的一个或多个表面温度，形成冷辐射面，依靠辐射面与人体、家具和围护结构等其余表面的辐射热交换，以及辐射冷表面与室内空气对流换热，对房间进行降温的技术方法。

辐射供冷空调系统形式一般是辐射供冷与独立新风系统相结合，主要由冷源设备、新风处理机组、冷却盘管、送风口以及自动控制系统组成。

1. 辐射供冷空调系统的冷源

冷却盘管所需的送水温度较高，一般为16～20℃，因此，利用天然冷源就比较方便，例如冷却塔自然蒸发冷却的水，地下深井水等。若使用制冷机，由于蒸发温度的提高，COP值也得以提高。而对于独立新风系统，由于风系统主要承担除湿任务，它要求的送水温度较低，冷源可以采用制冷机组，如地源热泵、风冷热泵、冰蓄冷等形式。热泵机组出来的低温水首先进入新风系统，对风系统冷却减湿以后再和给水混合进入冷却盘管。

2. 新风处理与送风方式

辐射供冷与独立新风混合式系统的优点之一就是能够实现对空气温度和湿度的解耦处理，尽可能地发挥冷却盘管的辐射供冷能力，而让风系统在承担室内全部潜热负荷的同时尽量减少冷量的提供，从而达到节能的目的。而空气处理方式除了采用冷凝除湿外，也可采用上述的固体除湿和液体除湿，充分发挥除湿供冷的优势。

新风送风方式可以采用上送风方式，也可采用置换通风送风方式，即在房间底部设送风口，将新鲜的冷空气由房间底部送入室内，由于送入的空气密度大而沉积在房间底部，形成一个空气湖，当遇到热源时，新鲜空气被加热上升，形成热羽流作为室内空气流动的主导气流，图11-17为置换通风与辐射吊顶空调系统示意图。

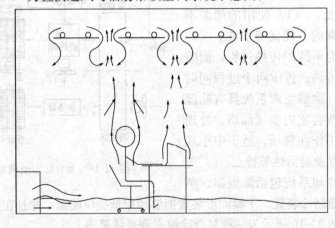

图11-17 置换通风与辐射吊顶空调系统示意图

二、辐射供冷的节能性

1. 送风量的减少降低了输送空气的能量消耗

在辐射供冷空调系统中，房间的显热负荷由辐射盘管来承担，湿负荷由新风来承担，新风的送风量只需用来消除气味和湿度，满足卫生要求以及人员所需的最少新风量，所以该空调系统的送风量少，与传统空调系统相比，其送风量减少大约60%～80%，大大节省了风机耗能，降低了输送空气的能量消耗。

同时用水代替空气来消除热负荷，大大降低了输送冷量的动力能耗。系统中大部分的冷负荷由冷水系统承担，传递冷量的介质是水。而与空气相比，水具有高热值和高密度的特点，其热传输能力约是空气的 4000 倍左右。水输送冷量的能力远大于空气，因此，只需耗费很少的水泵能量，冷量就可运输至目的地。同风冷系统相比，尽管水冷系统增加了水泵的能耗，但总能耗仍远远低于风冷系统中风机消耗的能量。在输送相同冷量的情况下，水所消耗的动力能耗大约是风的一半。

2. 辐射供冷降低人体实感温度，减少了系统能耗

由于辐射面的辐射作用，围护结构、地面以及环境中的设备表面均有较低的温度，导致房间内的平均辐射温度较低，这种低平均辐射温度的环境使人的实感温度低于环境的空气温度，给人以较好的舒适感。当冷却顶板系统提供的辐射含量较高时，人在房间里所感受的温度要比实际温度约低 2~3℃。在装有高辐射含量的冷却顶板的房间里，其室内空气温度可以比常规系统房间内的空气温度高 2~3℃，但人的舒适感相同。因此，在相同的热舒适度情况下与传统空调相比，采用辐射供冷空调系统的室内设计温度可以高一些，从而减少了计算冷负荷，节省了系统能耗。

3. 采用温湿度独立控制系统，提高了制冷设备的 COP 值

辐射供冷空调系统具有一个独立的新风系统，其承担全部的室内潜热和湿负荷，这样供冷水温度由传统空调的 5℃可以提高到 16℃左右，从而大大提高了空调机组的 COP 值，节约能源。同时，由于供冷水温度的提高，冷水可以利用天然冷源，减少了电能或常规能源的消耗。

另外，采用辐射供冷空调系统可以避免传统空调送风量大、有吹风感的缺点，有较好的房间舒适度；由于辐射供冷系统没有室内风机，并且管内的水流速度较低，这样室内的噪声就很小；辐射供冷/供热顶板空调系统安装在顶棚或墙体上，没有大的风道，这样就大大地减少了占用建筑的空间，可以减少层高。

三、辐射供冷空调的系统结构

按照辐射板的位置不同，辐射供冷系统形式可以分为辐射吊顶、辐射地板和辐射墙等形式；按照辐射板结构划分，有"水泥核心"型、"三明治"结构、"冷网格"型等不同辐射板形式。下面以辐射吊顶系统为例说明辐射供冷系统的组成。

辐射吊顶系统是水流经特殊制成的吊顶板内的通道，并与吊顶板换热，吊顶板表面再通过对流和辐射的作用与室内换热，通过控制吊顶板表面温度而达到控制室内热环境的目的。从吊顶板的结构来说，一般采用的是所谓"三明治"结构，即中间是水管，上面是保温材料和上盖板，下面是吊顶表面板。图 11-18 为几种典型辐射吊顶板。

图 11-19 为吊顶空调系统示意图。其是由辐射吊顶板和间隔顶板组成，辐射顶板为了满足房间空调负荷的要求，一般占房间顶棚面积的 30%~70%。保温材料可以采用聚氨酯泡沫塑料、聚苯板等易于成型或加工、导热系数小的材料。供水管采用铜管，规格较小，可采用 1mm 左右的细管（毛细管）。辐射顶板常采用铝板，其具有较大的导热系数和较强的辐射能力，同时还有易于成型、易于加工的特点，较容易将其制成不同的形状和不同的颜色。

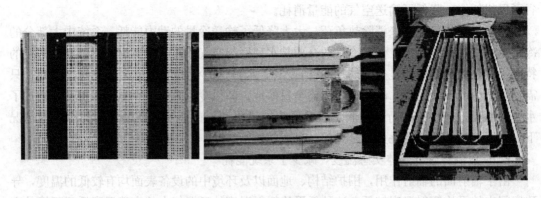

图 11-18　几种典型辐射吊顶板

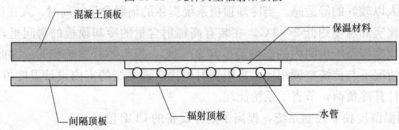

图 11-19　吊顶空调系统示意图

四、辐射供冷需要解决的问题

1. 冷表面结露问题

在室内空调设计工况下，空气的露点温度在 16℃左右，那么如果辐射面的温度低于空气的露点温度，在辐射表面就会产生结露情况。所以防止辐射冷表面结露是设计辐射供冷空调首先要解决的问题。防止辐射冷吊顶凝露的传统方法就是控制进入辐射板的冷水初温，只要冷水初温在室内空气露点温度以上就可以避免结露。但是，提高水温防止结露的另一个后果，则是需要增大辐射板的面积，由此导致的一次投资的增加，往往是冷水机组效率提高难以弥补的，那么要合理地进行技术性和经济性分析。

2. 初投资问题

辐射供冷空调系统的初投资较高，一般看来，工程的初投资大约要比传统的空调高 50% 左右，这要由所采用材料和技术的成熟度来决定，有资料显示，当技术成熟和集成后，造价可以大大降低。

3. 吊顶冷却能力问题

由于辐射吊顶的单位面积制冷量是一定的，而吊顶的面积也是一定的，因此当室内冷负荷较大时，很可能会出现辐射吊顶面积不够的尴尬局面。所以提高单位面积制冷量是减少成本，提高冷却能力的关键。

第八节　热　回　收

对于建筑空调系统，为了保证必要的室内空气质量，就必须引入足够的室外新风，将新风处理到室内设计状态需要一定的热量（或冷量）。而空调系统耗能特点之一是系统同时存在需热（冷、湿）和排热（冷、湿）的处理过程，如夏季低温低湿的排风可冷却干燥新风，冬季高温高湿的排风可加热加湿新风，利用这一特点，可对空调系统进行有效的热回收，从而降低空调系统的能耗。

所谓热回收即回收建筑物内外的余热（冷）或废热（冷），并把回收的热（冷）量作为供热（冷）或其他加热设备的热源而加以利用。建筑空调系统热回收的方式很多，按热回收的能量不同形式，可分为显热回收（heat recovery）和全热回收（energy recovery）；按照热回收在空调系统中的不同位置，可分为排风热回收、建筑内区热回收和机组冷凝热量的回收等。在建筑物空调负荷中，新风负荷一般要占到空调总负荷的 30%，甚至更多，若对空调系统排风进行热回收用于新风的预冷或预热，就可以减少处理新风所需的能量。《公共建筑节能设计标准》实施之后，近几年各类空调系统排风能量的热回收，一般都做到了全热回收。

一、几种典型的排风热回收装置

排风热回收装置（air-to-air energy recovery ventilation equipment）利用空气—空气热交换器（air-to-air heat exchanger）来回收排风中的冷（热）能对新风进行预处理。气—气热交换器是排风热回收装置的核心，按照热交换器的不同种类，常用的排风热回收方式有转轮式热回收、板翅式热回收、热管式热回收和盘管式热回收等。

1. 转轮（回转）式热回收

转轮式换热器具有全热交换性质，在换热器旋转体内，设有两侧分隔板，使新风与排风反向逆流。转轮以 8～10r/min 的速度缓慢旋转，把排风中的冷热量收集在覆盖吸湿性涂层的抗腐蚀的铝合金箔蓄热体里，然后传递给新风。空气以 2.5～3.5m/s 的流速通过蓄热体，靠新风与排风的温差和蒸汽分压差来进行热湿交换，其工作原理如图 11-20 所示。

2. 板翅式热回收

板翅式热交换器其结构由如图 11-22 所示的单体，另加外壳体组成。外壳体用薄钢板制作，其上有四个风管接口。为便于单体的定位和安装取出（为了清洁和更换），外壳体的内侧壁上设有定位导轨，并衬有密封填料，以防两股短路混合造成交叉污染。单体由若干个波纹板交叉叠置而成，波纹板的波峰与隔板连接在一起。如果换热元件采用特殊加工

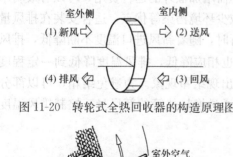

图 11-20 转轮式全热回收器的构造原理图

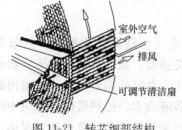

图 11-21 转芯细部结构

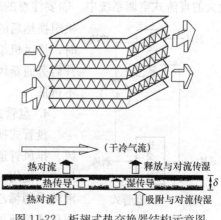

图 11-22 板翅式热交换器结构示意图

的纸（如浸溴化锂的石棉纸等）既能传热又能传湿，这类用特殊加工纸做成的板翅式热交换器是板翅式全热交换器。如果材料采用的是铝板或钢板，用焊接将波纹板与隔板连接在一起，而无湿交换，则为板翅式显热交换器。

板翅式换热器结构简单，运行安全、可靠，无传动设备，不消耗动力，无温差损失，设备费用较低；但是设备体积大，需占用较大建筑空间，接管位置固定，缺乏灵活性，传热效率较低。

3. 热管式热回收

热管是利用某种工作流体在管内产生相态变化和吸液芯多孔材料的毛细作用而进行热量传递的一种传热元件。如图 11-23 所示。热管一端为蒸发端，另一端为冷凝端，热管一端受热时，液体迅速蒸发，蒸汽在微小压力差作用下流向另一端，并且快速释放热量，而后重新凝结成液体，液体再沿多孔材料靠毛细作用流回蒸发端。如此循环，热量可以源源不断地进行传递。热管式换热器，无需动力消耗，而是借助另一介质的相变来传递热量，传递效率较低。

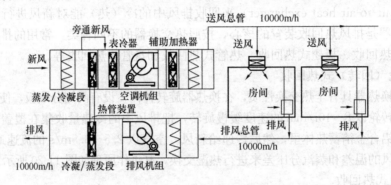

图 11-23 热管用于直流系统热回收

采用热管热回收技术的空调系统回收能量与排风、新风的温差有关，温差大则回收量大。热管热回收技术可以有效回收直流式空调系统排风中的显热量，全年节能明显，回收的最大冷量可占夏季冷负荷的 12%，回收的最大热量可占冬季热负荷的 40%。与普通空调系统热回收相比，热管热回收装置运行可靠，不需增加额外的运行费用，可以有效利用空调系统排风中的低位热能，具有高效、节能和减少环境污染等优点，适合安装在排风量较大的直流式空调系统中。需要注意的是冬季运行时，随着新风进口温度不断降低，排风机组换热后的排风温度也相应降低，排风温度降低到一定程度时，排风机组换热器上出现结霜现象。为避免结霜，可以部分开启旁通新风阀，减少通过换热热管的新风量，控制排风温度不过低。

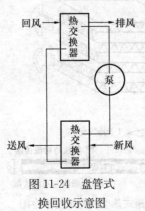

图 11-24 盘管式
换回收示意图

4. 盘管式热回收

盘管式换热器是一种空气＋液体热交换器，由布置在新风、排风管道上的两个热交换器、泵、膨胀箱、排空阀和管道组成。使用一台小功率泵作为系统的循环动力，管道内的传热液体采用稀乙烯、乙二醇溶液或水，传热液体将排风中的热量再传递给新风，该装置优点是新风、排风管道布置灵活。缺点是需增加泵的配置和控制，对管道的密封要求极高。图 11-24 为盘管式换回收示意图。

以上几种典型的热回收系统各有特色，表 11-6 从热转换效率、设备费用、维护保养、辅助设备、占用空间、交叉感染、自身能耗、接管灵活性和抗冻能力等角度对其进行了比较。

几种典型热回收方式的比较　　　　　　　　　　　表 11-6

回收方式	效率	设备费	维护保养	辅助设备	占用空间	交叉污染	自身能耗	接管灵活	抗冻能力
转轮式	高	高	中	无	大	有	少	差	差
板翅式显热	低	低	中	无	大	无	无	差	中
板翅式全热	高	中	中	无	大	有	无	差	中
热管式	中	中	易	无	小	无	无	中	好
盘管式	低	低	难	有	中	无	多	好	中

从以上的对比中可以看出，相对于热管、中间冷媒式等显热换热器，全热换热设备费用较高，占用空间较大，但全热回收的余能回收效率比显热换热器高得多，增加的投资很容易从运行费用中得到回报。选择热回收装置时，应结合当地气候条件、经济状况、工程的实际状况、排风中有害气体的情况等多种因素，进行综合考虑，进行技术经济分析比较，以确定选用合适的热回收装置，从而达到花费较少的投资回收较多热（冷）量的目的。

二、几种新型的空调热回收装置

1. 分离式热管用于空调热回收系统

分离式热管是普通热管的一种派生形式，它的蒸发段和冷凝段是分开的，通过蒸汽上升管和液体下降管连通起来，形成一个自然循环的回路，其构造形式如图 11-25 所示。工作时，在热管内加入一定量的工质，这些工质汇集在蒸发段，工质受热后蒸发，其内部蒸汽压力升高，产生的蒸汽通过蒸汽上升管流动，到达冷凝段释放出潜热而凝结成液体，在重力作用下经液体下降管回到蒸发段，如此循环往复运行。分离式热管的冷凝段必须高于蒸发段，因为液体下降管与蒸汽上升管之间必须要形成一定的密度差，这个密

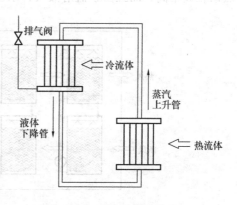

图 11-25　分离式热管构造图

度差与冷凝段和蒸发段的高度差相关，二者高差提供的压头用以平衡工质流动的压力损失，维系着系统的正常运行而不需要外加动力。

2. 冷凝排热—相变蓄热热回收空调系统

对于压缩冷凝机组冷凝排热热回收，从国内的研究状况来看，其回收方式主要是考虑直接加热自来水或者是采用储水槽的显热回收，前者存在空调系统运行时段与热水使用时段的时间差问题以及生活热水的用量与冷凝热量之间不同步的问题，而后者也存在蓄热水池较大，且供水温度或供水量不够稳定。采用冷凝排热—相变蓄热热回的空调系统，可以克服上述热回收方式的不足，因为利用蓄热材料的相变过程将冷凝热回收并制取热水，降低了热水制取费用，提高了系统能源利用率，同时供水温度也更稳定。

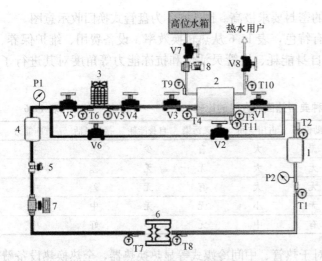

图 11-26 为冷凝排热—相变蓄热热回收空调系统的示意图，该系统主要设备包括常规空调系统设备（包括压缩机、风冷冷凝器、储液器、电磁膨胀阀、风冷蒸发器）、热回收装置（蓄热器）以及辅助设备（如阀门、水箱、温控装置、水泵、配电箱）等。

图 11-26　冷凝排热—相变蓄热热回收空调系统

1—压缩机；2—蓄热器；3—风冷冷凝器；4—储液器；5—节流阀；
6—风冷蒸发器；7—流量计；8—增压泵；P1、P2—压力表；
V1-V8 开关阀；T1-T11 数字显示温度计

3. 溶液式全热回收型新风机组

溶液热回收型新风机的工作原理如图 11-27 所示，新风机由两部分组成：虚线左边是溶液全热回收器（图中共有三级），虚线右边是单级喷淋模块，新风机的板式换热器中引入冷冻水或热水，用以调节进入喷淋模块的溶液温度，从而提高溶液的除湿或加湿能力。图中全热回收装置是以溴化锂、氯化锂溶液等为循环介质，从而实现新风和室内排风的全热交换。该全热回收装置的热回收效率高，而且由于盐溶液具有杀菌除尘的作用，能够避免新风和排风的交叉污染。

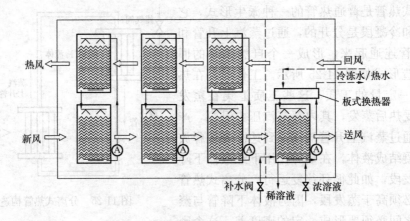

图 11-27　溶液式全热回收型新风机组

第九节　蓄热和蓄冷

近年来，随着对节能和环保的日益重视以及昼夜电价分计制产生，以及材料科学的快速发展，相变蓄冷和蓄热的研究和应用发展迅速。在建筑工业中，相变材料逐渐应用于建筑围护结构、建筑采暖空调系统和建筑采暖空调设备。相变材料的应用是提高建筑内环境的舒适度，降低建筑设备能耗，实现可持续发展建筑的有效途径。蓄热和蓄冷技术在空调系统中应用较多且相对成熟的技术是蓄冷空调技术，本节将主要讨论蓄冷空调。

一、基本概念

热能储存（Thermal Energy Storage，TES）是指在蓄能装置（蓄热器）内在充能和放能过程中发生的物理或化学过程。蓄能装置包括储存容器（通常是隔热保温的）、储存介质、充能和放能及其他附属装置。蓄能系统是指从能源提取能量充入蓄热器和从蓄热器释放能量，以及在许多情况下将其转换成需要的能量形式的方式。

由于白天和夜间用电设备的不同，昼夜电力负荷是不一样的，一般是白天的电力负荷要高于夜间。夏季，大量空调的使用造成白天与夜间相比巨大的电力负荷峰谷差。由于空调的日益普及，空调中80%以上是电力驱动空调，我国各城市的夏季最大电力负荷和昼夜负荷峰谷差逐年攀升，其中以上海市最为典型，见图11-28。蓄冷空调就是电力负荷削峰填谷的重要手段之一。

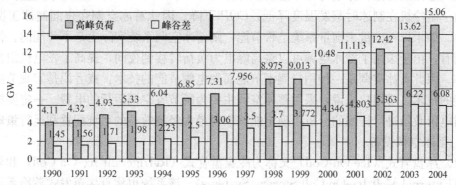

图 11-28　上海市历年的电力高峰负荷和最大昼夜负荷峰谷差

蓄冷空调系统也是热能储存系统，即空调制冷设备利用夜间低谷点制冷，将冷量以冰、冷水或凝固状相变材料的形式储存起来，而在空调高峰负荷时段部分或全部地利用储存的冷量向空调系统供冷，以达到减少制冷设备安装容量、降低运行费用和电力负荷削峰填谷的目的。

蓄冷空调的蓄冷方式有两种：一种是显热蓄冷，即蓄冷介质的状态不改变，降低其温度蓄存冷量；另一种是潜热蓄冷，即蓄冷介质的温度不变，其状态变化，释放相变潜热蓄存冷量。根据蓄冷介质的不同，常用蓄冷系统又可分为三种基本类型：第一类是水蓄冷，即以水作为蓄冷介质的蓄冷系统；第二类是冰蓄冷（Ice Storage），即以冰作为蓄冷介质的蓄冷系统；再一类是共晶盐蓄冷，即以共晶盐作为蓄冷介质的蓄冷系统。水蓄冷属于显热蓄冷，冰蓄冷和共晶盐蓄冷属于潜热蓄冷。水的热容量较大，冰的相变潜热很高，而且都是易于获得和廉价的物质，是采用最多的蓄冷介质，因此水蓄冷和冰蓄冷是应用最广的两种蓄冷系统。

二、蓄冰空调

1. 蓄冰空调原理

建筑物的空调系统在一天的制冷周期中不可能都以100%的容量运行，常规的空调的设计是选用全天内计算负荷最大值作为空调的设计负荷。空调冷负荷的高峰多数是出现在下午2：00～4：00之间，此时室外环境温度最高，空调冷负荷的高峰在一天内出现的时间很短，但在常规的空调系统设计中，必须按照最大负荷选用的制冷设备来应付很短时间内出现的峰值冷负荷。如果将空调峰值负荷转移到低谷时段，与平均负荷相平衡，则只需选用较小冷量的冷水机组就可满足一天的供冷要求，从而提高了冷水机组的投资效益。蓄冷空调系统正是起到了这样的作用。

蓄冰空调的优点是：

（1）蓄冷密度大，蓄冷设备占地小，这对于在高层建筑中设置蓄冷空调是一个相对有利的条件；

（2）蓄冷温度低，蓄冷设备内外温差大，其外表面积远小于水蓄冷设备的外表面积，从而散热损失也很低，蓄冷效率高；

（3）可提供低温冷冻水，构建成低温送风系统，使得水泵和风机的容量减少，也相应地减少了管路直径，有利于降低蓄冷空调的造价；

（4）融冰能力强，停电时可作为应急冷源。

由于制冷机在制冰时蒸发温度降低，COP 下降。因此蓄冰空调在夜间制冰工况下并不节电。如果以耗电量来衡量系统是否节能，则蓄冰空调系统实际上是不节能的。但从另一方面看，由于采用了蓄冰空调可以将高峰电力负荷转移到夜间，提高了发电机组夜间的负荷率。因此蓄冰空调是一种用户侧不节能而发电侧节能的技术，或者说是宏观节能微观不节能的技术。对用户来说，采用蓄冰空调主要为了节省空调运行的电费。一定要根据当地分时电价政策进行详细的分析，确定能够取得最大经济效益的系统配置和运行策略。

2. 蓄冰空调设备

（1）冰盘管式（Ice-On-Coil）又称为冷媒盘管式（Refrigerant Ice-On Coil）和外融冰系统（External Melt Ice-On Coil Storage Systems）。该系统也称直接蒸发式蓄冷系统，其制冷系统的蒸发器直接放入蓄冷槽内，冰冻结在蒸发器盘管上。融冰过程中，冰由外向内融化，温度较高的冷冻水回水与冰直接接触，可以在较短的时间内制出大量的低温冷冻水，出水温度与要求的融冰时间长短有关。这种系统特别适合于短时间内要求冷量大、温度低的场所，如一些工业加工过程及低温送风空调系统。

（2）完全冻结式（Total Freeze-Up）又称乙二醇静态储冰（Glycol Static Ice Storage）和内融冰式冰蓄冷（Internal Melt Ice-On-Coil Storage）。该系统是将冷水机组制出的低温乙二醇水溶液（二次冷媒）送入蓄冰槽（桶）中的塑料管或金属管内，使管外的水结成冰。蓄冰槽可以将 90% 以上的水冻结成冰。融冰时从空调负荷端流回的温度较高的乙二醇水溶液进入蓄冰槽，流过塑料或金属盘管内，将管外的冰融化，乙二醇水溶液的温度下降，再被抽回到空调负荷端使用。

（3）动态制冰（Dynamic Ice-Maker）又称制冰滑落式系统。该系统的基本组成是以制冰机作为制冷设备，以保温的槽体作为蓄冷设备，制冰机安装在蓄冰槽的上方，在若干块平行板内通入制冷剂作为蒸发器。循环水泵不断将蓄冰槽中的水抽出送到蒸发器的上方喷洒而下，在平板状蒸发器表面结成一层薄冰，待冰层达到一定厚度（一般在 3～6.5mm 之间）时，制冰设备中的四通换向阀切换，使压缩机的排气直接进入蒸发器而加热板面，使冰脱落。也就是冰的所谓"收获"过程。通过反复的制冰和收冰，蓄冰槽的蓄冰率可以达到 40%～50%。由于板式蒸发器需要一定的安装空间，因此动态制冰不大适合大、中型系统。

（4）冰球式（Ice Ball）又称容器式（Encapsulated Ice）蓄冰。此种类型目前有多种形式，即冰球、冰板和蕊心褶囊冰球。冰球又分为圆形冰球，表面有多处凹凸的冰球和齿形冰球。

(5) 共晶盐（Eutectic Salt）Eutectic Salt 亦称为 Salt Hydrates，一般译作"共晶盐"，也可取其音译为"优太盐"。共晶盐是一种由无机盐，即以硫酸钠水化合物（Sodium Sulfate Decahydrate）为主要成分，加上水和添加剂调配而成的混合物，充注在高密度聚乙烯板式容器内。

(6) 冰晶或冰泥（Crystal Ice or Ice Slurry）该系统是将低浓度乙二醇水溶液冷却至冻结点温度，产生千千万万个非常细小均匀的冰晶，其直径约为 $100\mu m$。这种冰粒与水的混合物，形成类似泥浆状的液冰，可以用泵输送。

3. 蓄冰空调系统

蓄冰空调系统的制冷机组与蓄冰装置可以有多种组成。基本上可以分为串联系统和并联系统两种。串联系统有机组位于蓄冰装置的上游和机组位于蓄冰装置的下游两种形式；并联系统有单（板式）换热器系统和双（板式）换热器系统。

(1) 串联系统

图 11-29 为串联系统，主机在上游。图中点划线框内部分为二次冷媒系统（一般为乙烯乙二醇水溶液），由双工况制冷机组、蓄冷设备、板式换热器、泵、阀门等串联组成，利用制出的低温二次冷媒，通过板式换热器冷却空调用冷冻水。

图 11-29 中各种运行模式的阀门状态见表 11-7。

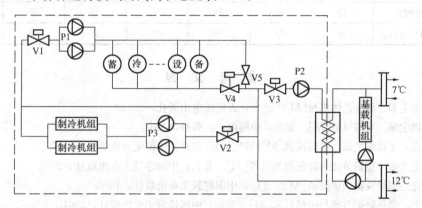

图 11-29　主机上游的串联系统

主机上游的串联系统的运行模式　　　　　　　　　　　　　　　表 11-7

	V1	V2	V3	V4	V5	P1	P2	P3
制冰蓄冷模式	开	开	关	开	关	开	关	开
融冰供冷模式	开	关	开	调	调	开	开	关
主机供冷模式	关	开	开	一	一	开	开	开
主机加融冰供冷模式	开	开	开	调	调	开	开	开

(2) 并联系统

图 11-30 是并联系统（单板式换热器），适用于采用密闭式蓄冰罐的冰蓄冷系统。此系统也为二次泵系统。密闭式蓄冰罐的流动阻力较小，可不单独设融冰泵。此系统的一次系统为二次冷媒（一般为乙烯乙二醇水溶液）系统（图中点画线框内部分），可进行蓄冷

或供冷。其二次系统为空调冷冻水系统，介质为水。各种运行工况见表11-8。

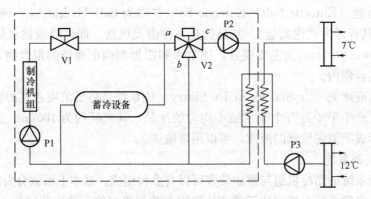

图 11-30　单板式换热器并联系统

单板式换热器并联系统的运行模式　　　　表 11-8

	阀门 V1	阀门 V2			泵 P1	泵 P2	泵 P3
		a	*b*	*c*			
制冰蓄冷模式	开	关	—	—	开	关	关
融冰供冷模式	关	开	调	开	关	开	开
主机供冷模式	开	开	调	开	开	开	开
主机加融冰供冷模式	开	开	开	开	开	开	开

参 考 文 献

[1]　余华明主编. 制冷流体机械[M]. 北京：人民邮电出版社，2003.

[2]　安连锁主编. 泵与风机[M]. 北京：中国电力出版社，2001.

[3]　杨诗成，王喜魁主编. 泵与风机[M]（第三版）. 北京：中国电力出版社，2007.

[4]　龙惟定主编. 建筑节能与建筑能效管理[M]. 北京：中国建筑工业出版社，2005.

[5]　奚士光. 锅炉及锅炉房设备[M]. 北京：中国建筑工业出版社，1995.

[6]　解鲁生. 供热锅炉节能与脱硫技术[M]. 北京：中国建筑工业出版社，2004.

[7]　李德英. 建筑节能技术[M]. 北京：机械工业出版社，2006.

[8]　刘复田. 燃油及燃气锅炉的节能措施[J]. 能源技术.

[9]　辛广路. 锅炉运行与操作指南[M]. 北京：机械工业出版社，2006.

[10]　彦启森，石文星，田长青. 空气调节用制冷技术（第二版）[M]. 北京：中国建筑工业出版社，2004.

[11]　王志强等. 最新电梯原理、使用与维护[M]. 北京：机械工业出版社，2006.

[12]　裴刚. 房屋建筑学（第二版）. 广州：华南理工大学出版社，2006.

[13]　孙立新. 关于电梯能效评价的探讨. http://www.tejian.org/item_257.html.

[14]　李安然. 浅谈电梯节能[J]. 中国物业管理. 2005.

[15]　孙关林等. 节能电梯及节能效果分析[J]. 浙江建筑. 2007.

[16]　马素贞，刘传聚. 变风量空调系统发展状况. 暖通空调，2007.37(1).

[17]　张智力，吴喜平. VRV空调系统的节能因素分析. 能源技术. 2002.4.

[18]　叶盛，陈汝东. 数码涡旋VRV空调系统的节能因素分析. 应用能源技术. 2006.9.

[19] 李峥嵘，汤泽. 变水量系统在空调系统节能中的应用. 上海节能. 2006.2.

[20] 刘晓华，江亿等著. 温湿度独立控制空调系统. 北京：中国建筑工业出版社，2005.

[21] 中国制冷学会组编，王如竹主编. 制冷学科进展研究与发展报告. 北京：科学出版社，2007.

[22] 徐学利，张立志，朱冬生. 液体除湿研究与进展. 暖通空调，2004.34(7).

[23] 代彦军，王如竹. 混合式除湿空调节能特性研究. 工程热物理学报，2003.3.

[24] 王子介编著. 低温辐射供暖与辐射供冷. 北京：机械工业出版社，2004.

[25] 薛志峰等著. 超低能耗建筑技术及应用. 北京：中国建筑工业出版社. 2005.

[26] Kawashima M，Dorgan C E，Mitchell J W．Hourly thermal load prediction for the next 24 hours by Arima，Ewma，L R and an artificial neural network[G]//ASHRAE Trans，1995，101(1)：186—200.

[27] 潘峰，宋传学. 热管热回收装置在直流式空调系统中的应用[J]. 暖通空调，2007.37(1)：80—82.

[28] 刘红娟，顾兆林，令彤彤. 冷凝排热－相变蓄热热回收空调系统的实验研究. 制冷学报，2005 (1)：1—4.

[29] 刘晓华，李震，江亿等. 溶液全热回收装置与热泵系统结合的新风机组. 清华大学学报（自然科学版），2004，44(12)：1626—1629.

[30] 培克曼 G，吉利 P. V. 著. 蓄热技术及其应用. 北京：机械工业出版社，1989.

[31] 张寅平，胡汉平，孔祥东，等. 相变贮能——理论和应用. 合肥：中国科学技术大学出版社，1996.

[32] 徐占发主编. 建筑节能技术实用手册. 北京：机械工业出版社，2004.

[33] 龙惟定编著. 建筑节能与建筑能效管理. 北京：中国建筑工业出版社，2005.

第十二章 建筑照明节能

照明是生产、工作、学习和人们生活中最基本和最重要的需求。这二十年来，我国国民经济持续稳定发展，人们生活水平不断提高，对照明用电的需要增长迅速，照明用电已成为我国电力需求的重要部分。有资料统计，在建筑能耗中，用于电器照明的能耗占总能耗的40%～50%。而且，由于照明设备的废热引起的冷负荷的增加占总能耗的3%～5%。我国照明用电每年约以15%的速度增长，可以说照明能耗是人类所有能源消耗中较多的一项，由此可见，能否有效降低电器照明能耗对于建筑节能、环境保护有着十分重要的意义。

建筑照明节能主要有两种途径，一是充分利用自然采光，以降低白天时人工照明对能源的消耗；二是采用绿色的照明产品和智能化的控制系统来提高能源的利用率和降低能耗总量，同时对可再生能源的有效利用也是建筑照明节能的有效途径。

第一节 自然采光与建筑节能

一、自然采光的基本知识

1. 自然采光对建筑节能的作用和意义

20世纪70年代能源危机后，能源和环境问题举世瞩目，建筑物如何充分利用自然光，节能照明用电，引起国际建筑和照明界的高度重视。作为无污染、可再生的能源，利用自然光进行昼光照明对节能减排有着不可忽视的作用和意义：

（1）自然采光减少了电光源的需要量，则相应减少了电力消耗和相关的污染，节能环保。

（2）自然采光没有光电能量转换过程，而是直接把太阳光导入室内需要照明的地方，自然采光时太阳能的利用效率较高。

（3）自然光是取之不尽、用之不竭的巨大的洁净、安全的能源，且具有照度均匀、持久性好、光色好、眩光的可能性少等特点。

（4）尽可能多的合理采用自然采光利于人们的身心健康，提高视觉功效。

（5）自然采光能有助于改善工作、学习和生活环境，提高人们的工作效率。利用自然采光，无论是对于生态环境、经济发展还是对于人类的健康都有着积极有益的作用，它拥有着最小的能耗和长远的经济效益。

2. 自然光组成

自然光是一种独特的光源，它有着变化的光谱和空间分布。我们通常所利用的自然光主要由太阳直射光、天空扩散光和地面反射光三部分组成。

晴天时的地面照度是由太阳直射光和天空扩散光共同组成；而在全云天（阴天）时，自然光则全由天空扩散光组成。在多云天气时，光线变化很不稳定，光气候错综复杂。因此目前自然采光主要采用全云天作为依据。采光计算依靠天空亮度分布，国际照明委员会

268

（CIE）经过长期研究，提出了 15 种标准天空模型。这 15 种标准天空采用已有的 CIE 标准全阴天空和 CIE 标准晴天空，包括了世界上天空类型的所有可能性。标准天空模型从水平方向到天顶以及随着与太阳的角距离的改变其亮度发生平稳的改变。同时 CIE 还制定了天空亮度分布标准，包含了宽广的、从密布乌云的全云天到无云天的各种气候状态，该标准成为室外采光条件的标准，可以较好的描述任意一个地区的光气候状况。CIE 的天空标准可广泛运用于节能窗设计、采光计算方法、计算机程序和视觉舒适与眩光评估等不同方面，并能对相关运用提供更为准确的结果，从而更加有效的利用天然光，降低建筑能耗，实现可持续发展。

3. 我国自然光资源和光气候分区

就太阳能年辐射总量而言，我国各地的太阳能年辐射总量约为 334.94 ～ 837.36kJ/cm²，在全世界范围内属于自然光资源丰厚的国家。我国各地自然光资源分布特征为：全年平均总照度最低值位于四川盆地，最高值位于青藏高原。在北纬 30°～40°地区，自然光分布呈现"南低北高"的局面；在北纬 40°以北地区，自然光分布自东向西逐渐增高；新疆地区受天山山脉东西走向影响，自然光分布按东西向变化；台湾地区自然光资源的分布呈现出从东北向西南增高的趋势。云量分布状况对我国自然光资源的分布影响很大。

我国地域辽阔，各地光气候区别很大，因此全国的光气候被划分为Ⅰ～Ⅴ类光气候分区。在《建筑采光设计标准》（GB/T 50033—2001）中所列出的采光系数标准值适用于第Ⅲ类光气候区，其他地区应按照所处的具体光气候分区，选择相应的光气候系数（见表12-1）。各区具体的采光系数标准值，为采光标准各表所列出的采光系数标准值乘上各区的光气候系数。

光 气 候 系 数 表 12-1

光气候区	Ⅰ	Ⅱ	Ⅲ	Ⅳ	Ⅴ
光气候系数 K 值	0.85	0.90	1.00	1.10	1.20
室外临界照度值 E_1（lx）	6000	5500	5000	4500	4000

二、影响自然采光效率的因素

1. 自然因素

（1）地理位置 自然采光的效果和它所处区域的昼夜长短、季节变化及太阳光照强弱等地理位置因素有直接关系。白天越长的地区可利用自然采光的时间越持久。高纬度地区冬夏分明，其光线随季节变化程度明显高于低纬度地区。在同纬度地区，太阳光线的强度随着海拔的升高而升高，所以在高海拔和低海拔地区进行自然采光的方式也应因此而有所不同。

（2）气候条件 影响一个地区室外光线照度变化的气候因素称之为一个地区的光气候状况，主要包括：云状和云量、太阳高度、日照率等。

（3）建筑周边的生态环境条件 对建筑光环境而言，周边的生态环境，如局部地形、水体、水面和植被等条件也会在不同程度上影响到自然采光的效果。

2. 人工因素

考虑自然采光的规划设计，主要应从两个方面进行具体设计操作：

1) 针对建筑本身而言，应根据不同性质的建筑对光线的要求，高效率、科学合理地利用日光以节约能源，规划设计中应确定不同功能建筑物对日光环境的要求以及建筑物的朝向；

2) 针对的是建筑物之间的相互关系而言，应协调和平衡建筑之间的位置关系，以避免和减少建筑之间的相互遮挡，这主要应从建筑物间距和建筑群的布局方式考虑。

建筑的朝向对自然采光很重要。朝向的不同，不仅关系着处于建筑物内的使用者的舒适度、心理感受，而且也直接影响了建筑的采暖和照明能耗。从自然采光的角度而言，可从以下两个方面考虑：

1) 建筑室内获得日照的时间和面积一般说来，建筑室内获得的日照时间越长、获得的日照面积越大，越有利于利用天然光进行照明。不同朝向的建筑室内获得的日照量是不同的。

2) 不同朝向的日光变化系数一般说来，朝向不同，日光变化系数相差较大。对于利用自然采光的建筑而言，南向最好，北向则最不理想，而在妥善解决低角度天然光引起的眩光的前提下，东西向也是适宜的。

在城市规划过程中，从自然采光角度出发，主要应考虑建筑的间距、建筑群与道路的布局、建筑群的组织方式等因素。

为了保证建筑及户外活动的场地不受相邻建筑的遮挡而影响自然采光，建筑群应该具有合理的密度。建筑物间距的确定要靠地形、建筑性质、朝向、建筑物的高度和长度、地区纬度和日照标准等相关因素。一定地区的建筑间距，由太阳高度角决定的建筑物高度与间距之比来确定。另外，地势的变化和建筑物体量的削切也可补偿实际间距，比如位于坡地的前后排建筑的间距就可按照坡度相应变小。

街道应该保证多数沿街建筑物获得更多的自然光。对南北走向的街道而言，路面可获得足够的日光，提供给沿街建筑一个亮度较高的室外环境；东西向的街道可获益于低角度的冬季阳光。对于东西走向的街道应有足够的宽度，尽量减少建筑对路面和朝阳街面的遮挡。东西向道路两侧可不对称地布置房屋建筑，由此也导致了干道两侧居住区的不同规划布局（图 12-1）。背阳街面几乎常年得不到直射阳光，要解决这个问题可使道路网采用与子午线成图 $30°\sim60°$ 之间的方位，形成东南、西南、东北、西北四个走向的街道。一般说来，道路越宽，建筑物间距越大，城市结构中阳光穿透的范围越广，更能保证建筑有更多

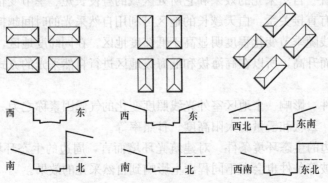

图 12-1 建筑布局因道路走向不同而发生变化

的日光照射和良好的通风条件。街道宽度和沿街建筑物的高度应该有合适的比例，这要由区域的地理纬度、日照要求和街道走向共同决定。

建筑群布局组织方式有行列式、周边式、散点式等多种形式（图12-2），使得日光的空间分布发生变化，从而影响了建筑室内、室外各部分的使用方式和功能。因此，建筑群设计中应当考虑各种布局可能产生的不同的日光环境效果，以便选择最符合设计要求的建筑组合形式。高层、多层、低层建筑的不同组合，同样影响着日光环境的效果。如图12-3中，(a) 只有向阳的一幢建筑受益；而 (b) 中利用房屋高差，将需要充分日照的多层、低层建筑置于高层向阳的一侧，以让更多的空间能够自然采光。

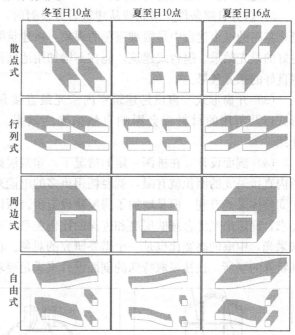

图12-2 建筑群布局方式与日照的关系

3. 建筑单体设计和室内设计因素的影响

(1) 平面布局 建筑平面形体的安排应考虑自身阴影的遮蔽情况，此外，开间和进深的比例关系也很重要，长宽比合理的房间，可以减少白天人工照明的数量，从而节约能源。

(2) 立面处理与造型 根据建筑物的不同立面所处的日照条件的不同，建筑立面造型设计也应分别处理，具体可分为以下几种情况：

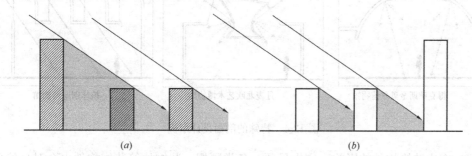

图12-3 两种建筑群布局组织方式对比
(a) 高层位于向阳一侧；(b) 多层、低层位于向阳一侧

1) 自然光源位于建筑的侧前方 指太阳光源的水平投影在偏离建筑立面纵轴0°～30°的范围内。立面上纵向构件造成的阴影最大，横向构件投影的影子最长。这种情况下要防止立面装饰构件过于突出而形成巨大阴影，遮挡了建筑室内正常的自然采光。

2) 自然光源位于建筑的正前方 指太阳光源的水平投影位于偏离立面横轴±60°的范围内。这时纵向构件产生的阴影较小，横向构件的投影宽度取决于太阳高度的变化及光线和立面倾角的水平投影。此时要避免横向构件突出部分过多，而造成在太阳高度角较大时形成过宽的阴影而遮挡窗的采光。

3）后方日照条件　当光线从建筑后方投射时，就形成了背阴的立面。这在建筑密度越来越高的城市建设中是很难避免的现象。在建筑的整体造型上，也有一些措施可以争取更好的采光效果。退台式建筑，能在不增加用地面积的情况下，使更多的建筑使用空间获得良好的采光效果。

（3）开窗形式　窗户是建筑室内采光最直接和最重要的渠道。开窗的位置、大小、形式以及所用的材料都会影响自然采光的效果。关于这一部分内容，将在后面详细介绍。

（4）剖面设计　在进深一定的情况下，建筑层高的大小对采光很重要。层高过低，房间内直接采光的面积就有限，就要耗用更多的电能来进行人工照明；层高过高，虽然对于房间整体采光有利，但是增加了房屋建设造价。所以要根据不用的使用功能，不同的光线要求，确定出经济合理的层高和进深的比例关系。对于很多大体量建筑，往往会利用中庭来采光，中庭的高宽比也是一个需要研究的对象。在博物馆、美术馆等对光线要求很严格和特殊的场所，往往采取特殊的剖面设计来满足要求（图12-4）。

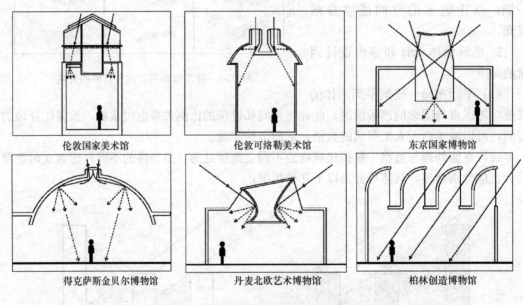

伦敦国家美术馆　　　　　　伦敦可络勒美术馆　　　　　东京国家博物馆

得克萨斯金贝尔博物馆　　　丹麦北欧艺术博物馆　　　　柏林创造博物馆

图12-4　特殊的剖面设计示例

（5）室内装饰构件的影响　室内吊顶、各类隔栅、装饰柱等装饰构件也会对自然采光产生影响。在设计时，应确保不遮挡自然光的通道；其次，可根据室内需要，通过构件的设计，改变日光的照射方向、方式，提供给人们更舒适、健康的使用环境（图12-5）。

（6）材料的光学性质　透明的室内装饰材料，如玻璃，其透光率和反射率是很重要的指标，直接影响着采光效果。对于房间开窗面积较小，或采光条件不利的空间，应该采用光线反射率较高的装饰材料，来加强室内照度，尤其是对于地板和墙面。对于长时间能够直接被日光照射的部分，应避免采用表面过于光滑的材料，以免形成眩光。

（7）色彩　室内材料表面不同的色彩效果给人们带来不同的心理感受。对于光线较暗

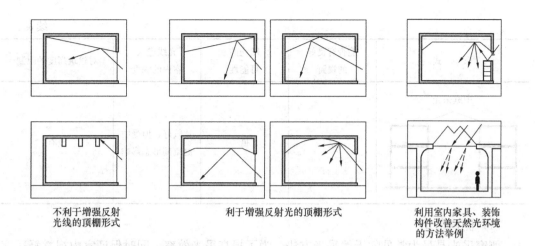

不利于增强反射   利于增强反射光的顶棚形式   利用室内家具、装饰
光线的顶棚形式   构件改善天然光环境
                                                      的方法举例

图 12-5　室内装饰构件对自然采光的影响

的房间，宜采用明度高、色泽较浅的色调，尤其对于房间上部，要采用高明度的色彩，以取得明亮的心理感觉。

三、利用自然采光的建筑节能技术和方法

建筑利用天然光的方法概括起来主要有被动式采光法和主动式采光两类。被动式天然采光是通过或利用不同类型的建筑窗户进行采光的方法。主动式采光法则是利用集光、传光和散光等设备与配套的控制系统将天然光传送到需要照明部位的方法。这种采光方法完全由人所控制，人处于主动地位，故称主动式采光法。

1. 被动式天然采光

被动式天然采光主要指以采光口获取自然光的方法，一般有三种形式允许自然光进入建筑的室内空间（表 12-2）。

采光口的三种基本形式				表 12-2
形　式	能否有良好的视野	眩光的可能性	光线进入室内的深度	对建筑高度的限制
侧面采光	是	高	受顶棚高度限制	没有
顶部采光（天窗）	没有（或部分拥有）	低	比较好，分布均匀	有（只能是单层或顶层的空间）

273

形　式	能否有良好的视野	眩光的可能性	光线进入室内的深度	对建筑高度的限制
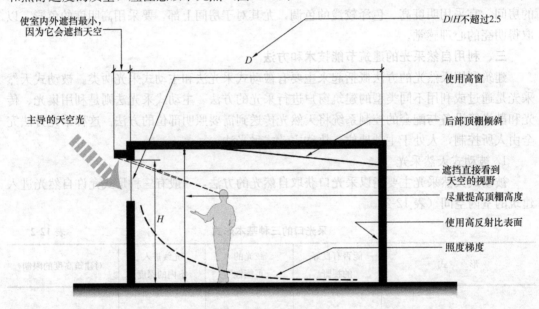中庭采光	是	低	比较好，但受中庭空间形态影响	没有

（1）侧窗采光

侧窗采光是最为常见的天然采光方法，为了提高采光效率，同时保证室内视觉舒适度和热舒适度的质量，应注意以下几点（图 12-6）：

图 12-6　侧窗采光策略

1）使室内视觉作业或光反射表面位置看到天空的立体角最大，这意味着视觉作业面不能过于远离窗口。对于侧窗采光的情况，房间的最大进深不应超过窗楣距地面高度的 2.5 倍。

2）提供必要的遮挡以防止眩光全阴天时，天空也是一个亮光源，有潜在眩光，因此应尽量避免直接看到天空。

3）尽量不要遮挡光线不应使用实体的遮光格板或挑檐，它们对于在全云天情况下光线的再分布是无效的，并且可能会减少到达视觉作业的自然光数量。

4）尽量把窗口开在高处。窗口的位置应能看到天空最亮的部分。全云天时天空顶端比其地平线亮度高 3 倍。高的窗口位置将提供有利的途径以接受来自全云天的光线。

5）通过室内设计使其对光线的吸收最小。使用高反射比的室内装饰面。靠近窗口的顶棚的高度越高越好，从而可以设置高窗，并且使顶棚朝向房间后部向下倾斜，从而可以使空间内部表面积最小。

影响侧窗采光的因素有很多,从建筑设计的角度,主要体现在窗户的形状、间距、大小、位置、朝向、形式,以及室内顶棚的状况等方面。

1) 窗户的形状 侧窗的形状有很多种,如长方形、圆形、三角形、菱形等,但总体来说,以长方形最为常见。对于采光量(指室内各点的天然光照度总和),在采光口面积相等、窗台标高一致的情况下,正方形窗口采光量最高,竖长方形次之,横长方形最少。对于照度均匀性来说,竖长方形在房间进深方向的均匀性较好,横长方形在房间宽度方向比较均匀,而方形窗口居中。所以在选择侧窗口形状时,应根据房间的形状来选择,细长房间宜选用竖长方形的窗口形状,而面阔大进深小的房间应该选择横长方形的窗口较好。

2) 在侧墙上的位置 侧窗在建筑侧立面上位置的不同,主要指其位置的高低差异,对房间纵深方向的采光均匀性影响很大。位置较低的窗使近窗处照度很高,但随着向房间内部距离的加大,照度迅速下降,到达内墙时的照度已经很低。窗口位置较高时,近窗处的照度稍低,但是距窗口远的区域的照度有所提高,房间照度均匀性得到很大改善。所以高侧窗对于提高房间较深的内部空间的照度是很有帮助的。

3) 窗户的间距 除了开设水平带窗的房间,大部分房屋的窗户都按照比较统一的间距排列在立面上。窗户之间的距离大小,即窗间墙的宽窄对房间横向采光的均匀性影响比较大。一般来说,窗间墙越宽,横向采光均匀性越差,特别是靠近侧窗的区域。

4) 窗户的大小 侧窗面积大小对采光效果的影响应该结合侧窗的位置分析。若窗上沿高度不变,用降低窗台的高度来增加窗面积时,近窗处的照度明显升高,而房间较深处的照度变化不大。若窗台高度不变,不断提高窗上沿高度时,窗处照度相对平缓,而房间较深处照度的变化明显。当窗高度不变,单纯增加窗户宽度时,随窗宽度的减小,房间墙角暗角面积增大。一般说来当窗的长度大于或等于窗高的4倍时,室内照度变化(特别是近窗处)不明显,但小于4倍后,照度变化很明显。

5) 朝向和天气 在晴天时,位于建筑不同方向侧墙的采光窗对室内光照效果的影响差别很大。窗口朝向偏离太阳越远,室内照度普遍下降,变化梯度渐小,而且室内照度的分布并不呈中轴对称。只有窗口正对太阳时,才沿中轴对称分布。当天气状况发生改变时,侧窗的采光效果也会不同。晴天的室内照度要比阴天高出很多,但是晴天背阴面的房间,室内照度比阴天还低,这是由于远离太阳的晴天天空的亮度低的原因,所以建筑的背阴面是采光比较不利的部位。

6) 窗户的形式 侧窗可以是横平竖直的,但是由于其布置的灵活性,所以它可以根据需要来采用不同的形式,如向外倾斜的,向内凹进的等等(图12-7),一方面是为了造型更具特色,另一方面是为了更多的获取自然光。同时,侧窗还会和附属构件、遮阳板等配合在一起,组成独特的形式解决采光、遮阳、防眩光问题。

(2) 天窗采光

当建筑仅靠侧面采光不能满足要求、由于条件限制不利于采用侧面采光或室内使用功能对光线有特殊要求时,顶部采光往往可以作为解决室内自然采光的方法。顶部采光最为常见的形式就是天窗。在太阳高度角较小时,天窗采光不易引起眩光。另外,天窗采光每单位窗口面积能比侧窗采光提供更多的光线。

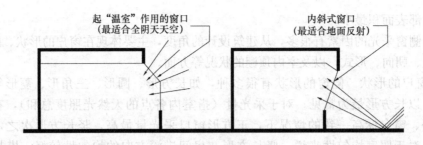

起"温室"作用的窗口
(最适合全阴天天空)

内斜式窗口
(最适合地面反射)

图 12-7　侧窗窗户的形式

1) 天窗的朝向　天窗获取的自然光的多少直接受外部环境条件的制约，如天气状况、日照时间、季节变化等。天窗安装在建筑的平屋面上，在无云的天气下，太阳直射光可直接到达天窗并射入室内。但是，天窗安装在倾斜屋面上时，屋面的倾斜角度和朝向决定了天窗在一年的一定季节内、一天的一定时段内是无法受到阳光直射的。在这种情况下，比起同样面积的安装在平屋顶的天窗，它所能为室内提供的天然光照度相对较低。

2) 天窗的形状　尽管天窗的形状比起建筑的形体对采光效果的影响要小，但是在一天的不同时段，由于形状的差异，室内的采光效果也会相差很多。例如，位于平屋面上的平天窗，在太阳高度较低的时段，如早晨和傍晚，其能接受到的太阳直射光就十分有限；而带有一定几何形状、凸出于屋面的天窗，就能在太阳高度较低的情况下，接受到比平天窗多 5%～10% 的直射阳光，提高室内照度（图 12-8）。

3) 天窗的布置方式　天窗在屋顶的数量、间距以及布局方式对于自然采光效果的影响很大。较大的室内空间需要提供均匀和谐的视觉环境时，天窗宜均匀布置。像入口大厅、展室等空间，可以通过天窗提供具有冲击力或特殊艺术效果的视觉光环境，需要考虑光线入射的角度和强弱对比等因素。大面积的天窗的初始安装费用相对较低，但造成了天窗可照射区域和无日光到达区域的亮度对比过大的问题，影响光线均匀度，过暗的区域还需要用人工照明进行弥补，增加能耗，并且易引起眩光。而面积相对小，呈有序排列的天窗能提供更为均匀的光环境，满足了照度要求又节省能源，不过初始安装费用相对较高。建筑中常用的天窗的间距和层高的比例关系为：天窗的间距（指中对中距离）为层高的 1.0～1.5 倍。这个关系是以天窗的玻璃具有良好的光线扩散性能和采光井高度适中的假设为前提的，如图 12-9 所示。

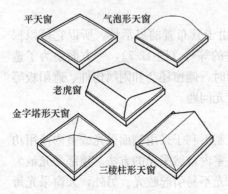

平天窗　　气泡形天窗

老虎窗

金字塔形天窗

三棱柱形天窗

图 12-8　天窗的形状

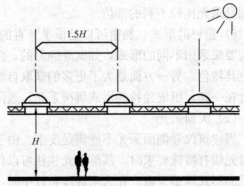

图 12-9　常用天窗的间距和层高的比例关系

4）天窗对入射光线的控制　当室外光线一旦到达天窗表面，就要受到天窗自身特性的影响和控制，天窗的形状、采光井的断面形式、遮阳设施以及天窗和采光井表面材料的光学性能等都是影响因素。

采光井是天窗系统的基本组成部分之一。在光线到达主要使用空间前，它控制和改变光线的入射方式，以满足使用要求。采光井的形式多样，最常见的形式如图 12-10 所示。

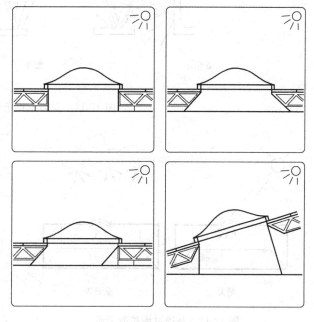

在采光井的设计中，主要需要考虑如下几个因素：①太阳的位置；②表面材料的反射性能；③采光井侧壁的倾斜角度。通常还可以在采光井部分加设水平方向的遮阳装置（如百叶）来实现对光线的控制。可变化角度的遮阳装置，能够对入射光线的强度、入射光线的方向进行有效控制，一方面为室内提供充足的天然照明，一方面维持室内有良好的热

图 12-10　采光井的形式

平衡。常用的天窗遮阳装置又可分为室外和室内两种类型。室内常见的有百叶、挡板、幕帘和卷帘等形式。

5）天窗的材质　天窗一般采用的材料多为各种各样的玻璃和塑料制品，常见的有聚碳酸酯、丙烯酸树脂以及玻璃纤维等。这些材料的颜色丰富——从透明无色到褐色、灰色等，其厚度也可根据实际需要变化，材料的这些特性都会影响采光效果。以提高采光效率和节省能源消耗为出发点，对天窗使用材料的选择需要考虑下面几个方面：①材料对光线的透射性能；②材料对与太阳直射光的漫射性能；③材料对于太阳热辐射的吸收性能；④材料自身的热传导性能。此外，也要兼顾考虑到材料的强度以及寿命等因素，以降低维护费用。

6）天窗采光的其他形式：太阳斗和光斗　太阳斗一般面向太阳，将接受到的太阳直射光、天光和屋面反射光通过反射或漫射送入室内。太阳斗在夏季通常可以获得两倍于冬季的自然光，这种构造本身不易造成眩光，通过架设挡板、反射板和百叶等装置来控制光线的入射方向和遮阳。光斗和太阳斗相反，一般背向太阳，所利用的是天空扩散光和屋面反射光。光斗能提供比较稳定的光线，更不易形成眩光，也不会增加明显的热负荷，如图12-11 所示。

7）天窗和透镜的结合使用　天窗还可以使用具有特殊光学效果的透镜来改善室内光线的分布状况，使室内光环境达到更好的效果。常见的有高透过率扩散天窗（图 12-12）、直射阳光和负透镜天窗（图 12-13）、直射阳光和正透镜天窗（图 12-14）、直射阳光和条形棱镜天窗（图 12-15）、直射阳光和双坡条形棱镜天窗（图 12-16）等形式。

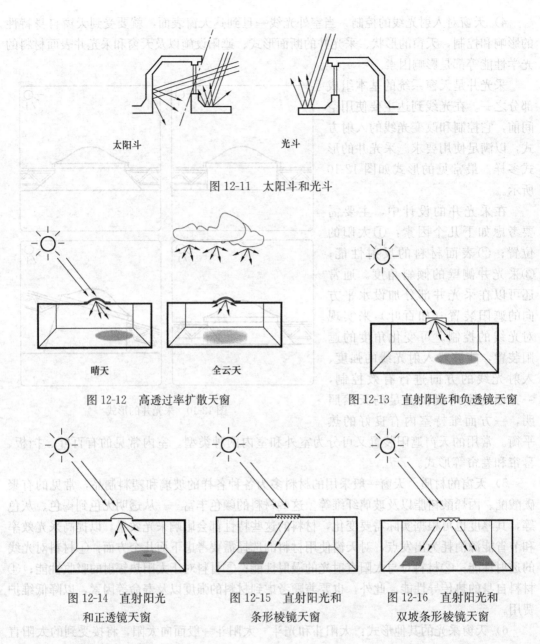

图 12-11 太阳斗和光斗

太阳斗 　　　　　　　　光斗

晴天 　　　　　　　全云天

图 12-12　高透过率扩散天窗　　　　　　图 12-13　直射阳光和负透镜天窗

图 12-14　直射阳光　　　图 12-15　直射阳光和　　图 12-16　直射阳光和
　和正透镜天窗　　　　　条形棱镜天窗　　　　双坡条形棱镜天窗

（3）中庭采光

现代建筑在功能上越发趋于综合，体量也越来越复杂，围绕一个或几个中心空间形成建筑群或大型建筑综合体的现象越来越多。可以通过空间设计，创造出如中庭、庭院、光井、天井等共享空间，将天窗和侧窗采光结合起来，作为自然采光的手段。中庭可以使多个水平层面从侧面进行照明。

中庭采光效率和中心共享空间的形状有很大关系，倒梯形的剖面形式更利于光线到达最底部。中庭采光还可以利用光线反射板、反光镜等多种手段增加其对自然光线的利用（图 12-17）。

2. 主动式自然采光

主动式自然采光的方法比较适合用于无法自然采光的空间（如地下室）、朝北的房间以及识别有色物体或对防爆有要求的房间。它既能改善室内光环境质量，同时可以减少人工照明能耗、节约能源。

目前已有的主动式天然采光方法主要有以下 5 类：①镜面反射采光法；②利用光导系统的采光法；③利用棱镜组传光法；④利用卫星反射镜法；⑤利用特殊光学材料制作的辅助采光构件等，下面分别进行介绍。

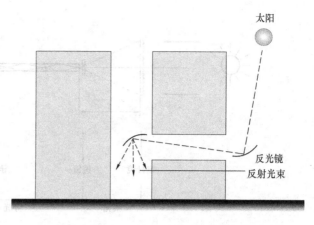

图 12-17　利用反光镜采光的中庭空间

(1) 镜面反射采光法

所谓镜面反射采光法就是利用平面或曲面镜的反射面，将阳光经一次或多次反射送到室内需要照明的部位。这种采光方法通常有两种做法：一种是将反射镜面和采光窗结合为一体；另外一种是将反射镜面安装在太阳追踪装置上，做成定日镜，经过多次反射，将光线送达室内（图 12-18）。

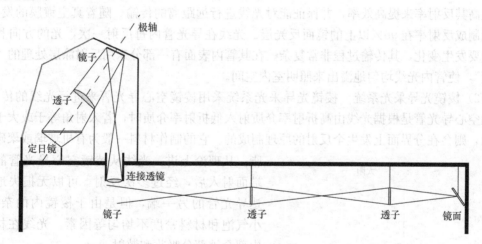

图 12-18　镜面反射采光法

(2) 利用光导系统的采光法

一般来讲，光导采光系统主要由集光装置、导光装置和光线分配装置三部分组成，如图 12-19 所示。集光装置是能将不同方向的自然光线聚集，按照要求将聚集的光线以平行光或按照一定的入射角送入导光装置内。集光装置一般由聚光系统和跟踪系统组成。聚光系统可按照聚光方式分为折射聚光和反射聚光两种。光导采光系统中大多采用的是折射聚光，主要使用菲涅耳透镜聚光和透镜聚光的方法。常用的跟踪系统按采用的技术的不同，分为①计算机程序控制的跟踪系统，能达到高精密的跟踪目的，但是造价昂贵；②时钟式结构跟踪，容易产生累计误差；③光电传感器跟踪等类型。导光装置是将收集到的光线高

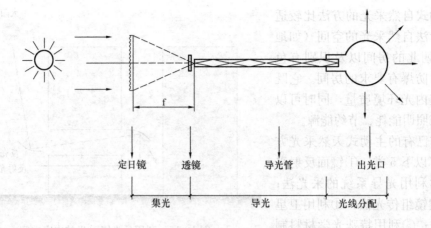

定日镜	透镜		导光管		出光口
	集光		导光		光线分配

图 12-19 利用光导系统的采光法

效率的传送到目的地，一般包括不同类型的导光管或光导纤维束。光线的分配装置是将传送来的自然光按需要分配到工作面等使用空间的光学系统。为了使光线均匀柔和地分布在室内，一般会在导光管的尽端添加犹如灯具的一些构件，如遮光器、功能不同的透镜，可以将光线漫射入室内，并防止眩光。光导采光系统采用的形式和方法有很多种，如果按其导光的方式划分，主要有以下几种。

1) 缝光导采光系统 这种光导采光系统是将有缝光导管内表面制成镜面反光镜，通过提高其反射率来提高效率，并保证能对光线进行远距离的传输。随着真空镀膜的发展，已能制成反射率在 95％以上的镜面反光层。光线在导光管内每反射一次，光的方向和能量均要发生变化，其传输过程非常复杂。在其管内表面有一部分未用反射涂层处理的"光学缝"，使管内光线均匀地溢出来照明室内空间。

2) 棱镜光导采光系统 棱镜光导采光系统采用棱镜空心导光管来进行光线的传输。棱镜空心导光管是根据光线由高折射率介质射入低折射率介质时，若入射角等于或大于临界角，则会在分界面上发生全反射的原理制成的。它的制作材料一般为有机玻璃或聚碳酸脂。从理论上讲，光线从棱镜空心导光管的一端面射入后，经过多次反射，可以无损失地到达导光管的另一端，但是由于棱镜内的杂质、小气泡和材料密度不均匀等因素，光线在材料内部会被部分吸收和散射。

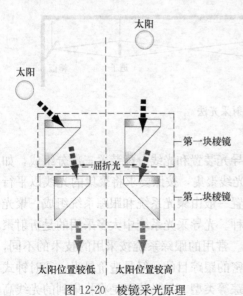

图 12-20 棱镜采光原理

3) 光纤光导采光系统 光纤光导采光系统是根据光线的全反射原理制成的。光纤实质上是一种圆柱形的导光元件。每根光纤的直径在 $50\sim150\mu m$ 之间，其外表面被覆盖一层低折射率的材料。在光线传播过程中，光线在光纤芯体和表面覆盖的分界面上会发生全折射，使光线在光纤芯体内传播。光纤导光对光线的最大接收角仅和材料的折射率有关，而和光纤的截面大小无关，这个优势是一般透镜所无法企及的。

　　（3）利用棱镜组传光法

　　棱镜传光采光的原理是旋转两个平板棱镜可以产生 4 次光的折射（图 12-20）。受光面总是把直射光控制在垂直面。这种控制机构的原理是当太阳方位、高度角变化时，使各平板棱镜在水平面上旋转。当太阳位置处于最低状态时，两块棱镜在同一方向上，使折射角度加大，光线射入量增多。当太阳高度角变大时，有必要减少折射角度。在这种情况下，在各棱镜方向上给予适当的调节，设定适当的旋转角度，使各棱镜的折射光被部分抵消。

　　（4）利用卫星反射镜法

　　科学家在 20 世纪 60 年代提出利用卫星反射镜的采光法的设想，利用安装在高达 36000km 的同步卫星上的反光镜，将阳光反射到地球上需要采光或照明的地区。不仅在白天，更可以在晚上利用这一技术采集阳光进行照明。这就是人们所说的人造"月亮"或称不夜城计划。

　　（5）带特殊采光功能的辅助构件

　　在现实情况中，可采用一些技术含量相对较高、构造复杂的一些采光系统增强或改善自然采光的效果。这些采光系统通常被制作成建筑构件的形式安装在窗户上或室内。辅助的自然采光系统包含了很多种方法，按照对光线的遮挡和传播的途径分为两大类。

　　1）带遮挡的自然采光辅助构件　这种辅助的自然采光构件既满足遮阳需要，同时又提供了自然采光的可能。它既保护近窗区域在太阳较低的时候室内不受阳光直射，避免眩光，同时通过改变光线方向和传播方式创造了均匀舒适的室内天然光环境，较好地解决了遮阳带来的天然光不足的矛盾，更加节能。如可调节的阳光追踪采光隔板（图 12-21），这种装置可根据光线变化而进行调整。它是在一块固定的异型采光隔板上安装一个可沿采

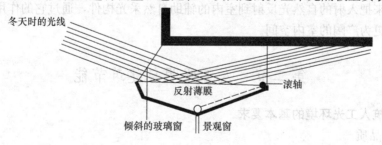

图 12-21　可调节的阳光追踪采光隔板

光隔板进深方向移动的滚轴，滚轴上裹有带反射性能的塑料薄膜。随着太阳高度的变化，通过滚轴的移动，来实现对反射面（塑料薄膜）位置的改变，以便能将光线尽可能地反射到室内较深的空间中去。

2）无遮挡的自然采光辅助构件　这类辅助自然采光系统主要是将光线改变传播方向，将其投射到室内离窗较远的区域或直接反射回室外。在不同情况下，可能允许太阳直射光进入室内，也可能阻止太阳光的直射。这类方法又可分为三小类。①以漫射为主的导光系统辅助构件：该辅助构件主要是能将天穹一定区域（如天顶）的光线按需要导入室内空间。在全云天情况下，天顶区域的亮度要比地面附近的天穹亮度高出很多；另外，在高密度的城区，周围有较多遮挡的情况下，来自天顶的光线可能是最为主要的天然光源。在以上这些情况下，利用该自然采光系统能提高采光效果。②以直射为主的导光系统：在不易引起眩光和室内过热的前提和要求下，将太阳直射光引入室内的辅助自然采光系统。③加强光线散射的采光系统：这类方法主要适用于天窗或建筑顶部的洞口，该系统可将光线扩散到更大的室内区域，并提供更为合理的光线分配方式。但是这类方法不宜用于侧窗，会引起严重的眩光。图12-22就是采用了导光玻璃系统（Sun-Directing

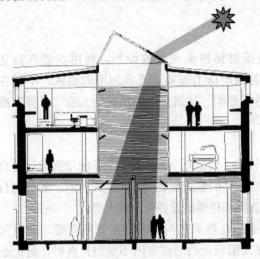

图 12-22　采用导光玻璃系统的天窗

Glass）的天窗。导光玻璃系统是在双层玻璃之间垂直叠放一系列由聚丙烯制成的弯曲的体块，以此来把入射的自然光反射到室内的辅助自然采光构件，通过它的作用，光线有效地分布到了更为广阔的室内空间。

第二节　人工照明与建筑节能

一、建筑人工光环境的基本要求

1. 照明品质

建筑人工照明不但应满足基本的功能需要，还应该从视觉舒适度、心理感受、视觉审美、环保节能等方面来提高空间的照明品质。照明品质主要包括以下方面。

（1）眩光　眩光是与人的视觉舒适度、视觉功效密切相关的。眩光可以分为①失能眩光：由于散射光在人们眼睛中引起的光幕亮度，降低了在视网膜上图像的亮度对比。②不舒适眩光：主要是视野中的非均匀亮度分布和对比过大引起的人们不舒适的感觉，但并不会像失能眩光那样彻底阻碍人们对物体的观察。③厌恶性眩光：令人产生不愉快或抱怨的光照都可称之为厌恶性眩光。影响眩光效应的主要因素为：光源的亮度、视野中光源的数量和位置、光源表面的尺寸和眼睛的适应亮度水平。照明设计中应该注意避免眩光的不良影响。

（2）视觉适应　通常人们的视觉适应和认知主要以三种方式进行：明适应、中间适应和暗适应。明视觉的亮度水平通常是指高于 $3cd/m^2$ 的亮度环境；暗视觉通常是在非常低的亮度水平下，适应的亮度水平低于 $0.01cd/m^2$。适应的亮度水平一般在 $3\sim0.01cd/m^2$ 之间的光环境属于中间视觉。同一光源在明视觉条件下和较低亮度适应水平条件下对人眼的作用是有差别的。这包括颜色对比、边缘视觉反应和亮度知觉。在建筑人工照明设计中，应充分考虑不同亮度水平空间的视觉适应和过渡。

（3）光照水平　不同的视觉作业要求不同的光照水平，在视觉作业相对明确的环境中，通常将亮度分布作为照明质量的标准。在同样的照明条件下，由于照明表面的反射特性不同，其亮度水平和均匀度变化较大。空间中光照的分布创造了环境中的光与影，这就是典型的亮度分布例子。一般来说，视野中的知觉亮度既不要太大，也不要太小。

（4）气氛与空间观感　光与照明能够使环境空间产生兴奋、戏剧、神秘、浪漫等一系列气氛和表情，人们的心理和行为深深受到气氛和空间观感的影响。对于夜间人们经常活动的空间不要使用过大的亮度对比，以免发生危险。神秘的光环境（比如戏剧性的照明效果），也是采用非均匀的照明方式，但是亮度对比较小。表 12-3 是列举的空间感受和建议采取的照明方式。

空间的视觉感受与照明方式　　　　　　　　　　　　　　　　表 12-3

视觉感受	照　明　方　式
视知觉清晰感	宽配光下照型、均匀性白光照明、被照面是高反射材料、没有重点照明
放松感	低照度水平、非均匀光照、柔和的颜色
私密感	非均匀光照、中心黯淡而周边明亮、温暖的光色
愉悦感	整体照明和投射照明相结合、适度的亮度分布
厌倦和单调感	均匀的漫射光、乏味的光色
压抑感	黯淡的光线、色调偏黑
戏剧性、兴奋和欢快感	闪烁、动态照明、鲜艳的色彩
混乱和喧闹感	非均匀光照，色彩图案与空间其他视觉信息相抵触，如不规则的灯具布置
不安全感	中心区域明亮、周边很暗、视野中照度水平较低

（5）光色与显色性　在室内人工照明环境下，"真实的颜色"是不存在的，人们对颜色的真实性判断是依据人们脑海中自然光的情形。光谱成分决定了物体的颜色显现和光源的光色，在谈及照明品质时，光源的光色和显色性是非常重要的两个因素。颜色适应这种视知觉现象也会影响人们对光色的判断。颜色对比效应也会影响人们对颜色的评价。

光源色温的选择与照度水平之间存在着一定关系。研究结果表明，暖色调的光（低色温）适合低照度水平；冷色调的光（高色温）如果要看起来自然的话，就必须提供高的照度水平。热带或亚热带地区，日照水平相对较高，对于人工照明，适合选择冷色调的光源；气候寒冷或温和的地区则适合选用暖色调的光源。最后，光源的显色指数与光效有一定关联。工程实践中，显色指数 Ra 与光源的发光效率有一定关系。显色性好的光源，光效与经济性不是太好。因此，标准中或指南手册中给出的显色指数要求都是以最低值给出，既考虑了显色性要求，也考虑到了经济性方面的需要。

（6）光照与景深　改变环境中的亮度分布，空间的景深感觉也会发生变化。为了便于说明这个问题，可以将一个空间环境划分成三个区域：前景、中景和背景。增加景深的一般原则是背景最亮，前景次之，中景最暗。当然在实际的设计中，我们也会打破这种规律，创造性地发挥。当你试图增加空间环境的神秘性或戏剧性时，对景深也要加以限制，因此对背景的光照就要有所抑制。光环境的构图应该是创造集中的视觉焦点，在整个空间环境中平衡亮度的关系。

（7）光的空间分布　照明设计的基本目标是：1）限定空间；2）创造空间协调；3）强调质感；4）塑造立体感；5）特殊效果设计（滤色装置）。灯具的位置和配光决定了光在空间的分布，也就形成了某种光照图式。灯具的配光对空间的光分布产生直接影响。窄光束可以强调被照物的细节，宽光束照射的面积较大。方向性较强的光束产生较强的对比，如较深的阴影和高亮度的光照部分，可以增强三维立体感。

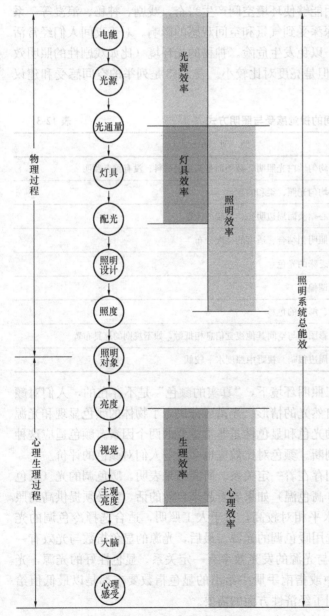

图 12-23　照明过程和能效

2. 照明的过程与能效

当前国际上照明节能所遵循的原则是在保证照明品质的前提下，尽可能做到对照明能耗的节约。在前面已对照明品质进行了介绍，现在需要对照明过程与能效的关系进行介绍。照明的节能是项系统工程，要从提高整个照明系统的效率来考虑。照明光源的光线进入人眼，最后引起光的感觉，是一个复杂的物理、生理和心理过程。该过程中照明技术、能源与人的相互关系如图 12-23 所示。从能源角度上讲，人工照明节能主要应挖掘可再生能源的利用潜力（如太阳能，风能等），从技术领域上讲，人工照明节能要从照明光源、灯具、电气设备、控制技术等环节入手。

二、建筑人工照明节能技术

1. 选用绿色照明产品

由图 12-23 可知，能源通过光源才能实现能量形式的转化，因此绿色高效的光源产品是照明节能中的重要一环。在建筑照明中，应尽量选用光效高、寿命长、使用方便的光源，例如：紧凑型节能荧光灯、细管径高光效直管形荧光灯（T5、T8）、金属卤化物灯、无极感应灯、微波硫灯、光纤、半导体照明光源（LED）等。

（1）紧凑型节能荧光灯　紧凑型荧光灯是灯管使用 $10\sim16\mathrm{mm}$ 的细玻璃管弯曲成非常紧凑的形状，有 H 形、U 形、双 H 形等多种结构形式俗称节能灯。它的光效是普通白炽灯泡的 5 倍，寿命是白炽灯的 $3\sim10$ 倍，体积小、使用方便，节能效果明显（比白炽灯节电 80%），可广泛替代过去使用多年的白炽灯。紧凑型荧光灯的显色指数都普遍较高，在 82 左右。色温有 2700K、3000K、3500K、4100K 和 5000K 几种。它属于非方向性光源，用于一般整体式照明更加有效。

（2）细管径高光效直管形荧光灯（T5、T8 等）　T5、T8 直管荧光灯与传统的 T12 灯管相比，具有耗电少、寿命长、注汞少、光效高等优点。T5、T8 系列光源具有更小的体积、更多的光输出、更低的能耗，需要更小的安装空间，是一种同时能反映小型化和高效率趋势的新型照明产品。为了使灯管具有更长的使用寿命和更高的光通维持率，一些系统采用了"Cut-Off"灯丝断流技术，即仅在灯预热启动过程中有电流流过灯丝，而在灯管启动后流过灯丝的电流将被"切断"，从而使灯电极处维持较低的工作温度。"Cut-Off"系统具有如下优点：可以将使用寿命提高到 20000h 以上，并可将 16000h 的光通维持率由传统的 50% 提高到接近 90%；此外，可以降低灯管的功率约 3W，系统功耗减少约 5%$\sim$7%。

（3）金属卤化物灯　金属卤化物灯是气体放电灯中广泛使用的一类光源。光线的色温在 $2900\sim5200$K，显色性较好、光效高，大约在 $56\sim110$lm/W。光源的尺寸、形状和光输出都有多种选择。金属卤化物灯可分为紧凑型金属卤化物灯、陶瓷金属卤化物灯和大中功率金属卤化物灯。根据结构的封装，光源外形可以有管形、椭球形及紧凑形；插头可以是单端或双端。其使用寿命可达 $12000\sim20000$h。金卤灯的玻壳是透明的，弧管发光面积相对小，可被视作"点光源"，使用反射器可以有效地将光束定向。这类光源也可以将玻壳制成磨砂的，装在灯具内，通常不易看见光源。

（4）无极感应灯　无极感应灯是气体放电时通过电磁感应而发光的。由于无极灯没有电极可在瞬间启动且可多次开关，不易像普通带电极的光源出现光衰减现象。通常气体发电灯的寿命直接与电极有关，而无极灯没有电极，所以寿命很长，这不仅给照明设计而且对日后的维护带来了全新的理念。无极感应灯同样使用了三基色技术，因此显色性能颇好。无极灯已经开始在室内外照明中得到应用。利用电磁感应灯具有智能调光的性能。

（5）微波硫灯　微波硫灯是 2450MHz 微波来激发石英泡壳内的发光物质硫，从而产生连续光谱可见光。它是一种高效节能、寿命长、光色好、污染小的全新发光机理的新型节能光源。硫灯的优点在于几近点光源的小发光体，高光通量维持率，易于配光，尤其便于使用导光管，使光线分布更均匀，传输距离更远。由于没有灯丝与电极，保证了更长的寿命，降低了维护成本。其光色可与太阳光媲美，由于极少的紫外与红外污染，实现了照明技术的再次飞跃，对环保的贡献卓越，属绿色照明产品。

（6）光纤照明系统　光纤照明系统是通过光纤把光源发生器的光线传播到指定区域的一种照明方式，它具有如下特点：1）单个光源可具备多个发光特性相同的发光点；2）光源易更换，也易于维修；3）发光器可以放置在非专业人员难以接触的位置，因此具有防破坏性；4）无紫外线、红外线光，可减少对某些物品如文物、纺织品的损坏；5）发光点小型化、重量轻，易更换、安装，可以制成很小尺寸，放置在玻璃器皿或其他小物体内发光形成特殊的装饰照明效果；6）无电磁干扰，可被应用在核磁共振室、雷达控制室等有电磁屏蔽要求的特殊场所之内；7）无电火花，无电击危险；8）可自动变换光色；9）可重复使用，节省投资；10）柔软易折不易碎，易被加工成各种不同的图案；11）系统发热低于一般照明系统，可降低空调系统的电能消耗。光纤的发光方式有端部发光和侧向发光两种。端部发光是光由发生器中的光源沿着光纤到达端部，一个光纤发生器可引出多个端头，端部可再加设光学透镜，但光束角较小，通常只有20°到60°宽。侧向发光是光沿着光纤侧面出光，其光分布类似于霓虹灯。光色可以是白色，也可以是其他的彩色单色光。通过发生器中的颜色轮，光纤系统还可以实现变色。

（7）发光二极管LED LED具有光效高、功耗低、维护成本低、尺寸小、抗冲击和抗振能力强、点光源发光特性、无红外线和紫外线辐射、热量低等明显优势。由于LED光源的尺寸比传统光源的尺寸小得多，照明灯具的隐藏都成为可能。LED光源的寿命理论上可达100000h。这种光源可以直接与灯具整合，不用担心光源的更换问题。过去10年来，LED在颜色种类、亮度和功率方面都发生了极大的变化。它在低压状态运行，几乎可达到100％的光输出，调光时低到零输出，可以组合出成千上万种光色，而发光面积可以很小，能制作成$1mm^2$。经过二次光学设计，照明灯具达到理想的光强分布。表12-4给出了上述几种常用光源的性能比较。

2. 选用高效率的灯具

灯具的合理选用可以提高能量的利用率，达到更好的节能效果。在灯具的选用过程中，应遵循以下几个方面的原则和要求。

（1）注重灯具的效率 不同的灯具类型，其照明的性能和效率有很大差别。在满足防眩光要求下，应优先选用开启式直接照明的灯具。尽量少用带漫射透光罩的包合式灯具和装有格删的灯具样式。从节能的角度出发，室内灯具的效率不宜低于70％。

常用光源的性能比较 表12-4

光源类型	光效(lm/W)	显色指数(Ra)	平均寿命(h)	绿色节能评价
普通白炽灯	15	100	1000	较差
玻璃射灯	12~15	81~83	2000~6000	较差
石英卤素灯	25	100	2000~3000	较差
普通荧光灯	70	70	8000	一般
紧凑型荧光灯	85	85	8000~12000	较好
金属卤化物灯	75~95	65~92	6000~20000	较好
无极灯	70	85	80000	好
LED	—		100000	好

（2）选用光利用系数高的灯具 灯具所发出的光越多地照射在工作面上，这表明灯具对光的利用率越高，亦即灯具的利用系数高，可节约总体灯具的使用数量，节约能源。灯

具的利用系数取决于灯具效率、配光形状、房间各表面的颜色装修和反射比以及房间的形体特点。通常灯具效率和利用系数成正比。灯具的配光应和其房间体形（RCR）匹配，这样有利于提高光的利用系数。RCR 与灯具配光形式的关系如表 12-5 所示。

室空间比与灯具配光的选择形式　　　　　表 12-5

室空间比（RCR）	灯具的最大允许距离（L/H）	灯具配光类型
1～3（宽而矮的房间）	1.5～2.5	宽配光
3～6（中等宽和高的房间）	0.8～1.5	中宽配光
6～10（窄而高的房间）	0.5～1.0	窄配光

（3）选用高光通量维持率的灯具　灯具在使用中，灯具的反射面受到环境污染（尘土、污渍等），反射逐渐降低而导致其反射光通量的下降，这使得灯具的效率降低。虽然所消耗的能量不变，但能量的利用率不断减少，造成能源浪费。为了提高灯具的光通量维持率，可采用如下措施：①被动法。将灯具的反射罩用石英玻璃（SiO_2），铝反射罩表面经过阳极氧化处理，或镀红外反射膜，防止老化和积尘，提高灯具的反射能力。②主动法。在灯具反射面或保护罩上镀光触媒，从灯具或太阳光谱中 350～400nm 的光线射到光触媒上，与膜表面所积污垢等有机物进行氧化反应，将有机物分解，而无机物在有机物分解时也被除去。但 LED 灯具，因不含紫外辐射，无法产生光触媒反应。③采用活性碳过滤器。对于密闭式灯具，为了防止其污染，可在灯具上专设小通气孔，在孔中安装活性碳过滤器，吸收外部的脏物，减少灯具的尘土污染，提高其光通量维持率。

（4）尽可能选择不带光学附件的灯具　灯具附件中的包合式玻璃罩、格删、有机玻璃、棱镜等，这些附件能起到改变配光、减少眩光以及免受外部损伤的作用。但它们同时也造成灯具的光输出下降、灯具光效率降低的后果。在同样的照度水平条件下比无附件的灯具的光输出小，从而造成能耗增加。

（5）采用空调和照明一体化的灯具　现今的办公空间多采用集中式的空调系统，大多采用顶棚嵌入式荧光灯具提供照明。一般荧光灯只能将 25% 能量转化为可见光，其他75% 以辐射形式传向空间。如果采用空调和照明相结合的灯具，夏季时通过灯具的空气将热量带到顶棚内，并由风机将 60% 的热空气排到室外，可减少 20% 的空调制冷量，但从管道需补齐新鲜空气，最后可以节约 10% 的能耗。此外，空调和照明的一体化，可以净化顶棚空间；同时灯具的运行温度更加适宜，可使荧光灯的光输出增加，提高照明效果，同时减少镇流器的故障。

（6）灯具布置的原则　性能良好的灯具还需要科学合理的布置，才能使光线被充分利用，发挥最大的效用。从节能的角度讲，灯具布置应注意以下几点：

①灯具均匀布置，能使室内获得匀质的照明效果。一般采用正方形、矩形、菱形等方式。其间距和悬挂高度的大小决定了最终的照明均匀度。②灯具与建筑围护结构的距离。为使房间有较好的亮度分布，灯具与顶棚的距离和灯具与墙面的距离也是影响因素。当采用均匀漫射配光的灯具时，灯具与顶棚的距离和顶棚与工作面距离之比宜在 0.2～0.5 之间。当靠墙面处有工作面时，靠墙灯具与墙面距离不应大于 0.75m，靠墙无工作面时，灯具与墙面距离为灯具间距的 0.4～0.6 倍。③灯具的距高比。灯具间距与灯具距工作面的

距离是影响照明质量和灯具数量的重要因素。一般来说可参考表 12-6 中数值。

各类灯具的一般距高比　　　　　　　　　　　　　　　表 12-6

灯具类型	L/H	简　　图
窄配光 中配光 宽配光	0.5 左右 0.7～1.0 1.0～1.5	
	L/H_c	
半间接型 间接型	2.0～3.0 3.0～5.0	

（7）采用节能型镇流器　对于气体放电灯，镇流器的选择也是很重要的。一般来说，主要有普通电感镇流器、节能型电感镇流器和电子镇流器等三种类型。普通电感镇流器自身功耗大，系统的功率因数低，启动电流大，所以其能耗大于后两者。电子镇流器是高效照明电器产品的重要组成部分，在照明系统提高节电率方面起着重要作用。由于电子镇流器工作在高频交流电压下，噪声、频闪的现象自然消失了，因而它的节能特点尤为突出。在输入功率一致的情况下，电子镇流器的光效可提高 1/3。

3. 智能化的照明控制系统

照明控制与光源、灯具、线路一起构成了照明系统，照明控制系统的优劣决定了照明系统运行的调节程度和功能。

照明控制系统的主要内容有：①控制。分自动控制和手动控制。自控方式有时钟控制、光控、红外控制以及用电脑实施智能化控制。②调节。通过调节照明的电压、光源功率、频率等方式，以调节灯具的光通量输出。③稳定。通过稳定灯具的输入电压达到光线的稳定。④监测。监视照明系统的运行状态以测量各种参数。

照明控制的目的首先是节能，从灯具的使用时间、能源的利用效率等方面进行调控，节约能源。其次照明控制可以提高照明质量，使照明系统保持在一个稳定的光照条件。照明控制系统的调节可以延长灯具和电器附件的使用寿命，提高照明系统可靠性。有了智能化照明控制的辅助，能够有效提高照明管理水平，节省照明运行管理的人力资源。最后照明控制可以实现照明场景的多样化，以满足人们对照明的舒适度和情趣的多种要求。下面介绍几种典型的照明控制装置和系统。

（1）分布式智能照明控制系统　这是以 PC 监控机和微处理器为核心，多种功能综合，具有智能化特点的照明控制系统，可用于酒店、餐厅、会堂、办公楼等处。其主要特点为：①开灯软启动，能防止电压突变对灯具的冲击；②能对不同场所按需要进行不同方式的调光，主要有调压和调频等。③实施多场景预置，以满足不同空间对照明质量和氛围的要求。④可以实现多种方式和要求的开关灯，如按设定的程序、预设的时钟、红外跟踪检测、动静监测方式等，还能实现远程的开关遥控。

（2）照明节能调光器　该装置是一个自动稳压和调压的装置，由电子控制器、自耦变压器、变速装置组成。主要起到开灯软启动、稳压和节能调压的作用。

（3）照明节能电源　该装置以微电脑和自动控制、自动变压器组成。根据使用要求可分档调节电压，降低电压 $3\% \sim 9\%$，可使三相电压保持平衡。当电压过高时，可保持电压稳定在额定值内。

（4）照明节能自动调光系统　该系统适用于办公室、会议室、教室等场所。它可以更好地综合利用自然采光和人工照明。通过检测室内相关区段（如近窗）的照度，调节可调光电子镇流器以降低近窗处荧光灯功率，保持室内照度基本恒定的情况下节约能源。

三、可再生能源的利用

建筑人工照明的能源可以利用自然界中的可再生能源，如太阳能、风能等。这些可再生能源清洁、用之不竭，对缓解能源紧张是十分有效的途径。

1. 对太阳能的利用

人工照明对太阳能的利用主要是光伏效应照明法，即利用太阳能电池的光电特性，先将太阳光转化为电能，再将电能输送到照明器，转化为光线进行照明。光伏发电是利用太阳能及半导体电子器件有效地吸收太阳光辐射能，并使之转变成电能的直接发电方式，是当今太阳光发电的主流。光伏发电具有清洁、环保、无污染的优势。整个过程没有火力发电排放的温室气体和大量粉尘，是真正的环保绿色能源。同时这种方法供电方式相对简单，规模不影响发电效率。

太阳能光伏发电的市场领域划分为独立太阳能光伏发电和并网太阳能光伏发电两大领域。独立太阳能光伏发电是指太阳能光伏发电不与电网连接的发电方式，典型特征为需要蓄电池来存储夜晚用电的能量。在太阳能光伏发电过程中，太阳能光电池的性能是一个关键性因素，其光电转化率是反映能源利用率的重要指标。

太阳能光伏效应照明在建筑中的应用分为分离式和集中式两种。分离式系统适合应用于公寓、办公室、学校等建筑。集中式系统可将电源分配至建筑中一些特殊场所使用，主要有室内采光不佳的部分，如地下室、楼梯间、储藏室等；或应用于室内安全照明，如应急灯、指示灯等；还有就是长亮照明灯，如通道指示灯、地下出入口指示灯等部位。

在光伏采光照明系统设计时，应注意以下几个方面：①提高系统的能源利用率。由于太阳能电池的光电转化率较低，必须采取措施提高电池吸取阳光数量，并降低系统中的能量损耗。这就需要在太阳能电池板的安装位置和角度上进行认真选择。对于照明设备，应选择高光效的光源和电气附件，以节约能源。如果有条件的话，可以在光电池前选择增加一些附属设备来加强对阳光的收集和吸收，如聚光板或日光追踪系统等。②发电量与用电量的匹配与平衡。光伏采光系统的太阳能电池供电能力必须和需要的用电量匹配，以免出现供电不适或供电过剩现象。一般要对负载功率、太阳能资源参数以及工作元件的额定功率、电压和效率等指标进行计算。③系统效率的影响。主要影响因素首先是温度的影响。温度的升高会使太阳能电池的工作电压下降，并使输出功率线性下降；其次是时间、天气、季节等因素的影响。

2. 对风能的利用——"风光互补"

人工照明同样可以使用风力发电提供的电能。风能作为一种无污染和可再生的新能源有着巨大的发展潜力，特别是对沿海岛屿，交通不便的边远山区。风光互补发电照明系统将是一个很好的风能利用系统。风力、太阳能光伏发电互补供电照明系统（称"风光互补照明系统"），是利用风力发电机和太阳能电池将风能和太阳能转化为电能用于照明的装置，两个发电系统在一个装置内互为补充，为照明提供了更高的可靠性，具有广泛的推广利用价值。该照明系统具有不需挖沟埋线、不需要输变电设备、不消耗市电、安装任意、维护费用低、低压无触电危险、使用的是洁净可再生能源等优点，是真正的环保节能高科技，它代表着未来绿色照明的发展方向之一。

3. 人工照明与自然采光的综合运用

建筑室内人工照明和自然采光的结合不仅可以节省大量的照明用电，而且对改善室内光环境质量有着重要的技术经济意义。人工照明和自然采光的综合运用的目的是要在白天把自然光与人工光舒适合理地协调起来，形成良好地室内视觉舒适度，归纳起来主要可分为照度平衡和亮度平衡两种模式。

照度平衡型。白天人工照明模式是指白天室内自然光主要照射在近窗处，为使房间深处的照度与近窗处照度达到平衡，使之尽量保持均匀一致的照明方法。因为近窗处可以不用或少用人工照明，因而可以节能。

亮度平衡型。白天人工照明模式是指白天室内窗的亮度很高，使人觉得室内窗户周边的墙壁和顶棚很暗。此外，因强烈的明暗对比，增加了室内视觉的不舒适，为了改变这种情况，必须提供必要的人工照明来平衡室内的亮度。室内人工照明的照度随着窗亮度的改变而改变。如果依据室外光线的变化来控制室内人工照明，就会比一直按照提供最大照度要求减少电能的消耗。

人工照明与自然采光的综合运用中，要把握好几个重要的技术环节：①要准确确定恒定的辅助人工照明的照度值。②要选用合适的辅助人工照明的光源、布灯方式和控制方式。光源的选择中，色温要尽量和天然光接近，一般5000K左右的日光色荧光灯比较适宜。人工照明的布置方式一般应和采光窗平行，这样更利于室内采光与照明的亮度与照度达到均衡。靠窗区域由于自然光因素，布灯数量相对要少。控制方式可以通过人工手动控制，也可通过光电传感器，按照室内照度的变化进行自动控制。还有一种更加智能化的控制模式，即采用连续自动的调光系统，实现室内照度水平随着自然光的变化及时调整，使室内自然光和人工光总照度始终在一个相对恒定的水平上。③节能效果。室内照明用电量和照明时间、照明总功率有关。使用高效节能的照明设备可以节省单位时间耗电量；而采用智能照明控制系统，既可以用调光来控制用电量，又可以自动关闭不需要的照明设备，而减少照明用电时间，是建筑照明节能的有效途径。

参 考 文 献

[1] M·戴维·埃甘，维克多·欧冬焦伊著，袁樵译. 建筑照明（原著第二版）[M]. 北京：中国建筑工业出版社，2006.

[2] D·C·普里查德著，程天汇，徐蔚，袁樵，张昕译. 照明设计（原著第六版）[M]. 北京：中国建筑工业出版社，2006.

[3] 郝洛西著. 城市照明设计[M]. 沈阳：辽宁科学技术出版社，2005.

[4] 张绍刚，赵建平等. 绿色照明工程实施手册[M]. 北京：建筑出版社，2004.

[5] 柳孝图著. 建筑物理（第二版）[M]. 北京：中国建筑工业出版社，2006.

[6] 周太明，宋贤杰，刘虹等编著. 高效照明系统设计指南[M]. 上海：复旦大学出版社，2004.

[7] 杨赟. 初探建筑设计中的自然采光与节能[D]. 同济大学硕士学位论文，2001.

[8] 刘虹，高飞. 近年国内外绿色照明的新进展[J]. 照明工程学报. 2006.

[9] 何荣，杨春宇. CIE 天空亮度分布新标准[J]. 照明工程学报. 2007.

[10] 李卓，王爱英. 国际上建筑天然采光研究的新动态[J]. 照明工程学报. 2007.

第十三章 水资源合理利用与节水

第一节 建 筑 中 水

水资源短缺是未来人类生存所面临的最严峻的挑战之一。解决水资源短缺的根本出路除了尽快加强对水资源流域生态环境的恢复与保护，大力提倡节约用水外，最直接有效的措施就是增加水的重复利用。建筑中水处理技术作为节水技术之一，已日渐引起人们的关注，同时建筑中水已是建筑节能的重要组成部分。

一、国内外建筑中水的发展

随着全球经济的高速发展，人类对资源的利用达到了前所未有的高度，水资源日益匮乏，建筑中水作为一种间接水资源，合理开发利用，对城市发展和资源节约，无疑是一种极好的有效措施。在西方发达国家，中水的发展较早，典型的有日本、以色列、德国、美国等。

我国的中水回用起步较晚，1985 年北京市环境保护科学研究所在所内建成了第一项中水工程。早期我国的中水回用工程主要是将污水简单处理后回用于冲厕等，由于处理效果以及我国水价等原因，并没有得到迅速发展。近年来由于我国城市化的飞速发展，城市缺水状况愈发严重，中水回用技术得到迅速发展。北京市 1987 年颁布了《北京市中水设施建设管理试行办法》，对一些符合一定条件的公共建筑设施建议配建中水设施；在 2001年 6 月，根据该"试行办法"的一些不足，北京市市政管理委员会、北京市规划委员会以及建设委员会又联合发布了《关于加强中水设施建设管理的通告》。为推动城市污水综合利用，1995 年建设部制订了《城市中水设施管理暂行办法》，为推动城市污水的综合利用，促进节约用水做出了进一步规范。

二、建筑中水的概念

中水（reclaimed water）的概念来源于 20 世纪 60 年代日本的"中水道"，意指水质介于上水（饮用水）和下水（污水）之间的一种水路系统。中水是对应给水、排水的内涵而得名的，翻译过来的名词有再生水、中水道、回用水、杂用水等，我们通常所称的中水是指各种排水经处理后，达到规定的水质标准，可在生活、市政、环境等范围内杂用的非饮用水。中水系统（reclaimed water system）是由中水原水的收集、储存、处理和中水供给等工程设施组成的有机结合体，是建筑物或建筑小区的功能配套设施之一。

建筑中水包括建筑物中水和小区中水，是指把民用建筑或建筑小区内的生活污水或生产活动中属于生活排放的污水等杂水收集起来，经过处理达到一定的水质标准后，回用于民用建筑或建筑小区内，用做小区绿化、景观用水、洗车、清洗建筑物和道路以及室内冲洗便器等的供水系统。

建筑中水工程属于小规模的污水处理回用工程，相对于大规模的城市污水再生利用而言，具有分散、灵活、无需长距离输水和运行管理方便等特点。

（一）建筑中水的利用技术及方法

1. 建筑中水水源

建筑中水水源可取自建筑物或建筑小区的生活排水和其他可以利用的水源。优先选择水量充裕稳定、污染物浓度低、水质处理难度小、安全且居民易接受的中水水源。

建筑中水水源可选择的种类如下：

（1）建筑物的生活排水，包括建筑物内洗浴排水、盥洗排水、洗衣排水、厨房排水、冲厕排水；

（2）建筑小区内建筑物杂排水、小区生活污水和小区内的雨水；

（3）建筑物空调循环冷却系统排污水和冷凝水；

（4）建筑物游泳池排污水等。

根据建筑中水水源的不同，以及居民的生活习惯、当地的生活水平、气候及建筑物的用途等影响因素，可以利用的中水原水水质差异较大。表 13-1 是我国各城市一般可利用的生活排水水质特征。

一般生活排水水质特征（mg/L）　　　　　　　　　　　表 13-1

水质特征	厨房废水	洗浴废水	盥洗废水	洗衣废水
COD_{Cr}	900～1500	120～135	90～120	300～400
BOD_5	500～700	50～60	60～70	220～250
SS	200～300	40～60	100～120	60～70
$NH_4^+ - N$	60～80	8～10	8～10	10～12

中水水源一般不是单一水源，常被利用的水源可分杂排水（gray water）和优质杂排水（high grade gray water）。杂排水指民用建筑中除冲厕排水外的各种排水，如沐浴排水、盥洗排水、洗衣排水、厨房排水等；优质杂排水指杂排水中污染程度较低的排水，如沐浴排水、盥洗排水、洗衣排水等，由于优质杂排水污染程度较低，是建筑中水回用最佳可利用的原水水源，其污染物指标化学需氧量（COD）、生化需氧量（BOD）、悬浮固体（SS）、氨氮（$NH_4^+ - N$）等含量较低，容易处理。表 13-2 是一般优质杂排水水质特征。另外，建筑物的冷却排水、游泳池排水由于水质较好，也常常作为优质杂排水被利用。

值得注意的是当综合医院污水作为中水水源时，必须经过消毒处理，产出的中水仅可用于独立的不与人直接接触的系统。对于传染病医院、结核病医院污水和放射性废水，不得作为中水水源。

一般优质杂排水水质特征　　　　　　　　　　　表 13-2

	COD_{Cr} （mg/L）	BOD_5 （mg/L）	SS （mg/L）	$NH_4^+ - N$ （mg/L）
一般优质杂排水水质特征	120～200	60～80	50～100	10～15
	色度（度）	浊度（度）	细菌总数（个/mL）	大肠菌数（个/L）
	60～120	50～100	>10^4	>10^3

中水回用的水量是在选择利用水源时需要考虑的重要因素之一，这往往根据可利用量和所需回用水量来确定。大多建筑或小区的排水量一般为给水量的80%～90%，因此回用水量可根据给水量确定，但一般中水回用系统不可能对全部的排水进行回用，因此设计回用水量往往小于实际的可利用排水量。一般用做中水水源的水量宜为中水回用水量的

110%~115%。

2. 中水水质

(1) 中水利用

建筑中水的用途主要是城市污水再生利用分类中的城市杂用水类，包括绿化用水、冲厕、街道清扫、车辆冲洗、建筑施工、消防等。污水再生利用按用途分类，包括农林牧渔用水、城市杂用水、工业用水、景观环境用水、补充水源水等。

(2) 中水水质标准

1) 中水用作建筑杂用水和城市杂用水，其水质应符合国家标准《城市污水再生利用 城市杂用水水质》(GB/T 18920) 的规定。

2) 中水用于景观环境用水，其水质应符合国家标准《城市污水再生利用 景观环境用水水质》(GB/T 18921) 的规定。

3) 中水用于食用作物、蔬菜浇灌用水时，应符合《农田灌溉水质标准》(GB 5084) 的要求。

4) 中水用于采暖系统补水等其他用途时，其水质应达到相应使用要求的水质标准。

5) 当中水同时满足多种用途时，其水质应按最高水质标准确定。

3. 中水处理流程的选择

中水处理流程应根据中水原水的水质、水量及中水回用对象，以及对水质、水量的要求，经过水量平衡，提出若干个处理流程方案，再从投资、处理场地、环境要求、运行管理和设备供应情况等方面进行技术经济比较后择优确定，选择中水处理流程时应注意以下几个问题：

(1) 根据实际情况确定流程。确定流程时必须掌握中水原水的水量、水质和中水的使用要求。由于中水原水收取范围不同而使水质不同，中水用途不同而对水质要求不同，各地各种建筑的具体条件不同，其处理流程也不尽相同。选择流程时切忌不顾条件地照搬照套。

(2) 因为建筑物排水的污染物主要为有机物，所以绝大部分处理流程是以物化和生化处理为主。生化处理中又以生物接触氧化的生物膜法为常用。

(3) 当以优质杂排水或杂排水为原水时，一般采用以物化为主的工艺流程或采用一段生化处理辅以物化处理的工艺流程。当以生活污水为中水原水时，一般采用二段生化处理或生化物化相结合的处理流程。为了扩大中水的使用范围，改善处理后的水质，增加水质稳定性，通常结合活性炭吸附、臭氧氧化等工艺。

(4) 无论何种方法，消毒灭菌的步骤及保障性是必不可少的。

(5) 应尽可能选用高效的处理技术和设备，并应注意采用新的处理技术和方法。

(6) 应重视提高管理要求和管理水平以及处理设备的自动化程度。不允许也不能将常规的污水处理厂缩小后搬入建筑或建筑群内。

4. 中水处理工艺

中水回用处理往往要结合多个处理单元，并针对不同的中水水源而采用不同的处理工艺流程。与所有的工程一样，在确定中水回用处理工艺时应进行技术经济比较，选择合理的方案。如采用优质杂排水作为中水水源回用，可采用以下处理工艺流程：

(1) 物化处理工艺流程（适用于优质杂排水）：

（2）生物处理和物化处理相结合的工艺流程：

（3）预处理和膜分离相结合的处理工艺流程：

（4）生物处理和深度处理相结合的处理工艺流程：

（5）生物处理和土地处理工艺流程：

（6）曝气生物滤池处理工艺流程：

（7）膜生物反应器处理工艺流程：

（8）物化法深度处理工艺流程：

（9）物化与生化结合的深度处理工艺流程：

（10）微孔过滤处理工艺流程：

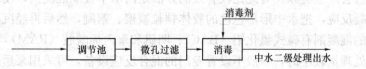

295

5. 建筑中水处理单元

(1) 格栅和格网

1) 格栅　格栅由一组相平行的金属栅条与框架组成，倾斜安装于进水渠道或进水泵站集水井的进口处，以拦截水中粗大的悬浮物及杂质。在中水处理系统中，格栅主要是用来去除可能堵塞水泵机组及管道阀门的较大悬浮物，以保证后续处理设施的正常运行。

以优质杂排水为原水的中水处理系统一般只设一道细格栅，栅条空隙宽度小于10mm；当以杂排水或生活污水作为原水时可设两道格栅：第一道为粗格栅，栅条空隙宽度为10～20mm，第二道为细格栅，栅条宽度为2.5mm。

目前，格栅一般都有成套产品可供选用，如无法选择到合适的成套设备，也可自行设计。

2) 格网　仅设置格栅往往还会有一些细小的杂质进入到后续的处理设备中。给处理带来麻烦。在格栅后再设置格网，可进一步截留这些杂质。格网的网眼直径一般采用0.25～2.5mm。

另外，当中水原水中含有厨房排水时，应加设隔油池（器）；当以生活污水作为原水时，一般应设化粪池进行预处理；当原水中含有沐浴排水时，应设置毛发清除设备。隔油池、化粪池和毛发清除设备均应设置于格栅/格网之前。

(2) 调节池

调节池用于水量和水质的调节均衡，目的是满足处理设施能较稳定的运行，因此是一座变水位的储水池，一般进水采用重力流，出水用泵送出。池中最高水位不高于进水管的设计水位，最低水位为死水位。

如果污水水质有很大变化，调节池兼起浓度和组分的均和调节作用，则调节池在结构上还应考虑增加水质调节的设施以达到完全混合的要求。污水在调节池内的混合方式，有水泵搅拌、机械搅拌、空气搅拌等方式。水泵搅拌简单易行，混合也较完全，但动力消耗较多。空气和机械搅拌的混合效果良好，兼有预曝气的作用，但其空气管和设备常年浸于水中易遭腐蚀，且有可能造成挥发性污染物逸散到空气中的不良后果。在使用后两种方法时须采取必要的防护措施。

调节池的有效容积，一般采用8～16h的设计小时处理流量，当地气温较高且集流较均衡时可取低限，否则应取高限。在中、小型中水处理工程中，设置调节池后可不再设置初沉池。

(3) 生化处理

在建筑中水处理工艺中，生化处理的应用较多，应用比较广且技术相对成熟的工艺主要有生物接触氧化工艺、SBR工艺和A^2/O工艺。这三种工艺在中水处理实际应用中的比较见表13-3。

(4) 混合反应

生活污水中含有许多胶体颗粒（粒径0.1～1μm），其成分复杂且多变，因而污水往往是浑浊的且会产生臭味。对此比较有效的办法是向水中投加混凝剂，使之与水中的这些杂质产生混凝反应，把水中形形色色的胶体颗粒凝聚、絮凝，然后再经沉淀、过滤，使水变清，常用的混凝剂有碱式氯化铝（BAC）、明矾和聚丙烯酰胺（PAM）等。

在中水处理量较小时，一般不设置专门的混合反应设备，可采用泵后管道混合器或泵前混合的药剂投加系统，使药剂与水中杂质的混合反应在管道内或泵体内完成。在中水处理量较大时，应设置专门的混合反应器及搅拌装置。

（5）沉淀池

沉淀是依靠重力作用使水中比重较大的杂质或污染物质沉降到池底，以达到与水分离，使水得到净化的目的。沉淀池作为主要处理构筑物时，必须投加混凝剂。如果沉淀池作为生化处理后的二沉池，则混凝剂的投加与否，应视具体情况来确定。

常见生物处理工艺类型 表 13-3

项　目		常见生物处理工艺类型		
		生物接触氧化工艺	SBR 工艺	A²/O 工艺
投资费用	土建工程	配沉淀池，效率很高，土建量小	无需二沉池，池体一般较深，土建量较大	土建量最大
	机电设备及仪表	设备投资一般，需生物填料	设备闲置，浪费大，自控仪表稍多	设备量稍大，自控仪表稍多
	征地费	占地最小，是传统工艺的 1/2～2/3	占地稍大，征地费较多	占地最大，征地费最多
	总投资	最小	较大	最大
运行费用	水头损失	约 0.5～1.5m	约 3～4m	约 0.5～1.5m
	污泥回流	不需污泥回流	不需污泥回流	50%～100%
	曝气量	比活性污泥法低 30%～40%	大	大
	电耗	较小	较高	最高
	总运行成本	较低	较高	最高
工艺效果	产泥量	较少	一般	一般
	有无污泥膨胀	无	较少产生	容易产生
	冲击负荷的影响	强	较强	较强
	温度变化的影响	低温运行较稳定	受低温影响较大	受低温影响较大
	出水水质	水质好，且稳定	水质好，稳定性一般	水质好稳定性一般
	操作管理	运行管理要求简单，易实现自动化运行	运行管理要求高，自动化控制复杂	运行管理要求较高，自动化控制较复杂

（6）气浮池

气浮法净水的原理是在水中注入或产生大量微小气泡，废水中的污染物如 SS、胶体物质、油脂和表面活性剂等污染物被投放的混凝剂脱稳形成絮体，微小气泡粘附在絮粒上，依靠浮力使其浮至水面，再由刮渣设备清除从而达到固液分离的净水目的。其形式有多种：电解气浮法、压力溶气气浮法、分散气浮法等。其中压力溶气气浮法在中水工程中较为常用。对于富含表面活性剂的洗浴废水，气浮池在混合反应后脱除絮体的效果比沉淀池好，但气浮池具有设备安装管理复杂、动力消耗大的缺点。

（7）过滤

过滤是利用滤料层截留、分离污水中分散悬浮的无机和有机杂质粒子的一种技术。根据材料不同，过滤可分为孔材料过滤和颗粒材料过滤两类。过滤过程是一个包含多种作用的复杂过程。完成过滤工艺的处理构筑物称为滤池，过滤设备称过滤器。目前市场上已有成套过滤设备和定型产品，可参照产品样本给定的性能进行选用。

（8）膜处理

膜处理法处理流程简单，运行管理容易，处理设备自动化程度高。但采用膜分离技术，首先必须做好水的预处理，以满足设备对进水水质的要求。其次还要根据分离对象选择分离性能最适合的膜和相关的组件。另外，在运行中应注意膜的清洗和更换。随着制膜工艺的日益成熟，膜组件价格的降低，以及良好的出水水质，膜处理法在中水处理中已逐渐推广应用，并是今后中水处理技术的主流发展方向。

（9）活性炭吸附

活性炭吸附主要用于去除常规方法难于降解和难于氧化的污染物质，使用这种方法可达到除臭、除色，去除有机物、合成洗涤剂和有毒物质等的作用，但因受活性炭再生条件的限制，活性炭运行成本较高，难以推广应用。

（10）消毒

通过消毒剂或其他手段杀灭水中致病微生物的处理过程称为消毒。水中的致病微生物包括病毒、细菌、真菌、原生动物、肠道寄生虫及虫卵等。生活污水经生物处理、混凝、沉淀、过滤等方法处理后，虽可去除水中相当数量的病菌和病毒，但尚达不到中水水质标准，需进一步消毒才能保证使用安全。消毒的方法包括物理方法和化学方法两大类，物理方法在中水工程中很较少应用，化学方法中以氯消毒和臭氧消毒应用较多。常用的消毒剂有液氯、二氧化氯、次氯酸钠、漂白粉和臭氧等，其中前三种应用较多。

（11）污泥处理

中水处理过程中产生的化学污泥或剩余活性污泥，可根据污泥量的大小采用脱水干化处理或排至化粪池进行厌氧处理，也可根据实际情况采取其他的方法进行适当的处置。

需要说明的是，建筑中水回用的范围通常只是单栋建筑物或建筑小区，工程规模一般较小，不宜选择复杂的工艺流程，应尽量选用定型成套的综合处理设备。这样就可简化设计工作，节省占地面积，方便管理，减少投资，且运行可靠，出水水质稳定。

6. 中水处理站的设置

建筑物和建筑小区中水处理站的位置确定应遵循以下原则：

（1）单幢建筑物中水工程的处理站应设置在其地下室或临近建筑物处，建筑小区中水工程的处理站应接近中水水源和主要用户及主要中水用水点，以便尽量减少管线长度。

（2）其规模大小应根据处理工艺的需要确定，应适当留有发展余地。

（3）其高程应满足原水的顺利接入和重力流的排放要求，尽量避免和减少提升，宜建成地下式或地上地下混合形式。

（4）应设有便捷的通道以及便于设备运输、安装和检修的场地。

（5）应具备污泥、废渣等的处理、存放和外运措施。

（6）处理站应具备相应的减振、降噪和防臭措施。

（7）要有利于建筑小区环境建设，避免不利影响，应与建筑物、景观和花草绿地工程相结合。

（二）相关标准

为配合推广污水再生利用，鼓励研究开发建筑中水回用技术，近二十年国家建设部和国家标准化管理委员会组织各有关单位，制定颁布了若干污水再生利用实施标准和指南。这些规范和标准包括：

1. 《污水再生利用工程设计规范》（GB 50335—2002）；
2. 《建筑中水设计规范》（GB 50336—2002）；
3. 《城市污水再生利用　城市杂用水水质》（GB/T 18920—2002）；
4. 《城市污水再生利用　景观环境用水水质》（GB/T 18921—2002）等。

《建筑中水设计规范》（GB 50336—2002）作为建筑中水工程设计主要技术依据，对中水工程的实施、技术经济的合理性以及安全可靠运行，有了有力的保证。

《城市污水再生利用　城市杂用水水质》（GB/T 18920—2002）和《城市污水再生利用 景观环境用水水质》（GB/T 18921—2002）标准对城市污水再生分类回用水质要求都作了规定，包括冲厕用水、道路冲洗、绿化、车辆清洗、建筑施工等中水回用水质的要求。

第二节　雨　水　利　用

雨水是气候资源中能计量、贮藏和运输的物质资源，是区域水资源最根本的来源。水资源利用的最早形式——雨水利用，已有数千年的历史。雨水利用是一种经济、实用的技术，可产生巨大的环境和生态效益，尤其在人类日益发展、对资源依赖越来越密切的今天，对城市的发展、人类与生态的共处、社会进步与环境和谐都有着深远的影响。

一、概述

（一）建筑雨水利用的意义

我国是一个水资源相对贫乏的国家。我国水资源总量28000多亿m^3，居世界第6位，但人均水资源占有量只有$2300m^3$，约为世界人均水平的1/4。同时，我国水资源分布时空也非常不均匀，水资源年际变化大，降水及径流的年内分配集中在夏季的几个月中；我国北部地区水资源短缺情况较南方更加严重，连丰、连枯年份交替出现，造成一些地区干旱灾害出现频繁和水资源供需矛盾突出等问题。随着我国国民经济的飞速发展，人口的增加，城市化进程的加快，环境污染的加重，近年水资源的供需矛盾日趋尖锐。雨水作为生态环境循环体系中水资源的一种存在方式，雨水的合理收集和利用，可有效地补充地下水源，或提供人们日常生活中必需的水源，这对改善我们周围的生活环境，改善水资源日益严重的局面，促进社会和经济和谐发展，无疑都具有重要的现实意义。

所谓的雨水利用，含义是比较广泛的。从广义上讲，一切利用雨水的活动都可以称为雨水利用。水资源的主要赋存形式——地表水和地下水都是由雨水转化而来的。所以，一切水资源的开发利用活动，都是雨水利用活动。例如兴建水库、塘坝、灌渠系统等开发利用地表水的活动；打井开采利用地下水的活动等。狭义的雨水利用则是指雨水的直接利用活动，是在城市范围内对汇水面所产生的径流进行收集、贮存并在净化后合理利用，其汇水面主要包括建筑物的屋面雨水和道路广场的径流雨水，利用范围一般包括绿化、冲洗路面、景观水补充、冲厕等日常生活中的直接利用和补给地下水等自然生态平衡及修复利用。

从建筑节能的角度分析，建筑物和建筑小区的雨水利用是一种综合性较强的技术，合理的存储雨水并结合科学合理的雨水利用技术，将雨水利用与资源利用、雨水径流污染控制、城市泄洪、生态环境改善等方面有效结合，将产生巨大的经济效益、环境效益和社会效益。

（二）雨水利用在国内外的发展状况

雨水利用其实是古已有之，在一些干旱地区或国家一直广泛被人们采用，在公元前2000年的中东地区，典型的中产阶级家庭都有雨水收集系统存储雨水，用于回灌、生活、私人洗浴和公共卫生。在以色列的 Negev 沙漠中，雨水是唯一的水源，而且年降雨量仅100mm。约1500年前，纳巴泰人的沙漠商队却利用当地的少量雨水灌溉种出了庄稼，并且建起了一系列的城市，成为灿烂一时的沙漠文明。在印度西部的塔尔沙漠，人们通过水箱、贮水池、石墙、水坝、水窖和其他方式收集雨水，依然能够获得足够水量，使之成为世界上人口最稠密的沙漠，每平方千米可以养活60人。同样雨水利用在我国也有悠久的历史。早在2500年前，安徽省寿县修建了大型平原水库——芍陂，拦蓄雨水径流用于灌溉。秦汉时代，在汉水流域的丘陵地区还修建了串联式塘群，对雨水进行多次调节。我国黄土高原地区的径流农业蓄水窖至今仍是一些山区农业生产和家庭供水的主要方式。

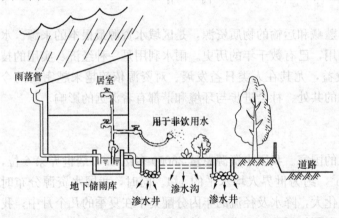

图13-1 屋面雨水收集系统

虽然古代雨水利用技术随着地下水开采技术的进步而一度降温，但现代社会出现的许多现象如资源匮乏、能源短缺、人口增长等，促使我们更新观念，重新认识传统的水资源的概念，重新进行雨水利用的研究。在最近二十年来，雨水利用在技术和方法不断发展。全世界已经建立了数以千万计的雨水集流系统，而且越来越多的国家对此感兴趣。泰国自1985年以来，已经建造了1200多万个容量为2000L的家庭供水屋顶雨水集流容器；在肯尼亚的许多地区建造了 $10\sim100m^3$ 的大型存水器，数以千计的雨水集流装置出现在学校、医院和家庭中。

自1980年代起，欧洲国家、美国、新加坡及日本等发达国家相继开展了对雨水进行收集利用的研究。通过制定一系列有关雨水利用的法律、法规，并不断地开发城市雨水利用新技术新设备，目前国外发达国家的城市雨水利用技术已趋于成熟，许多国家建立了完善的屋面雨水收集系统（图13-1）和由入渗池、井、草地、透水地面等组成的地表回灌系统；将收集的雨水用于冲洗厕所、洗车、浇洒庭院、洗衣和回灌地下水等，从不同程度上实现了雨水的利用。

日本在城市建筑节能方面，结合已有的中水道工程，雨水利用工程也逐步规范化和标准化，在城市屋顶修建用雨水浇灌的"空中花园"，在楼房中设置雨水收集储藏装置与中水道工程共同发挥作用，将收集到的雨水用于消防、浇灌、洗车、冲厕所和冷却水补给等，甚至经处理后供居民饮用。

德国在20世纪80年代末就把雨水的管理与利用列为90年代水污染控制的三大课题之一，1989年制定了屋面雨水利用设施标准（DIN1989），其城市雨水利用技术已进入标准化、产业化阶段，并逐步向集成化、综合化方向发展。许多公司已开发出具有收集、过滤、储存、提升、渗透、控制、监测等功能的成套设备和系列定型产品，并已建成较多的雨水利用工程。柏林等一些城市已将城市雨水利用和城市环境、城市生态建设等结合起来进行设计，已建或正在建成一批各具特色的小区雨水利用系统中修建了大量的雨水池来截留、处理及利用雨水，其城市雨水利用方式有三种：

（1）屋面雨水集蓄系统，收集下来的雨水主要用于家庭、公共场所和企业的非饮用水。

（2）雨水截污与渗透系统，道路雨水通过下水道排入沿途大型蓄水池或通过渗透补充地下水，德国城市街道雨水管道口均设有截污挂篮，以拦截雨水径流携带的污染物。

（3）生态小区雨水利用系统，小区沿着排水道建有渗透浅沟，表面植有草皮，供雨水径流流过时下渗。超过渗透能力的雨水则进入雨水池或人工湿地，作为水景或继续下渗。

美国也逐步转变过去单纯解决雨水排放问题的观念，认识到雨水对城市的重要性，首先考虑雨水的截留、储存、回灌、补充地表和地下水源，改善城市水环境与生态环境，近年制定了相应的法规，限制雨水的直接排放与流失，并收取雨水排放费。

以色列雨水资源的利用率目前已达到98%。通过预测雨水径流量，使大量雨水渗流回地下或修筑构筑物蓄集起来，收集的雨水除广泛应用在日常居民生活中，还通过滴灌技术回用于农田灌溉。

中国许多地区也进行了雨水利用的尝试。甘肃省自1988年以来，积极开展了屋顶和庭院雨水集蓄利用的系统研究，实施的"121雨水集流工程"，使得利用集流水窖抗旱效果明显。河北省提出了"屋顶庭院水窖饮水工程"，在30多个县得到推广应用，受益人达7万多人。随着水资源面临的日益严峻问题，近几年我国对雨水的研究和应用显示出良好的发展势头。目前，北京城市雨水利用已进入实质性的实施推广阶段，天津、青岛、上海、大连、西安等许多城市都相继开展了这方面的专题研究和工程应用。我国北京2008年奥林匹克场馆和2010年上海世博场馆在建设中均考虑采用雨水利用。

二、雨水的利用技术及方法

（一）可利用雨量与水质

1. 可利用雨量

建筑雨水利用量与当地的气候条件、降雨的季节分配、强度、雨水水质情况和地质地貌等因素有关，许多是客观的自然条件，但也有许多因素是可以控制的，通过合理的规划设计，在技术和经济可行的条件下使降雨量尽可能多地转化为可利用雨量。

对于住宅小区而言，雨水主要有屋面、道路、绿地三种汇流介质。可利用雨量按下式计算：

$$Q = H_N \cdot A \cdot \Psi \cdot \alpha \cdot \beta \tag{13-1}$$

式中　Q——年平均可利用雨量，m^3；

　　　H_N——年平均降雨量，mm；

　　　A——汇水面积，如屋面雨水则为屋顶水平投影面积，m^2；

Ψ——径流系数，硬屋面 0.8～0.9；混凝土和沥青路面 0.8～0.9；绿地 0.15
～0.25；

α——季节折减系数 0.8～0.9，根据当地气象局多年统计资料分析确定，北京地区
为 0.851；

β——初期弃流系数 0.8～0.9，根据降雨和水质资料确定，北京地区为 0.87。

降雨量应根据当地近 10 年以上降雨量资料确定。

2. 雨水水质

根据我国城市空气质量状况及对雨水水质的实测情况，屋面、路面、绿地三种汇流介
质中，路面径流雨水水质较差，绿地径流雨水又基本以渗透为主，可收集雨量有限，而屋
面雨水水质较好、径流量大、便于收集利用，其利用价值最高。

北京地区的雨水水质表（mg/L）   表 13-4

水 质	天然雨水	屋 面 雨 水			路面雨水	
	平均值	平 均 值		变化系数	平均值	变化系数
		沥青油毡屋面	瓦屋面			
COD	25～200	700	200	0.5～4	1220	0.5～3
SS	<10	800	800	0.5～3	1934	0.5～3
合成洗涤剂		3.93		0.5～2	3.50	0.5～2
NH₃—N					7.9	0.8～1.5
铅	<0.05	0.69	0.23	0.5～2	0.3	0.2～2
酚	0.002	0.054		0.5～2	0.057	0.5～2
TP		41		0.8～1	5.6	0.5～2
TN		9.8		0.8～4	13	0.5～5

由表 13-4 的北京地区雨水水质调查数据可见，屋面雨水水质总体较好，但也受屋面
材质的影响，常规水质指标化学需氧量（COD）、悬浮物固体（SS）、植物营养物质总磷
（TP）、总氮（TN）及粪大肠菌群比路面雨水水质好。

由于屋面雨水水质受气候特点、降雨频次、屋面材质、屋面降尘、城市空气质量等因
素的影响，初期雨水和后期雨水水质差异较大，表 13-5 为上海某住宅小区瓦质屋面的雨
水水质，从中可看出不同时段的雨水水质区别，因此，对初期雨水进行弃流能得到较好水
质的后期雨水。

上海某住宅小区瓦质屋面雨水水质表（mg/L）   表 13-5

主要水质指标（mg/L）	天然雨水	屋面雨水	
		初期雨水	后期雨水
COD	3～90	25.2～250	4～56
SS	3～85	45～356	5～80
TN	0.8～6.2	1.4～11.2	0.05～3.0
TP	0.05～0.3	0.1～0.65	0.02～0.3

（二）屋面雨水收集

屋面是城市中最适合和常用的雨水收集面。屋面雨水的收集除了通常屋顶外，根据建筑物的特点，有时候还需要考虑部分侧墙面上的雨水。对斜屋顶，汇水面积应按垂直投影面计算。

屋面雨水收集利用的方式按泵送方式不同可以分为直接泵送雨水利用系统、间接泵送雨水利用系统、重力流雨水利用系统三种方式。

屋面雨水收集方式按雨水管道的位置分为外收集系统和内收集系统，雨水管道的位置通常已经由建筑设计确定。但在实际工程中，如有可能，应该与建筑设计师进行协调，根据建筑物的类型、结构形式、屋面面积大小、当地气候条件及雨水收集系统的要求，经过技术经济比较来选择最佳的收集方式。一般情况下，应尽量采用

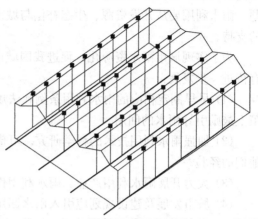

图 13-2　传统屋面雨水收集系统

外收集方式或两种收集方式综合考虑。对一些采用雨水内排水的大型建筑，最好在建筑设计时就考虑处理好与雨水收集利用的关系，避免后期改造的困难。

普通屋面雨水外收集系统由檐沟、收集管、水落管、连接管等组成。从水力学的角度可以将屋面雨水收集管中的水流状态分为有压流和无压流状态。有些情况还可表现为半有压流状态。设计时应按雨水管中的水流分类选择相应的雨水斗。重力流雨水斗用于半有压流状态设计的雨水系统，重力流雨水斗用于无压流状态设计的雨水系统。虹吸式雨水斗用于有压流状态设计的雨水系统。

（三）常用雨水回用工艺流程

雨水处理工艺流程应根据收集雨水的水量、水质，以及回用雨水的水质要求等因素，进行技术经济比较后确定。一般，收集回用系统处理工艺可采用物理法、化学法、生物法和多种工艺组合。

屋面雨水可选择下列工艺流程：

（1）屋面雨水→滤网→初期雨水弃流→景观水面；

（2）屋面雨水→滤网→初期雨水弃流→蓄水池自然沉淀→过滤→消毒→供水调节池→杂用水。

用户对水质有较高的要求时，应增加如下的深度处理措施：

（1）混凝；（2）混凝过滤；（3）浮选；（4）生物工艺；（5）深度过滤。

雨水处理系统应设置滤网。滤网可设在雨水立管上或蓄水池前，还可直接设在蓄水池内的进水处；雨水处理设施产生的污泥，当设施规模较小时，可排入污水系统；设施规模较大时，应采用其他方法进行妥善处理；回用雨水应消毒。采用氯化消毒时，应满足下列要求：

（1）雨水处理规模不大于 $100m^3/d$ 时，可采用氯片作为消毒剂；

（2）雨水处理规模大于 $100m^3/d$ 时，可采用次氯酸钠或者其他消毒剂消毒。

（四）雨水利用的发展趋势

随着人类的进步和技术日新月异的发展，尤其是当前由于工业发展和城市化发展带来的水资源紧缺和生态环境恶化的尖锐问题，雨水利用必将受到进一步重视，技术也必将获得更大发展。如何有效地进行合理的开发和利用雨水是一个技术问题，也是一个政策问题。雨水利用要从开发资源、生态补偿与城市可持续发展的高度加以重视，给予政策法规的支持。

为了实现城市雨水资源化，促进我国城市雨水利用的快速有效的发展，以下几方面还有待进一步发展：

（1）尽早制定相应的雨水利用条例和法规，其中包括制定合理的水价市场机制。在政策上鼓励引导雨水的回用。

（2）加强雨水利用技术的科学研究。可借鉴一些发达国家雨水利用的成功范例，吸收他们的经验。

（3）大力开展雨水利用产业。雨水利用作为环保产业，应该得到大力推广和应用。

（4）城市发展及建设规划应引入雨水回用的概念及理念。使设计有利于雨水的收集和回用，如传统的雨污分流管网体系、屋面雨水收集管网、道路铺设推广采用透水砖、利用绿化及生态对雨水的自然净化作用。

第三节　节水器具的应用

生活用水器具是指提供自来水、热水或与建筑物的排水管相连的具有清洗、淋浴和冲洗功能的器具，在各类建筑中被广泛使用。

节水型生活用水器具（以下简称节水器具）是指满足相同的饮用、厨用、洁厕、洗浴、洗衣等用水功能，较同类常规产品能减少用水量的器件、用具，包括节水型水嘴（水龙头）、节水型便器及冲洗设备、节水型淋浴器等。

节水器具是指低流量或超低流量的卫生器具设备，与同类器具和设备相比具有显著节水功能的用水器具设备或检测控制装置。

节水器具有两层含义：

（1）在较长时间内免除维修，不发生跑、冒、滴、漏等无用耗水现象，是节水的；

（2）设计先进合理、制作精良、使用方便，较传统用水器具设备能明显减少用水量。

一、概述

在全球气候变暖、污染日益严重，可利用水资源越来越少的情况下，推广节约用水理念和普及节约用水器具显得尤为重要。我国从 1987 年开始，科研部门对节水型产品进行研发，并重点推广了一些新型节水器具，如：感应式自动小便冲洗器、折囊式密封水龙头、陶瓷片密封水嘴和 6L 水便配水系统等节水型器具。

我国的节约用水推广主要是在北京、上海、天津等大城市，如北京在 1991 年颁布实施了《北京市城市节约用水条例》，对减少项目用水、生产生活用水管理作出了节水性规定，鼓励节约用水科技创造发明。天津市政府 2007 年初发布了《关于在全市加快淘汰非节水型产品的通知》，要求在本市公布节水型产品名录和明令淘汰的用水器具名录，禁止生产和销售不符合节水标准的用水产品，新建、改建、扩建的建设项目禁止设计、采购、使用不符合节水标准的用水产品，原有的建设项目限期更换不符合节水标准的用水产品，确保到 2007 年底天津市城市节水型器具普及率达到 100％。而与节水器具的推广和应用关系最密切的《节水型生活用水器具》行业标准已于 2007 年 10 月 1 日起正式实施。其中有些条文是强制性的，这说明我国已把节水型生活用水器具标准提到法的高度来认识。标准第一次对节水型生活用水器具做出权威性的定义，是对现行饮用、厨用、洁厕、洗浴、洗衣等用水功能五种产品的现行相关标准的完善、补充。

在国外，节水器具的推广和利用起步较早并早已深得人心，走在前列的国家如日本、以色列、德国等。

日本的各大企业都在竞相开发节水产品，如节水洗碗机、节水洗衣机等。如有的洗碗机从各个角度喷出细细的水流，用水量仅为用手洗碗的几十分之一。松下公司开发的洗衣机，滚筒上方呈斜面，可节约一半的用水，深受人们的欢迎。日本的水龙头大多都安装有伸手即出水的自动感应装置，并普遍推广使用了节水阀芯，不少水龙头像淋浴喷头那样通过许多细孔喷水，既可满足洗手用水，又不浪费。在 2005 爱知世博会现场，日本采用了一种"生物厕所"，这个厕所不产生外排废水，冲洗厕所的水经过处理后反复利用，在世博会期间可节约用水 1000 多吨。

以色列几十年来开发的节水器具层出不穷。有关研究表明，家庭生活用水的一半左右是从抽水马桶流走的。初来以色列的人很快就会发现，这里抽水马桶上有一大一小两个按钮，分别用于大小便后冲水，冲水量相差一半。

美国国会 1992 年立法要求所有在美国出售的马桶必须达到一次耗水量不超过 1.6 加仑的标准。目前，美国制造的淋浴喷头要求每分钟水流量不超过 2.5 加仑。

我国为了节约用水，也推出了各种节水器具。如 20 世纪 80 年代中期以后开始在公共浴室中推广使用单管恒温供水淋浴系统和脚踏式淋浴器，取得了较好的节水效果。还有就是 2000 年 12 月 1 日起推广使用一次冲水量为 6L 的便器。

二、大力推广使用节水器具的措施

近年来，全国许多城市在推广使用节水器具方面已经做了大量工作，取得了一定的成效，但也存在着一定的问题，为使这一工作更加深入和普及，应采取以下措施：

（一）建立节水器具质量标准体系

开展节水工作，推广使用节水器具，除应制定相应的法律法规外，还应制定并完善节水器具质量标准体系。自 2002 年 10 月 1 日起实施的由建设部颁发的城镇建设行业标准《节水型生活用水器具》中，明确了各种节水器具应具备的功能和特性，并规定了质量检验方法和检验规则。这一标准的实施为节水器具质量检验标准化、规范化奠定了基础，也为更好地推广使用节水器具创造了条件。因此各有关部门应在上述标准的基础上，逐步建立节水器具质量标准体系，以规范节水器具质量，达到节水目的。

（二）加强监督管理，保证产品质量，降低产品价格

优质的产品质量和较低的价格是节水器具能够被人们广泛接受的基本条件。目前节水器具普及率不高的原因恰恰是上述两个方面存在问题。因此质量监督和物价部门对节水器具的生产和销售应进行严格管理，保证产品的内在和外在质量符合《节水型生活用水器具》的要求，杜绝不合格产品上市，同时降低节水器具的成本和市场价格，以利于节水器具的推广使用。

（三）在不同场所推广使用不同类型的节水器具

生活用水器具的种类很多，主要分为水嘴（水龙头）、便器及冲洗设备、淋浴器、洗衣机等四大类。在选择节水型生活用水器具时，除要考察其节水性能外，还要考虑价格因素和使用对象。一般来说，在家庭宜安装价格比较便宜的节水器具，在人流比较大的公共场所宜安装价格相对便宜且自动化程度比较高的节水器具。

（1）在居民楼等建筑中推广使用陶瓷阀芯节水龙头和充气水龙头。节水型水嘴（水龙头）是具有手动或自动启闭和控制出水口流量功能，在使用中能实现节水效果的阀类产品。

目前节水型水龙头大多为陶瓷阀芯水龙头。这种水龙头密闭性好、启闭迅速、使用寿命长，在同一静水压力下，陶瓷阀芯节水龙头的出流量均小于普通水龙头的出流量。也即陶瓷阀芯节水龙头具有较好的节水效果，节水量约为20％～30％。由于陶瓷阀芯节水龙头与其他类型节水龙头（如光电控制式水龙头）相比价格较便宜，因此，应在居民楼等建筑中（尤其在水压超标的配水点）大力推广使用这种节水龙头，以减少水量浪费。

充气水龙头是在国外使用较广泛的节水龙头，在水龙头上开有充气孔，由于吸进空气，体积增大，速度减小，既防溅水又可节约水量，据报道可节约水量25％左右。这种水龙头在我国应用较少，应逐渐推广使用。

在标准《节水型生活用水器具》中对节水型水嘴的出流量做了量化要求：在水压0.1MPa和管径15mm下，最大流量不大于0.15L/s的水嘴（水龙头）产品为节水型水嘴。

（2）在不影响排水管道系统正常工作的条件下使用小容积水箱，在《节水型生活用水器具》中规定，节水型便器系统（包括便器、水箱及配件等）每次冲洗大便用水量不大于6L，也即一次冲洗水量小于等于6L的便器及与之配套的水箱为节水型器具。

目前我国正在推广使用6L水箱节水型大便器，并已有一次冲洗水量为4.5L甚至更少水量的大便器问世。但是如果不对大便器的构造和排水管道系统进行改造，而一味地减小水箱出水量，虽然可以节能，却会带来堵塞、冲洗不净、水封更新率低等问题。因而应在保证排水系统正常工作的情况下使用小容积水箱。

（3）推广使用两档水箱。节水型便器系统宜采用大、小便分档冲洗的结构，节水型两档水箱在冲洗小便时，冲洗用水量不大于4.5L；冲洗大便时，冲洗用水量不大于6L。

（4）在公共场所宜安装延时自闭式水龙头和光电控制式水龙头、小便器及大便器水箱。公共场所人员众多，流动性强，有些人的节水意识非常差，并且在使用用水器具的人员中不可避免的会有一些带菌者。为做到既可避免交叉感染，又可减少水的浪费，在公共场所宜安装不需人体接触就可自动限量供水的用水器具。

延时自闭式水龙头（图13-3）利用其体内设置的弹簧和阻尼部件，使水龙头在出水后一定时间内能够自动关闭，避免长流水现象。阻尼大小可在一定范围内调节，以满足不同用水点对水量的要求。延时自闭水龙头的缺点：①一旦阻尼调节固定后，水龙头的出水时间也

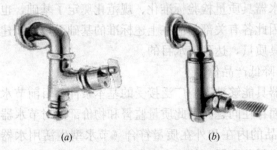

图13-3 延时自闭式便池冲洗阀

（a）斜式自闭冲洗阀；（b）脚踏延时自闭冲洗阀

就固定，不易满足同一用水点不同使用对象的用水要求；②需要人去触摸。

光电控制式水龙头（或阀门）可以克服延时自闭式水龙头的缺点。其原理是在水龙头上或卫生器具附近安装红外线探测装置，当探测到人体或红外线被阻断后，电磁阀开启，水龙头出水；而人离开后，探测器又可发出电信号关闭电磁阀，水龙头停止出水。整个工作过程不需要人触摸操作，尤其适合于公共场所的用水点，以防止病菌传播。光电控制式水龙头的主要缺点是价格较贵，需要消耗一定的电量，维护管理工作量较大。光电控制式小便器和大便器已在一些公共建筑中安装使用。

目前根据模糊控制原理生产的一体式小便器和大便器也已面世，其工作原理是将冲洗水量分为若干个区间，如将冲洗水量从 2.5～5.0L 分为 6 个区间，根据使用时间长短和使用频率自动判断需要的冲洗水量，比以往的系统节水约 30%。

（5）在热水系统中安装多种形式的节水器具

1）安装使用节水型淋浴喷头和节水型热水龙头。在《节水型生活用水器具》中规定：节水型淋浴器喷头在水压 0.1MPa 和管径 15mm 下，最大流量不大于 0.15L/s。今后在各种建筑的淋浴系统中应尽量使用满足上述要求的节水型淋浴器喷头和节水型热水龙头。

2）在公共浴室安装减压孔板。减压孔板能限制流量，流量减小后对洗浴效果影响并不大，同时自制的减压孔板又很便宜，是一种很有实用价值的节水器具。

3）在双管热水系统中使用恒温式冷热水混合龙头。在双管热水系统中，冷、热水的混合方式有双阀门式、混合龙头式和恒温龙头式。前两种方式需要一面调节阀门、一面试水温，水量浪费较大，目前我国双管热水系统绝大部分采用的是这两种方式。恒温式冷热水混合龙头通过水龙头内安装的感温体的伸缩，自动调节冷、热水的混合比例，使出水达到温度调节旋钮所指示的温度，使用者可随时开关，不必为调节水温而浪费水。这种水龙头既可节水又能保证所要求的水温，用水温度具有稳定性和舒适性。

4）安装压力平衡装置在双管系统中，在水龙头的冷、热水入口之间加装压力平衡装置，当某一路水压因故降低时，另一路也跟着降低，可确保水龙头的出水不会因温度过高而伤人，也避免了过高或过低温度的水无谓地放流而造成浪费。

5）在公共浴室中安装投币式淋浴器，目前我国已有投币式淋浴器。这种淋浴器在投入硬币后，可在一定时间内提供热水（或提供一定量的热水），在淋浴间隙不使用热水时，淋浴器不记录使用时间，当规定的时间快要到达时，淋浴器会发出信号，提醒使用人注意。这种淋浴器可大大减少公共浴室中淋浴水量的浪费，规范人们的用水行为，但目前的主要问题是价格较贵。

（四）进一步开发多种形式的节水器具

随着节水工作的深入开展，开发适用于不同需求的多种形式的节水器具是保证节水工作取得更大成果的重要措施。

1. 研制不同出水量的水龙头

一些国家规定，在不同场所采用不同出水量的水龙头，例如新加坡水道局规定：洗菜盆用水 6L/min，淋浴用水 9L/min。我国台湾省推出了一种喷雾型的洗手专用水龙头，出流量仅为 1L/min，是普通水龙头的 10%～20%。目前我国各种家用水龙头的额定流量大部分是 0.2L/s，即 12L/min，明显偏大，因此有关部门应组织力量对各种水龙头的额定流量值重新进行研究，并且逐步采用在不同场所安装不同出水量水龙头的办法。

2. 开发适用于不同压力范围的节水龙头

在建筑给水系统超压出流实际测试中发现，目前推广使用的陶瓷阀芯节水龙头，在水压较高时，出水量过大，流量仍超过额定流量；在全开状态下，几乎所有的陶瓷阀芯节水龙头的流量都大于《节水型生活用水器具》中的规定。有的建筑在安装这种龙头后，管道中经常出现较大噪声，群众意见较大。因而应积极开发、推广适用于不同压力范围的节水龙头，以避免流量和噪声过大的问题。

3. 开发有压水箱和带洗手龙头的水箱

有压水箱为密闭式水箱，利用管路中自来水的压力将水箱中的空气压缩，使水箱内的水具有一定压力。当冲洗时，水流可高速冲洗大便器，冲洗清洁度比常压水箱高40%，每次只需3.5L冲洗水量。在日本很多家庭使用带洗手龙头的水箱，水箱盖上设置一个漏斗，洗手用的废水全部流入水箱，回用于冲厕。使用这种水箱，可以省去原有水箱设置的进水管、进水三角阀和浮球阀，若水箱需水时，可打开水龙头直接放水，不但可以节水，而且可减少水箱本身的费用。这种水箱的推广，有赖于便器水箱生产厂家和建筑给水工程设计人员的配合。

4. 研制稳定、灵敏的单管恒温淋浴系统的水温控制装置

按照设计规范的要求，公共浴室等建筑应采用单管热水供应系统，温控装置是控制单管热水供应系统水温的关键部件。在调查中发现，现有温控装置不够灵敏，出水忽冷忽热，造成水量浪费。因此应积极开发稳定、灵敏、经济适用的单管热水供应系统的水温控制装置。

（五）加强宣传培训，保证节水器具的正常使用性能

用好节水器具就是要保障在使用周期内节水器具的正常使用。节水器具均为机电类产品，在长时间频繁使用中必然会发生一些故障。排除故障除了要有高素质的专业维修队伍外，更需要用户具备必要的安装与正确使用及维护常识，自己能动手解决一般的故障，并能将节水器具调整到最佳工作状态。据介绍，美国1993年具有这种能力的家庭只占22%，1996年这一比例提高到55%。而在我国，具有这种能力的人却很少，如有的单位使用的延时自闭式水龙头的出流时间明显不合理，但却无人调整。水龙头、淋浴器、便器水箱漏水，只能等待专业人员来修理，造成了水量浪费。因此有关部门应大力宣传、普及节水器具的一般维修知识，以使节水器具能够正常工作，发挥应有的节水效益。

参 考 文 献

[1] 陈耀宗等. 建筑给水排水设计手册[M]. 北京：中国建筑工业出版社，1992.
[2] 付婉霞. 建筑节水技术与中水回用[M]. 北京：化学工业出版社，2004.
[3] 刘振印，傅文华等主编，民用建筑给水排水设计技术措施[M]. 北京：中国建筑工业出版社，1997.
[4] 唐鹏. 国外城市节水技术与管理[M]. 北京：中国建筑工业出版社，1997.
[5] 高明远. 建筑中水工程[M]. 北京：中国建筑工业出版社，1992.
[6] 阜柏楠. 生活用水器具与节约用水[M]. 北京：中国建筑工业出版社，2004.
[7] 黄金屏等. 城市污水再生利用[M]. 北京：经济科学出版社，2003.
[8] 韩剑宏. 中水回用技术及工程实例[M]. 北京：化学工业出版社，2004.
[9] 张林生. 水的深度处理与回用技术[M]. 北京：化学工业出版社，2004.

第十四章　建筑节能中的自动化与计算机控制系统

第一节　建筑自动化系统中的传感器与执行器

一、传感器

1. 传感器的基本概念

为了实现对建筑设备的自动控制，要检测一些直接反映系统性能的物理量，如温度、湿度、压力和流量等，在自动化系统中用于完成自动检测任务的是传感器。传感器是一种能把特定的被测量信息（包括物理量、化学量、生物量等）按一定规律转换成某种可用信号输出的器件或装置。有时也把传感器狭义地定义为能把非电信号转换成电信号输出的器件。

传感器的分类方法很多，常用的是两种方法：一种是按被测参数分，有温度、压力、流量、湿度、成分、位移、速度等；另一种是按工作原理分，有应变式、电容式、压电式、磁电式等。

2. 建筑设备自动化系统中常用的传感器

（1）温度传感器　用于测量室内、室外、水管以及风管中介质的平均温度，常见的有热电偶、热电阻、热敏电阻温度传感器。

（2）湿度传感器　湿度传感器用于测量室内、外的空气相对湿度，将测量到的相对湿度作为空调系统中加湿、去湿操作的控制依据。

（3）压力、压差传感器和压差开关　压力、压差传感器是将流体的压力、压差信号转换为相应标准电信号的转换装置；压差开关是随着流体的流量、压力或压差的变化而引起开关动作的装置。压力、压差传感器主要用于空气压力、流量和液体压力、流量的监测。

（4）流量传感器　常用的流量传感器有差压式流量传感器、电磁流量计和涡轮式流量计。

差压式流量传感器的基本原理是将管道中流体的瞬时流速转换为压差，用压差传感器测出这一压差就可以求得流速，该流速与截面积相乘，就可以得到流量。

电磁流量计是基于电磁感应定律原理的流量检测仪表，被测介质的流量经检测单元变换成感应电势，经放大转换成 $4\sim20mA$ 的标准信号输出。

涡轮式流量计是一种速度式流量计，当流体流过涡轮叶片时，叶片前后的压差产生的力推动涡轮叶片转动。在一定的流量范围内，管道中流体的容积流量与涡轮转速成正比，涡轮的转速通过检测线圈和磁电转换装置转换为对应频率的电脉冲信号。

（5）空气品质传感器　空气品质传感器可测量多种不同气体的成分及含量，例如可检测二氧化碳、一氧化碳、丙烷等气体的传感器。

3. 传感器的选用

选用传感器应从以下几个方面考虑：

（1）测试条件　主要包括测量目的、被测物理量特征、测量范围、输入信号最大值和频带宽度、测量精度要求、测量所需时间要求等。

（2）传感器性能　主要包括精度、稳定性、响应速度、输出量（模拟量或数字量）、对被测物体产生的负载效应、校正周期、输入端保护等。

（3）使用条件　主要包括设置场地的环境条件（温度、湿度、振动等）、测量时间、所需功率容量、与其他设备的连接、备件与维修服务等。

二、执行器

执行器在自动控制系统中的作用相当于人的四肢，它接受调节器的控制信号，改变操纵变量，使控制过程按预定要求正常执行。

执行器由执行机构和调节机构组成。执行机构是指根据调节器控制信号产生推力或位移的装置，而调节机构是根据执行机构输出信号去改变能量或物料输送量的装置，最常见的是调节阀。执行器直接控制工艺介质，因此执行器的选择、使用和安装调试是重要问题。

执行器按其能源形式分为气动、电动和液动三大类，它们各有特点，适用于不同的场合。随着近几年来科学技术的不断发展，各类执行机构正逐步走向智能化的道路。

（1）液动执行器　液动执行器推力最大，一般都是机电一体化的，但比较笨重，所以现在使用不多。但也因为其推力大的特点，在一些大型场所因无法取代而被采用，如三峡工程的船阀用的就是液动执行器。

（2）气动执行器　气动执行器的执行机构和调节机构是统一的整体，其执行机构有薄膜式和活塞式两类。活塞式行程长，适用于要求有较大推力的场合，不但可以直接带动阀杆，而且可以和蜗轮蜗杆等配合使用；而薄膜式行程较小，只能直接带动阀杆。

随着气动执行器智能化的不断发展，智能阀门定位器成为其不可缺少的配套产品。智能阀门定位器内装高集成度的微控制器，将电控命令转换成气动定位增量来实现阀位控制。利用数字式开、停、关的信号来驱动气动执行机构的动作，阀位反馈信号直接通过高精确度的位置传感器，实现电气转换功能。智能阀门定位器具有提高输出力和动作迅速、调节精确度高、实现正确定位等特点。

（3）电动执行器　电动执行器的执行机构和调节机构是分开的两个部分，其执行机构分角行程和直行程两种。电动执行器接收来自调节器的直流信号，并将其转换成相应的角位移或直行程位移去操纵阀门、挡板等调节机构，以实现自动调节。

电动执行机构安全防爆性能差，电机在行程受阻时容易受损。近年来电动执行机构经过不断改进，有扩大应用的趋势。随着自动化、电子和计算机技术的发展，现在越来越多的电动执行机构已经向智能化发展。

智能电动执行机构是一类新型终端控制仪表，它根据控制电信号直接操作改变调节阀阀杆的位移。由于人们对控制系统的精确度和动态特性提出了越来越高的要求，电动执行机构能够获得最快响应时间，实现控制也更为合理、方便、经济，因此应用越来越广泛。

第二节　建筑自动化系统的计算机控制系统组成结构

一、计算机控制系统的硬件组成

硬件一般由被控对象、过程通道、计算机、人机联系设备和控制操作台几部分组成，如图 14-1 所示。

计算机由微处理器、存储器 ROM、RAM 和系统总线等几部分组成，是构成计算机控制系统的核心。

存储器用于存放各种软件和数据，主要包括用来存储固化系统及常用数据表格的 ROM、EPROM、EEPROM、CD-ROM 和用来存放操作数、运算参数及计算结果的 RAM。

过程通道是计算机与被控对象之间交换数据信息的桥梁。过程通道按照信号传输的形式可分为模拟量和开关量通道，按照信号传输的方向可分为输入通道和输出通道。常见的有四种通道：模拟量输入、模拟量输出、开关量输入和开关量输出。

接口是计算机与过程通道之间的中介部分。通过接口，计算机更容易控制通道，计算机可从多个通道中方便地选择特定通道。计算机控制系统通常使用的接口为数字接口，分为并行接口、串行接口和脉冲序列接口。

控制台是人与计算机控制系统联系的必要设备，在控制台上随时显示记录系统的当前运行状态和被控对象的参数，使操作人员及时了解被控对象的状态，必要时进行一定的干预，或修改有关控制参数或紧急处理某些事件。当系统某个局部出现意外或故障时，也在操作台上产生报警信息。

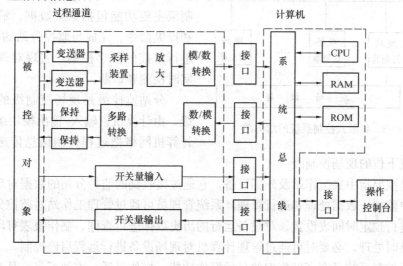

图 14-1　计算机控制系统的硬件结构示意图

二、计算机控制的过程与原理

在计算机控制系统中，检测装置（传感器）将系统输出量转换成电信号，再经过 A/D 转换器转换为数字量。计算机接收到输出反馈量后，将它与计算机内部的给定值进行比较，计算出偏差值，然后对偏差采用相关算法进行一定的处理，将运算结果作为控制量输出。控制量再经过 D/A 转换器转换为模拟量，输出到执行机构调节被控参数，从而达到控制的目的。计算机控制的过程与原理如图 14-2 所示。

三、建筑自动化系统的控制系统结构

目前应用在建筑设备监控系统中的计算机控制系统结构主要有集散式控制系统和现场总线控制系统。

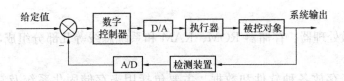

图 14-2　计算机控制的过程与原理图

1. 集散控制系统（DCS）

(1) 集散式控制系统的技术特点

集散式控制系统自 20 世纪 70 年代问世已有几十年的历史。集散式控制系统的基本思路是分散控制、集中管理、功能分级设置、配置灵活、组态方便。分散是指根据工艺设备地理位置分散，控制设备相应分散，危险也随之分散。

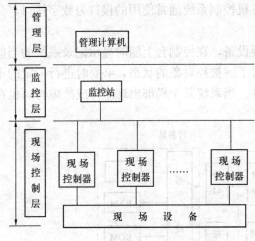

图 14-3　集散式控制系统的结构图

集散式控制系统一般分为三级，可分为现场控制级、分站监控级和中央管理级，级与级之间通过通信网络相连，其结构如图 14-3 所示。

现场控制级主要由现场直接数字控制器（DDC）及现场通信网络组成。现场控制级主要功能包括采集数据、输出控制量和操纵命令、完成与监控分站的数据通信、进行直接的数字控制、实现对现场设备的实时检测和诊断。

分站监控级是现场控制级的上位监控级，由计算机、输入/输出模块组成，通过计算机网络把过程控制信息传送到上级中央管理级或下位的现场控制级。

管理级主要指中央工作站及外围设备，它通过接收到的监控分站的数据对现场控制过程进行集中监视、数据处理和进行管理，系统管理员可通过管理工作站对监控分站、现场控制设备进行预定时间表设置、对设备运行的历史数据进行查询、制作报表打印，对报警信息进行及时处理，必要时可通过管理计算机对现场设备进行远程启停控制。

集散式控制系统具有高度集中的显示操作功能，操作灵活、方便可靠，具有完善成熟的控制功能，可实现多种复杂的控制方案。

(2) 集散式系统举例：METESYS 系统

METESYS 系统是集散式系统的典型代表之一。METESYS 系统是美国 JOHNSON 公司的 BA 系统，主要用于对建筑物内各个设备进行全面的监控，同时收集、记录、保存和管理各设备的重要信息及数据，从而达到最佳的自动化管理及节约能源的效果，其结构如图 14-4 所示。

1）通信网络　METESYS 系统采用工业标准的 ARCENT 网络或 Ethernet 网，并将它作为整个建筑物中的通信骨架。系统中的分站控制器和操作站与 ARCENT 网络或 Ethernet 相连。

2）中央站　METESYS 系统是集散式系统，它采用直接数字式控制方式，中央站采用微机,其软件具有操作指导程序和密码保护。

3)控制分站 系统的控制分站为直接数字式控制器(DDC),具有可编程功能,可独立监控有关设备而不需要中央站的干预,并且可以显示被监视的被控参数,如温度、湿度及各个设备的工作状态。当主机发生故障时,各分站的 DDC 也能独立工作,所有资料、数据不会丢失。

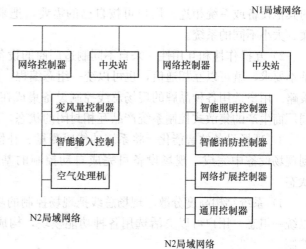

图 14-4 METESYS 系统的结构图

4)网络控制单元(NCU) 网络控制单元(NCU)用于不同网段的连接,同时也可以连接其他类型的控制器,如 DDC,也可单独作为操作员的监控器接口。NCU 有三种接口:网络终端接口、RS-232 串行接口、调制解调(MODEM)接口。

5)网络扩展单元(NEU) 网络扩展单元(NEU)用于扩展网络控制单元(NCU),增加系统的输入、输出监控点和控制回路的容量,实现与 NCU 通信。

6)系统组成 BAS 的现场设备可以是空调系统、供热系统、给排水系统、供电系统、照明系统、保安系统等。传感器接收现场设备的信号并将它输入 DDC,DDC 按照预先设置的控制规律,使被控量按照设置的模式进行工作。各个 DDC 可以相互联接,并通过 NCU 接入网络。在 NCU 上可以接入监控微机、打印机,也可与其他系统如电梯、火灾报警相连,还可以通过 MODEM 与其他系统进行通信。

2. 现场总线系统(FCS)

20 世纪 90 年代以来,随着计算机技术和网络技术的进一步发展,现场总线控制系统应运而生。现场总线技术是现代控制技术与现代电子、计算机、通信技术相结合的产物,它的发展与应用将引起控制领域的一场深刻的变革。

现场总线是一种互联现场自动化设备及其控制系统的双向数字通信协议,就是说现场总线是控制系统中底层的通信网络,具有双向数字传输功能,在控制系统中允许智能现场装置全数字化、多变量、双向、多节点,并通过物理媒介互相交换信息,其结构如图 14-5 所示。

(1)现场总线系统的技术特点

1)系统的开放性 开放系统是指通信协议公开,不同厂家的设备之间可进行互联并实现信息交换。这里的"开放"是指相关标准的一致性、公开性,强调对标准的共识与遵守。一个开放系统,可以与任何相同标准

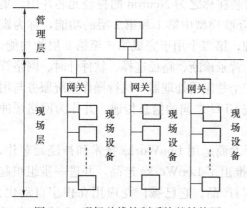

图 14-5 现场总线控制系统的结构图

的其他设备或系统相连。用户可按自己的需要，把来自不同供应商的产品组成方便、价廉、大小不同的系统。

2）互操作性和互用性　来自不同制造厂商的设备，只要满足开放系统和标准协议的基本要求，就可以互相通信，也可以统一组态编程，构成所需的控制回路，共同实现控制策略。用户选用各种品牌的现场总线控制设备集成在一起，实现"即插即用"，打破了不同厂商生产的集散式控制系统产品互相封闭的状态。

3）现场设备的智能化　将系统的传感测量、补偿计算、数据处理与控制等功能分散到现场设备中完成，现场设备可完成自动控制的基本功能，并可随时诊断设备的运行状态。

4）系统结构高度分散　现场总线把现场控制的功能分散给了现场仪表和设备，并可以统一组态。用户可以灵活选用各种功能模块，构成所需的控制系统，实现彻底的分散控制。

5）加强对现场环境的适应能力　现场总线可完全满足现场的应用环境，可支持双绞线、同轴电缆、光缆、电力线载波传输，具有较强的抗干扰能力，能采用二线制实现供电与通信，并可满足本质安全防爆要求等。

6）节省安装费用　由于在一条通信电缆上挂接多个设备，因而电缆、端子、线槽、桥架的用量大大减少，接线的工作量也大大减少。当需要增加现场控制设备时，无需增设电缆，可就近连接在原有的通信电缆上，既节省了投资，也减少了设计、安装的工作量。

7）提高了系统的可靠性　与模拟信号相比，现场总线设备的智能化、数字化提高了测量与控制的准确性，减少了传送误差。同时由于系统结构简化，设备与连线减少，提高了系统的可靠性。

（2）现场总线系统举例：LonWorks 系统

1）LonWorks 技术概述

LonWorks 技术是现场总线技术中最具典型性的一种。它是由美国 Echelon 公司推出并与摩托罗拉、东芝公司共同倡导而形成的。它采用了 ISO/OSI 模型的全部七层通信协议，采用了面向对象的设计方法，通过网络变量把网络通信设计简化为参数设置，其通信速率从 300bps 至 1.5Mbps 不等，直接通信距离可达 2700m；支持双绞线、同轴电缆、光纤、射频、红外线、电力线等多种通信介质，并开发了相应的本质安全产品。

LonWorks 技术所采用的 LonTalk 协议被封装在称之为 Neuron 的神经元芯片中。集成芯片中有 3 个 8 位 CPU，一个用于完成开放互联模型中第 1 和第 2 层的功能，称为媒体访问控制处理器，实现介质访问的控制与处理；第二个用于完成第 3 至第 6 层的功能，称为网络处理器，进行网络变量的寻址、处理、背景诊断、路径选择、软件计时、网络管理，并负责网络通信控制，收发数据包等；第三个是应用处理器，执行操作系统服务与用户代码。芯片中还具有存储信息缓冲区，以实现 CPU 之间的信息传递，并作为网络缓冲区和应用缓冲区。

Echelon 公司的技术策略是鼓励各 OEM 开发商运用 LonWorks 技术和神经元芯片，开发自己的应用产品，目前已有 1000 多家公司推出了 LonWorks 产品，并进一步组织起 LonMARK 互操作协会，开发 LonWorks 技术与产品。它已被广泛应用在楼宇自动化、家庭自动化、保安系统、办公设备、交通运输、工业过程控制等领域。另外，在开发智能通信接口、智能传感器方面，LonWorks 神经元芯片也具有独特的优势。LonWorks 技术目前已成为我国网络控制技术中的主流。

2）LonWorks 技术的主要产品

a. Neuron 芯片　Neuron 芯片是 LON 网络节点的核心部分，它包括一套完整的通信协议，即 LonTalk 协议，从而确保节点间使用可靠的通信标准进行互操作。因为 Neuron 芯片可直接与它所监视的传感器和控制设备连接，所以一个 Neuron 芯片可以传输传感器或控制设备的状态，执行控制算法，与其他 Neuron 芯片进行数据交换等。使用 Neuron 芯片，开发人员可集中精力设计并开发出更好的应用对象而无需花费太多的时间去设计通信协议、通信软件硬件和操作系统，因此可减少开发的工作量，节省大量的开发时间。

b. LonWorks 收发器　LonWorks 收发器在 Neuron 芯片和 LON 网络间提供了一个物理量交换的接口，它适用于各种通信媒介和拓扑结构。LonWorks 支持不同类型的通信媒介，如双绞线、同轴电缆、电力线、无线射频、光纤等，不同的通信媒介之间用路由器相连。

c. LonWorks 路由器　路由器是一个特殊的节点，由两个 Neuron 芯片组成，用来连接不同通信媒介的 LON 网络，它还能控制网络交通，增加信息通量和网络速度。

d. 电力线通信分析器　电力线通信分析器是一种易于使用的成本——效果分析仪器，用于分析应用设备中电力通信的可靠性。用它测试电力线任意两点间的通信，可以测试电路是否对 Echelon 电力线收发器适用。

e. LonWorks 控制模块　LonWorks 控制模块是标准的成品，在模块中有一个 Neuron 芯片、通信收发器、存储器和时钟振荡器，只需加一个电源、传感器/执行器和写在 Neuron 芯片中的应用程序就可以构成一个完整的节点。

f. LonWorks 网络接口和网间接口　LON 网的网络接口允许 LonWorks 应用程序在非 Neuron 芯片的主机上运行，从而实现任意微控制器、PC 机、工作站或计算机与 LON 网络的其他节点的通信。此外网络接口也可以作为与其他控制网络联系的网间接口，把不同的现场总线的网连在一起。

g. LON 网服务工具　LON 网服务工具用于安装、配置、诊断、维护以及监控 LON 网络。LON 节点的寻址、构造、建立的连接可以归纳于安装。这是靠固化在 Neuron 芯片里的网络管理服务的集合来支持的。LonManager 工具可解决系统安装和维护的需要，它使用的波形系数使它既可用于实验室，又可用于现场。

h. LonBuilder 和 NodeBuilder 开发工具　LonBuilder 和 NodeBuilder 用于开发基于 Neuron 芯片的应用。NodeBuilder 开发工具可使设计和测试 LON 控制网络中的单独节点变得简单。它包括 LonWorks Wizard 软件和一套操作 LonWorks 设备的软件模型；Lon-Builder 开发员工具平台集中了一整套开发 LON 控制网络的工具。

四、综合布线

1. 综合布线系统的基本概念

综合布线系统是一套用于建筑物内或建筑群之间为计算机、通信设施与监控系统预先设置的信息传输通道。它将语音、数据、图像等设备彼此相连，同时能使上述设备与外部通信数据网络相连接。

综合布线系统是为适应综合业务数字网（ISDN）的需求而发展起来的一种特别设计

的布线方式，它为智能大厦和智能建筑群中的信息设施提供了多厂家产品兼容、模块化扩展、更新与系统灵活重组的可能性。既为用户创造了现代信息系统环境，强化了控制与管理，同时又为用户节约了费用。综合布线系统已成为现代化建筑的重要组成部分。

2. 综合布线系统的特点

采用星型拓扑结构、模块化设计的综合布线系统，与传统的布线相比有许多特点，主要表现在系统具有开放性、灵活性、模块化、扩展性及独立性等特点。

(1) 开放性　综合布线系统采用开放式体系结构，符合多种国际上现行的标准，几乎对所有著名厂商的产品都是开放的，并支持所有的通信协议。这种开放性的特点使得设备的更换或网络结构的变化都不会导致综合布线系统的重新铺设，只需进行简单的跳线管理即可。

(2) 灵活性　综合布线系统的灵活性主要表现在三个方面：灵活组网、灵活变位和应用类型的灵活变化。

综合布线系统采用星型物理拓扑结构，为了适应不同的网络结构，可以在综合布线系统管理间进行跳线管理，使系统连接成为星型、环型、总线型等不同的逻辑结构，灵活地实现不同拓扑结构网络的组网。

当终端设备位置需要改变时，除了进行跳线管理外，不需要进行更多的布线改变，使工位移动变得十分灵活。

(3) 模块化　综合布线系统的接插元件，如配线架、终端模块等采用积木式结构，可以方便地进行更换插拔，使管理、扩展和使用变得十分简单。

(4) 扩展性　综合布线系统（包括材料、部件、通信设备等设施）严格遵循国际标准，因此，无论计算机设备、通信设备、控制设备随技术如何发展，将来都可很方便地将这些设备连接到系统中去。

(5) 独立性　综合布线系统的最根本的特点是独立性。

最底层是物理布线，与物理布线直接相关的是数据链路层，即网络的逻辑拓扑结构。而网络层和应用层与物理布线完全不相关，即网络传输协议、网络操作系统、网络管理软件及网络应用软件等与物理布线相互独立。

进行物理布线时，不必过多地考虑网络的逻辑结构，更不需要考虑网络服务和网络管理软件，也就是说综合布线系统具有应用的独立性。

3. 综合布线系统的组成

综合布线系统由 6 个子系统组成，包括工作区子系统、水平区子系统、管理间子系统、垂直干线子系统、设备间子系统及建筑群子系统。由于采用星型结构，任何一个子系统都可独立地接入综合布线系统中。

(1) 工作区子系统　工作区子系统是一个可以独立设置终端设备的区域，该子系统包括水平配线系统的信息插座、连接信息插座和终端设备的跳线以及适配器。工作区的每个信息插座都应该支持电话机、数据终端、计算机及监视器等终端设备。

(2) 水平区子系统　水平区子系统由工作区用的信息插座、楼层分配线设备至信息插座的水平电缆、楼层配线设备和跳线等组成。水平子系统根据整个综合布线系统的要求，在二级交接间、交接间或设备间的配线设备上进行连接，以构成电话、数据、电视系统和监视系统，并方便地进行管理。

（3）管理间子系统　管理间子系统设置在楼层分配线设备的房间内。管理间子系统由交接间的配线设备、输入、输出设备等组成，也可应用于设备间子系统中。

（4）垂直干线子系统　垂直干线子系统由设备间的配线设备和跳线以及设备间至各楼层分配线间的连接电缆组成。

在确定垂直子系统所需要的电缆总对数之前，必须确定电缆中话音和数据信号的共享原则。如果设备间与计算机机房处于不同的地点，且需要把语音电缆连至设备间，把数据电缆连至计算机机房，则应在设计中选取不同的干线电缆或干线电缆的不同部分来分别满足不同路由语音和数据的需要。

（5）设备间子系统　设备间是在每一幢大楼的适当地点设置进线设备，进行网络管理以及管理人员值班的场所。设备间子系统应由综合布线系统的建筑物进线设备、电话、数据、计算机等各种主机设备及其保安配线设备等组成。

设备间内的所有进线终端设备应采用色标区别各类用途的配线区。

（6）建筑群子系统　建筑群子系统由两个以上建筑物的电话、数据、监视系统组成一个建筑群综合布线系统，其连接各建筑物之间的缆线和配线设备，组成建筑群子系统。

五、楼宇能源管理系统（EMS）

1. 建筑能源管理自动化系统

建筑能源设备（采暖、空调、锅炉、制冷机、通风机、给排水、照明和电梯等设备）的能耗占了建筑能耗的绝大部分，对建筑能源设备进行自动化控制和管理，成为建筑节能的重要组成部分。

建筑能源管理自动化系统是实现建筑能源设备自动控制和能源调度管理的先进技术手段，它的主要功能是：

（1）能源数据在线采集、处理、显示、打印和存储；

（2）能源数据超限报警和打印；

（3）故障预警和辅助处理；

（4）能源设备启停和自动控制；

（5）能源设备群的优化运行；

（6）能源系统分析和辅助决策；

（7）能源管理办公自动化。

能源管理自动化的目标是安全、高效、节能、减少人工成本和降低运行成本。能源设备控制装置应具有一定的控制精度，原则上讲，提高控制精度有利于节能。

智能建筑能源设备控制除采用常规 PID 控制、前馈控制、选择控制、非线性控制、预测控制、逻辑控制和时序控制算法之外，还可采用模糊控制、PID 自整定控制、自学习控制等智能算法和策略，以提高控制精度和水平。

2. 智能建筑能源设备运行管理与控制

智能建筑的运行管理主要有建筑自动化系统（BAS）、通信自动化系统（CAS）和办公自动化系统（OAS）三个组成部分。建筑自动化系统包括建筑能源（机电）设备运行管理与控制系统、消防报警监控系统、保安监视系统、出入控制系统和车库管理系统等组成部分。其中，建筑能源（机电）设备运行管理与控制系统的任务是为建筑物创造一个安全、舒适、温馨的工作和生活环境，是智能建筑最重要的基础功能，对于实现设备节能和降低运营成本具有决定性作用。

建筑能源设备监控管理的主要内容有以下几个方面：

(1) 空调与通风系统的监控；

(2) 采暖与锅炉系统的监控；

(3) 电力和照明系统的监控；

(4) 给排水系统的监控；

(5) 变配电及自备发电机组的监控；

(6) 电梯系统的监控；

(7) 能源设备集中调度管理。

第三节 远程抄表系统

一、远程抄表系统的网络终端

远程抄表的网络终端指的是各个具有通信功能的计量仪表（水、电、气、热表），该网络终端把各个仪表上显示的字符数据变为适合存储、传输与处理的数字信号，并且计量准确、工作可靠、成本低廉、加工简单，安装方便，该网络终端具备直接数字输出和传输的接口。

二、远程抄表系统的传输网络

远程抄表系统的传输网络就是数字信号的传输和处理。随着现代电子技术和通信技术日新月异的发展，给数字信号的传输和处理提供了多种传输模式，有线的、无线的或者是这些方式的综合运用。

从用户到数据管理中心，大致可以分为两级：

第一级，把一栋或几栋楼甚至一个小区的用户数据收集到一个地方，起这种作用的设备称之为"集中器"；

第二级，从"集中器"到数据管理中心。

1. 第一级：集中器

第一级集中器负责传输数据中心的数据、指令信息，收集网络终端信息并及时上传。从各个用户表到集中器数据的传送可用无线方式或有线方式。

集中器包括微处理器、存储器、收发信机、电源和对外数据接口。集中器可放置在一个固定地方，方法是通过集中器的接口与小区物业管理部门的计算机相联，由计算机的管理平台实现收费与管理；也可装在移动的"抄表车"上与计算机相联后依次对辖区内所有小区用户进行抄表。

(1) 电力线载波作为传输信道

利用 220V 的交流供电线深入到住户的每个地方，可谓方便、廉价，现已有较成熟的电力载波芯片可用，但因为我国 220 V 的交流供电负载复杂，行业管理标准没跟上去，造成信道质量差，传输成功率低而不能大面积推广应用。

(2) RS-485 总线

RS-485 总线很适合几十米到上千米短中程距离的通信，一对双绞线就能实现多站联网构成分布式网络，它具有硬件简单、控制方便、成本低廉、接收灵敏度高、抗干扰能力强、总线负载能力强（128—400 个设备）的优点。但其在抗干扰、自适应通信效率方面仍存在一些缺陷。特别是在开通初期，因具体环境条件的不同，会遇到种种问题，维护人员需要较高的技术水平特别是实际经验。RS-485 总线应注意以下问题：

1）若阻抗不匹配，易引起信号反射导致整个系统工作不稳定。

2）应特别注意抗干扰问题，否则会引起芯片的击穿，单片机死机而使系统瘫痪。

3）维护问题，当总线短路时，要在 1000m 长和分布几十到几百个节点设备的双绞线上，找到短路点是非常不易的。另外，其可靠通信距离与速率有很大关系（一般为距离近则速率高），负载数与负载的输入阻抗也有很大关系（阻抗大承受负载数多），应选用带屏蔽层的双绞线，屏蔽层接地。

（3）M-BUS 总线

M-BUS 总线是用于消耗测量仪器和计数器传送信息的欧洲标准的二线总线。优点为：价格低廉；传输距离长；工作可靠，对电压不稳定的场所适应性较强；总线拓扑结构灵活多样，可以是直线形、环形、星形或这几种的混合形，各设备与总线连接无极性，具有防接错功能，连接方便，中心可判断各分设备工作状态；中心可向总线上各设备提供电源，最适合"无源"表的工作状态；速率 300～9600bit/s。

其缺点是对中心的总线电源可靠性要求高，因各分设备工作依赖总线电源，总线电源一旦出问题，全系统瘫痪，为此可以通过把总线电源做成双备份来解决。

（4）利用已有的通信网络

利用已有的通信网络，例如公用电话线、公用宽带网络。此种方法的通信可靠性很高，不需要铺设专用网络。目前利用公用网络的实施较难，但应该是将来的发展方向。

（5）基于 Zigbee 技术的无线传输方式

Zigbee 是一种无线连接技术的商业化命名，该无线连接技术主要解决低成本、低功耗、低复杂度、低传输速率、近距离的设备联网应用。

Zigbee 技术特点有：

1）设备省电　Zigbee 技术采用了多种节电的工作模式，可以确保电池有较长的使用时间；

2）通信可靠　Zigbee 采用了 CSMA-CA 的碰撞避免机制，同时为需要固定带宽的通信业务预留了专用时隙，避免了发送数据时的竞争和冲突；MAC 层采用了完全确认的数据传输机制，每个发送的数据包都必须等待接收方的确认信息。

3）网络的自组织、自愈能力强　Zigbee 的自组织功能：无需人工干预，网络节点能够感知其他节点的存在，并确定连接关系，组成结构化的网络；Zigbee 自愈功能：增加或者删除一个节点，节点位置发生变动，节点发生故障等等，网络都能够自我修复，并对网络拓扑结构进行相应的调整，无需人工干预，保证整个系统仍然能正常工作。具备自组织、自愈能力的无线通信网络是自动抄表系统理想的通信方式。

4）成本低廉　设备的复杂程度低，且 Zigbee 协议是免专利费的，这些可有效降低设备成本；Zigbee 的工作频段灵活，是免执照频段的 2.4GHz，是没有使用费的无线通信。

5）网络容量大　一个 ZigBee 网络可以容纳最多 254 个从设备和一个主设备，一个区域内可以同时存在 200 多个 ZigBee 网络。

6) 数据安全　ZigBee 提供了数据完整性检查和鉴权功能，加密算法采用 AES-128，同时各个应用可以灵活确定其安全属性。

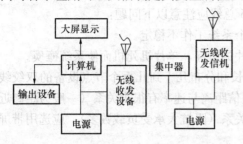

图 14-6　专门架设的无线通信网络示意图

请专用无线信道。

2. 第二级：从"集中器"到管理中心

这一级一般距离较远，数据的传输可分几种：

（1）专用信道

利用专门架设的无线通信网络来传输数据，其结构如图 14-6 所示。

其优点为：建网自主灵活。缺点为：设备投资大，维护工作量大，维护成本较高，需申

（2）通过电话、宽带网络传输数据

各集中器与中心通过电话线及电信局交换机进行联络通信。此法优点为：电话的普及接线相对方便灵活。缺点为：电话要交月租费，而每个月的通信量或时间很少，造成浪费；当集中器数量到一定量时，拨号时间占用抄表总时间相对长。

（3）通过宽带网络传输数据

在某个集中器处建立一个公用网络的通信终端，相当于一个拥有 IP 地址的计算机，向上与数据中心进行数据通信。

（4）利用移动通信网络

目前移动通信提供了多种数据服务，例如 GSM、GPRS、CDMA1X 等。图 14-7 所示为基于 GPRS 网的通信网络。

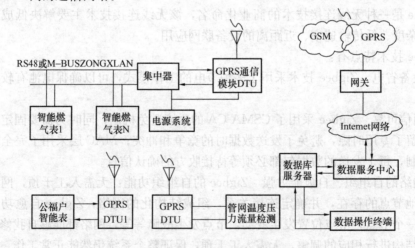

图 14-7　基于 GPRS 网的无线通信网络示意图

3. 数据中心

数据中心分为数据服务中心、操作终端和数据库服务器三部分。

（1）数据服务中心

进行操作终端与采集器之间数据传输，并对采集器进行监控，数据服务中心必须与公网相连，最好有一个固定的 IP 地址，运行时与操作终端和数据库服务器进行连接，转发

操作终端发送的指令和采集器返回的信息。当采集器自检到有异常情况时（如：基表计数器不计数、剩余量小于零等）自动向数据服务中心报告，数据中心做出相应的处理并进行报警（方式可根据设置，在数据服务中心报警或发到相应的操作终端等）。

（2）操作终端

数据操作终端可以是一个也可以是多个，数据库服务器通过网络收集所有小区用户信息并予以保存。数据操作终端通过自己的管理平台对数据进行分析处理输出，还可通过数据服务中心向各个小区集中器甚至某一个具体用户发送用户购买量数据、监控用户表阀门开关的命令，遥测其工作状态等。操作终端通过局域网与数据库服务器和数据服务中心连接，完成开户、传递参数、充值、控制阀门、查询、统计报表等各种操作；远程操作终端通过 GPRS 模块与数据服务中心进行数据通信，由数据服务中心进行数据库的操作。

（3）数据库服务器

数据库服务器主要存储系统数据，如用户资料、购买记录等。

总之，远传抄表方案各有利弊、应用灵活，应根据具体情况进行设计，才能实现系统稳定、功能强大的抄表系统。

参 考 文 献

[1] 邵华，刘本波. 智能建筑的能源管理与控制[J]. 节能. 2001.
[2] 卿晓霞. 建筑设备自动化[M]. 重庆：重庆大学出版社，2002.
[3] 张勇. 智能建筑设备自动化原理与技术[M]. 北京：中国电力出版社，2006.
[4] 杨育红. LON 网络控制技术及应用[M]. 西安：西安电子科技大学出版社，1999.
[5] 杨育红，涂敏，李滨. LON 网络程序设计. 西安：西安电子科技大学出版社，2001.
[6] 王立. 浅论综合布线系统[J]. 科技信息. 2007.
[7] 建筑设备监控系统中的计算机控制系统[J]. 智能建筑电气技术. 2007.
[8] 苏海东. 执行器的分类与发展[J]. 机械工程与自动化. 2004.
[9] 赵乱成. 智能建筑设备自动化技术[M]. 西安：西安电子科技大学出版社，2002.
[10] 戴志龙. 远传抄表技术方案比较[J]. 上海煤气. 2005.
[11] 李劲，程绍艳，李佳林，金德新. 基于 ZigBee 技术的无线数据采集网络[J]. 测控技术. 2007.
[12] 基于 ZigBee 技术的无线三表远程抄表系统. 数据手册，上海顺舟网络科技公司.

第十五章　建筑能耗的模拟分析

第一节　概　述

建筑能耗模拟是建筑模拟的一个方面。建筑模拟（Building Simulation）是指对建筑环境与系统的整体性能进行模拟分析的方法，因此也可称为建筑性能模拟（Building Performance Simulation）。建筑性能模拟主要包括建筑能耗模拟、建筑环境模拟（气流模拟、光照模拟、污染物模拟）和建筑系统仿真。其中建筑能耗模拟是对建筑环境、系统和设备进行计算机建模，并计算出逐时建筑能耗的技术。

建筑能耗模拟的发展开始于 20 世纪 60 年代中期，有一些学者采用动态模拟方法分析建筑围护结构的传热特性并计算动态负荷。20 世纪 70 年代的全球石油危机之后，建筑能耗模拟愈来愈受到重视，同时随着计算机技术的飞速发展，使得大量复杂的计算成为可能。因此在全世界出现了一些建筑能耗模拟软件，包括美国的 BLAST、DOE-2，欧洲的 ESP-r，日本的 HASP 和中国的 DeST 等。20 世纪 90 年代，一方面建筑能耗模拟软件不断的完善，并出现一些功能更为强大的软件，例如 EnergyPlus；一方面建筑能耗模拟的研究重点逐步从模拟建模（modeling）向应用模拟方法转移，即将现有的建筑能耗模拟软件应用于实际的工程和项目，改善和提高建筑系统的能效和性能。

建筑能耗模拟主要在以下几个方面得到了广泛的应用：

（1）建筑冷/热负荷的计算，用于空调设备的选型；

（2）在设计新建筑或者改造既有建筑时，对建筑进行能耗分析，以优化设计或节能改造方案；

（3）建筑能耗管理和控制模式的设计与制订，保证室内环境的舒适度，并挖掘节能潜力；

（4）与各种标准规范相结合，帮助设计人员设计出符合国家或当地标准的建筑；

（5）对建筑进行经济性分析，使设计人员对各种设计方案从能耗与费用两方面进行比较。

本章从建筑能耗模拟的基本原理、常用软件和基本模拟方法几个方面进行介绍。

第二节　建筑能耗模拟基本原理

一、概述

建筑能耗模拟的对象是两种类型的建筑：新建建筑和既有建筑。对于新建建筑，通过建筑能耗的模拟与分析对设计方案进行比较和优化，使其符合相关的标准和规范，进行经济性分析等；对于既有建筑，通过建筑能耗的模拟和分析计算基准能耗和节能改造方案的能耗的节省和费用的节省等。前者通常采用正向建模的方法（forward modeling），后者采用逆向建模（inverse modeling）的方法。

用来描述建筑系统的数学模型由三个部分组成：（1）输入变量，包括可控制的变量和无法控制的变量（如天气参数）；（2）系统结构和特性，即对于建筑系统的物理描述（如建筑围护结构的传热特性、空调系统的特性等）；（3）输出变量，系统对于输入变量的反应，通常指能耗。在输入变量和系统结构和特性这两个部分确定之后，输出变量（能耗）就可以得到确定。因应用的对象和研究目的的不同，建筑能耗模拟的建模方法可以分为两大类。

正向建模方法（经典方法）：在输入变量和系统机构与特性确定后预测输出变量（能耗）。这种建模方法从建筑系统和部件的物理描述开始，例如，建筑几何尺寸、地理位置、围护结构传热特性、设备类型和运行时间表、空调系统类型、建筑运行时间表、冷热源设备等。建筑的峰值和平均能耗就可以用建立的模型进行预测和模拟。

逆向建模方法（数据驱动方法）：在输入变量和输出变量已知或经过测量后已知时，估计建筑系统的各项参数，建立建筑系统的数学描述。与正向建模方法不同，这种方法用已有的建筑能耗数据来建立模型。建筑能耗数据可以分为两种类型：设定型和非设定型。所谓设定型数据是指在预先设定或计划好的实验工况下的建筑能耗数据；而非设定型数据则是指在建筑系统正常运行状况下获得的建筑能耗数据。逆向建模方法所建立的模型往往比正向建模方法简单，而且对于系统性能的未来预测更为准确。

下文对两种建模方法进行详细介绍。

二、正向建模方法

1. 模块建模方法

正向建模方法的模型由四个主要模块构成：负荷模块（Loads）、系统模块（Systems）、设备模块（Plants）和经济模块（Economics）——LSPE。这四个模块相互联系形成一个建筑系统模型。其中负荷模块是模拟建筑外围护结构及其与室外环境和室内负荷之间的相互影响的。系统模块是模拟空调系统的空气输送设备、风机、盘管以及相关的控制装置的。设备模块是模拟制冷机、锅炉、冷却塔、蓄能设备、发电设备、泵等将冷热源设备的。经济模块是计算为满足建筑负荷所需要的能源费用的。图15-1为计算流程图。

在负荷模块中，有三种计算显热负荷的方法：热平衡法（heat balance method）、加权系数法（weighting-factor method）和热网络法（thermal-network method）。前两种方法较为常用。热平衡法和加权系数法都采用传递函数法计算墙体传热，但从得热到负荷的计算方法两者不同。热平衡法根据热力学第一定律建立建筑外表面、建筑体、建筑内表面和室内空气的热平衡方程，通过联立求解计算室内瞬时负荷。图15-2所示为热平衡法原理图。热平衡法假设房间的空气是充分混合的，因此温度为均一；而且房间的各个表面也具有均一的表面温度和长短波辐射、表面的辐射为散射、墙体导热为一维过程。热平衡法的假设条件较少，但计算求解过程较复杂，耗计算机时较多。热平衡法可以用来模拟辐射供冷或供热系统，因为可以将其作为房间的一个表面，并对其建立热平衡方程并求解。

加权系数法是介于忽略建筑体的蓄热特性的稳态计算方法和动态的热平衡方法之间的一个折衷。这种方法首先在输入建筑几何模型、天气参数和内部负荷后计算出在某一给定的房间温度下的得热，然后在已知空调系统的特性参数之后由房间得热计算房间温度和除热量。这种方法是由Z-传递函数法推导得来，有两组权系数：得热权系数和空气温度权系数。得热权系数是用来表示得热转化为负荷的关系的；空气温度权系数是用来表示房间

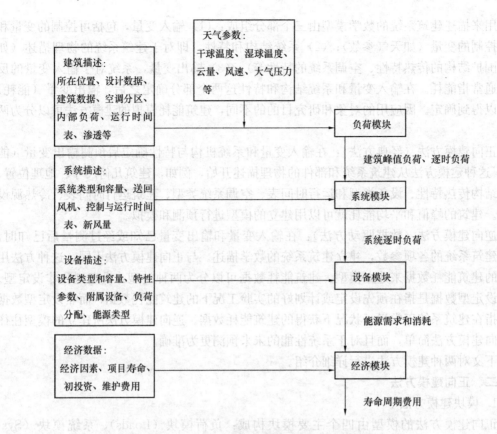

图 15-1 正向建模方法的计算流程示意图

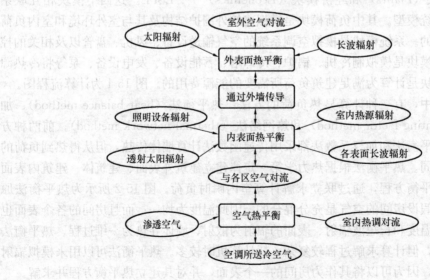

图 15-2 热平衡法原理图

温度与负荷之间的关系的。加权系数法有两个假设：一、模拟的传热过程为线性，这个假设非常有必要，因为这样可以分别计算不同建筑构件的得热，然后相加得到总得热，因此，某些非线性的过程如辐射和自然对流就必须被假设为线性过程；二、影响权系数的系统参数均为定值，与时间无关，这个假设的必要性在于可以使得整个模拟过程仅采用一组权系数。这两点假设在一定程度上削弱了模拟结果的准确性。

热网络法是将建筑系统分解为一个由很多节点构成的网络，节点之间的连接是能量的交换。热网络法可以被看做是更为精确的热平衡法。热平衡法中房间空气只是一个节点，而热网络法中可以是多个节点；热平衡法中每个传热部件（墙、屋顶、地板等）只能有一个外表面节点和一个内表面节点，热网络法则可以有多个节点；热平衡法对于照明的模拟较为简单，热网络法则对于光源、灯具和整流器分别进行详细模拟。但是热网络法在计算节点温度和节点之间的传热（包括导热、对流和辐射）时还是基于热平衡法。在三种方法中，热网络法是最为灵活和最为准确的方法，然而，这也意味着它需要最多的计算机时，并且使用者需要投入更多的时间来实现它的灵活性。

在系统和设备模块中风机、水泵等输送设备通常采用回归多项式表达部分负荷工况下的功率输入，盘管等热质交换设备采用传热单元数法（effectiveness-NTU heat exchanger model）进行模拟，制冷机组、锅炉、冷却塔等冷热源设备则通常采用回归模型（regression model）进行模拟。更为复杂和精确的热力学第一定律模型（First-Principle model）也有被采用。

2. 系统建模方法

在建立了建筑及其系统的各个部件的模块之后，要对整个系统进行建模。图 15-3 所示为系统建模方法示意。

图 15-3 系统建模方法示意图

系统模拟方法有两种：顺序模拟法（sequence modeling）和同时模拟法（simultaneous modeling）。顺序模拟法的计算步骤是顺序分层的，首先计算每个建筑区域的负荷，然后进行空调系统的模拟计算，即计算空气处理机组、风机盘管、新风机组等的能耗量，接着计算冷热源的能耗量，最后根据能源价格计算能耗费用。顺序模拟法是顺序计算每一层，每层之间没有数据反馈，计算步长为 1 小时，即假设每小时内空调系统和机组的状态是稳定的。由于没有数据反馈，顺序模拟法无法保证空调系统可以满足负荷要求，在空调系统和设备容量不足时，仅能给出负荷不足的提示，却无法反映系统的真实运行情况。

同时模拟法弥补了顺序模拟法的不足，在每个时间步长，负荷、系统和设备都同时进行模拟计算（图 15-3），能够保证空调系统满足负荷的要求，因而使得模拟地准确性有很大的提高，但要花费大量的计算机内存和机时。目前随着计算机技术的飞速发展，采用同时模拟法的软件在个人电脑上也可以较快速的运行并得到模拟结果。

三、逆向建模方法（数据驱动方法）

逆向建模方法可以分为三种类型：经验（黑箱）法（Empirical or "Black-Box" Approach）、校验模拟法（Calibrated Simulation Approach）和灰箱法（Gray-Box Approach）。

1. 经验（黑箱）法

这种方法建立实测能耗与各项影响因子（如天气参数、人员密度等）之间的回归模型。回归模型可以是单纯的统计模型，也可以基于一些基本建筑能耗公式。无论是哪一种，模型的系数都没有（或很少）被赋予物理含义。这种方法可以在任何时间尺度（逐月、逐日、逐时或更小的时间间隔）上使用。单变量（single-variate）、多变量（multi-variate）、变平衡点（change-point）、傅立叶级数（Fourier series）和人工神经元网络（artificial neural network，ANN）模型都属于这一类型。因其较为简单和直接，这种建模方法是逆向建模方法中应用最多的一种。

2. 校验模拟法

这种方法采用现有的建筑能耗模拟软件（正向模拟法）建立模型，然后调整或校验模型的各项输入参数，使实际建筑能耗与模型的输出结果更好的吻合。校验模拟方法仅在建筑能耗测量仪表具备和节能改造项目需要估计单个措施的节能效果时才适合采用。分析人员可以采用常用的正向模拟程序（如 DOE-2）建立模型，并用建筑能耗数据对模型进行校验。用来校验模型的能耗数据可以是逐时的，也可以是逐月的数据，前者可以获得较为精确的模型。

校验模拟的缺点是太过费时、太过依赖于做校验模拟的分析人员。分析人员不仅需要掌握较高的模拟技巧，还需要具备实际建筑运行的知识。另外，校验模拟模型准确地反映实际建筑能耗还存在着一些实际的困难，包括：（1）模拟软件所采用的天气参数的测量和转换；（2）模型校验方法的选择；（3）模型输入参数的测量方法的选择。要想把模型校验得真正准确，需要花费大量的时间、精力、耐心和经费，因此往往较难做到。

3. 灰箱法

这种方法首先建立一个表达建筑和空调系统的物理模型，然后用统计分析方法确定各项物理参数。这种方法需要分析人员具备建立合理的物理模型和估计物理参数的知识和能力。这种方法在故障检测与诊断（fault detection and diagnosis，FDD）和在线控制（on-line control）方面有很好的应用前景，但在整个建筑的能耗估计上的应用较为有限。

第三节　建筑能耗模拟软件介绍

建筑能耗模拟软件又被称为建筑全能耗分析软件（Whole building energy analysis tools），是用来模拟建筑及系统的全年运行状况，从而预测年运行能耗和费用的软件。本节主要介绍全能耗分析软件和几种相关的专业分析软件。

一、建筑全能耗分析软件分类

建筑全能耗分析软件可以用来模拟建筑及空调系统全年逐时的负荷及能耗，有助于建筑师和工程师从整个建筑设计过程来考虑如何节能。建筑全能耗分析软件可以分为五类：简化能耗分析软件、逐时能耗模拟计算引擎、通用逐时能耗模拟软件、特殊用途逐时能耗模拟软件、网上逐时能耗模拟软件。

1. 简化能耗分析软件

这一类软件采用简化的能耗计算方法，如度日法等，计算建筑的逐月、典型日或年总能耗。这种能耗分析软件输入简单，需计算机时少，但计算结果的精确度不够。这类软件有：ASEAM、AUDIT、BEEM、EASY、RESEM 等。

2. 逐时能耗模拟计算引擎

详细的逐时能耗模拟工具，没有用户界面或仅有简单的用户界面，用户通常需要编辑 ASCII 输入文件，输出数据也需要自己进行处理。包括：DOE-2、BLAST、EnergyPlus、ESP-r、TRNSYS 等。

3. 通用逐时能耗模拟软件

这类软件是指具有成熟的用户界面的逐时能耗模拟工具，是在逐时能耗模拟计算引擎的基础上开发的，方便用户进行输入和输出的可视化。包括：Energy-10、eQUEST、VisualDOE、PowerDOE、IssiBAT 等。

4. 特殊用途逐时能耗模拟软件

有一些逐时能耗模拟软件是专门为某一种系统或在某一类建筑中应用的，例如，DesiCalc 是用来模拟商业建筑中的除湿系统的；SST（Supermarket Simulation Tool）是用来模拟超市的空调系统和冷冻系统的；IHAT 是用来模拟学校建筑中的全热回收系统的；BCHP 是用来模拟建筑冷热电联产系统的。这些特殊用途软件都是在逐时能耗模拟计算引擎之上开发的用户界面。

5. 网上逐时能耗模拟软件

具有网上计算用户界面的逐时能耗模拟软件，在逐时能耗模拟引擎之上开发，通常输入较为简化，方便用户建立较为简单的模型，进行较为简单的计算。例如，Home Energy Saver、RVSP、Your California Home 等。

二、建筑全能耗分析软件介绍

目前世界上比较流行的建筑全能耗分析软件主要有：Energy-10、HAP、TRACE、DOE-2、BLAST、EnergyPlus、TRANSYS、ESP-r、DeST 等。这些软件具有各自的特点，以下对其中的几种进行介绍。

1. DOE-2

DOE-2 由美国劳伦斯·伯克利国家实验室（Lawrence Berkeley National Laboratory，LBNL）开发，自 1979 年开始发行第一个版本，1999 年停止开发，最新正式版本是 DOE2.1e。经过 20 年的发展，DOE-2 成为世界上用得最多的建筑能耗模拟软件，目前有 133 个不同用户界面的版本都是采用它作为计算引擎，如 VisualDOE、eQUEST、Power-DOE 等。

DOE-2 采用传递函数法模拟计算建筑围护结构对室外天气的时变响应和内部负荷，通过围护机构的热传递所形成的逐时冷、热负荷采用反应系数（response-factor）法计算；建筑内部蓄热材料对于瞬时负荷（如太阳辐射得热、内部负荷）的响应采用权系数（weighting factor）计算。

该软件采用顺序模拟法，由四个模块（Loads，Systems，Plant，Economics）组成，模块之间没有反馈。空气温度权系数被用来计算因系统设置和运行而产生的室内逐时温度。

DOE-2.2 由 J. J. Hirsh 和 LBNL 共同在 DOE-2.1 基础上开发，对 DOE-2.1 做了一些更新和改进。在 DOE-2.2 里，系统模块（Systems）和设备模块（Plant）被合并为一个模块，称为"空调模块（HVAC）"。采用循环环路（circulation loops）将空调系统的各个设备或部件连接起来，并模拟计算水和空气在流经各个部件的温度。在一个时间步长内，负荷模块和空调模块同时计算，并进行迭代，因此每个时间步长可以达到能量平衡。DOE-2 的最新版本为 DOE-2.3。DOE-2.3 增加了由压缩机、冷凝器、蒸发器和其他部件组成的制冷环路（refrigeration loops），因此具备对制冷系统进行详细模拟的能力。

DOE-2 采用的输入语言称为建筑描述语言（BDL，Building Description Language），是英文的输入，其复杂程度对于用户的要求较高。因此有了很多在 DOE-2 计算引擎上开发的用户界面。

VisualDOE 是基于 DOE-2.1E 上开发的 Windows 界面，通过图形化的界面，用户可以采用标准形状或自己建立建筑几何模型。该程序还支持 CAD 图的导入。程序有建筑围护结构库、空调系统库和运行日程库，用户可以在这些库中选取，也可以自己定义。程序对每个参数都已定义了缺省值。该程序具有比较不同的设计方案的能力，对同一个项目，可以定义最多 20 个方案并进行模拟。模拟结果报告和图表可以直接输出。

eQUEST 是基于 DOE-2.2 开发的简化界面。该软件是免费的，而且其所具备的"Building Creation Wizard"和"Energy Efficiency Measure（EEM）Wizard"以及图形化输出界面可以让尚无较多的 DOE-2 应用经验的初学者进行较为详细的能耗模拟。eQUEST 在建筑扩初设计阶段详细数据尚不具备时对建筑进行初步模拟分析非常好，它可以让设计人员仅仅花费很少的时间和有限的费用就能够完成较为详细的模拟。

除 VisualDOE 和 eQUEST 之外，还有一些基于 DOE-2 开发的界面，如 CBIP、IHAP、RESFEN、PowerDOE 等，在本文中不作介绍。

2. EnergyPlus

EnergyPlus 由美国能源部（Department of Energy，DOE）和劳伦斯．伯克利国家实验室（Lawrence Berkeley National Laboratory，LBNL）共同开发。二十多年里，美国政府同时出资支持两个建筑能耗分析软件——DOE-2 和 BLAST 的开发，其中 DOE-2 由美国能源部资助，BLAST 由美国国防部资助。这两个软件的主要区别就是负荷计算方法——DOE-2 采用传递函数法（加权系数）而 BLAST 采用热平衡法。这两个软件在世界上的应用都比较广。因为这两个软件各自具有其优缺点，美国能源部于 1996 年决定重新开发一个新的软件——EnergyPlus，并于 1998 年停止 BLAST 和 DOE-2 的开发。Energy-Plus 是一个全新的软件，它不仅吸收了 DOE-2 和 BLAST 的优点，并且具备很多新的功能。EnergyPlus 被认为是用来替代 DOE-2 的新一代的建筑能耗分析软件。EnergyPlus 于2001 年 4 月正式发布，现在已经发布了 EnergyPlus3.0 版，可以免费下载[3,4]。

EnergyPlus 是一个建筑能耗逐时模拟引擎，采用集成同步的负荷/系统/设备的模拟方法。在计算负荷时，时间步长可由用户选择，一般为 10 到 15 分钟。在系统的模拟中，软件会自动设定更短的步长（小至数秒，大至 1 小时）以便于更快地收敛。EnergyPlus 采用 CTF（Conduction Transfer Function）来计算墙体传热，采用热平衡法计算负荷。CTF 实质上还是一种反应系数，但它的计算更为精确，因为它是基于墙体的内表面温度，而不同于一般的基于室内空气温度的反应系数。在每个时间步长内，程序自建筑内表面开始计算对流、辐射和传湿。由于程序计算墙体内表面的温度，可以模拟辐射式供热与供冷系统，并对热舒适进行评估。区域之间的气流交换可以通过定义流量和时间表来进行简单的模拟，也可以通过程序链接的 COMIS 模块对自然通风、机械通风及烟囱效应等引起的区域间的气流和污染物的交换进行详细的模拟。窗户的传热和多层玻璃的太阳辐射得热可以用 WINDOW5 计算。遮阳装置可以由用户设定，根据室外温度或太阳入射角进行控制。人工照明可以根据日光照明进行调节。在 EnergyPlus 中采用各向异性的天空模型对 DOE-2 的日光照明模型进行了改进，以更为精确地模拟倾斜表面上的天空散射强度。

EnergyPlus 带有一个简单的"Launch"程序，用来进行相关文档的管理、数据输入和编辑和输出结果的分析等。建模数据的输入可以采用写字板进行文字输入或用 IDF Editor 程序进行输入。IDF Editor 程序为用户提供了机构化的输入方法，能将输入数据转换为正确的文本文件格式。EnergyPlus 的模拟输入结果是 CSV 格式，Launch 程序有链接到 Excel 程序打开并进行数据处理。EnergyPlus 的建筑几何模型可以用 DXF 输出。

除了自带的简单界面外，目前有很多用户界面已经发布或正在开发中，包括 Design-Builder、Sketch Up 等。

3. DeST

DeST 是清华大学建筑技术科学系开发的建筑能耗模拟软件，于 2000 年完成 DeST1.0 版本并通过鉴定，2002 年完成住宅专用版本 DeST-h 和住宅评估专用版本 DeST-e。

DeST 具有以下特点：

（1）以自然室温为桥梁，联系建筑物和环境控制系统

自然室温是指当建筑物没有采暖空调系统时，在室外气象条件和室内各种发热量的联合作用下所导致的室内空气温度。它全面反映了建筑本身的性能和各种被动性热扰动（室外气象参数、室内发热量）对建筑物的影响。通过详细的建筑几何模型可以模拟计算各房间的自然室温，然后再以自然室温为对象，建立建筑物模块，与其他部件模块一起，灵活组成各种形式的系统。

（2）分阶段设计、分阶段模拟

DeST 在开发过程中融合了实际设计过程的阶段性特点，将模拟花粉为建筑热特性分析、系统方案分析、AHU 方案分析、风网模拟和冷热源模拟共五个阶段，为设计的不同阶段提供准确实用的分析结果。

（3）理想控制的概念

分阶段模拟对计算模型提出了一定的要求，对于每一个设计阶段而言，上一阶段的设计属于既定的计算条件，而下一阶段的设计尚未进行，相关部件和控制方式未知，因此必须明确后续阶段的计算方法。DeST 采用"理想化"方法来处理后续阶段的部件特性和控制效果，即假定后续阶段的部件特性和控制效果完全理想，相关部件和控制能满足任何要求（冷热量、水量等）。

（4）图形化界面

DeST 具有图形化的工作界面，所有模拟计算工作都是在基于 AutoCAD 开发的用户界面上进行，与建筑物相关的各种数据（材料、几何尺寸、内扰等）通过数据接口与用户界面相连。DeST 还将模拟计算的结果以 Excel 报表的形式输出。

（5）通用性平台

DeST 软件具有较好的开放性和可扩展性，可以作为建筑环境及其控制系统模拟的通用性平台，实现相关模块的完善和软件的功能扩展。

三、相关专业分析软件

在进行建筑能耗模拟时，往往需要采用一些专业的分析软件对建筑能耗模拟软件无法

详细分析的现象或特性进行模拟分析。专业分析软件模拟计算得出的一些重要参数可作为建筑能耗模型的输入参数。EnergyPlus 已具备与 WINDOW、COMIS、SPARK 等专业分析软件的接口，能够实现数据的互换。

1. 自然采光/照明分析软件

在要进行较为详细的自然采光及照明设计与分析时，可采用 AGI 32、Radiance 和 Lightscape 等专业照明分析软件。这些软件的特点是鲁棒性、渲染能力以及较为友好的用户界面。该类软件通常采用的计算方法包括流明法、射线法和射线追踪法。流明法是一种简化的照度计算方法，它在已知灯源光通量、灯具设计、灯具平面布置及房间特点的前提下计算工作平面上的平均照度。射线法是一种更加准确的照明设计模拟方法，该方法可以用于闭合空间内逐点的照度计算。射线追踪法是目前最为准确的照明设计模拟方法，该方法可以用来预测某个空间的光照度并生成具有真实照度分布的渲染结果。

Radiance 是由 LBNL 开发的电力照明、自然采光分析和渲染软件。该软件所采用的算法综合了蒙特卡罗法和确定性射线追踪法，能够生成逐点照度图和发光强度图和真实照度分布渲染图。

2. 透明围护结构模拟软件

这类软件可准确模拟分析通过透明围护结构的太阳透射和热传递，为建筑能耗模拟提供相关数据。这里介绍 OPTICS、RESFEN、THERM 和 WINDOW，这四个软件都是 LBNL 开发的用于透明围护结构特别是窗体的光学和热物理特性分析的软件。

(1) OPTICS 可以用来计算玻璃材料（不论是镀膜还是层压玻璃）的光学特性，它为 WINDOW 提供了分析窗体整体太阳辐射吸收情况的光学部分的参数。

(2) THERM 可以用来分析建筑部件如窗、门及墙体等的二维热传递，并以此来评价建筑部件的热物理性能，它为 WINDOW 对窗体整体热分析提供了二维传热性能的分布特性。

(3) WINDOW 将上述两个软件计算的结果整合进同一个计算环境，并对窗体整体进行光学、热传递及结露分析。在 WINDOW 6.1 中已经加入了部分遮阳部件模拟，从而可以更加合理的估计窗体系统的性能。

(4) RESFEN 是以 DOE-2.1 为计算引擎，分析住宅建筑采用不同的窗体系统时全年的能耗，通过 RESFEN 可以分析在 WINDOW 中设计的窗体系统对建筑的全年能耗分布情况的影响，最新版的 RESFEN 5 已经加入了对中国地区的气象参数及其他一些辅助数据库。

3. 渗透/正压/污染物传递分析软件

这类软件可以对单区域或多区域建筑中的气流及污染物浓度进行分析。COMIS 和 CONTAMW 可模拟由于烟囱效应、风压以及机械通风引起的区域之间及区域与室外环境之间的空气流动。CONTAMW 是美国国家标准和技术研究所（NIST）下属的建筑和火灾研究实验室（Building and Fire Research Laboratory）开发的用于多区域空气流动模拟研究的工具，它除了能够模拟烟囱效应、风压和机械通风的作用外还能够模拟污染物在一个多区域建筑中的传播和扩散。

4. 详细热湿传递分析软件

这类软件可以模拟建筑部件中的二维或三维传热过程。在这类软件中，一些是用来计算通过如地下室、底层楼板或其他一些复杂围护结构传向土壤的热流，其他一些则综合考虑了热湿传递过程并以此为基础来分析建筑部件可能结露的部位和时间。

这里简单介绍一下 Physibel 和 MOIST。Physibel 由比利时 Physibel 实验室开发，可以对墙体、热桥及窗框进行 2D 和 3D 的热分析，不仅可以模拟建筑部件的稳态传热过程还以对它们进行瞬态传热计算并以此为基础分析围护结构的延迟衰减作用。同时，它还可以对供冷和供热等特定情况下的多区热流传递过程进行详尽的分析。MOIST 是由美国国家标准和技术科学院（NIST）的 Burch 和 Thomas 开发，能够对围护结构的一维热湿耦合传递过程进行分析，并且可以选择合适的气象文件进行全年逐时热湿负荷的计算，该软件中还嵌入了一个简单的房间模型，利用该模型可以在特定的或者是变化的室内条件来分析墙体可能的热湿传递特性包括可能的结露情况。

5. CFD/气流模拟软件

计算流体力学模型可以用来模拟建筑中气流和温度的分布情况。传统的建筑能耗模拟软件如 DOE-2 假设整个房间内的空气都是充分混合，EnergyPlus 一般也只是模拟计算房间空气充分混合的状况，对于有明显的温度分层现象的大空间建筑往往无法保证模拟的精确度。CFD 模型可以用来预测房间内的温度分层和风口对于房间内空气分布的影响。AirPak 和 FLOVENT 都是能够用于建筑相关问题的通用 CFD 软件。Microflow 则可以用来与其他建筑热模拟模型进行耦合模拟，以分析瞬时热传递和气流特性。

6. 基于方程的模拟软件

基于方程的模拟软件利用通用的求解方法来求解复杂的微分和代数方程组。这种软件的优点是可以用一些通用的方程组而不是只能在特定情况下才适用的数学算法（如只能以小时为步长来计算房间内的温度）来描述所要模拟的系统。

这类软件有 IDA、EES、SPARK 等。SPARK 允许用户通过联结以方程或方程组为基础的计算对象来建立用户自定义的建筑能耗系统模型，它旨在模拟那些常规能耗模拟软件如 DOE-2 和 EnergyPlus 无法模拟的新型或复杂建筑系统。

7. HVAC 部件和设备模型

这类软件包括一系列模拟空调系统部件或设备的工具。通用模拟工具 TRNSYS 在空调系统模拟方面具有出色的能力。其他的软件如 Analysis Platform、Coolaid 和 Visual-Plant 都是用于冷冻水系统设计的简化工具。HVACSIM＋是为了以较小的时间步长来模拟空调系统和控制策略动态特性而开发的研究性工具。

8. 详细制冷系统模型（基于硬件）

这类软件可以模拟制冷系统的稳态性能以及部分负荷下的瞬态性能，包括基于硬件和基于性能的两类。基于硬件的模型包含详细的换热器和部件模型（如管壳式换热器模型、膨胀阀模型等），可以帮助研究人员和工程人员了解制冷系统运行过程中的细节。基于性能的模型的主要用途是比较各种 CFCs 和 HCFCs 的替代制冷工质的性能。

第四节 建筑能耗模拟基本方法

世界上有很多设计人员、工程师、研究人员在应用建筑能耗模拟软件进行模拟，建筑能耗模拟的应用范围也越来越广，但仍然存在着一些不正确的理解，例如，很多人盲目相信模拟，认为计算机算出的就是正确的；相反，有些人不相信能用计算机模拟得到建筑的实际能耗，认为只能用模拟结果比较不同设计方案的效果；还有些人认为仅仅被认证的能进行8760小时逐时计算的建筑能耗模拟软件才能进行准确的模拟。实际上，模拟结果是否准确，不仅依赖于计算原理和模拟软件，更多地取决于建模者（Analyzer）对相关专业知识的掌握程度、对于建筑能耗模拟的理解程度以及建立模型的方法与经验。

本节介绍使用建筑能耗模拟软件建立模型的基本方法和步骤。

一、事先规划

在建模时，可以把建筑分为两大类：外扰占主导的小型建筑、内扰占主导的复杂建筑。外扰是指室外气象条件所形成的外部负荷；内扰是指室内照明、设备和人员所形成的内部负荷。前一类建筑建立的模型相对于后一类较为简单，也可以考虑采用相对较为快速简便的模拟软件建模。

这里需要注意的是建筑的复杂程度，面积大小并不是非常重要。例如，一大型建筑只用了一个带末端再热的空气处理系统，则建模就很简单。内扰与外扰的主导地位也对模型的简单与复杂程度有影响。例如，内部负荷不大的建筑，如住宅，也没有内区需要供冷而同时外区需要供热的情况，这类建筑都可以作为简单建筑进行建模。相反，内扰占主导的建筑，如办公楼，会出现内区需供冷而外区需供热的情况，则需建立较为复杂的模型。

在创建模型的输入文件前，首先要完成以下清单：

获得建筑所在城市的位置和设计气象资料；

获得足够的建筑围护结构数据，使得可以描述全部的建筑几何结构和围护结构（包括外墙、内墙、隔墙、地板、顶棚、房顶、窗和门）；

获得足够的建筑使用信息，使得可以描述照明和其他设备（包括电、气等设备），以及建筑内每个区域的人数；

获得足够的建筑温度控制信息，使得可以描述建筑内每个区域具体的温度控制策略；

获得足够的HVAC系统运行信息，使得可以具体描述风机系统的运行时间表；

获得足够的集中设备的信息，使得可以具体描述锅炉、制冷机和其他设备的运行时间表。

二、分区

在建模前需考虑如何对建筑进行分区。"区"是一个热的概念，而不是一个几何概念。"区"是指处于相同温度的一定体积的空气和所有形成其边界的传热和蓄热表面。分区的总体原则是：在不明显影响模拟准确性的情况下，定义尽可能少的区。另外，还需遵循以下原则：

空调区与非空调区：要将空调区和非空调区分开。

内外分区：内部负荷较大的有明显内外区的建筑必须分成内区、外区，外区还需分不同朝向。这样的建筑内区常年需供冷，而外区则受室外天气参数影响。不分区的结果就是冷、热负荷抵消，造成计算错误。

特殊功能区域：如果模拟建筑中有一个区域的功能和使用日程表与其他区域都不同，例如，办公楼中的数据中心，需每天24小时运行，则需将该区域单独分出来，由单独的空调系统供冷供热。

照明和设备负荷：如果某些区域的照明和设备负荷与其他区域不同，也需要将这些区域分出来。

以图 15-4 为例（某建筑平面图），究竟建立模型需要分多少区域呢？没有经验的建模者可能会尝试为建筑内每个房间定义一个区域。而通用的规则是：用系统（风机系统或辐射系统）的数量而不是房间的数量来确定区域的数量。通常，一个模型最少的区域数量等于建筑中系统的数量。图 15-4 所示的建筑内设计有五个系统。这些系统和相应的热区域列在表 15-1 中。每个热区域的位置见图 15-5 所示。

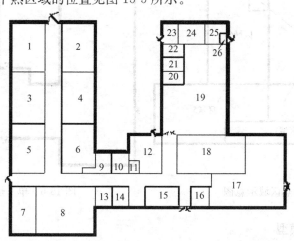

图 15-4　某建筑平面图

根据系统类型分区　　　　　　　　　　　　　表 15-1

序号 \ 系统	系 统 名 称	风 量 (m³/s)	系统对应的区域
1	四管制风机盘管	1.84	区域 1
1	四管制风机盘管	1.18	区域 2
2	全空气系统	0.66	区域 3
3	全空气系统	1.06	区域 5
4	全空气系统	1.15	区域 6
5	单元热风器	0.087	区域 4
5	单元热风器	0.019	区域 7

此例的分区说明了两个重要的分区概念，即强调热区的概念并鼓励进行适当的简化。

1. 注意区域 4 和 7，是共用一个系统的两个不相邻房间。由于这两个房间内空气维持在相同的温度，因此尽管这两个房间不相邻，它们也可定义成一个区域。根据本例需要，将它们定义为不同的区域；

2. 注意区域 1 和 2，这两个区域是共用一个风机系统的，应该可以被定义为一个风量为 3.6m³/s 的区域。而本例中，该空间被划分为两个区域是因为设计者认为侧厅的西南侧有更高的日照负荷，并想确定这个空间内负荷的大小与分布。

分区概念的第二条引出了关于建筑分区的一个重要观点。对建筑总负荷计算可由非常简单的模型获得。例如，采用单一热区模型该建筑进行建筑整体负荷计算与采用详细的模型进行计算相比，结果不会有显著的不同。但是，采用单一热区模型模拟时，建筑内负荷的分布就无法估计了，但是总负荷的大小可以迅速计算得到，这一点可被用来计算冷热源设备的容量。图 15-6 所示为该建筑的单一热区模型。

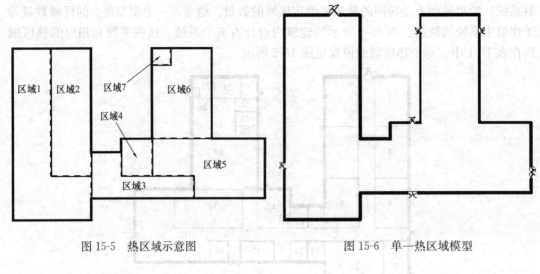

图 15-5　热区域示意图　　　　　　　　图 15-6　单一热区域模型

三、创建建筑模型

在创建建筑模型时需输入所有围护结构的信息和建筑的几何信息。围护结构主要包括：

外墙：构造材料、保温性能、朝向、遮阳情况等；

外窗（天窗）：构造材料、单层或多层、遮阳系数（SC）、太阳辐射得热系数（$SHGC$）、朝向、遮阳系统设置等；

屋顶：构造材料、保温性能、遮阳情况、顶棚通风状况等。

围护结构还包括地板、内墙、内窗等，在创建建筑模型时也需要进行输入。

四、输入内部得热数据

人员、灯光、设备、渗透风和新风共同组成了热区的"内部得热"。在建筑能耗模拟软件中，"得热"负荷用设计负荷或峰值负荷及其相应的时间表来描述，时间表是每小时的负荷相对于设计负荷或峰值负荷的百分比。

表 15-2 为内部得热数据，显示了该建筑单一热区模型的内部负荷以及描述每小时负荷的时间表。

内部得热数据　　　　　　　　　　　　　　　　表 15-2

区域	得热类型	峰值负荷	时间表
1	人员	205	办公室人员密度
	灯光	90	办公室照明比例
	渗透风	1570	常数

在输入了内部得热数据之后，就可以用建筑模型模拟计算建筑的冷热负荷了。

五、空调系统输入

空调系统的输入包括风系统的输入和冷热源的输入。在进行空调系统输入时，需考虑以下方面：

风系统数量：相同的几个风系统（如变风量系统）可以合并为一个空调系统，以对模型进行适当的简化。

控制模式与参数设定：包括对送回风温度、风量、水量、冷冻水温、冷却水温、热水温度等的控制。

空调系统运行日程表：空气处理机组、冷热源设备的运行日程表的定义对于建立准确的模型非常重要。

空调系统输入完成后，模型就搭建完毕，可以用来模拟计算建筑的逐时能耗了。如再将能源价格输入，就可以计算出能源费用。

参 考 文 献

[1] ASHRAE Handbook-Fundamentals, Chapter 32-Energy estimating and modeling methods, 2005.

[2] P. Jacobs, H. Henderson State-of-the-art review whole building, building envelop, and HVAC component and system simulation and design tools, Firnal Report, prepared for the Air-Conditioning and Refrigeration Technology Institute under Arti 21-Cr Program Contract Number 605-30010 / 605-30020.

[3] Crawley, D. B. et al., EnergyPlus: Creating a New-Generation Building Energy Simulation Program, Energy & Buildings, Vol. 33, Issue 4: p. 443-457, 2001.

[4] U. S. DOE, EnergyPlus Manual, Version 2. 0, 2007.

[5] Tianzhen Hong, S. K. Chou, T. Y. Bong, Building Simulation, an Overview of Developments and Information Sources, Building and Environment 35(2000)347-361.

[6] U. S. Department Of Energy Office of Energy Efficiency And Renewable Energy, M&V Guidelines: Measurement and Verification for Federal Energy Projects, Version 2. 2, 2000, DOE/GO-102000-0960.

[7] ASHRAE Standards Committee. ASHRAE Guideline 14-2002, Measurement of Energy and Demand Savings, 2002.

[8] International Performance Measurement and Verification Protocol Committee, International performance measurement and verification protocol(IPMVP)2002.

[9] 建筑环境系统模拟分析方法——DeST. 北京：中国建筑工业出版社，2006.

第十六章 既有建筑节能改造

对既有建筑进行节能改造，不仅可以降低能源消耗和提高能源利用效率，还可提高舒适性、改善室内环境状况，是我国推行建筑节能、建设资源节约型和环境友好型社会的重要环节。

既有建筑量大面广，能耗总量很大，不少建筑仅靠管理措施不能实现实质性的节能，需要进行节能改造。但对既有建筑实施节能改造远比新建建筑节能复杂得多。既有建筑的差异性、个性化以及产权的分散性决定了其节能改造工作面对一系列困难。目前，国内的既有建筑节能改造工作基本处于探索阶段，还没有形成很成熟的体系。对既有建筑推行节能改造还存在很多问题，包括政策、金融、技术等多方面的问题。本文仅从技术角度对既有居住建筑和既有公共建筑节能改造分别进行阐述。

第一节 居住建筑节能改造

目前，我国住宅建筑能耗水平较低，但全国住宅建筑面积数量巨大，至 2005 年底，全国城镇房屋建筑面积 164.51 亿 m^2，其中住宅建筑面积 107.69 亿 m^2，其中大部分是没有按照节能标准设计的建筑。由于建筑围护结构保温和门窗气密性差等原因，很多地区冬季居室温度低于 16℃，夏季超过 30℃，居住热环境差，普遍要求改善。

一、围护结构节能改造

建筑围护结构热工性能直接影响到居住建筑采暖和空调降温的负荷与能耗。对既有居住建筑的围护结构进行节能改造，应该因地制宜。严寒和寒冷地区冬季室内外温差大，采暖期长，提高围护结构的保温性能对降低采暖能耗作用明显；夏热冬冷和夏热冬暖地区中，透过玻璃直接进入室内的太阳辐射对空调负荷的影响很大，因此遮阳措施相对而言更有效；温和地区围护结构的节能潜力不大。

1. 改造墙体、屋顶和外门，提高其保温隔热性能

对外墙、屋顶等外围护结构加保温，可增大传热热阻，降低传热量，从而提高外围护结构内表面的温度，减少围护结构表面与室内人员的辐射换热，增强热舒适性。可以说，对围护结构进行节能改造不仅可以节能，还可以改善居住建筑的室内环境质量，提高热舒适水平。

外墙保温主要有外保温、内保温和夹芯保温三种方式。对墙体改造而言，实现后两者的可能性不大，主要以外墙外保温系统为主。外墙外保温可基本消除热桥影响，有利保持室温稳定，提高墙体气密性和室内热舒适水平。此外，由于保温材料贴在墙体外侧，一则不占用室内使用面积，二则施工过程不会影响居民的正常生活。可采用的保温材料有：聚氨酯硬泡塑料、膨胀型聚苯乙烯（EPS）板、挤塑型聚苯乙烯（XPS）板、岩棉板、玻璃棉毡以及聚苯颗粒保温料浆等，图 16-1 是一种常用的外保温构造。

屋面保温也是一项十分有效的节能措施,平屋顶改造一般有四种做法:

(1) 直接铺设保温层;

(2) 设架空保温层,铺设架空板前,在原屋面上应铺设保温材料;

(3) 采用倒铺屋面;

(4) 平改坡,在原有建筑平屋顶上铺设保温层,并在上面加设挂瓦尖屋顶进行保护,如图 16-2 所示。同时还可以利用"烟囱效应",把屋面做成屋顶檐口与屋脊通风或老虎窗通风(冬天关闭风口,以达保温目的)。坡屋顶改造时宜在屋顶吊顶上铺放轻质保温材料。无吊顶的屋顶应增设吊顶层,吊顶层应耐久性好,并能承受铺设保温层的荷载。

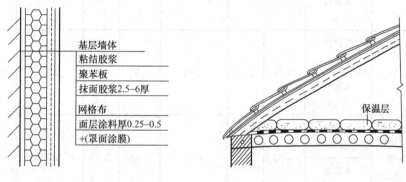

图 16-1 外保温构造图   图 16-2 屋面平改坡

屋面保温层宜选用容重较小、导热系数较小、吸水率较小的保温材料,防止屋面过重或屋面湿作业时保温层大量吸水造成保温效果降低。

此外,屋面还可以采用植被屋面、蓄热屋面等技术措施,以降低顶楼室内的温度及缓解城市热岛效应。

对传热系数不符合要求的户门可在门芯或内外加贴高效保温材料,如聚苯板、玻璃棉、岩面板、矿棉板等,以提高其保温性能。

2. 改造玻璃窗

我国既有居住建筑中,窗户大多采用传热系数高达 6.0 W/(m² · K) 以上的单层玻璃钢窗,远高于节能设计标准中的限值 2.8 W/(m² · K),是围护结构热工特性最薄弱的构件。表 16-1 列出了各种玻璃窗的热工性能。

各种窗户的热工性能   表 16-1

玻璃品种	铝窗框			木钢窗			塑料窗		
	传热系数 (W/(m² · K))	日射得热系数 (SHGC)	可见光透过率	传热系数 (W/(m² · K))	日射得热系数 (SHGC)	可见光透过率	传热系数 (W/(m² · K))	日射得热系数 (SHGC)	可见光透过率
单层玻璃	7.38	0.74	0.69	5.05	0.63	0.69	5.05	0.63	0.69
单层镀膜玻璃	7.38	0.63	0.49	5.05	0.54	0.49	5.05	0.54	0.49

玻璃品种	铝窗框			木钢窗			塑料窗		
	传热系数 (W/(m²·K))	日射得热系数 (SHGC)	可见光透过率	传热系数 (W/(m²·K))	日射得热系数 (SHGC)	可见光透过率	传热系数 (W/(m²·K))	日射得热系数 (SHGC)	可见光透过率
双层玻璃	有密封 3.63 / 无密封 4.60	0.63	0.59	2.78	0.57	0.59	2.78	0.57	0.59
双层镀膜玻璃	有密封 3.63 / 无密封 4.60	0.51	0.35	2.61	0.51	0.35	2.78	0.46	0.35
双层低辐射镀膜 (Low-E) 玻璃 (高透明度), 充氩气	有密封 2.67 / 无密封 3.80	0.61	0.55	1.87	0.52	0.55	1.87	0.52	0.59
双层光谱选择镀膜 (Low-E) 玻璃, 充氩气	有密封 2.50 / 无密封 3.58	0.37	0.52	1.65	0.30	0.52	1.65	0.30	0.52
三层玻璃, 充氪气	—	—	—	0.85	0.36	0.48	0.85	0.36	0.48

对玻璃窗（包括阳台门的透明部分）进行节能改造，一则是为了减小窗的传热系数抑制温差传热，在严寒地区，可考虑将单层或双层玻璃窗改造成三层玻璃窗；而除了温和地区和严寒地区之外的其他地区可换成双层玻璃窗。二是减少通过窗户的日射得热，这主要是针对以供冷为主的地区，改造时可换成遮阳系数较小的双层热反射玻璃，有条件的还可采用双层 Low-E 玻璃窗，也可根据建筑实际情况采取一定的遮阳措施来减少进入室内的太阳辐射。

目前，我国居住建筑对窗户改造主要是将单层玻璃钢窗换成双层中空玻璃窗。在双层玻璃之间充入干燥的空气，可以有效地降低窗的传热系数值。在中间充入氩气或氪气等惰性气体的双层玻璃窗的热工性能更优良，也有在间层中充入氩气和氪气的混合气体。与单层普通玻璃窗相比，用双层内充氩气的 Low-E 窗的住宅建筑，可以节省约 40% 的采暖费用和 38% 的供冷费用，而且还可大大提高室内热舒适性。

三层玻璃的木窗框 Low-E 窗比双层窗的热损失还要少 25%。由于价格昂贵、窗的自重大，所以三层窗应用不广泛，主要用于严寒地区。对窗户进行改造时，应结合建筑的密封要求，做好窗框与玻璃、窗框与墙体、窗户各层玻璃之间的密封，以保证整个窗户的热工性能。

3. 采取遮阳措施

对以供冷为主的地区来说，窗户的日射得热是影响空调冷负荷的主要因素之一，因此对既有建筑采取遮阳措施可以减少进入室内的太阳辐射、降低夏季空调负荷。建筑遮阳主要有内遮阳和外遮阳，内遮阳措施主要是安装窗帘和活动百叶帘等，各种内遮阳材料的遮阳系数见表 16-2，有条件的可采用白色或银色的热反射窗帘。

内遮阳系数 SC　　　　表 16-2

内遮阳材料及颜色		SC
涤棉平纹布	白色	0.50
	浅绿	0.55
	浅蓝	0.55
尼龙绸	白色	0.55
	浅绿	0.55
	浅蓝	0.60
密织布	深黄、深绿、紫红	0.65
活动百叶帘	灰白色	0.60

外遮阳相对内遮阳而言是一种更为有效地减少夏季空调冷负荷的节能措施，因为内遮阳是将已经透过玻璃进入室内的太阳辐射再反射出去一部分，而外遮阳则可以把大部分太阳辐射热（尤其是太阳直射）阻挡在室外。常用的外遮阳板形式见图 16-3，外遮阳系数的详细计算方法请参见《公共建筑节能设计标准》（GB 50189—2005）附录 A 外遮阳系数的计算方法。

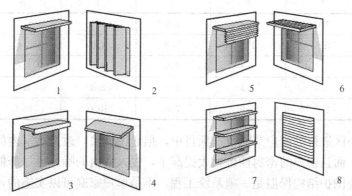

图 16-3　几种外遮阳形式

遮阳板的设计，首先是要起到遮挡夏季直射阳光的作用，还要考虑引入冬季直射阳光。图 16-3 中的 1 是最常见的水平遮阳板。它的宽度可以根据当地夏至时的太阳投影角确定，使夏至日（太阳高度角最大）整个窗户面都处在阴影之中；而在冬季，由于太阳高度角小，所以阳光仍能照射到窗户面上。图 16-4 中 VSA 是太阳投影角，夏至时 VSA 最大，使窗面完全处于遮阳板的阴影之中。

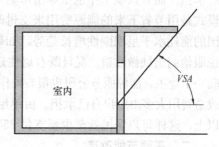

图 16-4　水平遮阳板宽度的确定

还有一种改造方法，即在透明玻璃表面粘贴薄膜，这样做也可降低遮阳系数，减少进入室内的太阳辐射得热。

对低层居住建筑来说，利用绿化遮阳，即在窗外种植蔓藤植物或在窗外一定距离种树，也是一种经济有效的遮阳措施，但中高层建筑种植和维护就比较困难。

4. 加强围护结构的气密性、防止渗风

目前我国居住建筑的密封性能都比较差，尤其是建于上世纪的大量建筑，这不仅造成冬季冷风渗透，严重影响了室内舒适性，还使得室外的噪声、灰尘等侵入室内。我国民用建筑门窗的冷风渗透情况见表 16-3，由此造成的冷风渗透负荷也相当可观。堵塞门窗等的缝隙，加强围护结构各构件的气密性，可以减少冬天渗入室内的冷风量、降低热负荷、保证室内舒适的环境。

对于气密性不好的门窗，门窗框与墙间的缝隙可用弹性松软型材料（如毛毡）、弹性密闭型材料（如聚乙烯泡沫材料）、密封膏以及边框设灰口等密封；窗框与扇的密封可用橡胶、橡塑或泡沫密封条以及高低缝、回风槽等；扇与扇之间的密封可用密封条、高低缝及缝外压条等；扇与玻璃之间的密封可用各种弹性压条等。此外，在严寒地区对于开启频繁的户门应安装闭门器。

加强门窗的密封性最好结合外门和墙体保温、更换窗户等节能改造措施一起实施，否则先密封再来保温可能会破坏原来的密封结构，或者保温改造又可能会引起窗框松动等。因此如果一起实施，则一次施工即可完成，省时省力省钱。

民用建筑每米门窗缝隙渗入空气量 $L(\mathrm{m^3/(h \cdot m)})$ 表 16-3

风速（m/s）	1	2	3	4	5	6
单层木窗	1.0	2.5	3.5	5.0	6.5	8.0
单层钢窗	0.8	1.8	2.8	4.0	5.0	6.0
双层木窗	0.7	1.8	2.5	3.5	4.6	5.6
双层钢窗	0.6	1.3	2.0	2.8	3.5	4.2
门	2.0	5.0	7.0	10.0	13.0	16.0

在上海某小区进行的窗户节能改造项目中，据居民反映，改造后室内的舒适水平得到了很大的提高，而且窗户的密封性也大大提高了，侵入室内的噪声明显降低了。

居住建筑外围护结构保温是一项系统工程，不是单户家庭可以实施的，目前主要是政府出资实施，居民的投入只有总费用的三分之一左右，甚至有的小区的改造费用全部由政府承担。而且该项工作也很难由市场化的节能改造机制来推动，因为合同能源管理的改造模式是用节省下来的能源费用来支付改造费用，而目前随着人民生活水平的不断提高，我国的能耗水平呈现刚性增长趋势，如果没办法保证使居民的能源费用降下来，那么就很难说服他们出钱做改造。况且既有居住建筑改造涉及的是众多户家庭，不像公共建筑那样面临一个业主，能源服务公司也很难操作。窗户的改造相对容易些，一家一户也可以实施，但改造费用大多由用户自己承担。由单层玻璃窗改造成双层中空玻璃的费用一般在300元/m²以上，这样每户居民就至少要支付2500元，这对居民来说也是一笔不小的开支。

二、采暖节能改造

采暖节能改造可分为热源（锅炉房）、室外管网及室内采暖系统的改造，改造时应综合考虑各种措施，挖掘其节能潜力，实现采暖系统的整体节能。

对供热采暖系统进行节能改造时，应进行水力平衡验算，采用气候补偿和变流量调节等技术措施以解决采暖系统垂直及水平方向水力失衡的问题。

（一）热源（锅炉房）的节能改造

热源的节能改造主要是提高锅炉运行效率。目前，我国集中采暖系统的效率低于55％，改造时应尽量提高热源效率，使既有建筑的集中供暖系统效率提高到85％以上。

热源的节能改造方案应技术上合理，经济上可行，符合下述基本要求：

更换锅炉时，应按系统实际负荷需求和运行负荷规律，合理配备锅炉容量和数量，如选用燃气（油）锅炉，其燃烧器宜具备自动比例调节功能，并同时具有调节燃气量和燃烧空气量的功能。

供暖季期间应尽量保证锅炉在接近额定负荷条件下运行，以实现锅炉高效运行。

燃气锅炉改造时应优先考虑设置烟气余热回收装置。

改造时应同步加强锅炉房的分项计量系统，对燃料消耗量、供热量、补水量、耗电量进行分别计量。此外，还可通过强化锅炉房的管理、加强司炉工的培训、增加自动控制装置并优化控制方法等来提高锅炉的效率，热效率可达到80％以上。

对锅炉房或热力站进行节能改造时，还应根据供热系统的实际运行情况，对原循环水泵进行校核计算，确定是否需要更换水泵以满足建筑物热力入口资用压头和系统调节特性的要求。

（二）室外管网节能改造

室外管网热损失在20％～30％的现象非常普遍，因此应对管网进行改造和重新保温，此项改造的效益大于分户计量改造的效益，因此应优先提倡。室外供热管网改造前，应对管道及其保温质量进行检查和检修，及时更换损坏的管道阀门及部件。

室外管网改造时，应进行严格的水力平衡计算，各并联环路之间的压力损失差值不应大于15％。当室外管网的水力平衡计算达不到上述要求时，应在建筑物热力入口处设置静态水力平衡阀。

水力平衡阀的设置和选择应遵循以下原则：

1）阀两端的压差范围应符合阀门产品标准的要求。

2）热力站出口总管上，不应串联设置自力式流量控制阀；当有多个分环路时，各分环路总管上可根据水力平衡的要求设置静态水力平衡阀。

3）定流量水系统的各热力入口应设置静态水力平衡阀或自力式流量控制阀。

4）变流量水系统的各热力入口应设置压差控制阀。

5）采用静态水力平衡阀时应根据阀门流通能力及两端压差选择确定平衡阀的直径与开度。

6）采用自力式流量控制阀时应根据设计流量进行选型。

7）采用自力式压差控制阀时应根据所需控制压差选择与管路同尺寸的阀门；同时应确保其流量不小于设计最大值。

8）选择自力式流量控制阀＼自力式压差控制阀＼电动平衡两通阀或动态平衡电动调节阀时应保证阀权度 $S=0.3\sim0.5$。

既有采暖系统与新建外管网连接时，宜采用热交换站的间接连接方式；若直接连接时，应对新、旧系统的水力工况进行平衡校核，当热力入口资用压差不能满足既有采暖系统时，应采取提高管网循环泵扬程或增设局部加压泵等补偿措施，以满足室内系统资用压差的需要。

（三）室内采暖系统节能改造

为实现热用户行为节能，散热器采暖系统每组散热器均应安装恒温阀；地面辐射供暖系统应在户内系统入口处设置自控调节阀，各分支环路上宜加装流量调节阀。

对室内采暖系统节能改造应进行重新设计，而且要做如下分析：1）进行必要的热力复核计算：验算系统改造后原有散热器的散热量是否满足要求；改造为垂直单管加跨越管系统时还应验算散热器进流系数不应小于30%，以确定合理的跨越管管径；2）应进行必要的水力计算和水压图分析，给出准确的室内系统总阻力值，为整个管网系统水力平衡分析提供依据。

室内采暖系统改造时应满足以下要求：

1）原垂直或水平单管系统，应在每组散热器供回水管之间加设跨越管，图16-5（a）。

2）原单双管系统应改造为垂直双管系统，图16-5（b）。

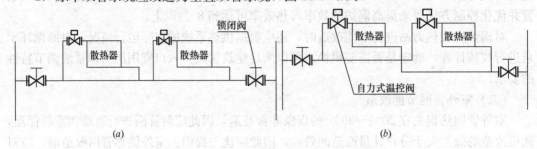

图16-5 采暖系统形式

3）原垂直或水平双管系统应维持原系统。

供热采暖系统的节能改造还应与热计量改造同步进行，第八章详细介绍了各种热计量方法，这里不再赘述。

三、房间空调器改造

我国居住建筑夏季供冷主要以分体式空调器为主，2004年我国颁布了国家标准《房间空气调节器能效限定值及能源效率等级》（GB 12021.3），其中对房间空调器的能效做了相应规定，根据该标准，制冷量小于等于4500W的房间空调器，5级产品的能效比为2.6，2级（节能标识产品）能效比为3.2。目前，市场上绝大部分销售的空调器产品是5级产品，居民使用的很多空调器大部分还没有达到5级水平。

1997年城镇住宅总面积36亿 m^2，人均建筑面积13.0 m^2/人，户均人口3.63人，由此计算出城镇住宅户数约7630万户。每百户家庭空调器拥有量16.3台，全国总计约1250万台。如果使用10年以上的房间空调器中的50%得到更新，能效比从2.4提高到3.2，以住宅空调用量最大的"1匹"机（冷量2500W）为例，可降低功率260W。从2007年开始假定每年有使用10年以上的600万台房间空调器更新，累计2400万台，平均年使用小时数仍按500小时计算，到2010年年节电达31.2亿kWh，折合118万tce。四年累计节电78亿kWh，折合296.4万tce。另外，还能削减电力高峰312万kW（同时使用系数取0.5）。

四、更换成节能灯

根据调研，我国城市住宅照明能耗强度约10kWh/（ m^2·a），全国住宅照明耗电1077亿kWh。

根据国家标准《建筑照明设计标准》（GB 50034—2004），对应照明功率密度现行值为7W/ m^2。如果每年有5%的住宅通过推广节能灯等措施，将照明功率密度降低到GB 50034—2004中的目标值（6W/ m^2），假定平均照明使用时间为每天4h，则每年节电7.9亿kWh。

则 2010 年，年节电 31.6 亿 kWh，折合 120 万 tce。四年累计节电 79 亿 kWh，折合 300 万 tce。

五、更换成节能插座

近年来，随着家用电器拥有量的增加，家电的待机能耗日益增加。2001 年，美国劳伦斯伯克利国家实验室（LBNL）的研究人员对我国的住宅家电待机能耗进行了调研，调研结果见表 16-4。

我国住宅家电待机能耗 表 16-4

每天待机时间（h）	每个家庭每年待机电耗（kWh/a）	全国电耗（TWh/a）
20	200	25
10	100	13
5	50	6

LBNL 研究人员的调研结果为，中国城市家庭平均待机功率约 27W。如果平均待机时间为 10h，在全国 5% 的城市家庭中推广节电待机插座，将待机功率降低一半（14W），那么可以算出，仅此一项年节电就达 3.9 亿 kWh，折合标煤 14.8 万 t。到 2010 年，全年可减少住宅家电待机能耗 59.2 万 tce。四年累计节能 148 万 tce。

六、利用可再生能源

1. 采用太阳能热水器、热泵热水器

第九、十章分别详细介绍了热泵热水器及太阳能热水系统，但对建筑进行改造时，应结合项目特点及实际情况从技术可行性、可操作性和经济性三方面进行综合分析，同时具备技术可行、可操作和经济有效时才考虑改造。

2. 自然通风、夜间通风

自然通风是一种最古老、最节能的通风方法。组织过渡季节及夏季凉爽时间的自然通风，不仅可以改善室内空气品质和增强室内热舒适，还可以减少空调的使用时间，降低建筑物的能耗。因此，有条件的居住建筑应充分利用自然通风和夏季夜间通风的免费冷量。

第二节 公共建筑节能改造

一、围护结构节能改造措施

居住建筑所采取的围护结构改造措施也适用于公共建筑，但公共建筑实施围护结构改造的可能性较小，尤其是实施保温改造。玻璃幕墙的改造也比较困难，可以采取的措施只有玻璃贴膜或者结合建筑立面装修加一些遮阳设施。实现窗户的节能改造相对容易些，节能效果也不错。公共建筑围护结构的节能改造措施主要有：

1. 改造成节能玻璃窗

公共建筑的窗户节能改造时，一般选用热工性能优良的热反射镀膜中空玻璃或者 Low-E 中空玻璃，表 16-5 列出了各种中空玻璃的参数。热反射玻璃的主要作用是降低玻璃的遮阳系数 SC，有效防止太阳辐射直接透过，但其对远红外线没有明显的反射作用，故对改善传热系数值没有太大的贡献，主要适用于夏季太阳辐射较强的地区。

Low-E 玻璃有一层看不见的金属（或金属氧化物）膜，它可以让可见光频谱的日照

透过，但阻挡红外频谱的热辐射。与普通透明玻璃相比，Low-E 玻璃可以反射掉 40%～70% 的热辐射，但只遮挡 20% 的可见光。Low-E 玻璃一般与普通玻璃配合使用。由一层 Low-E 玻璃和一层普通玻璃组成的双层中空窗，有很好的隔热保温作用。

Low-E 玻璃分为高透型和遮阳型两种，高透型 Low-E 玻璃，遮阳系数 $SC \geq 0.5$，对透过的太阳能衰减较少。这对以采暖为主的北方地区极为适用，冬季太阳能波段的辐射可透过这种 Low-E 玻璃进入室内，经室内物体吸收后变为 Low-E 玻璃不能透过的远红外热辐射，并与室内暖气发出的热辐射共同被限制在室内，从而节省采暖费用；遮阳型 Low-E 玻璃，遮阳系数 $SC < 0.5$，对透过的太阳能衰减较多。这对以供冷为主的南方地区极为适用，夏季可最大限度地限制太阳能进入室内，并阻挡来自室外的远红外热辐射，从而节省空调的使用费用。

几种中空玻璃的主要光热参数　　　　　　　　　　表 16-5

玻璃名称	玻璃种类、结构	透光率（%）	遮阳系数 SC	传热系数 [W/(m²·K)]	
				$U_冬$	$U_夏$
透明中空玻璃	6C+12A+6C	81	0.87	2.75	3.09
热反射镀膜中空玻璃	6 CTS140+12A+6C	37	0.44	2.58	3.04
高透型 Low-E 中空玻璃	6CES11+12A+6C	73	0.61	1.79	1.89
遮阳型 Low-E 中空玻璃	6 CEB12+12A+6C	39	0.31	1.66	1.70

2. 建筑玻璃贴膜

以节能为目的的建筑隔热膜主要有热反射膜和低辐射膜两种，作用类似热反射和低辐射玻璃。

3. 采取遮阳措施

居住建筑围护结构改造中已对内外遮阳措施作了很详细的介绍，这里不再赘述。值得一提的是，公共建筑遮阳设施还可采用一种新颖的建筑手法——外遮阳百叶，如图 16-6 所示。百叶的角度可以根据需要或根据太阳投影角而自动调整。百叶的叶片是用半透明材料制成，可以让散射阳光透过，起到昼光照明的作用。如果结合玻璃幕墙立面装修，采用外遮阳百叶形式，可以使建筑物外观晶莹剔透，即节能，又美观。

采取内、外遮阳设施时，在阻挡太阳辐射热的同时也将太阳光阻挡在了室外，为了充分利用昼光照明，解决其与日射得热之间的矛盾，可以采用图 16-7 的内外遮阳结合的方式。

遮阳板在室内伸出的宽度，要根据日射在任何季节的直射阳光都不能进入室内的原则来设计。遮阳板上方（相当于气窗位置）选择 Low-E 玻璃，只让可见光透过。经遮阳板面上的反射膜，将可见光反射到室内深处，利用吊顶的浅色表面形成均匀的漫射光。遮阳板下方的窗则可以采用内遮阳窗帘或百叶。也可以将遮阳板向外伸出，形成外遮阳装置。

改造时，条件许可的情况下也可采用外遮阳与太阳能光伏系统结合的方式。如图16-8 那样，做成倾斜的外遮阳，并在其表面上安装光伏电池。发的电供内区照明，也可将白天发的电存入蓄电池（没有现成输电网的情况下），夜间提供照明用电，这样就有效地节约了城市用电。由于太阳能光伏电池价格昂贵，普及还比较困难，但是随着光伏电池价格的降低将会是建筑节能的发展方向。

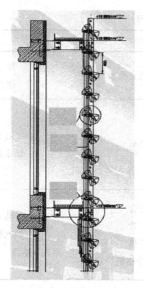

图 16-7　内外遮阳

图 16-6　外遮阳百叶

图 16-8　外遮阳结合光伏电池

二、暖通空调系统节能改造措施

1. 过渡季节充分利用新风供冷

新风供冷是指过渡季节利用室外温度较低（焓值低于室内）的空气来处理室内的冷负荷，但新风供冷的可能时期是在低负荷而且显热比也较小的时候，如果处于高湿地区，则应谨慎使用新风供冷。图 16-9 是以干球温度及焓为基准来判定新风供冷的可能性。如果考虑湿度限制，新风供冷的可能有效范围是不同的。

以下几个条件会影响新风供冷的节能效果：1）采用焓值控制法还是干球温度控制法；2）有无湿度控制要求；3）过渡季节供冷运行时间（愈长效果愈好）；4）新风机耗能大小。

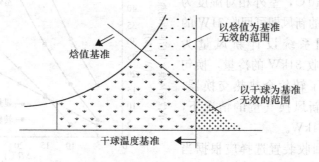

图 16-9　根据干球温度和焓值判定新风供冷的可能性

2. 采用热回收系统

表 16-6 列出了几种常用的热回收方式。排气热回收主要是回收排风中的冷量或热量来预冷或预热新风，多用于空调系统；供冷负荷的回收就是所谓的热回收热泵方式，冬季回收内区的得热量，供给周边区作为供暖系统所需的热量；废热回收则是在具备废热源的情况下，使其作为相应温度下的热泵热源，用来制备热水或蒸汽。

分　类	对　象	方　法	应　用
排气热的回收	排风中的热量或冷量	全热或显热交换器	供　冷 供　暖
供冷负荷的回收	照明设备 日射得热 电子设备 人体	水环热泵	供　暖 热水供应
废热的回收	排水热量 蒸汽凝结水 燃烧后的废热	冷水盘管 热水盘管 给水预热 生产蒸汽（废热锅炉）	供　暖 热水供应 蒸汽（供冷、加湿、工艺）

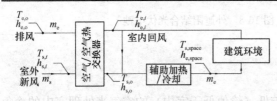

图 16-10　采用热回收装置的空调系统

（1）安装全热或显热交换器

新排风进行热交换来预冷或预热新风，即通过排风与新风进行热湿交换回收排风中的热量后再与回风进行混合，以减少空调系统的负荷，图 16-10 为典型的新风换气热湿回收系统。图 16-11 为不同工况下单位换气量所回收的热量或冷量。计算中假设冬天室内温度为 22℃，相对湿度 30%，室外相对湿度 80%，夏天室内温度为 24℃，相对湿度为 50%，室外相对湿度为 40% 和 60%。显然，全热交换器（如转轮）在夏季相对湿度较大的工况下热回收效果要比显热交换器好，而显热交换器主要在冬天室内外温差小于 15℃ 时较为有效。

以夏季工况空调冷量回收为例，如果室内外温差为 10℃，室外相对湿度为 60%，每换 1L/s 的新风即可回收 31W 的冷量，如果空调系统设计新风量为 1000L/s，则可回收 31kW 的冷量，换句话说，由于采用了转轮全热热交换器，在保证 1000L/s 新风换气量的情况下，可减少空调负荷 31kW。

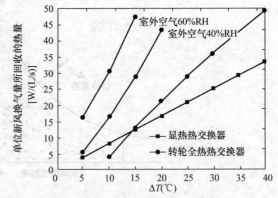

图 16-11　一定室内外温差下单位换气量所对应的热回收量

新风换气热回收装置选择应根据当地气候条件而定。根据夏季空气含湿量情况可划定有效的热回收应用范围：对于含湿量大于 12g/kg 的湿润气候状态，宜采用转轮全热交换器；对含湿量小于 9g/kg 的干燥气候状态，宜采用显热交换器和蒸发冷却器。

（2）采用水环热泵系统

在区分内区和周边区的建筑中，改造时可采用水环热泵空调系统，冬季回收内区的得热量（主要是照明、计算机等电子设备及人体发热量），供给周边系统作为供暖系统所需的热量，从而节约供暖能耗。当建筑内区有大量余热，冬季也需供冷时才适宜采用这种方式。

采用该系统前，应先绘制建筑的全年负荷特性曲线，计算内区散热量与室外气温的热平衡关系，据此来判定热回收的可行性，确定热泵的热回收效果。

（3）废热回收

如果建筑周边或内部有废热源时，对建筑改造时应结合实际特点对其进行充分利用。废热回收的节能效果取决于废热源的热量、温度高低及与建筑负荷的匹配关系。图 16-12 列出了一些废热源，其实前两种热回收方式也是废热回收的一种。对于高温（200℃以上）的大型热源，可利用蒸汽透平驱动离心制冷机，然后与吸收式制冷机相连，而中温（100～200℃）废热源则可驱动吸收式制冷机，100℃以下的则可用于供暖和热水供应系统。

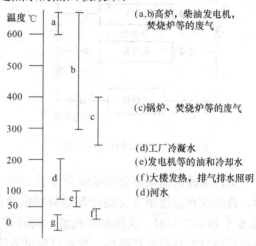

图 16-12　废热的温度、废热源

3. 对冷热源装置进行改造

冷热源形式不合理（能源形式、设备匹配）、冷热源设备效率低下是暖通空调系统存在的主要问题之一。公共建筑空调冷热源设备的节能改造，最好结合系统主要设备的更新换代和建筑物的功能升级进行。

（1）提高制冷机的蒸发温度，降低冷凝温度

在不影响室内热舒适要求的前提下，适当提高蒸发温度和降低冷凝温度可提高冷水机组的效率，降低冷水机组的运行费用。

（2）用废热预热空气、锅炉给水或燃料油

可用低温废热源来对空气和给水等进行预热，从而提高锅炉效率。

（3）安装烟气分析仪

烟气分析仪可以用来监测 SO_2 以及烟气中的氧气浓度，结合烟道截面积等参数可计算出烟气流量，再根据燃料消耗量与烟气流量及空气剩余系数的关系，可以得到锅炉的负荷情况。因此，根据其分析结果运行人员可以掌握锅炉的运行情况，以便保持锅炉高效运行。

（4）清洗过滤器，提高机组的效率

（5）利用冷却塔直接供冷

对过渡季节或全年均需供冷的建筑来说，对原有空调系统进行改造时，可在原水系统上增设部分管路和设备，当室外湿球温度低到某个值以下时，关闭制冷机组，以流经冷却塔的循环冷却水直接或间接向空调系统供冷，提供建筑空调所需的冷负荷。由于用冷却塔来代替制冷机供冷，将节省可观的运行费用。冷却塔供冷系统有直接供冷和间接供冷两种形式，见图 16-13、图 16-14。

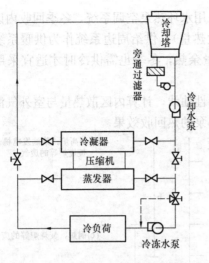
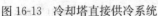

图 16-13　冷却塔直接供冷系统

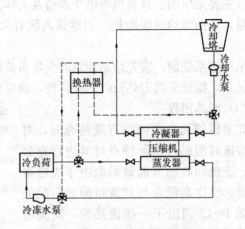

图 16-14　冷却塔间接供冷系统

美国圣路易斯某办公实验综合楼于 1986 年对其空调水系统进行改造，安装板式换热器，改造成在过渡季节实现冷却塔间接供冷的水系统。设定在室外干湿球温度分别降到 15.6 ℃和 7.2 ℃时，关闭制冷机组，同时转入冷却塔供冷模式，其冷冻水环路和冷却水环路可通过换热器直接换热，据此每年可节约运行费用达 125000 美元。

（6）更换成节能等级的设备

对接近年限或坏掉的冷热源设备，应及时更换，更换时优先选用节能等级的产品。如按目前节能等级产品要求，更换容量大于 1163kW 的离心式冷水机组时，更换后的设备性能系数 COP 应高于 5.6，综合部分负荷性能系数不得低于 5.42。

（7）利用蓄能系统，降低最大电力需求

当电力充足、供电政策支持和具有峰谷电价优惠的地区，对冷热源改造时可考虑采用蓄能系统。蓄能系统由于水泵消耗的动力增加，因此，仅采用蓄热系统很难同时确保节能和经济性。此外，对蓄冰空调来说，由于制冷机在制冰时蒸发温度降低，COP 下降，因此其在夜间制冰工况下并不节电。将蓄能系统与热回收系统结合使用，有可能实现节能。另一方面，就经济性而言，如果能充分利用以下因素，也可大幅降低能源费用：

1）削减冷热源装置及其辅机的容量，减小合同容量收费；

2）削减电力配电容量；

3）合理地利用夜间电力和峰谷电价差。

（8）安装冷凝锅炉

冷凝式余热回收锅炉，可利用高效的冷凝换热器和空气预热器充分回收烟气中的显热和水蒸汽的凝结潜热，将排烟温度降低到 50～70℃，效率比常规锅炉至少高 10%，冷凝锅炉的热效率甚至可以超过 100%。对建筑较分散的建筑群来说（如医院），对距锅炉房较远的建筑，改造时可取消对其的集中供暖或热水供应，而安装小型的冷凝锅炉。此外，还可将冷凝式锅炉与热泵联合，这种复合系统可以充分发挥二者的优越性。

（9）安装热泵机组

第八章中详细介绍了各种热泵系统形式，改造时，可结合建筑特点及具体需要选择合适的热泵系统。

（10）利用太阳能制冷采暖

利用集热器收集太阳辐射热，可作为热水采暖系统的热源。此外，夏季还可收集强烈的太阳辐射热，并以此为热源带动吸收式制冷机进行制冷，以节省制冷所消耗的能源。第十章详细介绍了太阳能制冷及采暖系统，改造时，可结合建筑特点及具体需要利用太阳能来制冷或供暖。

4. 对风机或水泵进行改造

在建筑中，风机水泵的能耗约占空调总能耗的一半，占大楼总能耗的 1/4 左右。现在大楼中风机水泵存在的主要问题是：

（1）为了压低初投资，所选用的风机水泵质量低，额定效率低于先进水平。

（2）系统设计不合理，大马拉小车，有较大裕量。运行时风机水泵偏离性能曲线上的最佳工作区，运行效率比额定效率低很多。

（3）输送管路的设计和安装不合理，管路阻力大，运行能耗加大。

（4）管路水力不平衡，只能采取阀门或闸板调节流量，增加了节流损失。

（5）维护保养不当，风机水泵经常带病工作，浪费了能源。

因此，建筑物中风机水泵的节能潜力很大。相对于技术复杂的制冷机等设备而言，风机水泵的改造比较容易，见效快。风机水泵的节能改造措施主要有：

（1）更新和改造，用高效率风机水泵替代原有的效率比较低的风机水泵。

（2）选择水泵或风机特性与系统特性匹配。应尽量选择平坦型特性的水泵，见图 16-15。

（3）在主要管路上安装检测计量仪表。例如，在水管路上安装电磁流量计或超声流量计，以及温度计等，结合楼宇自控系统，能够掌握水泵是否工作在特性曲线的经济区。

（4）切削叶轮、减小直径。如果所选水泵的流量和扬程远大于实际需求，最简单的方法就是减小叶轮的直径，从而减小轴功率。但是这种方法只适于扬程比较稳定的系统。

对同一台水泵，如果转速不变，其流量与叶轮直径的 3 次方成正比：

$$\frac{Q}{Q_0} = \left(\frac{D}{D_0}\right)^3 \tag{16-1}$$

而水泵功率与叶轮直径的 5 次方成正比：

$$\frac{P}{P_0} = \left(\frac{D}{D_0}\right)^5 \tag{16-2}$$

（5）调节入口导叶，从而改变水泵或风机的流量压力曲线。例如空调风机的入口导叶片调节，是通过调节叶片角度，使吸入叶轮的气流方向变化，改变风机的性能曲线。

（6）变转速调节，由于风机水泵的功率与转速成三次方关系，可知改变转速的节能潜力很大。风机水泵实现转速调节的方法有很多，目前在建筑中应用最多的是变频调速（Variable Frequency Drive，VFD）。图 16-16 给出离心风机几种变风量方式的节能效果。在风量为 40% 时，变转速调节风机的轴功率只有额定风量下的 15%。

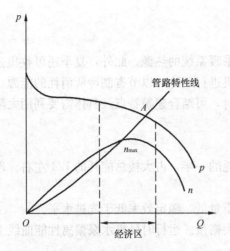

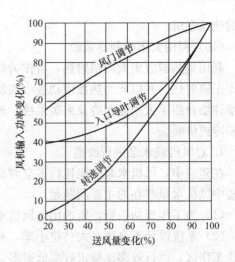

图 16-15 泵或风机运行的经济区和工作点　　图 16-16 离心风机各种变风量方式特性比较

5. 改造成变风量系统

变风量空调系统是通过改变送风量来适应负荷的变化,从本质上说它是一种负荷追踪型控制系统,比较适合于内区和周边区以及不同朝向之间的负荷差别较大的大面积建筑中。将定风量系统改造成变风量系统,可大大降低风机能耗,具有显著的节能效果。采用变风量空调系统时,应合理利用新风,以便使变风量空调系统在节能的同时,能够保证房间内的空气品质;如果新风利用不合理,一方面会造成变风量空调系统的能耗增加,另一方面可能会造成变风量空调系统内某些分区新风量不足,造成室内空气品质恶化。

6. 改造成变水量系统

由于冷热源和水泵往往选型过大,因此导致机组几乎都是部分负荷运转而效率低下。在定流量条件下,在大部分运行时间内系统的供回水温差仅为 $1\sim2\,^{\circ}\mathrm{C}$,远小于设计温差。这种大流量、小温差的运行工况,大大浪费了冷冻水泵运行的输送能量。在变流量水系统中,由于冷冻水泵的流量随冷负荷的变化而调节,可以使系统全年以定温差、变流量的方式运行,尽量节约冷冻水泵的能耗。

变流量水系统在水泵设置和系统流量控制方面也必须采取相应措施,才能达到节能目的。变流量水系统主要有一次泵系统和二次泵系统两种形式。一次泵系统可在末端用两通阀来实现变流量,但为保证流经制冷机蒸发器的水量一定,应在供回水干管之间设旁通管。一次泵系统也可直接采用变频控制的变流量水泵,实现变流量系统。由于没有旁通,负荷侧和冷水机组侧的水量都是变化的,因此必须考虑流量变化对冷水机组性能的影响。

在二次泵水系统中,负荷侧用两通阀,则二次侧可以用定流量水泵台数控制、变频变流量水泵,以及台数控制与变流量水泵结合,实现二次侧变水量运行。

7. 对水管和风管进行改造

（1）对水管、风管加保温

对空调风管和水管进行保温绝热可以减少输配系统的冷热损失,降低系统负荷,达到节能的目的。风管表面积比较大,其管壁传热引起的冷热量的损失十分可观,往往会占空调送风冷量的 5% 以上。

对现有大楼的风管及水管进行保温改造时,应计算出现有的热损失。然后根据热损失来确定改造前后的系统负荷，以便进行经济性和节能性的分析。

(2) 合理设计风系统以减少系统阻力

将风道系统中的变形、弯曲、分流和消声器等部分的形状加以改进，变成低阻力的形状，以减少压力损失使风机能耗得以降低。如可将弯头或直角弯头改成带导流叶片的弯头。

8. 对电机改造

电机的节能改造措施主要有更换过大的电机、采用变速电机、更换成高效电机。当电机常年处于部分负荷、效率低下运行时，可考虑对其进行改造，可更换成一台尺寸较小的高效电机或在电机上加变频器改造成变速电机。当电机接近使用年限或坏掉时，可更换成高效的节能电机，效率不宜低于《中小型三相异步电动机能效限定值及节能评价值》（GB 18613）规定的节能评价值。

电机效率提高后每年的节电量可按以下方法进行计算：

$$kW_{节约} = P \cdot L \cdot \left(\frac{1}{e_1} - \frac{1}{e_2} \right) \tag{16-3}$$

$$kWh_{节约} = kW_{节约} \times 年运行时间 \tag{16-4}$$

$$年节省费用 = kW_{节约} \times 12 \times 每月基本电费 + kWh_{节约} \times 电费 \tag{16-5}$$

式中　P——电机功率；

　　　L——负荷率；

　e_1，e_2——分别为电机原效率和提高后的效率。

9. 优化控制系统

在大多建筑中，BAS 系统存在很多问题，尤其是 HVAC 系统的控制。主要的表现形式为：

(1) 自动控制装置由于这样那样的原因操作不灵，有的系统甚至从未开通，致使用户长期工作于手动方式，使自动控制设备形同虚设，不仅白白增加了投资，而且增加了维护负担；

(2) 一些技术先进、能够大量节能的系统，由于各种原因不能正常运行。可见，对整个系统进行优化控制对降低能源消耗至关重要。

HVAC 控制系统可借鉴 ASHRAE100 的一些做法来保证系统的优化运行：

(1) 安装可编程的温控装置

ASHRAE100 规定，每一个 HVAC 系统应至少设一个温控阀以便调节温度，供给各区域的冷量或热量应根据需要由温控阀来调节。所有的采暖或供冷区（除那些使用频繁的区域）应方便手动（或自动）关小或关闭空调系统。

(2) 控制风机水泵

当供暖或供冷负荷降低时，风机和水泵的流量应可以调低至维持需要的采暖供冷或通风要求。

(3) 早上预热/预冷、优化启停控制

早上预热　如果房间内温度低于采暖设定值且室外空气温度低于 4℃时，可由优化启动程序运行早上预热系统。早上预热循环过程中，关闭新风阀并打开回风阀。如果房间温度达到采暖设定值之前即有人上班，则系统换成正常模式运行。应对预热进行编程控制，以防出现过热还要再冷的现象发生。一天进行一次早上预热即可。

早晨预冷　如果空间温度高于供冷空间的温度设定值且室外温度低于 16℃时，可启动早晨预冷系统。预冷时应关闭回风阀，打开新风阀。如果系统中有全新风经济循环器，则预冷模式应首先启动全新风经济循环系统，作为供冷的第一阶段，其次再启动供冷系统，作为供冷的第二、第三阶段。应控制供冷以维持空间的预冷设定值。当空间的温度达到该设定值时，机组应在正常模式下运行。如果人员到达之前空间的温度已达到预冷设定值，则系统按照正常模式运行。一天进行一次早晨预冷即可。

优化启动运行控制　总设计风量超过 17000m³/h 的空气处理机组应配优化启动控制装置。其控制算法应该是空间温度与工作区温度设定值的温差及规定的人员进入前的小时数的函数。可以通过检查规定的有人使用的启动时间、HVAC 的实际启动时间、人员进入时的室内外温差来定期检查优化启动运行是否正常运行。

（4）安装温度启动或温度设定等控制装置

当采暖季室内无人时，应允许室内温度降到 7℃；当供冷季室内无人时，应允许室内温度升高到 32℃。当设定温度值时，应考虑保护水管和盘管、防止损坏建筑材料及防止结露的要求。设定控制时，应关闭新风阀及所有不必要的泵、风机、压缩机等设备。

（5）机组台数控制

对有多台锅炉、冷水机组等设备的系统，应采用台数控制，且利用这些设备的部分负荷性能曲线来确定辅助设备的启停。

（6）根据 CO_2 浓度进行新风量控制

根据室内人员数和预测 CO_2 发生量，设定 CO_2 允许浓度值 C_n，系统运行时根据 CO_2 监测点的浓度值 C，与设定的 CO_2 允许浓度值相比较，如果 CO_2 监测点的浓度大于设定值，则增加新风和排风阀门的开度，同时关小回风阀门，如果 CO_2 监测点的浓度小于设定值，即 $C < C_n$，则减小新风和排风阀门的开度，同时开大回风阀门，直至满足最小新风量的阀门限定位置。

三、照明系统改造措施

照明系统的改造措施主要包括：增加照明控制装置、改造或更换照明灯具及保持照明灯具的清洁。更换照明设备前应对被改造区域或房间的照度水平和照明需求进行调查和测量，以确保改造后的照明系统可以提供必需但又不过量的照度。

1. 改造或更换照明装置

对烧毁或坏掉的灯具应及时更换，建议采用分区更换（area relamping）——根据各个区域需要的照度水平进行改造。这样做是考虑到相同的区域一般采用同类型的灯具，灯具寿命差不了多少，这样分区更换坏掉的灯具，不仅会节省采购和安装成本，而且也避免了经常更换灯具给室内人员带来的不良影响。

改造时应尽量选取与原有照明装置的尺寸和重量兼容的灯具，一般将白炽灯换成功率较小的紧凑型荧光灯，将 T12 荧光灯更换成与原灯座兼容的 T8 荧光灯，如果灯具兼容，可考虑更换成更加高效的 T5 荧光灯。此外，还要考虑使用节能型电感镇流器或电子镇流器。对高密度放电照明系统（汞灯、金属卤化物灯和高压钠灯），在进行评价之后更换成效率更高的灯具。出口标志、信号灯则可更换成 LED 灯。

照明只讲节能是不够的，视觉环境对工作人员的精神状态在心理上有一定的影响，改造时应将视觉舒适性考虑在内，即改造时将显色指数 CRI（一般要求 CRI>80%）考虑在内，如对办公室推荐 CCT=3500K 柔和的白光。

2. 采用局部照明

可增设局部照明灯来保证工作面的高照度水平要求，从而减少大空间的一般照明。如在大型办公室中，全室照明的照度可控制在 100～200lx，照明设备的功率可在 5W/m² 左右。每人增加一盏 10W 左右的书桌型台灯（节能型荧光灯）来保证工作面水平的照度要求，如果密度为 5m²/人，总的照明功率密度只需 7W/m²，低于《建筑照明设计标准》（GB 50034—2004）规定的目标值 9W/m²，可大幅降低照明用电量。

3. 增加照明控制装置

对照明系统的控制，应尽量采用自动开关，可用室内人体传感器、定时开关等自动控制装置（应急照明系统除外）。如在储藏室、会议室和休息室等区域安装人体传感器，以便在不需要时关掉照明灯；清扫用照明灯可由预先设定的程序来控制开关。为了充分利用天然采光，可采用光电传感器或自动调节明暗度的装置，以便日光充足时自动关掉照明灯。图 16-17 是一种综合考虑多种控制方式的系统。

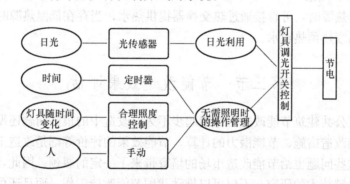

图 16-17 一种为了节电而采用的照明控制系统

4. 对照明灯具进行维护

当由于灯罩、散流器或防护装置等原因使得照明输出降低了 20% 或以上时，应清洗这些装置以使灯的照明输出功率在 95% 以上，否则更换。

四、生活热水系统改造措施

对生活热水系统进行改造时，可采取以下措施：

1. 安装热水限流器，减少热水消耗

对生活热水系统改造时，可安装一些限流的出水装置，如采用最大出水量不超过 0.16L/s 的淋浴头，公共场合盥洗室采用最大热水出水量不超过 0.03L/s 的出水装置。

2. 降低生活热水的温度

对生活热水系统进行改造时，应安装温控装置，以便用户根据需求进行调节，距热水器最近的水龙头处测得的出水温度不宜超过 49℃。此外还应设一个独立的开关以保证在长时间不用热水时方便关掉系统。

3. 对蓄热箱和管道进行保温，减少热水系统的损失

4. 取消集中式热水系统，安装分散型热水器

对于某些建筑物来说，热水的用量是很小的。在供暖系统完备的建筑中，水并不是很冷，因此除去有大量生活热水需求的场合（如宾馆和医院等建筑），其他场所可以取消集中热水系统，而安装一些分散型的即热型热水器。

5. 设置专用的热水锅炉

如果生活热水是由锅炉供应的，则改造时应考虑安装一台夏季使用的锅炉，因为夏季热水用量较少，可以配备一台容量较小的锅炉。

6. 分别设置高温热水罐和低温热水罐

将厨房用（70~80℃）的热水罐与洗脸用的热水罐（50~60℃）分开设置，以减少热损失。

7. 安装太阳能热水系统

以下几类建筑改造时可考虑采用太阳能热水系统：

1) 当屋顶面积足够大，热水用量也很大时，可在养老院、福利院等建筑中采用太阳能热水系统，也可与供暖系统结合使用；

2) 对医院和诊所，改造时可考虑采用太阳能热水系统。

8. 利用废热和热泵

当存在高温热源时，可直接通过热交换器提供热水；当存在低温热源时可利用热泵提供热水或用低温废热预热给水。

第三节　节能改造效果评估

国内的既有公共建筑节能改造工作刚起步不久，改造中的很多问题还没有解决，如何选择适宜的节能改造措施、节能潜力的计算、节能效果的评价等都是改造工作面临的极其关键的问题，这些问题也给节能改造市场的培育带来了一定的瓶颈。因此，加大既有公共建筑节能改造关键技术的研究，不仅可以推动我国节能改造工作，而且还可以为节能改造市场的完善提供一定的条件。

既有公共建筑节能改造是一项十分复杂的工作，针对节能效果如何计算和评价的问题，采取哪些节能措施可以获得较大的节能效果，都是改造项目中十分关键的问题。

一、节能效果评价

针对节能量的计算问题，各国学者都进行了大量的研究，日本的中原信生在其著作《建筑和建筑设备的节能——设计、管理技术的基础和应用》中采用的方法是，对围护结构等采取的节能措施，用周边全年负荷系数 PAL（Perimeter Annual Load）指标来评价其全年的节能效果，对空调系统采取的节能改造措施，则主要评价其空调能源消费系数 CEC（Coefficient of energy consumption for air conditioning）指标的变化情况。日本的这种评价方法具有很大的局限性，因为它没办法把气候及其他非节能措施的影响因素区分开来。

Turiel（1984）对美国 Denver 市的一幢办公楼进行了能耗分析，不仅得到了十一个参数分别对能耗的影响程度关系式，还分析了该大楼采取不止一种节能措施、两个参数同时变化时的能耗变化情况，得到了参数两两之间的交互影响关系，见表 16-7。

	①	②	③	④	⑤	⑥	⑦	⑧	⑨	⑩
墙体的热阻值	—									
窗墙比	−10%	—								
玻璃的日射得热系数	−12%	−34%	—							
玻璃窗的导热系数	+2%	+27%	−17%	—						
照明功率密度	−3%	+3%	+5%	−4%	—					
灯光转化为热的比例	+17%	−10%	−165%	+9%	−6%	—				
新风量	+4%	−1%	−17%	+8%	−6%	+45%	—			
采暖温度设定值	−16%	−13%	−36%	−13%	−5%	−35%	−14%	—		
供冷温度设定值	−3%	+6%	−12%	−4%	+5%	−20%	−7%	−10%	—	
采暖夜间温度设定值	+5%	+6%	+4%	+5%	−2%	+4%	+9%	−17%	+3%	—

注：序号①~⑩代表第一列十项。

这一计算结果说明，当采取两种或两种以上的节能措施时不能将各个节能措施的节能量单纯相加，而应考虑各项措施之间的耦合作用。

新加坡（属于热带气候）的 Chou 等人用三阶泰勒级数展开式建立了一种可以用于计算多个参数变化对大型建筑能耗影响程度的方法：

$$\Delta E = E(P_{x0+u}, P_{y0+v}, P_{z0+w}) - E_0 \tag{16-6}$$

由上式则可计算采取相应节能措施时的节能效果，详见参考文献 29。

目前，国际上最常用的节能量计算和评价方法是国际性能测试与验证协议（IPMVP，有时称 MVP）规定的方法，节能量值用下式计算：

$$节能值＝基准年能耗量－节能改造后能耗量＋调整量 \tag{16-7}$$

式中的"调整量"是指把两个时间段的用能量放到同等条件下考察。一般情况下，影响用能量的因素有天气、入住率、设备能力及运行状况，调整量可正可负。关于该方法的详细内容见第十八章第四节。

二、经济评价方法

一般而言，业主或设施管理人员想要投资一个建筑节能的项目，他总是期望收益能大于成本。自己的投入能够在尽可能短的时间内回收。一个节能改造项目不管它技术上有多先进，但如果不能带来经济上的回报，或者节能效益不能满足投资者的期望，那么这样的项目就很难得到实施。

如果不考虑资金的时间价值，可以用静态投资回收期来评价。一般而言，这种静态评价方法只能用于对节能方案的初期评价。而在做项目的可行性研究时，则必须采用考虑资金时间价值的动态评价方法。

第十九章介绍了几种工程上常用的经济评价方法：静态投资回收期、净现值 NPV、

内部收益率 IRR 等。但这些指标都没有考虑被改造构件的使用情况，更换一台使用两年的冷水机组与更换一台使用了十五年的冷水机组，两种措施的静态投资回收期可能差不了多少，但后者要比前者可行多了。基于此，Martinaitis 等人（2004）提出了 CCE（cost of conserved energy）指标，该指标综合考虑了建筑改造构件的使用情况：

$$CCE_B = (1-k) \times \frac{I}{S} \times \frac{i_0}{1-(1+i_0)^{-n}} \tag{16-8}$$

式中 k——建筑构件的使用系数，$k = t_{age}/t_{life}$；

      I——改造措施的投资费用；

      S——为年节能量，MWh；

      i_0——基准折现率；

      n——项目寿命年限。

CCE 指标越小，说明改造的必要性越大。当建筑设备或构件的使用时间接近其寿命时，即 $k \approx 1$，$CCE=0$，这时该构件非常有必要进行改造。

此外，英国的 Mortimer（1998）等人提出了综合考虑节能和 CO_2 减排的评价指标 E（经济有效性指标），利用该指标可以综合评价某项节能措施的经济效益和环境效益：

$$E = \frac{A - SP}{SC} \tag{16-9}$$

式中 A——把节能措施的投资平摊到每年的费用，$\pounds/a$，$A = I\left[\frac{i_0 (1+i_0)^n}{(1+i_0)^n - 1}\right]$；

      S——年节能量，GJ/a；

      P——能源价格，$\pounds/GJ$；

      C——节能措施节省的能源的 CO_2 排放系数，tC/GJ；

      I——投资费用，$\pounds/a$。

E 指标越小，说明节能措施越是经济有效。

香港的 Lee 等人（2003）提出了用生命周期成本 LCC（Life Cycle Cost）和效益/投资比 B/C（Benefit/Cost）两个经济指标来分析节能措施的有效性，其中 LCC 指标可以用来评价是否采用某项节能措施，而 B/C 指标则更适合于对多项可行的节能措施进行排序：

$$LCCS_{i0} = B_{i0} - C_{i0} \tag{16-10}$$

$$(B/C)_{i0} = \frac{B_{i0}}{C_{i0}} \tag{16-11}$$

式中 B_{i0}——节能措施的收益，$B_{i0} = S \times P \times \left(\frac{1}{i_0}\right)\left(1 - \frac{1}{(1+i_0)^n}\right)$；

      C_{i0}——改造措施的投资费用；

      S——年节电量，kWh/a；

      P——电费，HK \$/kWh；

这两个指标都是通过建立基准建筑，比较投资的费用和节省的费用来评价节能措施，主要考虑的因素有投资费用、年节省费用、电费、折现率及分析期，没有考虑环境效益，也没有考虑被改造构件的使用情况。

节能措施的综合评价指标仍有待进一步完善，以上评价指标都具有一定的片面性，有的是无法反映投资的时间价值，有的没有考虑节能措施的环境效益，也有的没有反映能源价格变化的影响。因此，进一步研究以确定一个更加合理、公正、全面的多元指标来评价各项节能措施的经济有效性是我国节能改造工作十分重要的一个课题。

参 考 文 献

[1] http：//news. xinhuanet. com/newscenter/2006-07-26/content＿4881342. htm.

[2] http：//www. china5e. com/news/newpower/200602/200602170054. html.

[3] 科〔2006〕231 号. 建设部关于贯彻《国务院关于加强节能工作的决定》的实施意见，2006.

[4] http：//www. chinaeeb. gov. cn/root/iitemview. aspx? id＝649.

[5] http：//www. stats. gov. cn/tjgb/qttjgb/qgqttjgb/t20060704＿402334879. htm.

[6] 徐占发. 建筑节能技术实用手册[M]. 北京：机械工业出版社，2005.

[7] http：//www. wdlh. cn/technic/0303. asp.

[8] http：//www. ycwb. com/gb/content/2005-07/01/content＿932690. htm.

[9] 龙惟定. 建筑节能与建筑能效管理[M]. 北京：中国建筑工业出版社，2005.

[10] 赵荣义. 简明空调设计手册[M]. 北京：中国建筑工业出版社，1998.

[11] 《民用建筑节能设计标准（采暖居住建筑部分）》(JGJ26-95)[S]. 北京：中国建筑工业出版社，1995.

[12] 陆亚俊. 暖通空调[M]. 北京：中国建筑工业出版社，2002.

[13] 方修睦. 供暖热计量收费中几个问题的再探讨[J]. 暖通空调. 2005.

[14] 魏一然. 对既有建筑采暖系统的改造和热计量浅析[J]. 河北建筑工程学院学报. 2003.

[15] 龙惟定，马素贞，白玮. 我国住宅建筑节能潜力分析——除供暖外的住宅建筑能耗. 暖通空调. 2007.

[16] http：//www. sefec. com. cn/Article/ShowArticle. asp? ArticleID＝228.

[17] 中原信生著. 龙惟定，周祖毅，殷平等译. 建筑和建筑设备的节能—设计、管理技术的基础和应用[M]. 北京：中国建筑工业出版社，1990.

[18] 王如竹. 制冷学科进展研究与发展报告[M]. 北京：科学出版社，2007.

[19] Besant R W，Simonsen C J. Air-to-air energy recovery[J]. ASHRAE Journal. 2000.

[20] 马最良，孙宇辉. 冷却塔供冷技术的原理及分析[J]. 暖通空调. 1998.

[21] 《公共建筑节能设计标准》(GB50189-2005)[S]. 北京：中国建筑工业出版社，2005.

[22] http：//www. boiler. com. cn/products/product＿detail＿4313. html.

[23] 江亿. 我国建筑能耗状况及有效的节能途径[J]. 暖通空调. 2005.

[24] Gilbert A. McCoy，Todd Litman，John G. Douglass. Energy-Efficient Electric Motor Selection Handbook. 1993.

[25] BA 空调节能难点分析. http：// jpkc. szpt. edu. cn/2006/Build/Article＿content. asp? id＝292.

[26] ASHRAE Standards Committee. ANSI/ASHRAE/IESNA Standard 100 [S]. America，2006.

[27] 杨纯华，邱相武. 全年运行空调系统变新风控制策略的探讨[J]. 全国暖通空调制冷 2004 年学术年会.

[28] I Turiel，R Boschen，M Seedall，et. al. SIMPLIFIED ENERGY ANALYSIS METHODOLOGY FOR COMMERCIAL BUILDINGS[J]. Energy and Buildings. 1984.

[29] Chou S. K.，Chang W. L.，Wong Y. W. Effects of multi-parameter changes on energy use of large buildings[J]. International Journal of Energy Research. 1993.

[30] U S Department of Energy and Office of Energy Efficiency and Renewable Energy. International

Performance Measurement and Verification Protocol——Volume I, Concepts and Practices for Determining Energy and Water Savings [S]. America. 2002.

[31] V. Martinaitis, A. Rogoa, I. Bikmanien. Criterion to evaluate the "twofold benefit" of the renovation of buildings and their elements[J]. Energy and Buildings. 2004.

[32] W. L. Lee, F. W. H. Yik, P. Jones. A strategy for prioritizing interactive measures for enhancing energy efficiency of air-conditioned buildings[J]. Energy. 2003.

第十七章 绿色建筑及其评价标准

全球化的可持续发展战略带来了建筑业发展理念的变革，从低能耗（low energy）、零能耗（zero energy）建筑到能效建筑（energy efficient building）、环境友好建筑（environmental friendly building），再到今天的绿色建筑（green building）、生态建筑（ecological building）和可持续建筑（sustainable building）。世界环境和发展委员会在 1987 年提出：可持续发展就是要既满足当代发展的需要而又不危及下一代发展的需要。绿色建筑的概念是可持续发展战略在建筑领域的具体体现。

关于绿色建筑有许多定义，但归纳起来，绿色建筑就是应用环境回馈和资源效率的集成思维去设计和建造的建筑。绿色建筑有利于资源节约（包括提高能源效率、利用可再生能源、水资源保护）；绿色建筑充分考虑其对环境的影响和废弃物最低化；绿色建筑致力于创建一个健康舒适的人居环境、降低建筑使用和维护费用。它从建筑及其构件的寿命周期出发，考虑其性能和对经济、环境的影响。绿色建筑就是可持续建筑。

我国《绿色建筑评价标准》（GB/T 50378）结合我国的国情对绿色建筑给出了科学的定义：在建筑的全寿命周期内，最大限度地节约资源（节能、节地、节水、节材）、保护环境和减少污染，为人们提供健康、适用和高效的使用空间，与自然和谐共生。

第一节 绿色建筑发展概述

20 世纪 60 年代，美籍意大利建筑师保罗·索勒瑞把生态学（Ecology）和建筑学（Architecture）两词合并为"Arology"，提出了著名的"生态建筑"（绿色建筑）的新理念。20 世纪 70 年代，石油危机的爆发，使人们清醒地意识到，以牺牲生态环境为代价的高速文明发展是难以为继的。建筑产业必须改变发展模式，走可持续发展之路。各种建筑节能技术应运而生，节能建筑成为绿色建筑发展的先导。

1992 年巴西里约热内卢联合国环境与发展大会的召开，使可持续发展这一重要思想在世界范围内达成共识。绿色建筑由理念到实践，在发达国家逐步完善并实践推广，形成了较成体系的设计、评估方法，各种新技术、新材料层出不穷，成为世界建筑发展的方向。一些发达国家还组织起来，共同探索实现建筑可持续发展的道路。

英国已制定了一系列政策和制度来促进高能效技术在新建建筑和既有建筑改造中的应用。在低碳排量建筑方面，英国政府也采取了一些新的规划和经济激励政策。并且在科技研究和革新方面投入很大，在可持续建筑领域取得了显著的成果。

法国在 20 世纪 80 年代进行了包括改善居住区环境为主要内容的大规模居住区改造工作。在奥地利，目前约有 24％的能源由可再生能源提供，这在国际上是属于发展较好的，在很多示范项目中，大量应用了降低资源消耗和减少投资成本的技术。

德国在 20 世纪 90 年代开始推行适应生态环境的居住区政策，以切实贯彻可持续发展的战略。目前德国是欧洲太阳能利用最好的国家之一，其在弗赖堡（Freiburg）市就有超过 400 栋建筑拥有小型太阳能发电站。在基础设施方面，德国非常注重种植屋面、多孔渗水路面、各种排水设施、露天花园等低污染、低环境影响的基础设施的利用。

瑞典实施了"百万套住宅计划"，在居住区建设与生态环境协调方面取得了令人瞩目的成就。其 Bo01 主题项目是瑞典面向未来城市发展、创造可持续环境的主要举措。在这个项目中，共有 15 个示范建筑在欧洲各国实施，这些国家分别是希腊、挪威、德国、匈牙利、丹麦、立陶宛、拉脱维亚、斯洛文尼亚和瑞典。这些示范项目不仅体现了当地的建筑特色，而且根据气候特征充分考虑了环境可持续技术和方法的应用。

为了保证环境和建筑的可持续发展，瑞典议会制定了 14 项用以描述环境、自然和文化资源可持续发展的目标，这些目标分别是洁净的空气、高品质的地下水、充足的江河湖泊、富饶的湿地、各种农作物、雄伟的高山、无毒的环境、安定富饶的海洋资源、富营养状态、自然酸化环境、充足的森林资源、良好的城市环境、安全的辐射环境、良好的臭氧层保护。

加拿大的绿色建筑挑战（green building challenge）行动，采用新技术、新材料、新工艺，实行综合优化设计，使建筑在满足使用需要的基础上所消耗的资源、能源最少。

日本颁布了《住宅建设计划法》，提出"重新组织大城市居住空间（环境）"的要求，满足 21 世纪人们对居住环境的需求。

澳大利亚绿色建筑委员会的评估系统——绿色之星（Green Star），已被誉为新一代的国际绿色建筑评估工具。该系统是 2003 年 7 月在政府的大力支持下，由一些国际绿色建筑专家和绿色发展组织开始着手研发的，据称这是目前第一套利用环境、社会和经济效益平衡论来推动可持续发展产业的评估工具。

美国联邦政府已经颁布了很多绿色建筑政策，并已取得了显著成效。1992 年颁布能源政策法案和第 13123 号总统令，都要求在 2010 年之前实现建筑能耗在 1985 年的基础之上降低 35%。第 13123 号总统令还对新建建筑在选址、设计和建设方面提出了可持续发展的要求。鼓励人们在进行新建筑设计以及建筑改造中结合能源之星（Energy Star）或 LEED（the U. S. Green Building Council's Leadership in Energy and Environmental Design Rating System）的方法开展工作。

图 17-1～图 17-6 为各国根据自己的特点建造的各具特色的绿色建筑示范工程，包括住宅、办公楼、商业建筑等，来展示当地的绿色建筑理念和研究成果，引领未来建筑的发展方向，推动建筑业的可持续发展。

近年来我国在推动绿色建筑发展方面的力度逐步加大。2001 年 9 月，建设部科技委员会组织有关专家，制定出版了一套比较客观科学的绿色生态住宅评价体系——《中国生态住宅技术评估手册》。其指标体系主要参考了美国能源及环境设计先导计划（LEED2.0），同时融合我国《国家康居示范工程建设技术要点》等法规的有关内容。这是我国第一部生态住宅评估标准，是我国在此方面研究上正式走出的第一步。其后出版了修订版和第三版（2004 年）。2003 年 8 月，由清华大学联合中国建筑科学研究院等八家单位完成了"科技奥运十大专项之一"《绿色奥运建筑评估体系》的颁布。该评估体系基于绿色建筑的理念，按照可持续发展的理论与原则建立了一套科学的建筑工程环境影响评价指标体系，提出了全过程管理、分阶段评估的绿色奥运建筑评估方法与程序，并在奥运建设场馆中得到了应用。2005年10月，建设部、科技部联合颁布了《绿色建筑技术导则》，进一步引导、促进和规范绿色建筑的发展。2006年3月颁布了《绿色建筑评价标准》（GB/T 50378—2006）。

图 17-1　英国 BRE 生态环境楼

图 17-2　英国 Integer 生态住宅样板房

图 17-3　英国 BedZED 社区

图 17-4　美国 Interface Showroom and Offices

图 17-5　欧洲生态小区的典范—瑞典 Bo01

图 17-6　日本多层太阳能住宅

基于绿色建筑的理论研究成果，我国北京、上海、广州、深圳、杭州等经济发达地区结合自身特点积极开展了绿色建筑应用实践，国内已经有多个示范性的绿色建筑诞生，如上海生态建筑示范楼（图17-7）、清华大学超低能耗示范楼（图17-8）、山东交通学院图书馆、科技部21世纪大厦、北京北潞春生态型住宅小区等。这些建筑充分考虑建筑群规划、建筑围护结构和系统节能、室内环境质量、中水利用、采光和通风、噪声污染等问题，成为绿色建筑实践和探索的平台。

总体说来，中国的绿色建筑发展还是处于起步阶段，绿色建筑应该遵循可持续发展的原则，可持续发展就是要使经济发展有利于当地环境和基本生活条件的变化，这已经成为目前规划和发展的重要指导思想，针对环境污染、资源过量消耗等社会与环境问题提出切实可行的、持久的解决方法，以利于未来的发展。

图17-7　上海生态建筑示范楼　　　　　图17-8　清华超低能耗建筑示范楼

第二节　绿色建筑设计原则

建筑是人类的一项基本活动。20世纪80年代末，可持续发展成为全球的行动纲领，带来从资源利用、材料生产、建筑使用、环境维护等方面综合进步的环境建筑学。同时，生态学、社会学等学科向建筑学领域的扩展，使得西方绿色建筑学的研究步入一个新的时期。在这之间，发表了大量绿色建筑的著作和论文，其中包括M·J·克劳斯比所著的《绿色建筑：可持续发展设计导引》（Green Architecture：A Guide to Sustainable Design）、S. 凡德罗等所著的《生态设计方法论》（The Ecological Design Process）等。2000年在意大利出版的詹姆斯·瓦恩斯《绿色建筑学》（James Wines，Green Architecture）回顾了上世纪初以来亲近自然环境的建筑发展，以及近年来走向绿色建筑概念的设计探索，总结了包含景观与生态建筑的绿色环境建筑设计在当代发展中的一般类型，以及更广泛的绿色建造业与生活环境创造应遵循的12项基本原则，或称为生态亲和清单：运用低耗能生产材料的原则，运用循环和可再生材料的原则，运用农林收获或副产品的原则，小型化建筑的原则，旧建筑改造利用的原则，发展公共运输的原则，提高能源效率的原则，朝阳方向的原则，减少破坏臭氧层的化学物质的原则，集水系统的原则，低环境条件维持的原则，保护自然环境的原则。

在1991年布兰达·威尔和罗伯特·威尔夫妇所著的《绿色建筑：为可持续发展的未

来而设计》（Green Architecture：Design for a Sustainable Future）一书中，作者在大量实践的基础上，对绿色建筑的设计进行了概括和总结，提出六个原则：①节约能源，减少建筑耗能；②设计结合气候，通过建筑形式和构件来改变室内外环境；③能源材料的循环利用；④尊重用户，体现使用者的愿望；⑤尊重基地环境，体现地方文化；⑥运用整体的设计观念来进行绿色建筑的设计和研究。该设计原则从环境、资源、能源与人的角度，囊括了绿色建筑应考虑的所有因素，在一定程度上反映了当前人们对绿色建筑的认识程度。以下是对该原则的进一步扩充：

一、场地的绿色设计，充分尊重基地环境和气候

（1）收集有关场地环境特征的技术数据，对场地内的环境性能进行分析，把需要保护的区域和系统分离出来。

（2）通过节地、绿化配置和适应气候的措施，有效利用基地内、外的自然条件，结合地区的气候条件和场地特有的微气候环境进行建筑布置。

（3）保留和利用地形、地貌、植被和水系，保护基地内的生态环境。

二、最大程度上节约能源，优化能源消费结构

（1）分析建筑全寿命周期内能耗构成（建造能耗、运行能耗、维护能耗以及废弃能耗）及所占比重、各类别能耗的构成因子及影响因素，得出相应的节能对策，把节能概念贯彻到建筑的各个阶段，以能耗控制原则来进行设计。

（2）通过对建筑材料和结构体系的选择、建筑的体量、体形、平面布局、外围护结构节能设计、太阳能的被动利用等设计和构造方面的措施来尽量降低建筑能耗。

（3）在降低能耗的同时，优化能源消费结构，获得综合的最大节能效果。

三、资源的最少化利用，发挥资源的最大效用和最小化的排废

（1）了解建筑材料的环境性能和功能特性，及其运用后对建筑物本身所带来的、在全寿命周期能耗和室内环境等方面的影响。

（2）根据材料选择标准来选择使用建筑材料，发挥材料的最大功效，结合适合拆毁的设计策略，增大材料的可回收利用性，减少固体废弃物的产生。

（3）分析和了解建筑中水资源的消耗途径和节水方式。通过采取节水设备、中水利用、收集雨水与雪水等措施降低水资源的消耗量，变废水为资源，减少环境负担。

（4）将资源利用对环境的不利影响降至最低。

四、尊重使用者，创造舒适、健康的室内物理环境

（1）了解室内物理环境的构成要素，及人体相应的舒适要求。

（2）全面考虑建筑的热环境、声环境、光环境和空气品质环境的综合条件及其设备的配置，通过设计措施将恶劣的室外环境"拒之门外"，充分发挥建筑围护结构的作用。

五、本土化原则

建筑与城市设计必须充分结合地域气候特征、地形地貌特征，延续地方文化和风俗，充分利用地方材料，并从中探索现代高新技术与地方适用技术的结合。

六、整体设计观，尊重综合效益最大的原则

整体设计观就如同绿色建筑的灵魂，没有整体设计观就不能成为真正意义上的绿色建筑。建筑师在进行设计时应当全面考虑以上各原则，争取做到综合效益最大。

第三节 绿色建筑评价体系

绿色建筑的实践是一项系统工程，不仅需要建筑师具有绿色设计理念，并采取相应的设计方法，还需要管理层、业主都具有较强的意识。这种多层次合作关系的介入，需要在整个过程中确立明确的评价及认证系统，以定量的方式检测建筑设计生态目标达到的效果，用一定的指标来衡量其所达到的预期环境性能实现的程度。评价系统不仅指导检验绿色建筑实践，同时也为建筑市场提供制约和规范，引导建筑向节能、环保、健康舒适、讲求效益的轨道发展。

发达国家从 20 世纪 90 年代开始，相继开发了相应的绿色建筑标准和评价体系，通过具体的评估计数可以定量客观地描述绿色建筑的节能效果、节水率、减少 CO_2 等温室气体对环境的影响、"3R"材料的生态环境性能评价以及绿色建筑的经济性能等指标，从而可以指导设计，为决策者和规划者提供依据和参考标准。影响较大的如英国建筑科学研究院（BRE）的 BREEAM 评估体系；加拿大绿色建筑挑战 GBC 体系；美国绿色建筑委员会（USGBC）的 LEED 评估体系；日本建筑物综合环境评价委员会开发的 CASBEE 评估工具；澳大利亚的 NABERS 评估体系；芬兰的 LCA-House 评估工具；法国建筑科学技术中心（CSTB）针对建筑环境性能的 EScale 评估工具以及全生命周期分析工具 TEAM，Papoose 及 EQUER；荷兰的生态指标 EcoIndicator 评估体系；瑞士的 OGIP 全生命周期评估工具；德国生态建筑全生命周期评估工具 EcoPro 等。我国香港地区开发了"香港建筑物环境评估方法"（HK- BEAM）；我国台湾地区也推出了《绿色建筑解说与评估手册》。我国于 2006 年 3 月颁布了《绿色建筑评价标准》GB/T 50378。下面对其中几个主要的、影响面广的绿色建筑评价体系作以简单介绍。

一、英国建筑研究组织环境评价法

英国建筑研究组织（BRE，Building Research Establishment）于 1990 年首次推出"建筑环境评价方法"（Building Research Establishment Environmental Assessment Method，简称BREEAM），目的是为绿色建筑实践提供权威性的指导，以期减少建筑对全球和地区环境的负面影响。BREEAM 是国际上第一套实际应用于市场和管理的绿色建筑评价方法，针对建筑全寿命周期内的环境性能进行评估，也是开发最早的建筑环境影响评价系统。

从 1990 年至今，BREEAM 已经发行了《2/91 版 新建超市及超级商场》、《5/93 版新建工业建筑和非食品零售店》、《环境标准 3/95 版 新建住宅》以及《BREEAM'98 新建和现有办公建筑》等多个版本，并已对英国的新建办公建筑市场中 25％到 30％的建筑进行了评估，成为各国绿色建筑评估手册中的成功范例。

BREEAM 是一种条款式的评价系统，从管理、能源使用、健康状态、污染、运输、土地使用、生态环境、材料和水资源等方面来评估建筑物环境表现（表 17-1），根据其所满足的条款最终获得分数。BREEAM 是为建筑所有者、设计者和使用者设计的评价体系，以评判建筑在其整个寿命周期中，包含从建筑设计开始阶段的选址、设计、施工、使用直至最终报废拆除所有阶段的环境性能。通过对一系列的环境问题，包括建筑对全球、区域、场地和室内环境的影响进行评价，BREEAM 最终给予建筑环境标志认证，建筑的环境性能以直观的量化分数给出。根据分值规定了四个等级：合格、良好、优良、优异，同时规定了每个等级下设计与建造、管理与运行的最低限分值。

BREEAM 评价体系的推出，为规范绿色生态建筑概念，以及推动绿色生态建筑的健康有序发展，做出了开拓性的贡献。至今，它不仅在英国以外发展了不同的地区版本（如香港地区），而且成为各国建立绿色建筑评价体系所必不可少的重要参考。

二、加拿大绿色建筑挑战（GBC 2000）

绿色建筑挑战（Green Building Challenge）是由加拿大自然资源部（Natural Resources Canada）发起并领导，至 2000 年 10 月有 19 个国家参与制定的一种评价方法，用以评价建筑的环境性能。它的发展经历了两个阶段：最初的两年包括了 14 个国家的参与，于 1998 年 10 月在加拿大温哥华召开"绿色建筑挑战'98"（Green Building Challenge'98）国际会议；之后的两年里有更多的国家加入，其成果 GBC 2000 在 2000 年 10 月荷兰马斯特里赫特召开的国际可持续建筑会议上得到介绍。绿色建筑挑战的目的是发展一套统一的性能参数指标，其核心内容是通过绿色建筑评价工具 GB Tool 的开发和应用研究，建立全球化的绿色建筑性能评价标准和认证系统，使有用的建筑性能信息可以在国家之间交换，最终使不同地区和国家之间的绿色建筑实例具有可比性，为各国各地区绿色生态建筑的评价提供一个较为统一的国际化平台，从而推动国际绿色生态建筑整体的全面发展。在经济全球化趋势日益显著的今天，这项工作具有深远的意义。

英国 BREEAM 评估体系

表 17-1

环境议题	评估要项
A. 地球环境问题与资源利用（Global Issues and Use of Resources，最高 23 分）	A1. CO_2 排放量：最高 10 分
	A2. 酸雨：采用低 NO_x 锅炉得 1 分
	A3. 臭氧层破坏：冷媒、消防剂等相关七项共 7 分
	A4. 天然资源、再生建材：木材、混凝土骨材、再生建材等四项共 4 分
	A5. 可再生建材的保管：有保管空间得 1 分
B. 当地环境问题（Local Issues，最高 9 分）	B1. 冷却塔：符合英国建筑设备技术协会 CIBSE* 规范得 1 分
	B2. 局部风环境影响 1 分
	B3. 噪声：满足住宅噪声环境基准得 1 分
	B4. 日照障碍：没对邻地产生日照障碍者得 1 分
	B5. 节水：大便器水量在 6 公升以下者得 1 分
	B6. 针对当地环境状况对策 3 项共 3 分
	B7. 自行车设施：设置自行车停车场、晒衣场、更衣室等得 1 分
C. 室内环境问题（Indoor Issues 最高 10 分）	C1. 给水设备的传染菌：满足 CIBSE* 规范得 1 分
	C2. 换气、烟害、湿度：满足 CIBSE* 规范之换气量、吸烟隔离、加湿三项规定者各得 1 分（共 3 分）
	C3. 有害物质：不使用挥发性物质、粉尘、含铅涂料得 1 分，使用满足各种环境基准与防腐处理木材者得 1 分（共 3 分）
	C4. 照明：满足 BRE 昼光基准、CIBSE* 规范照度得 1 分
	C5. 热舒适性：满足 CIBSE* 规范得 1 分
	C6. 室内噪声：个人办公室、小会议室在 40dB（A）以下，大会议室在 45 dB（A）以下者得 1 分

注：CIBSE：英国 The Chartered Institution of Building Services Engineers 的简称。

GBC 2000 评估范围包括新建和改建翻新建筑。评估手册共有 4 卷，包括总论、办公建筑、学校建筑、集合住宅。评估目的是对建筑在设计及完工后的环境性能予以评价。评价的标准共分 8 个部分：

（1）环境的可持续发展指标，这是基准的性能量度标准，用于 GBC 2000 下不同国家的被研究建筑空间的比较；

（2）资源消耗，建筑的自然资源消耗问题；

（3）环境负荷，建筑在建造、运行和拆除时的排放物对自然环境造成的压力，以及对周围环境的潜在影响；

（4）室内空气质量，建筑影响建筑使用者健康和舒适度的问题；

（5）可维护性，研究提高建筑的适应性、机动性、可操作性和可维护性能；

（6）经济性，所研究建筑在全寿命期间的成本额；

（7）运行管理，建筑项目管理与运行的实践，以期确保建筑运行时可以发挥其最大性能；

（8）术语表。各部分都有自己的分项和更为具体的标准（表 17-2），其评价操作系统称为 GB Tool，通过打分和权重相结合的方式来评价建筑的环境性能。

绿色建筑 GBC 2000 是通过国际合作开发出的第二代建筑能耗和环境性能评价方法，采用定性和定量的评价依据结合的方法，将地区适用性与国际可比性相结合，是一套可以被调整适合不同国家、地区和建筑类型特征的软件系统，评价体系的结构适用于不同层次的评估，所对应的标准是根据每个参与国家或地区各自不同的条例规范制定的，同时也可被扩展运用为设计指导。总之 GB Tool 是一个较复杂的研究性的绿色生态建筑评价工具，兼具国际性、地区性及评价基准上的灵活性特征，因此吸引了越来越多的国家加入共同研究和实践的行列。

加拿大 GB Tool 评估体系　　　　　　　　　　　表 17-2

	评 估 领 域	评 估 专 案
必要评估	R. 资源消费	R1. 生命周期能源消费，R2. 土地利用与生态价值变化，R3. 水资源消费，R4. 资材消费，R5. 基地外取入材料总量与特性
	F. 环境负荷	F1. 温室气体排放量，F2. 臭氧层破坏物质排放量，F3. 酸雨物质排放量，F4. 光学污染排放量，F5. 固体废弃物，F6. 液体排出物，F7. 修缮解体所排放的危险废弃物，F8. 基地周边环境影响
	Q. 室内环境	Q1. 空气质量与换气，Q2. 热舒适性，Q3. 昼光、照明、视野，Q4. 噪声与音响，Q5. 电磁波的影响
选项评估	S. 服务质量	S1. 弹性与适用性设计，S2. 系统控制性，S3. 性能维修管理，S4. 隐私、采光、眺望，S5. 舒适的设备与基地内设备，S6. 对基地及周边之负荷
	E. 经济性	E1. 经济性能
	M. 管理性	M1. 建设过程计划，M2. 试运转调整，M3. 建筑物营运计划
	T. 通勤交通	T1. 温室气体排放量，T2. 酸雨物质排放量，T3. 光学污染排放量

三、美国能源及环境设计先导计划 (LEED)

美国绿色建筑委员会（USGBC，the U. S. Green Building Council）在1995年提出了一套能源及环境设计先导计划（LEED，Leadership in Energy & Environmental Design），在2000年3月更新发布了它的2.0版本。这是美国绿色建筑委员会为满足美国建筑市场对绿色建筑评定的要求，提高建筑环境和经济特性而制定的一套评定标准。

《能源及环境设计先导计划评定系统2.0》（LEED 2.0）是条款式的评价系统，通过6个方面对建筑项目进行绿色评估，包括：可持续的场地设计、有效利用水资源、能源与环境、材料和资源、室内环境质量和革新设计。在每一方面，LEED都提出了前提要求、目的和相关的技术指导，并具体包含了若干个得分点，各得分点都包含目的、要求和相关技术指导3项内容。项目按各具体方面达到的要求，评出相应的积分（表17-3）。积分累加得出总评分，由此建筑的绿色特性便可以用量化的方式表达出来。根据最后得分的高低，建筑项目可分为LEED 2.0认证通过、银奖认证、金奖认证、白金认证由低到高四个等级。

美国 LEED 评估体系   表 17-3

	评 估 项 目
一、必要条件	1. 控制冲蚀以减少对水和空气质量的负面影响
	2. 确保主要建筑部件和系统是根据要求进行设计、安装和校准的
	3. 需达到最低能源效益之要求认证
	4. 空调设施在新建建筑中不使用CFC冷媒，在既有建筑中撤换原有CFC冷媒，以降低臭氧层破坏
	5. 需设置玻璃、废纸、塑胶及金属的资源收集场，并进行资源回收
	6. 需达到最低室内空气质量要求认证
	7. 需具备ETS（Environmental Tobacco Smoke）控制设施（如设置吸烟区）
二、评估项目及基准（1）	基地位置（Sustainable Sites）—合计14分
	1. 基地之选取若能避免造成环境冲击并符合相关法令者得1分
	2. 基地之选取若能与既有之都市系统配合并减少绿地即自然资源破坏者得1分
	3. 基地若选在EPA所认定的褐地（Brownfield）时得1分
	4. 基地若选在具有优良交通运输设备之场址时分别得1～4分
	5. 基地开发具有减少对周边环境之破坏时分别得1～2分
	6. 基地开发方式可减少洪害发生分别得1～2分
	7. 基地开发能降低热岛效应之危害时分别得1～2分
	8. 基地开发能减少光害污染者得1分
	节水效益（Water Efficiency）—合计5分
	1. 具有减少水资源使用者分别得1～2分
	2. 具备废水处理设施者得1分
	3. 具有节水处理设施时分别得1～2分

	评 估 项 目
二、评估项目 及基准（2）	能源与大气 (Energy & Atmosphere) —合计 17 分 1. 依不同程度节能效率分别得 2～10 分 2. 再生能源使用依不同比例分别得 1～3 分 3. 具备完善的能源管理计划得 1 分 4. 空调、冰箱及灭火等设备均勿使用含 HCFC 或哈龙 (Halon)，并符合蒙特利尔公约的要求，以降低臭氧层破坏者得 1 分 5. 建筑设置有水及能源全时间监测系统得 1 分 6. 订有至少两年的再生能源使用契约者得 1 分 材料和资源 (Materials & Resources) —合计 13 分 1. 旧建筑再利用比例优良者得 1～3 分 2. 施工废弃物管理回收得 1～2 分 3. 依资源再利用比例分别得 1～2 分 4. 依建材可回收比例分别得 1～2 分 5. 依使用当地材料比例分别得 1～2 分 6. 使用可快速更新材料占总材料 5% 以上得 1 分 7. 使用经 FSC (Forest Stewardship Council) 认证的木材比例达 50% 以上得 1 分 室内环境质量 (Indoor Environmental Quality) —合计 15 分 1. 室内二氧化碳量恒久不高于室外 53ppm 者得 1 分 2. 机械通风效率或自然通风好的得 1 分 3. 建筑施工中及完工后室内空气质量好的分别得 1～2 分 4. 采用低挥发性物质分别得 1～4 分 5. 室内化学及空气污染物质控制在一定量以下得 1 分 6. 室内控制系统能力好时分别得 1～2 分 7. 温湿度舒适度好时分别得 1～2 分 8. 自然光源与景观好者得 1～2 分 创新及设计流程 (Innovation & Design Process) —合计 5 分 1. 具有创新设计流程，但没有包含在 LEED 上述项目者，每项得 1 分，最多合计得 4 分 2. 至少有一主要参与者先前曾执行完成 LEED 之绿色建筑计划加 1 分

LEED2.0 评定系统总体而言是一套比较完善的评价体系，其主要优点体现在透明性和可操作性。因为在评价要点之外，它还提供了一套内容十分全面的使用指导手册。其中不仅解释了每一个子项的评价意图、预评（先决）条件及相关的环境、经济和社区因素、评价指标文件来源等，还对相关设计方法和技术提出建议与分析，并提供了参考文献目录（包括网址和文字资料等）和实例分析。与其他评价体系相比，LEED2.0 结构简单，操作程序较为简易，是目前商业化运作最为成功的绿色建筑评价体系。

四、日本建筑物综合环境评价方法 CASBEE

日本自行发展的绿色建筑评估法有几种版本，其中以国土交通省所支持的"建筑物综合环境性能评估系统 CASBEE (Comprehensive Assessment System For Building Environment Efficiency) 最为权威 (2003), 此评估系统以室内环境、服务质量、室外环境等建筑环境设计质量 (Q: Quality), 以及能源、资源材料、基地外环境等环境负荷 (L: Load) 之比值 BEE (建筑环境效率 Building Environmental Efficiency), 并以 Excellent, Very good, Good, Fair, Poor 等五等级来作为分级认证。其环境设计质量 Q 与环境负荷 L 共分为 6 大项, 其各项具有的相对权重比例如表 17-4 所示。其中权重比例最高的是室内环境与能源两大部分, 室内环境主要领域为声、光、热、空气质量环境。在能源方面, 包含建筑物的热负荷、设备（包括空调、照明、电梯等）效率、自然能源利用及效率管理等。

日本 CASBEE 评估系统各主要评估范畴相对权重 表 17-4

	评 估 范 畴	权 重 系 数	相 对 比 值
环境质量	（一）室内环境	0.5	100%
	（二）服务质量（维护、更新）	0.35	70%
	（三）室外环境	0.15	30%
环境负荷	（四）能源	0.5	100%
	（五）资源材料	0.3	60%
	（六）基地外环境	0.2	40%

五、我国《绿色建筑评价标准》

《绿色建筑评价标准》(GB/T 50378—2006) 是为贯彻落实完善资源节约标准的要求, 总结近年来我国绿色建筑方面的实践经验和研究成果, 借鉴国际先进经验制定的第一部多目标、多层次的绿色建筑综合评价标准。绿色建筑评价指标体系由节地与室外环境、节能与能源利用、节水与水资源利用、节材与材料资源利用、室内环境质量和运营管理六类指标组成, 每类指标包括控制项、一般项与优选项要求（表 17-5）。绿色建筑应满足所有控制项的要求, 并按满足一般项数和优选项数的程度, 划分为三个等级, 等级划分按表 17-6、表 17-7 确定。

我国《绿色建筑评价标准》(GB/T 50378—2006) 表 17-5

		控制项	一般项	优选项
住宅建筑	节地与室外环境	场地选址、用地指标、建筑布局和日照、绿化、污染源、施工影响 8 项	公共服务设施、旧建筑利用、噪声、热岛效应、风环境、绿化、公共交通、透水地面 8 项	地下空间利用、废弃场地建设 2 项
	节能与能源利用	节能标准、设备性能、室温调节和用热计量 3 项	建筑设计、用能设备、照明、能量回收、再生能源利用等 6 项	采暖空调能耗、可再生能源使用比例 2 项
	节水与水资源利用	水系统规划和综合利用、管网漏损、节水设备、景观用水、非传统水源 5 项	雨水规划、节水灌溉、再生水、雨水利用、非传统水源利用等 6 项	非传统水源利用规定 1 项

		控制项	一般项	优选项
住宅建筑	节材与材料资源利用	建筑材料中有害物质含量规定、装饰性构件规定2项	就地取材、预拌混凝土、材料回收利用、可再循环材料使用、一体化施工等7项	建筑结构体系、可再利用建筑材料比例2项
	室内环境质量	日照、采光、隔声、自然通风、空气污染物浓度5项	视野、内表面不结露、建筑隔热、室温调控、外遮阳、室内空气质量监测6项	蓄能调湿或改善空气质量的功能材料利用1项
	运营管理	管理制度、计量收费、垃圾收集等4项	垃圾站冲排水设施、智能化系统、病虫害防治、绿化、管理体系认证、垃圾分类收集率等7项	可生物降解垃圾处理房的规定1项
公共建筑	节地与室外环境	场地选址、周边影响、污染源、施工等5项	噪声、通风、绿化、交通组织、地下空间利用等6项	废弃场地利用、旧建筑利用、透水地面3项
	节能与能源利用	围护结构热工性能、冷热源机组能效比、照明、能耗计量等5项	总平面设计、外窗、蓄冷蓄热、排风能量回收、可调新风比、部分负荷可用性、余热利用、分项计量等10项	建筑设计总能耗、热电冷联供、可再生能源利用、照明4项
	节水与水资源利用	水系统规划、管网漏损、节水器具、用水安全等5项	雨水利用、节水灌溉、再生水、用水计量等6项	非传统水源利用比例1项
	节材与材料资源利用	建筑材料中有害物质含量规定、装饰性构件规定2项	就地取材、预拌混凝土、材料回收利用、可再循环材料使用、一体化施工、减少浪费等8项	建筑结构体系、可再利用建筑材料比例2项
	室内环境质量	室内设计参数、新风量、空气污染物浓度、噪声、照度等6项	自然通风、可调空调末端、隔声性能、噪声、采光、无障碍设施6项	可调节外遮阳、空气质量监控、采光改善措施3项
	运营管理	管理制度、达标排放、废弃物处理3项	管理体系认证、设备管道维护、信息网络、自控系统、计量收费等7项	管理激励机制1项

划分绿色建筑等级的项数要求（住宅建筑） 表 17-6

等级	一般项数（共40项）						优选项数（共9项）
	节地与室外环境（共8项）	节能与能源利用（共6项）	节水与水资源利用（共6项）	节材与材料资源利用（共7项）	室内环境质量（共6项）	运营管理（共7项）	
★	4	2	3	3	2	4	—
★★	5	3	4	4	3	5	3
★★★	6	4	5	5	4	6	5

370

划分绿色建筑等级的项数要求（公共建筑）   表 17-7

等 级	一般项数（共 43 项）						优选项数（共 14 项）
	节地与室外环境（共 6 项）	节能与能源利用（共 10 项）	节水与水资源利用（共 6 项）	节材与材料资源利用（共 8 项）	室内环境质量（共 6 项）	运营管理（共 7 项）	
★	3	4	3	5	3	4	—
★★	4	6	4	6	4	5	6
★★★	5	8	5	7	5	6	10

在上述这些绿色建筑评价标准或体系中，尽管对"绿色建筑"的内涵有各式各样的列举，范围有宽有窄，但基本上是围绕三个主题：减少对地球资源与环境的负荷和影响；创造健康、舒适的生活环境；与周围自然环境相融合。目前这些绿色建筑评估体系多数在民间机构推动下按市场化运转，仅仅是日本的 CASBEE 成为政府强制推行标准，但总的影响日益突出。

综上所述，国际绿色建筑评价体系的建立，正处于一个快速发展和不断更新完善的时期，目前已经取得了有益的经验，但也存在许多问题，期待通过更多的研究去解决。不可否认的是，绿色建筑评价是一项关系到绿色建筑健康发展的重要工作，世界许多国家和地区都开始和继续在这一领域积极研究、探索和实践，相信各国的实践经验，能够对我国的相关工作起到很好的借鉴作用。

参 考 文 献

[1] 姚润明，李百战，丁勇．绿色建筑的发展概述[J]．暖通空调，2006．

[2] 绿色建筑评价标准 GB/T 50378—2006 [S]．

[3] 李雪平．浅议绿色建筑设计[J]．工业建筑，2006．

[4] 裴清清．英国绿色建筑考察[J]．暖通空调，2006．

[5] 戴海锋．英国绿色建筑实践简史[J]．世界建筑，2004．

[6] 中国绿色建筑网．[EB/OL] http：//www. cngbn. com/．

[7] 英国 bedzed 社区．[EB/OL] http：//www. peabody. org. uk/ bedzed．

[8] 美国绿色建筑委员会．[EB/OL] http：//leedcasestudies. usgbc. org/．

[9] 秦佑国，林波荣，朱颖心．中国绿色建筑评估体系研究[J]．建筑学报，2007．

[10] 中国建筑科学研究院．绿色建筑在中国的实践 评价·示例·技术[M]．北京：中国建筑工业出版社，2007．

[11] 聂梅生，秦佑国．中国生态住宅技术评估手册[M]．北京：中国建筑工业出版社，2001．

[12] 绿色奥运建筑课题组．绿色奥运建筑评估体系[M]．北京：中国建筑工业出版社，2003．

[13] 中国建筑科学研究院．绿色建筑技术导则．2005．

[14] 韩继红，江燕等．上海生态建筑示范工程·生态办公示范楼[M]．北京：中国建筑工业出版社，2005．

[15] 刘志鸿．当代西方绿色建筑学理论初探[J]．建筑师，2000．

[16] 王蔚，邹颖．绿色建筑学一书阐释的环境建筑与绿色原则[J]．世界建筑，2002．

[17] 赵群，刘加平．建筑环境的绿色设计[J]．西安建筑科技大学学报(自然科学版)，2004．

[18] 李路明．国外绿色建筑评价体系略览[J]．世界建筑，2002．

[19] 王蕾，姜曙光. 绿色生态建筑评价体系综述[J]. 新型建筑材料，2006.

[20] 张志勇，姜涌. 从生态设计的角度解读绿色建筑评估体系——以 CASBEE，LEED，GOBAS 为例[J]. 重庆建筑大学学报，2006.

[21] 林宪德. 绿色建筑 生态·节能·减废·健康[M]. 北京：中国建筑工业出版社，2007.

[22] 美国绿色建筑委员会. 绿色建筑评估体系(第二版)(LEED Green Building Rating System ™ Version 2.0[M]. 北京：中国建筑工业出版社，2002.

第十八章 建筑能源管理技术

第一节 建筑能源管理的实施

一、建筑能源管理现状

目前，主要有三种不同的类型能源管理：

（1）节约型能源管理

又称"减少能耗型"能源管理。这种管理方式着眼于能耗数量上的减少，采取限制用能的措施。例如，在非人流高峰时段停开部分电梯、在室外气温特别高时关断新风、提高夏季室内设定温度和降低冬季室内设定温度、室内无人情况下强制关灯，等等。这种管理模式的优点是简单易行、投入少、见效快。缺点是可能会降低整体服务水平，降低用户的工作效率和生活质量，容易引起用户的不满和投诉。因此，这种管理模式的底线是不能影响室内环境品质。

（2）设备更新型能源管理

或称"设备改善型"能源管理。这种管理方式着眼于对设备、系统的诊断，对能耗较大的设备或需要升级换代的设备，即使没有达到折旧期，也毅然决定更换或改造。在设备更新型管理中，一种是"小改"，如在输送设备上安装变频器，将定流量系统改为变流量系统；将手动设备改为自控设备等。另一种是"大改"，如更换制冷主机，用非淘汰冷媒、效率更高的设备替换旧的、冷量衰减（效率降低）的或仍使用淘汰冷媒的设备；根据当地能源结构和能源价格增加冰蓄冷装置、蓄热装置和热电冷联产系统；大楼增设楼宇自控系统（EMS）等。这种方式的优点是能效提高明显、新的设备和楼宇自控系统能提高设施管理水平、实现减员增效。它的缺点是：初期投入较大；单体设备的改造不一定与整个系统匹配，有时节能的设备不一定能连成一个节能的系统，甚至适得其反；在设备改造时和改造后的调试期间可能会影响建筑的正常运行，因此对实施改造的时间段会有十分严格的要求。这种管理模式的底线是资金量，有多少钱办多少事。当然，在建筑节能改造中可以引入合同制能源管理机制，由第三方负责融资和项目实施。

（3）优化管理型能源管理

这种管理模式着眼于"软件"的更新，通过设备运行、维护和管理的优化实现节能。它有两种方式：①负荷追踪型的动态运行管理，即根据建筑负荷的变化调整运行策略，如全新风经济运行、新风需求控制、夜间通风、制冷机台数控制等；②成本追踪型的动态运行管理，即根据能源价格的变化调整运行策略，一般建筑里有多路能源供应或多元（多品种）能源供应，充分利用电力的昼夜峰谷差价、天然气的季节峰谷差价、在期货市场上利用燃料油价格的起伏等。有条件时还可以选择不同的能源供应商，利用能源市场的竞争获取最大的利益。这种管理模式对建筑能源管理者的素质要求较高。

在经济发达地区的企业（尤其是第三产业和高新技术产业）里，一般而言人力资源成本（即员工工资）是企业经营的最大支出，其次便是能源费用开支。因此在建筑管理中，把能源管理看做是降低企业经营成本最重要的环节，而把室内环境管理看做是提高员工生产率最重要的环节。即能源管理是"节流"的需要，室内环境管理是"开源"的需要。而"节流"的目的是为了更好地"开源"，两者是辩证统一的。建筑能源管理始终要把提高能源利用率即合理用能放在首位。从这个意义上说，建筑能源管理首先是一种服务，为建筑使用者服务、为企业的主业服务。

因此，建筑能源管理者的职责决不是简单地从数量上限制用能，或因为节能而给用户带来许多不便。应该是选择恰当的能源品种、发挥系统和设备的最高效率、通过先进的技术和管理方法，为创造建筑良好的环境提供保障，使用户能发挥最大的潜能、创造更多的效益。所谓"有支持力的"、"有创造力的"和"健康的"环境是建筑能源管理者的工作目标。

建筑能源管理者所管理的设施或建筑是一个由建筑物、建筑设备和用户组成的系统，建筑能耗又涉及工艺、室内装修、供应链、气候、室外环境等方方面面。因此，管理者必须建立"系统"的思想，不能头痛医头、脚痛医脚，要选择社会成本最低、能源效率较高、能够满足需求的技术。在采取一项节能措施时，不但要看这项措施本身的节能效益，还要充分评估它的关联影响，特别要做好投入产出分析。从能源政策、能源价格、需求、成本、技术水平和环境影响等多方面考虑。

建筑能源管理者还要追踪国际国内建筑节能技术的发展动向，采用先进技术。在互联网普及的今天，更容易了解节能技术的进展。但有三点要引起注意：①先进技术往往初期投入比较大而节能效益比较好，因此要做好经济性分析，选择投资回报率高的项目；②有时候，最先进的技术不一定是最适宜的技术，可能倒是"次"先进的技术更适合自己，有一种形象的说法：最适合的技术是介于镰刀和收割机之间的技术；③任何先进技术都不可能违背科学规律，只要掌握基本的科学知识，就可以识别社会上"水变油"之类打着"先进节能技术"幌子的骗术和巫术。

中华人民共和国节能法规定：重点用能单位（即年综合能源消费总量1万吨标准煤以上的用能单位；国务院有关部门或者省、自治区、直辖市人民政府管理节能工作的部门指定的年综合能源消费总量5000吨以上不满1万吨标准煤的用能单位）应当设立能源管理岗位，在具有节能专业知识、实际经验以及工程师以上技术职称的人员中聘任能源管理人员。

但在我国各大城市很多商用和公共建筑中，业主和管理者的节能环保意识还不够。建筑节能和能源管理工作的开展大体上有以下三种情况：

（1）自有自用建筑

拥有自主产权的物业并主要是自己使用的单位一般有三类，①大型制造业企业的厂房和办公设施；②大型金融企业（如银行和保险公司）的办公楼；③党政机关和事业单位的办公楼。前两类的管理者往往在能源费占据企业成本比例比较大时、或在企业主业经营效益滑坡时才会重视能源管理。相比较而言，金融企业更重视室内环境，因为它清楚地知道，员工生产效率的提高带来的是数以亿计的效益。为了保障室内环境品质，多花能源费用也在所不惜。前两类建筑更倾向于节约型能源管理，特别在企业的主业效益不好时更是如此。后一类建筑由于是靠财政拨款（即纳税人的钱）来缴付能源费，因此相对比较重视建筑能源管理。而采用节约型管理会有损政府的"窗口"形象，所以比较容易接受采用合同能源管理（CEM）方式的设备更新型能源管理。

（2）出售型楼宇

设施管理公司是由业主委员会雇来的，它要面对大楼里众多的小业主，众口难调。这类楼宇的管理者不会采用节约型管理，怕引起业主们的不满。但也很难让众多小业主达成投资设备改造的共识。所以在出售型楼宇中容易推行优化管理型的能源管理。管理者对能耗计量、运行控制和收费制度会比较重视。

（3）出租型楼宇

在我国商用建筑中，这类出租型楼宇占很大一个比例，但也是建筑能源管理工作比较薄弱的一个领域。由于能源费用多是按用户建筑面积分摊，在商用建筑里又没有分户的能源计量，常常会因为用户对环境品质差和不合理的能源收费不满意而引起争议和投诉。在此类建筑中规范能源管理应从计量和收费制度做起。

二、建筑能源管理的组织

建筑能源管理的组织有五个步骤，其过程可见图 18-1。

第一步，批准。为使建筑能源管理工作能持续发展，首先要制订节能计划，并获得最高管理层的批准，使建筑能源管理人员或管理队伍成为企业核心业务的重要组成部分。

图 18-1　建筑能源管理的组织流程

一般而言，最高管理层要批准建筑能源管理项目，首先要考虑：

（1）先在局部示范，建立样板；

（2）支持必要的资源；

（3）设定节能目标并要求有反馈；

（4）激励机制和成功后的奖励措施。

因此，建筑能源管理工作要取得最高管理层的认可，在节能计划中需要向管理层提供如下的信息：

（1）令人信服的成功案例；

（2）清晰的行动计划；

（3）节能项目有利于企业或机构的战略发展目标并满足客户的要求。

这三个因素需要做认真的准备。

第二步，理解。即需要对建筑物能耗现状作全面了解，也就是进行一次能源审计：

（1）了解现在的能耗水平和能源开支情况；

（2）掌握能源消耗的途径；

（3）确定本企业或机构有效使用能源的标准；

（4）分析通过降低能耗而节约成本的可行性，从而可以设定一个切实可行的节能目标；

（5）了解建筑能耗的环境影响。

第三步，规划和组织。首先是为自己的企业或机构制定一个可行的节能政策。有这样一个政策，可以提升最高管理层对搞好建筑能源管理的信心、对员工的耗能行为进行规范，并将它融入企业文化之中。

制定机构的节能政策必然会引起机构某些方面的改变，因此能源经理应该特别注意引入新的节能政策的方式，以创造一个使这些政策能够成功的外部环境。这时能源经理应该：

（1）加强与各部门负责人和处在重要岗位上员工的沟通，让他们先了解新的节能政策并提出意见，以获得他们的支持。

（2）计划和组织能源管理队伍，将有关运行管理人员和未来的节能政策的具体执行者召集到一起，确保现有设备都正常工作，并找出可以做节能改进的场合。

（3）给出清晰的工作导向，即长期的和中期的节能目标。

很明显，在这一阶段最好要有一个能源经理来负责规划和组织。但规划和组织工作要比任命一个能源经理更为重要，因此管理层也可以亲自做这项工作，指定一个人作为能源经理的角色协助进行。

第四步，实施。企业的节能政策确定以后，每一个员工都应该被涉及。但是，从管理的角度来看，首先要指定一个责任人，即：

（1）在公司里建立一套能源管理和汇报的体制，任命一位董事会成员负责能源管理工作；

（2）以这位董事会成员为首，成立一个节能委员会，其成员中应包括主要的耗能户、能源经理、物业经理等。

（3）要求能源管理队伍根据公司中期节能目标制定短期的节能目标，并确定实现这些目标所要开展的具体项目。

（4）把要达到的节能目标告诉每一个员工，同时建立起双向沟通的渠道。

（5）重要的是把节能项目融入企业的日常管理工作之中。

第五步，控制和监理。对每一个实施的项目都要指定一位负责人（项目经理），控制项目的进展。能源管理经理应通过听取定期汇报和宣传项目成果的方式推动项目的进展。

能源管理矩阵是非常有用的工具，它可以用来检查能源管理各方面的进展情况，见表18-1。能源管理矩阵中的六列，代表了建筑能源管理组织重要的六方面事务，即能源政策、组织、动机、信息系统、宣传培训和投资。能源管理矩阵中上升的五行（从0到4），分别代表处理这些事务的完善程度。目的是不断提升能源管理的水平，同时又在各列（各项事务）之间寻求平衡。

在能源管理矩阵的各列（各项事务）中标注出最接近你所在机构现状的方框，并将能源管理矩阵分别交给几位来自不同专业的同事，请他们标注出他们心目中最接近现状的方框。要向这几位同事解释清楚，这是一次对机构里能源管理工作的简单考查，需要他们提供直率的意见。然后将你自己的结果与你的同事的结果做比较，并找出"平均"分布。如果你的结果与同事们做出的结果差别比较大，那就需要与他们做进一步的沟通，分析形成差别的原因。

这样得到的结果可作为规划以后的节能项目的重要依据。但是，并不是所有的节能管理事务都要达到最高一级（即第4级）水平，尤其对比较小的单位或比较小的楼宇更是如此。达到什么样的管理水平，要根据自己的财力和节能所取得的效益决定。

根据经验，在一个企业里或一幢大楼里，大约有40%的能耗是浪费掉的，这也就意味着，能源管理水平每提高一个等级，就可以减少10％的浪费。但能源管理矩阵的各列之间不是孤立的，一般来讲不可能出现在信息系统处于0级的条件下把能源管理的组织工作提升到第4级。

能 源 管 理 矩 阵 表 18-1

等级	能源政策	组 织	动 机	信息系统	宣传培训	投 资
4	经最高管理层批准的能源政策、行动计划和定期汇报制度	将能源管理完全融入日常管理之中，能耗的责、权、利分明	由能源经理和各级能源管理人员通过正式和非正式的渠道定期进行沟通	有先进系统设定节能目标、监控能耗、诊断故障、量化节能、提供成本分析	在机构内外大力宣传节能的价值和能源管理工作的性质	通过所有新建和改建项目详细的投资评估对"绿色"项目做出正面的积极评价
3	正式的能源政策，但未经最高管理层批准	有向代表全体用户的能源委员会负责的能源经理，该委员会由一位最高管理层成员领导	能源委员会作为主要的渠道，与主要用户联系	根据分户计量汇总数据，但节约量并没有有效地报告给用户	有员工节能培训计划，有定期的公开活动	采取和其他项目一样的投资回报期
2	未被采纳的由能源经理和其他部门经理制定的能源政策	有能源经理，向特别委员会汇报，职责权限不明	通过一个由高级部门经理领导的特别委员会与主要用户联系	根据计量仪表汇总数据。能耗作为预算中的一个特别单位	某些特别员工接受节能培训	投资只用于回报期短的项目
1	未成文的指南	只具有有限权力和影响力的兼职人员从事能源管理	只有在工程师和少数用户之间的非正式联系	根据收据和发票记录能耗成本。由工程师整理数据作为工程部内部使用	用来促进节能的非正式的联系	只采取一些低成本的节能措施
0	没有直接的政策	没有能源管理或能耗的责任人	与用户没有联系	没有信息系统，没有能耗计量	没有提高能效的措施	没有用于提高能效的投资

三、建筑能源管理的目标

组织确定之后，建筑能源管理的重要环节就是设定管理目标。可以设定如下目标：

（1）量化目标：例如全年能耗量、单位面积能耗量、单位服务产品（如旅馆、医院的每床位）能耗量等绝对值目标；系统效率（如CEC）、节能率等相对值目标。

（2）财务目标：例如能源成本降低的百分比、节能项目的投资回报率，以及实现节能项目的经费上限等。

（3）时间目标：完成项目的期限、在每一分阶段时间节点上要达到的阶段性标准等。

（4）外部目标：达到国际、国内或行业内的某一等级或某一评价标准，在同业中的排序位置等。

设定目标的原则只有一句话，即"实事求是"。根据自己的财力、物力和资源能力恰如其分地确定目标。而要做到"实事求是"，首先就必须做到"知己知彼"。对自己管理的大楼的能耗现状、先天条件、节能潜力、与其他同类建筑相比的优势和劣势，都要心中有"数"，即有一个量化的概念。

在节能目标确定之后，就要根据目标进行分解，设定节能管理标准。在节能管理标准中，以下三项内容是必须包括的：

1. 管理

（1）根据耗能设备的特性和功能，给出将能耗控制在最低限度的运行策略和管理措施，同时明确什么是该设备的理想状态。

（2）在有同类、同型号设备的场合，可以只给出一套节能管理标准，但如果这些设备运行条件有差异，要针对这些差异制定相应条款。

（3）所采用的判断基准以及根据判断基准所设定的相应管理标准。

（4）对特别重要的项目，要给出运行中的标准（目标）值和管理值。

（5）在有计算机控制的场合，要记录控制的概念和特征，明确地给出控制目标值。

（6）以空调管理标准为例，要划分空调分区，根据各分区的建筑构造和设备的配置、业务内容进行管理，设定供冷和采暖的温度、湿度、换气次数等管理标准。

2. 计量、检测和记录

（1）根据设定的标准值和管理值，要求进行定期的检测和记录。在记录表上应明确地给出标准值和管理值。应确定检测的周期（例如每小时一次还是每日一次）。记录表上有按期记录检测数据的栏目、与标准值和管理值比较的栏目，以及当检测值与标准值不符时记录所采取的措施的栏目。

（2）在有计算机控制的场合，要切实保存好重要项目的检测数据。

（3）仍以空调管理标准为例，必须检测和记录温度、湿度和其他关系到空调效果的空气参数，还要检测和记录标准值所设定的与改善效率有关的数据（例如，制冷机的冷量和耗功量）。

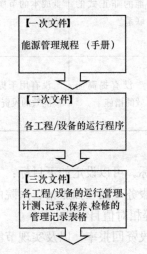

图 18-2　能源管理标准的文件体系

3. 维护、保养和检修

（1）为了防止设备的故障和劣化，在管理标准中应明确重要设备的维护、保养和检修的要领，并规定维护检修的周期，实施定期的保养。

（2）设立保养检修记录簿，每一次的保养、检测和修理的内容和结果都要记录下来。

（3）以空调系统为例，必须设定过滤器的清洗、盘管的清洁和空调效率的改善所必需的管理标准，并根据这些标准实施定期保养，以保持系统的良好状态。

这些管理标准，应该用文件形式确定而明晰地表述出来。图 18-2 给出建筑能源管理的文件体系。最高一级的文件，即能源管理规程，应该包含以下内容：

目的，能源管理的体制（组织形式和权限），适用范围，遵循的标准，管理项目（7个领域）和对象设备，管理标准的项目和内容（管理基准值、计测、记录、检修、保养和新设的措施的概略内容）。

在制订规程时，要考虑与机构的其他规定或标准相协调，不要有相互矛盾的地方。还要考虑遵循国家的和地方的政策、法规和标准。

二次文件是操作层面的文件，要针对本单位特定情况和特殊环境制订，没有也不应该有统一的模式。

在能源管理的文件体系建立起来以后，能源管理的

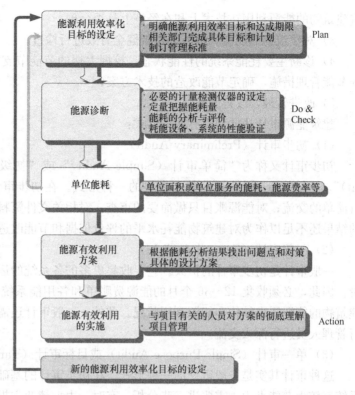

能源利用效率化目标的设定	·明确能源利用效率目标和达成期限 ·相关部门完成具体目标和计划 ·制订管理标准	Plan
能源诊断	·必要的计量检测仪器的设定 ·定量把握能耗量 ·能耗的分析与评价 ·耗能设备、系统的性能验证	Do & Check
单位能耗	·单位面积或单位服务的能耗、能源费率等	
能源有效利用方案	·根据能耗分析结果找出问题点和对策 ·具体的设计方案	
能源有效利用的实施	·与项目有关的人员对方案的彻底理解 ·项目管理	Action
新的能源利用效率化目标的设定		

图 18-3　PDCA 循环

组织和规划阶段就基本完成。在项目的全面质量管理中，有一个著名的戴明理论，即由美国著名的质量管理专家戴明博士提出的 PDCA 循环（Plan-Do-Check-Action）。本节所述的内容，还只是 PDCA 循环的第一个环节。建筑能源管理的整个 PDCA 循环见图 18-3。

第二节　建筑能源审计

一、建筑能源审计的基本概念

建筑能源审计（Building Energy Audit）是建筑能源管理的重要内容，也是建筑节能监管的重要环节。建筑能源审计是一种建筑节能的科学管理和服务的方法，其主要内容就是根据国家有关建筑节能的法规和标准，对既有建筑物的能源利用效率所作的定期检查，以确保建筑物的能源利用能达到最大效益。之所以称这种检查为"审计"，是因为能源审计在许多方面与财务审计十分相似。能源审计中的重要一环是审查能源费支出的账目，从能源费的开支情况来检查能源使用是否合理，找出可以减少浪费的地方。如果审计结果显示建筑物的能源开支过高，或某种能源的费用反常，就需要进行研究，找出究竟是设备系统存在技术缺陷还是管理上存在漏洞。

因此，建筑能源审计的主要目的是：

1) 对建筑物能源使用的效率、消耗水平和能源利用效果（如室内环境品质）进行客观考察；

2) 通过对建筑用能的物理过程和财务过程进行统计分析、检验测试、诊断评价，检

379

查建筑物的能源利用在技术上和在经济上是否合理；

3）对建筑物的能源管理体系是否健全有效进行检查；

4）诊断主要耗能系统的性能状态，挖掘大楼的节能节支潜力，提出无成本和低成本的节能管理措施，确定节能改造的技术方案；

5）改进管理，改善服务。

建筑能源审计从低到高有四种形式：

（1）初步审计（Preliminary Audit）

初步审计又称为"简单审计（Simple Audit）"或"初级审计（Walk－through Audit）"。这是能源审计中最简单和最快的一种形式。在初步审计中，只与运行管理人员进行简单的交流；对能源账目只做简要的审查；对相关文件资料只做一般的浏览。这种审计的结果还不足以作为对建筑物能耗水平的评价依据和节能改造项目的决策依据。

（2）一般审计（General Audit）

一般审计是初步审计的扩大。它要收集更多的各系统的运行数据，进行比较深入的评价。因此，必须收集 12～36 个月的能源费账单和各用能系统的运行数据，才能正确评价建筑物的能源需求结构和能源利用状况。此外，一般审计还需要进行一些现场实测，与运行管理人员进行深入交流。

（3）单一审计（Single Purpose Audit）或目标审计（Targeted Audit）

这种审计其实是一般审计的一种形式。在初步审计的基础上，可能发现大楼的某一个系统有较大节能潜力，需要进一步分析。有时，由大楼业主提出对自己的某一系统进行能耗诊断。因此，单一审计或目标审计只是针对一两个系统（例如，照明系统或空调系统）开展。但对被审计的系统做得要比较仔细。例如照明系统，需要详细了解楼内所有照明灯具的种类、数量、性能和使用时间，并抽样测试室内照度水平，计算实际照明能耗，分析改造后的节能率、投资回报率和室内光环境的改善程度。

（4）投资级审计（Investment-Grade Audit）

投资级审计又被称为"高级审计（Comprehensive Audit）"或"详细审计（Detailed Audit）"。它是在一般审计基础上的扩展。它要提供现有建筑和经节能改造后的建筑能源特性的动态模型。如果需要对能源基础设施的升级换代或节能改造进行投资，必须在同一个财务标准上与其他非能源项目进行比较。重点是它们各自的效益，即投资回报。而节能项目的效益又不像某个产品可以在事先有比较准确的估计，因此，用数学模型进行预测就显得尤为重要。在很多情况下，投资者还需要得到节能率的承诺和担保。

在实施投资级审计时，不但要分析节能措施所能产生的效益，还要充分地估计各种风险因素。例如，气候的变化、建筑功能的改变、能源费率的提高等等。也就是说，最好要有多个应变方案。另外，在评估节能措施的实际效果时，除了依靠建筑物原有的能源计量表具，对被改造的系统还应该安装辅助计量表具。

国务院颁发的《节能减排综合性工作方案》中明确指出：要"严格建筑节能管理"，"建立并完善大型公共建筑节能运行监管体系"，"……建立大型公共建筑能耗统计、能源审计、能效公示、能耗定额制度"。建筑能源审计是大型公共建筑节能运行监管体系中的重要环节。针对我国建筑能源管理相当薄弱的现状，建设部委托同济大学、清华大学和深圳市建筑科学研究院三家单位编制了《政府办公建筑和大型公共建筑能源审计导则》，目的是建立既有政府办公建筑和大型公共建筑节能运行监管体系，提高政府办公建筑和大型公共建筑整体运行节能管理水平。这次由政府主导的建筑能源审计，主要是初步审计和一般审计。而单一审计和投资级审计，将结合节能改造，交由合同能源管理市场来完成。

二、建筑能源审计的实施

第一步，与关键岗位的物业管理人员进行交流。

作为项目的启动，召开一次有审计人员和关键岗位的物业管理人员一起参加的能源审计会议。会议内容是：确定审计的对象和工作目标、所遵循的标准和规范、项目组成员的角色和责任，以及审计工作实施的计划。除了上述管理内容外，会议还要讨论建筑物的运营特点、能源系统的规格、运行和维护的程序、初步的投资范围、预期的设备增加或改造，以及其他与设备运行有关的事宜。

第二步，建筑物巡视。

在能源审计会议之后，要安排一次对建筑物的巡视，实地了解建筑运营情况。重点巡视会议上确定的主要耗能系统，包括建筑系统、照明和电气系统、机械系统等。

第三步，浏览文件。

在会议和巡视的同时，要浏览有关建筑物的文件资料。这些资料应该包括建筑和工程图纸、建筑运行和维护的程序和日志，以及前三年的能源费账单。要注意所看的图纸应该是竣工图而不是设计图。否则，审计中所评价的系统会与建筑中实际安装的系统有所不同。

第四步，设施检查。

在全面浏览了建筑图纸和运行资料之后，要进一步调查建筑中的主要能耗过程。适当条件下还应作现场测试以验证运行参数。

第五步，与员工交流。

为了证实检查结果，审计人员要再次会见大楼员工，向他们汇报初步的检查结果和正在考虑之中的建议。了解确定的项目对用户来说是否有价值，以便建立能源审计的优先次序。此外，还要安排会见对建筑设施来说比较关键的代物，例如，主要耗能设备的制造商、外包的维修人员，以及公用事业公司的代表。

第六步，能源费用分析。

能源费的分析需要对过去 12～36 个月的能源费用账单做详细的审查。必须包括全部外购的能源，包括电、天然气、燃料油、液化石油气（LPG）和外购的蒸汽，以及所有就地生产的能源。如果有可能，最好在访问建筑之前便得到并浏览这些账单数据，以便在现场能有重点的进行审计。审查能源账单应包括能源使用费、能源需求费以及能源费率结构。最好把这些能源费用数据规格化，以排除气候变化的影响（例如，用度日数对气候进行修正）和建筑使用情况变化的影响，并作为计算节能量的基准。

通过对现有能源费用账单的详细分析，可以深入了解大楼的能耗和需求特性，从而确定最佳的能源供应方案。对于能源成本较高的大楼，较经济的方案是在现场自己生产能源。这些方案包括：应急和削峰用的发电机、太阳能电池、风能发电和热电联产。

第七步，确定和评价可行的节能改造方案。

通过能源审计应对主要系统和设备提出改造方案或对运行管理提出改进计划，并计算出其简单投资回收期。对每一主要的能耗系统（如围护结构、暖通空调、照明、电力等）应提出一系列节能改造方案。然后，根据对建筑和系统有关的所有数据和信息的审查，以及大楼员工对现场调查结论的反馈意见，形成最终的节能改造方案，并交大楼管理者审查。

第八步，经济分析。

审计人员调阅账单及相关文件之后，还应对审计中收集的数据做进一步的处理和分析。这时要借助计算机软件进行分析或建模模拟，重新生成现场观察得到的结果并重新计算一个基准能耗值。这个基准值将用来计算节能潜力。此外，还要计算实施节能改造的成本、节能措施的节能量以及每个节能改造项目的简单投资回收期。

第九步，撰写能源审计报告。

能源审计报告应列出审计的目的和范围，被审计设备/系统的特性和运行状况，审计结果，确定的节能措施及相应的节能量、投资成本、简单投资回收期，并给出推荐措施。

第十步，建筑管理者对方案的审查。

需要就最终方案向建筑管理者进行一次正式的陈述，以便使他们充分掌握方案的效益和成本相关的数据，从而做出实施方案的决策。

在能源审计过程中应该注意：

（1）保持与客户的联系。通常，大楼里所使用的所有能源都应进入能源审计的范畴。尽管大楼的用水并不属于能源，但在某些大楼里，客户会对水费的高昂提出抱怨。因此，能源审计人员应根据客户的需求决定审计内容。

（2）能源审计者往往局限在技术领域对某个建筑或单位进行审计。但仅从技术角度进行审计是不够的，还应该对大楼的能源管理状况、设备系统的运行管理状况和能源费用的构成情况进行了解。

（3）在技术分析中要了解系统和设备的下述信息：系统和设备的现状和剩余的工作寿命，运行和维护情况，安全状况，是否符合相关的规范和标准，能源使用情况，与处于相同气候区的同类型的建筑的能源使用基准进行比较的信息，可能的改造方案，各项改造方案的节能效果及投资费用。

三、我国政府主导的建筑能源审计工作

我国于2007年底开展的政府主导的建筑能源审计的主要对象是：国家机关办公建筑；政府所有的宾馆和列入政府采购清单的星级酒店；大学校园；其他两万平方米以上的大型公共建筑。

1. 要使这些建筑的能源审计工作得以顺利开展，必须具备以下条件：

（1）主管领导的重视。不能仅仅把建筑能源审计看成是建设主管部门一家的事。审计的主要对象，都是用国家财政支付能源费用的。能源审计后的公示，首先是政府形象的公示，是政府贯彻执行节能减排和可持续发展战略的决心的昭示。对这些不同隶属关系的单位，需要当地主管领导亲自进行协调。

（2）科技人员的参与。建筑能源审计的主要依据是建筑物的能量平衡和能量梯级利用的原理、能源成本分析原理、工程经济与环境分析原理以及能源利用系统优化配置原理。因此，审计人员应由建筑、暖通空调、会计、审计等专业人员组成。尽管只是初步审计和一般审计，但它具有一定的技术含量，决不同于一般的评比检查，更不能流于形式。在开展建筑能源审计时，必须依托当地的科研机构和大学。

（3）被审计单位的配合。我国《民用建筑节能管理条例》中明确指出："国家机关办

公建筑和公共建筑的所有权人或者使用权人应当对县级以上地方人民政府建设主管部门的调查统计工作予以配合"。被审计单位应该认识到，建筑能源审计是对自己的物业的能源管理水平的一次综合检验，并能发现建筑节能的潜力，为进一步进行建筑节能改造、降低建筑运营成本、改善管理、改进服务创造了重要条件。被审计单位要委托或指定专人担任责任人，负责能源审计的联络、沟通和协调。被审计单位应无保留地提供建筑能源审计所需要的能源费用账单、能源管理文件等各种有关资料，提供被审计建筑的基本信息和各种资料数据，并对所提供的基本数据和相关资料的真实性承担责任。

要完成建筑能源审计工作，上述三项条件缺一不可。各省（市）建设行政主管部门负责成立省（市）建筑能源审计工作领导小组。领导小组负责指导建筑能源审计工作，负责建筑能源审计过程的监督与协调，负责向公众公示审计结果。领导小组应由省（市）主要负责人担任组长，由建设行政主管部门及相关行政主管部门的负责人、能源监察部门及建筑节能专家组成。成立若干个建筑能源审计小组，负责能源审计的全部具体工作并出具最终报告。审计小组组长须对审计结果和最终报告的真实可靠性负责。

2. 能源审计过程

我国的建筑能源审计工作将在建筑能耗统计的基础上进行。根据各个城市建筑能耗统计的结果，将当地的各类建筑（国家机关办公建筑、宾馆、商场、写字楼等）分类按单位面积能耗从低到高的顺序排列，选取能耗最高的前10%的建筑进行审计。筛选时优先选取政府办公建筑及政府投资管理的宾馆。这部分建筑称为"重点用能建筑"。有条件的地区，也可以再选取能耗最低的所谓"第一个25%"的建筑（称为标杆建筑），见图18-4。建筑能源审计对前者的作用是对这些重点用能建筑的高能耗是由哪些技术

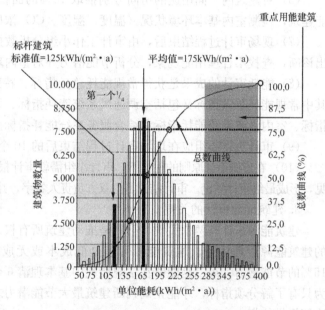

图18-4 审计对象选择原理

因素和运行管理因素所造成的进行判断，为能效公示和实现低成本和无成本改造提供依据。对后者的作用是对能耗统计中选取的典型标杆建筑（能效高的建筑）的代表性做出判断。比如，检测其室内环境和室内空气品质是否符合相关国家标准、验证其建筑使用情况是否正常等，为制订同类型建筑的合理用能水平提供依据。

建筑能源审计内容分为基础项和规定项。基础项由被审计建筑的所有权人或由其委派的责任人完成，结合能耗统计填写基本信息表，并提供审计所需要的数据和资料；规定项由主管部门委派的审计组完成。被审计建筑的所有权人或其委托人配合完成。

审计组进驻大楼后，要开展如下的审计工作：

（1）与被审计建筑物的所有权人或其指定的责任人以及主要运行管理人员举行工作会

议，了解大楼运营情况及建筑能耗存在的问题，逐项核实基本信息表。

（2）审阅并记录一至三年（以自然年为单位）的能源费用账单。包括：电费、燃气费、水费、排水费、燃油费、燃煤费、热网蒸汽（热水）费、其他为建筑使用的能源费。

（3）审计组分析能源费用账单，计算出能源实耗值，将能耗按三类区分：

第一类能耗，即常规能耗。得到①建筑供暖、通风和空调能耗；②照明能耗；③插座（室内办公设备和家电）能耗；④动力设备（电梯等）能耗；⑤热水供应能耗；⑥水耗。

第二类能耗，即特殊能耗。例如，24小时空调的计算中心、网络中心、大型通信机房、有大型实验装置（例如大型风洞、极端气候室、P3实验室）的实验室、工艺过程对室内环境有特殊要求的房间等的能耗。并将其从总能耗中扣除。

第三类能耗，按建筑面积定额收费的城市热网供热消耗量。此类建筑能耗费用值应单独记录。

（4）审阅建筑物的能源管理文件。

（5）巡视大楼，实地了解建筑物的用能状况。

（6）对建筑内不同用途的房间分别抽取10％的面积的房间或从建筑群中抽取重点耗能建筑，检测室内基本环境状况（温度、湿度、CO_2 浓度）。

（7）现场审计过程结束后，由审计工作小组分析数据，并对被审计单位的用能系统做出诊断，查找不合理用能现象，分析节能潜力并对室内环境效果做出清晰评价。

（8）能耗审计的成果是获得常规能耗总量指标、特殊区域能耗总量指标和水耗指标，其中常规能耗总量指标又包括空调通风系统能耗指标、采暖系统能耗指标、照明系统能耗指标、室内设备系统能耗指标和综合服务系统能耗指标。

（9）审计工作小组应在现场审计过程结束后的10个工作日内出具建筑能源审计报告。

（10）在遵循审计原则的前提下，审计小组需就审计报告得到的结论与被审计单位交换意见，形成最终审计结论。审计结论需由双方负责人签字，并上报审计工作领导小组存档。

3. 建筑能源审计的关键

建筑能源审计有两个关键，第一是推动建筑所有权人重视节能管理，建立起规范科学的建筑能源管理体系。建筑能源管理是低成本或无成本的节能措施，据测算，平均有15％的节能潜力。第二是能够在常规能耗中基本理清6个分项（分系统）的能耗指标。因为只有了解分项指标，才能正确判断建筑最大节能潜力之所在，才能为下一步节能改造的决策提供依据。

没有绝对的"节能建筑"，只有相对的建筑节能。按节能标准设计的建筑（包括各地建设的节能示范建筑）如果后期没有很好的能源管理，是不一定节能的，其节能量只能是计算值，即只能实现"数字节能"。而一些"先天"不足的建筑却可以通过精心和科学的管理，实现实质性的节能，即相对于过去或相对于同类建筑的节能。这种节能是实打实的节约多少度电和节约多少吨标准煤。

我国多数政府办公建筑和大型公共建筑的能源管理水平相当低。因此，能够开展建筑能耗审计的建筑物，必须满足的最低条件是：至少有过去一年的耗电量、耗气量的逐月数据；至少有一年的耗油量、耗水量、耗热量、耗热水量等的全年数据；有准确的总建筑面积。

如果连上述最低条件都无法达到，说明该建筑的建筑能源管理极其混乱。对这类建筑应在媒体上公示，当年不对其实施能源审计。这类建筑应进行整改，加强管理，在第二年提供相应的审计条件。

我国多数政府办公建筑和大型公共建筑几乎都没有设置对各设备系统（例如空调、照明、动力）分项能耗量的计量装置。尽管多数大型公共建筑都有建筑自动化（BA）系统，但多数 BA 系统能源管理功能薄弱，能耗计量和记录不完善和不充分。这些都给审计工作带来困难。只有通过对全年能耗总量的分析、运行记录、设备铭牌数据以及少量实测数据进行估算，由此得出的分项能耗数据之和与总量能耗数据的误差应控制在 15％以内。

建筑能源审计是大型公共建筑节能监管体系中的重要环节，但建筑节能监管体系中的各个环节（能耗监测系统、能耗统计、能源审计、能效公示、能耗定额、超定额加价和节能量奖励）必须逐项落实，才能真正发挥效用。希望通过节能监管体系的实施，将我国大型公共建筑的建筑节能工作推进到既有建筑的运行管理和实质性节能的阶段，完成"十一五"建筑节能 1 亿吨标准煤的任务。

第三节　合同能源管理

一、合同能源管理的基本概念

20 世纪 70 年代以来，一种基于市场的、全新的节能新机制——"合同能源管理（CEM，Contracting Energy Management）"在市场经济国家中逐步发展起来。在美国、加拿大、日本和欧洲，形成了基于这种节能新机制运作的专业化的"节能服务公司"（ESCO，Energy Service Company，我国也有将其称之为 EMC，Energy Management Company），并且已经发展成为一种新兴的节能产业。

ESCO 公司是一种基于"合同能源管理"机制运作的、以赢利为直接目的的专业化公司。ESCO 与愿意进行节能改造的客户签订节能效益合同（ESPC，Energy Savings Performance Contracts），对客户提供节能服务，并保证在一定的期限内达成某一个数量的节能金额。ESCO 向客户提供的服务包括：

1）投资级的能源审计。找出建筑的节能潜力，提出推荐节能措施，并计算节能措施的经济有效性；对风险进行评价，确定管理和减轻风险的策略。

2）节能项目的投资和融资。ESCO 一般会和第三方金融机构合作来实施节能项目。

3）节能项目的设计。

4）材料和设备的采购和安装。

5）人员培训。就新设备的运行和维护以及某些节能管理方法对运行人员进行培训。

6）运行和维护（O&M）。

7）节能量监测与验证（M&V）。

在合同能源管理方式中，客户以减少的能源费用来支付节能项目全部成本，用未来的节能收益为建筑和设备升级，降低目前的运行成本；ESCO 通过与客户分享项目实施后产生的节能效益来赢利和滚动发展，见图 18-5。

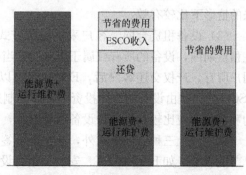

图 18-5　合同能源管理项目的多赢机制

ESCO 提供的能源服务对业主有以下好处：

1）不需要投资即可直接更新设备降低运行费用；

2）可以获得 ESCO 一定的节能经验；

3）节能收益，大部分节能项目的节能效果都超过了保证量；

4）可以改善建筑的运行和维护，使之更加节能的运行；

5）ESCO 公司承担大部分商业风险，包括合同期内保证新设备的性能；

6）更加舒适高效的环境；

7）可以用本来要付给电力公司或为浪费的能源买单的钱来得到比较好的服务。

目前，常采用的能源管理合同模式有以下三种：

（1）节能效益合同（ESPC，Energy Savings Performance Contracts，也可称为 Guar-anteed Energy Savings Contract）。这种合同是 ESCO 向客户担保一定的节能量，或向客户担保降低一定数额的能源费开支。如果是向客户担保降低一定数额的能源费开支，那么即使能源价格下跌了，最终没有达到预期的费用节省，ESCO 公司也要自己赔钱保证合同中的费用节省量。这种合同由 ESCO 承担主要风险，客户完全没有风险。但 ESCO 的费用也较高，在合同期内，节能效益全归 ESCO。即客户将节省下来的能源费交给 ESCO。在合同中还要约定如果节能量超过保证值，对超额部分的处置办法。一般来说有两种方式，一种是超额部分完全归 ESCO，另一种是由用户与 ESCO 分成。由于保持良好的客户关系是合同能源管理成功的关键之一，所以常用后一种方式。此外，有时也有担保客户能源费用维持在某一水平上的合同形式。在合同期内，节能改造所添置的设备或资产的产权归 ESCO，并由 ESCO 负责管理（也可以由客户自己的设施管理人员管理，ESCO 负责指导）。合同期结束，ESCO 将产权移交给客户。节能效益合同对 ESCO 存在着较大的风险，所以，一般都采用可靠性高、比较成熟、投资回收期短、节能效果容易量化的技术。投资回收期控制在三年以内。

（2）效益共享合同。效益共享合同是最常使用的一种合同，即 ESCO 与用户按合同规定的分成办法分享节能效益。对于合同期覆盖若干年的项目，一般在合同执行的头几年，全部节能效益归 ESCO，使其尽快回收投资、偿还贷款、减少利息损失。而在合同执行的后几年，则采取客户和 ESCO 分成的办法。这种合同方式比节能效益合同的执行期长（5 年或更长）。同样，在合同期结束时 ESCO 才把固定资产移交给客户。这种合同方式要求 ESCO 公司有较强的调试、运行和管理能力。这种合同在能源价格保持不变或上涨的情形下比较有效。

（3）设备租赁合同。客户采用租赁方式购买设备，即客户付款的名义是"租赁费"。在租赁期内，设备的所有权属于 ESCO。当 ESCO 收回项目改造的投资及利息后，设备归用户所有，产权交还客户后，ESCO 仍可以继续承担设备的维护和运行。一般而言这种 ESCO 公司是由设备制造商投资的，作为制造商延伸服务的一种市场营销策略。而政府机构和事业单位比较欢迎这种设备租赁方式，因为在这类单位中，设备折旧期比较长。

除了以上三种合同方式外，业主还可签订混合形式的合同——担保节能量及按比例共享节能收益。如 ESCO 购买、安装、运行设备，并保证每年节省 1000000 元，但业主应把节省下来的 80% 的费用付给 ESCO。这种合同中，业主不需要任何投资，每年即可净收益 200000 元。合同中应明确规定，保证业主每年节省 20000 美元。这种合同方式中，业主在几乎没什么投资和风险的情况下每年有一定的节能收益，但合同期满时，业主一般需要按市场价把设备买下来。

实施合同能源管理的主要意义在于：

1）由于用户进行少量的或无需投资便可以降低成本、改善设施，ESCO 公司能通过提供服务赚取应有利润，从而使节能项目对客户和 ESCO 都有经济上的吸引力。这种双赢的机制形成了客户和 ESCO 双方实施节能项目的内在动力。

2）由于 ESCO 在项目实施中，承担了大部分财务风险，因此它必然要十分谨慎和仔细地选择项目，投入到技术和财务都可行的节能项目之中，从而保证了设备采购和项目完成的质量。就政府而言，这是协助政府推动节能事业的一种助力；就银行而言，贷款风险较小，ESCO 替银行开拓了一种新型金融产品，推动能源服务业在国内的发展，可以创造能源服务业、能源用户、金融机构与政府多赢的机会。在这个意义上，是一种客户、ESCO、银行、设备制造商多赢的局面。

3）能源服务业以民营企业为主开展节能业务，提供能源用户能源使用效率的改善，迎合顾客需求量身订做的节能。ESCO 是专业化的节能服务公司，由于它所提供的服务的多元化，因此公司里要汇集多专业的技术专家、管理经理人和财经专家等多方面的人才。应该说 ESCO 公司具备智力密集型和资本密集型企业的特征，能够吸引更多的投资者组建更多的 ESCO，在全社会实施更多的节能项目。ESCO 的发展将大大推动建筑节能的产业化。

二、合同能源管理项目的融资

合同能源管理项目的资金来源有以下几种：

1）ESCO 的自有资本；

2）银行商业贷款；

3）风险资本；

4）政府贴息的节能专项贷款；

5）设备供应商允许的分期支付；

6）电力公司的能源需求侧管理（DSM）基金；

7）国际资本（如世界银行、亚洲发展银行等跨国银行）等。

当业主考虑采用融资的方式来实施节能项目时，应出具一份至少包含以下内容的材料：

1）公司的财务情况（两年的财务审计结果）；

2）ESCO 的财务情况（两年的财务审计结果）；

3）预计的项目收益和费用；

4）业主和 ESCO 的能源服务合同；

5）业主与电力部门的合同；

6）对要改造的设备进行描述；

7）能源审计结果总结；

8）测量和验证方案；

9）施工安排；

10）管理团队总结；

11）厂商和业主的证明。

当准备了以上材料之后，业主可以向金融机构询问以下问题：

1) 是否愿意贷款给业主或 ESCO 公司以资助节能项目？

2) 哪些因素会影响贷款利率和期限？

3) 多久可以给予是否资助的答复？

4) 贷款得到批准的时间期限？

5) 是否需要定期向贷款机构汇报项目情况？

6) 如果项目没有产生预期的节能效果，会怎么办？

7) 贷款有提前付清罚款吗？如果有，什么情况下会实施？

8) 如果电费下跌，节省的费用不够还贷会怎么办？

9) 还款可以不采取每月的方式，而采用每季度或每年支付的方式吗？

项目的经济分析是十分重要的一个环节。项目资金筹借过程中，是项目本身受到重视和关注的过程，因此，即使 ESCO 是借方，业主也需要对项目进行财务分析以保证可以按时还贷。如果经济分析表明，项目的净现值（NPV）、内部收益率（IRR）比企业的常规项目高，则业主会比较容易批准该项目。

借贷人最关心的是债务偿付分析，与项目的贷款相比净收益如何？如果净收益是每月2500 美元，每月应支付的贷款是 2000 美元，则债务偿付比率为 1.25。借贷人一般都希望债务偿付比率在 1.10 以上，如果你的项目的债务偿付比率太低的话，就应考虑一些应对方法：第一，可以延长还贷期限，这样会减少每个月的还款，增加偿付比率；第二，如果项目的投资相对其他项目来说太高的话，则可考虑对项目进行调整，不采用对维护费用要求较高的昂贵的设备，这样可以缩短项目的回收期，增加成功的概率；第三，ESCO 公司使用一部分自有资金，从而减少贷款量。

三、合同能源管理项目的风险评估和管理

1. 项目的风险评估和管理

对项目风险的评估和管理是实施合同能源管理项目的重要环节。合同能源管理项目中存在很多风险，表 18-2 介绍了一些风险因素及相应的风险规避措施。对业主来说，转移风险也意味着与人共享节能收益。表 18-2 最后一栏列出的服务中，业主得到的服务越多，所付的费用也越高，但是，节能效果越能得到保证，而且节能效果的持续性也越好。

合同能源管理中，业主规避的大部分风险都由 ESCO 公司来承担了。因此合同能源管理的重点就变成了 ESCO 对风险进行评估和管理。ESCO 对风险评估得越准确，管理得越有效，双方的收益就越大，对风险评估管理能力的不同是 ESCO 公司的主要差距所在。经验丰富的 ESCO 总结了一些风险评估和管理的技巧：

1) 收集客户的组织、技术和财务方面的数据并进行核实，对建筑业主进行评价和筛选。

2) 进行一次投资级的能源审计。投资级的能源审计会对管理行政上的风险、运行和维护风险及这些风险对项目节能效果的影响进行评价。审计还会把金钱的时间价值考虑在内，因为一个按计划 4 年可以回收的项目，回收期很容易就会超过 5 年。此外，投资级能源审计还会将风险转移的费用考虑在内。

3) 建立详尽的基准年数据，基准年能耗数据不仅包括过去两三年的平均能耗数据，而且还包括建筑在此期间运行工况的变化，项目执行前应对建筑使用时间、人员类型、运

行时间等关键的影响因素进行核实，并由双方认可。如何调整这些变量以建立调整后的年基准数据是十分重要的。

4) 制定一个对各方都比较公平的有效合同。

风 险 评 估 矩 阵　　　　　　　　　　　　表 18-2

风险因素	风险水平	主要变量	风险缓解措施
设备的性能担保	1	设备的质量 人员的水平 合同条款规定	内部或咨询人员的专业技能加强法律约束
专业技能	1	咨询人员的水平	选择有资质的咨询人员并不断与其协商
审计的质量和精度	2	审计师的能力； 可重复性； 业主对审计结果 有偏见	仔细选择审计人员 重复一个抽样审计 第三方认证 规定审计范围，并建立标准的审计程序
项目管理不充分	2	内部人员的 项目管理能力	聘任有一定资质的人员担任项目管理经理
施工/安装	1	ESCO/分包商的 资质合同条款	选择有资质的 ESCO/分包商 履约保函、加强法律约束
运行和维护	1	建筑运行人员的资质 培训质量	委托 ESCO 进行运行和维护 ESCO 的培训经验 仔细选择 ESCO
节能效果的持续性	1	根据承诺而定 运行和维护水平 培训质量	合同义务 仔细选择 ESCO，要求保证节能效果的持续性
节能效果的验证方法	1	验证精度随测量和 保证的精度而定	出资请第三方验证
建立基准年数据； 基准年能耗进行调整	4	历史数据的可用性 合同中对调整的规定	加强能源管理 加强法律约束
M&V 的相关规定 和费用	5	方法的精度	增加费用，采用精度高的设备和精确的方法
延误产生的费用 是否按计划的 日程实施	1	审计延误 融资延误 设计延误 施工延误	认识到延误产生的费用；合同中对工程中的延误情况 制定惩罚条款；检查城市是否畅通等。在挑选 ESCO 时，看其过去是如何处理该类事情的
控制问题	5	合同条款	合同中规定可接受的参数
运行和维护人员 培训的质量	1	运行维护人员 培训后的能力 培训费用	挑选服务商进行培训

注：数字 1—5 指风险水平，1 为最低，5 为最高，1 到 5 风险水平依次升高。

5) 运行和维护。节能项目的合理运行和维护是项目成功的关键。美国联邦政府执行能源项目的经验表明，80%以上的节能效果可以归因于节能的运行维护方法。如果 ESCO

想保证项目达到预期的节能效果，就必须在合同期内对设备进行运行和维护，否则要对建筑内的运行人员进行培训。不然的话就应在合同中降低计算得到的节能量。

6）测试与验证。一旦实施推荐的节能措施，ESCO 就必须和业主协商确定项目中执行哪种 M&V 方案，以及方案的精度及费用，主要问题是：业主愿意付多少钱验证节能效果？如果把验证费用算在项目中，则会使节能效果打折扣，从而减少 ESCO 可以提供的服务。

7）项目管理。设备安装后，才正式开始有节能效果，项目管理经理对项目的成功执行是十分关键的。

ESCO 对风险进行了全面评估并确定了管理风险的方法后，那么他们就可以对节能效果打一定的折扣了，即绝不能保证 100% 得到预计的节能量。投资级的能源审计可以提供必要的信息，以确定应担保多少节能量，及扣除多少节能量来满足风险需求。

2. 资本市场的风险分析

合同能源管理项目形式多样、技术复杂，ESCO 想要产生一个对客户具有经济吸引力的能源合同项目，必须具备较强的技术能力。但是如果没有资金，即使技术力量再强，所做的一切努力都会白费。如果想得到第三方的资助，如银行等金融机构的贷款，就必须形成一个银行可以接受的能源服务交易，并全面理解和平衡三方的需要和目标。本节重点从金融机构或借贷人的角度去分析投资节能项目中的一些关键问题，以便更好地为节能项目融资。

正确进行风险评估并合理分配风险是融资成功交易的根本。为了吸引资本市场的投资者，ESCO 或业主必须出具一份与融资相关的风险报告并估计投资者可以获得的回报，这是最常用的基本风险/回报分析，风险越大，投资者要求的回报越大。能源服务交易中的风险分析和转移更复杂。

签署能源管理项目时，资本市场主要分析以下四类风险：

（1）业主的信贷风险

这是最关键的风险，也可看做是业主承担偿债义务的能力。尽管能源服务交易中融资结构有多种，但最常用的还是业主付钱换取相应的产品和服务。不管采取哪种融资形式，业主的支付义务可以担保偿贷和投资者要求的回报。因此，金融机构最关心的是用户的全面偿贷能力。合同签署过程中，金融机构会对业主的经济运转情况、资金周转情况、资产负债表、偿贷能力、市场地位、管理能力等多方面进行考察。为了成功从第三方获得资金，信贷分析结果必须证明业主有能力充分承担偿贷义务。

（2）施工风险

普通施工项目合同中所包括的风险条款在能源管理合同中也是适用的。这项风险主要与项目规定、工期长度、施工期间业主和 ESCO 的义务、ESCO 的技术能力及财务状况等因素有关。评估该项风险应首先明确，如果项目没有完成，哪一方对偿还债务负责。大部分情况下，如果项目没有按照业主的要求完工，而且还没开始偿还贷款，则由 ESCO 和其分包商承担该项风险。借贷人是否还要求一个信誉良好的担保人进行履约保证，主要取决于业主或 ESCO 的信誉水平。

（3）ESCO 的信贷风险

这项风险主要与 ESCO 在项目的施工、运行维护中所起的作用有关，主要有三种形式：施工风险、性能风险和一般的破产风险。由于不同的情况下 ESCO 的信贷风险也不同，借贷人必须逐项进行分析并将其减轻至最小。正如上文提到的，金融机构在施工过程中也要求有可靠的还款来源，对 ESCO 有直接追索权是避免施工风险最常用的手段。为此，借贷人一般需要全面检查 ESCO 的信用情况。这种情况下，ESCO 应提供审计得到的至少三年的财务状况、历史数据和其他签署交易必需的信息。借贷人是否还需附加额外的信用要求，如履约担保等，主要看 ESCO 的信誉情况。

其中的性能风险是主要的风险，该风险与项目没有达到预期的节能效果时用户的偿还义务有关。如果业主无论如何都会偿还债务，那么借贷人就不必考虑 ESCO 的事情了，借贷人也就不用担心什么性能风险了。但是，如果业主的还贷是以满意的节能效果为基础的话，那么借贷人就会要求合同规定，一旦没有达到预期的节能效果，必须拥有对 ESCO 的追索权。这种情况下，借贷人会随时跟踪项目的性能风险并评价项目没有达到预期效果时 ESCO 的偿债能力。另外，借贷人还可能会要求履约担保等额外要求。对项目的性能风险，ESCO 或业主可以通过买保险的方式来减轻或避免项目达不到预期效果的风险。

（4）资本结构风险

这项风险主要源于交易的契约本质，及具体的合同条款和要求。为了形成银行可接受的能源服务交易，在交易早期形成过程就考虑这些风险并合理解决是极其关键的。银行不接受交易的主要问题在于合同中没有明确规定这些风险并合理分配风险。规避风险最有效的方式是找出这项风险。

要想避免资本结构风险，就必须认识到金融机构所关注的问题。资助节能项目的金融机构一般关心的是信贷风险而不是性能风险。因此，合同必须对各项风险进行明确界定，并将信贷风险合理分配给业主和银行，性能风险由 ESCO 或业主承担。有了明确界定之后，金融机构就可以根据标准的信誉分析方法对交易进行评价并决定是否签署合同，而不用考虑复杂的技术规定、节能量如何计算、能源费用情况、设备的可靠性以及一系列影响 ESCO 按合同条款实施项目的能力的其他因素。当然底线是，金融机构必须避免由于达不到预期的节能效果而出现不偿贷的风险。

此外，为了避免资本结构风险，合同中必须写明以下重要条款：

1）付款义务。金融机构期望的贷款或投资方式是，不管节能项目的节能效果如何，都会保证还贷。如果合同中有这项条款，则借贷人一般会签署贷款协议资助节能项目。在考虑该合同时，金融机构一般会分析两种情况：第一种是分析结果表明项目的节能效果显著，还款的可能性很大，此时金融机构就可以只对业主的信誉进行分析和评价；第二种是业主有权利在项目节能效果达不到预期要求时不还贷，此时金融机构还会对项目的性能风险和 ESCO 的信誉进行分析和评价，以便在项目没有达到预期的节能效果业主不还贷时，保证 ESCO 会还贷。

2）付款安排。借贷资本市场不仅还贷义务有严格的规定，而且还要求确定的贷款时间安排。当业主将还贷的钱与付给 ESCO 的运行和维护服务费用捆绑在一起时，借贷人会要求一个锁箱协议（lock－box agreement）。锁箱由借贷人控制，协议中应明确规定以下条款：项目的节能收益应首先用于还贷，然后是 ESCO 的服务费，最后才是业主的收益。

3）税收、保险和维护。金融机构对业主或 ESCO 有以下要求：①为节能收益付税；

②购买财产和责任保险，费用多少由借贷人定，并将借贷人作为保险费用的受益人；③合理对设备进行维护，ESCO 的运行和维护义务一般会包含此规定。

4) 资产的产权和担保物权。借贷人是否对其资助购买的设备有产权取决于采用哪种融资结构。但借贷人一般会要求拥有第一优先权，在项目资产中修改担保物权。为了满足该要求，文件中应包含以下两个关键的部分：①明确规定设备是作为个人财产并达成协议不能将安装的设备作为固定资产，还是将其作为其他类型的固定资产；②借贷人修改第一优先担保物权的权力。

5) 终止规定。大多能源服务交易都允许一方或多方提出提前还贷，或由于节能效果达不到要求而提前终止交易。一般需要提前 60 到 180 天书面提出终止申请，交易终止应保护借贷人的投资不受损失。为了避免纠纷，合同中应明确规定终止事项，终止费通常按预先商定的比例来确定，提前终止地越早，费用就越高。虽然有时候是因为没有达到预期的节能效果而提前终止交易，但借贷人一般仍会要求支付合同中规定的提前终止费或意外损失费。在标准的融资交易中，金融机构会要求业主支付提前终止费；如果是由于节能效果的原因造成提前终止，就要看合同条款中是否规定没有达到预期的节能效果时业主对ESCO 的追索权。在捆绑服务融资结构中，违约方通常有义务支付提前终止费或意外损失费，这可由借贷人指定谁来付款。

6) 委派权。银行可接受的交易中，其中很重要的一部分是借贷人有不受限制的委派权。没有该权力交易就会完全与资本市场隔绝。这主要是因为所有借贷人都要保证资金的流动性，以有权力将交易委派给第二市场的其他投资者。必须认识到这样一个事实，借贷人所做的投资主要是基于业主的信誉决定的，通过控制业主的委派权，借贷人可以防止信贷和投资坏账。

7) 合同和文档。双方一旦就交易的基本商业和结构条款达成一致意见，交易就必须根据资本市场的规定和要求用文档的形式整理出来，一个经验丰富的法律团队是完成这项任务的关键，合同中必须避免出现以下问题：①合同表述不清晰。合同中应明确规定双方的权利和义务，不能有任何含糊之处，否则会就某些问题对簿公堂；②将借贷人的风险和ESCO 的风险混在一起，合同中应将各方的风险明确区分开来；③融资和服务没有分离。在捆绑服务中，融资问题必须与技术问题区分开来；④没有按照资本市场的规定写明关键条款，如借贷人的委派权，对设备的担保物权，无论如何必须还贷的义务等。这样很难得到他们的投资。

为了构筑一个银行可接受的交易，每一项风险都必须认真分析，并将其减轻到资本市场可以接受的程度。对信誉好且结构合理的节能服务交易，资本市场可以无限制地资助。因此，了解投资者的要求，并与经验丰富的投资伙伴建立良好的合作关系，ESCO 可以完成很多本来因为资金缺乏而无法实施的项目，也会避免很多因项目耽搁而产生的费用，并在能源服务市场上保持有竞争力的优势，提供给顾客满意或超值的服务。

第四节 测 试 与 验 证

著名的管理大师——通用公司的 CEO 杰克·威尔奇（Jack Welch）说过："对于不能测试的事物你永远无法管理"。在合同能源管理实施中，有许多双边甚至多边的问题需要有公正的裁判：

    1）验证 ESCO 在合同中承诺的节能效果；

    2）项目执行前的基础能耗值和项目执行后的实际节能量；

    3）实际节约的费用是否达到预期值；

    4）项目执行期间双方的风险责任定位，某些影响因素的责任确定；

    5）银行需要债务人的资信证明；

    6）验证项目的社会效益（例如，室内空气品质的改善、污染排放的减少等）。

    这些都需要用数据来说明。在合同能源管理执行期间就要出现一个第三方，它所提供的测试和验证的结果可以作为用户（业主）验收和 ESCO 确定收益的依据。

    为了规范合同能源管理市场，美国能源部从 1994 年开始与工业界联手寻求一个大家都能接受的方法，用来计算和验证节能投资的效益。1996 年首次发布了国际性能测试与验证协议（IPMVP，有时称 MVP），它是由美国、加拿大和墨西哥的数百名专家组成的技术委员会汇编而成的。在 1996、1997 年，来自 12 个国家的 20 个国家团体（包括中国的国家经贸委和北京节能中心）共同工作，于 1997 年 12 月改版、扩充和出版了 IPMVP 的新版。第二版被国际上广泛接受，真正成为一个国际性协议。2000 年又出版了第三版。IPMVP 第三版的编辑工作是由来自 16 个国家和 25 个组织的上百名专家参与的。IPMVP 被翻译成了中文、日文、韩文、葡萄牙文、西班牙文等文本。目前，最新的 IPMVP 是 2007 年出版的版本。

    IPMVP 分为三个独立卷：

    第一卷，确定节能量的概念和有关方案

    第二卷，改善室内环境质量的概念和方法

    第三卷，应用

    本节重点介绍第一卷，节能量测定的概念和方法。IPMVP 的特点是：

    1）为节能项目的买卖双方和财务人员提供一套共同条款，用来讨论与 M&V 相关的事宜，同时建立起一种能应用于能源管理合同中的通用方法。

    2）规定了确定整套设备和单台设备的节能量的方法。

    3）可应用于各类建筑设施，包括居住建筑、商用建筑、工业建筑和工艺过程等。

    4）提供一般操作程序，这些操作程序适用于所有地域的类似项目，并且是被国际认可的、公正的和可靠的。

    5）提出不同精度和不同成本的测试和验证程序，包括基准值、项目实施条件和长期节能量。

    6）提供了一套确保室内环境品质的节能测试的设计、实施和维护方法。

    7）是有活力的、包括实施方法和实施程序的文件体系，确保文件能与时俱进。

    在 IPMVP 中，给出了节能测试和验证的一般方法和具体实例。节能量值用下式计算：

节能值＝基准年耗能量－节能改造后耗能量＋调整量

    正确计算节能量是节能改造项目的一个重要组成部分，也是评估改造效果的依据。IPMVP 推荐了四种测试和验证方案：方案 A—改造部分隔离，测量部分变量；方案 B—改造部分隔离，测量全部变量；方案 C—全楼宇验证；方案 D—校准化模拟。具体选择哪一种方案计算应视具体项目而定，要综合考虑所采取的节能措施的复杂程度、预计的节能量大小等方面的因素。

节能量测定的基本方法有以下步骤：

1）从四种方案中选择一个或多个符合项目实际需要的 M&V 方案，确定是否要对改造后的工况或参数进行调整（此类问题可写入节能项目的合同条款中）。

2）收集基准年能耗及运行有关的数据，并按照方便将来分析的方式记录。

3）设计节能项目。设计应备文档以记录设计目的和设计成果的展示方法。

4）制订一个具体的测试和验证方案。

5）对 M&V 方案所需的测量设备进行设计、安装和调试。

6）节能项目实施后，检查已安装的设备和修订的运行方法，确保符合步骤 3 中规定的设计意图，这一过程通常称作"调试"。

7）收集改造后的能耗和运行数据。

8）根据 M&V 方案的要求计算节能量并进行验证。

9）撰写节能改造效果评估报告。

一、方案 A：改造部分隔离，测量部分参数

方案 A 是将经节能改造的系统或设备的能耗与建筑其他部分的能耗隔离开，然后用仪表或其他测量装置分别测量改造前后该系统或设备与能耗相关的部分参数，以计算得到改造前后的能耗从而确定节能量。

方案 A 中，只测量一部分参数，其他的参数值是改造双方约定而成的。但约定参数必须保证：由此产生的累计误差不会给节能量的计算带来较大偏差。哪些参数进行测量，哪些进行约定，主要取决于约定值对总的节能量的影响程度，一般，对能耗影响较大的参数应进行测量来定。约定的参数值及其对节能效果的影响应包含在节能效果评价报告中。对参数进行约定可以是基于历史数据或从厂家样本上得到，如对被改造设备的运行时间进行约定，可约定为改造前后的运行时间不变。必须确保约定的参数值符合实际情况。约定值对节能量的影响程度，可采用工程估算或数学计算的方法来评估。如果被改造设备的关键运行参数无法约定时，则应根据项目具体情况采用方案 B、C 或 D。

对必须要测量的参数，应分别测量其改造前后的情况。可以进行连续测量或进行短期内定期测量，每个变量的测量时间不应少于一周。当节能改造措施较复杂、实施范围较大时应相应增加测量次数。对较恒定的参数，可进行定期测量；对逐日或逐时变化的参数（如 HVAC 系统的参数）应进行连续测量；对随季节变化的参数，应根据适当的季节进行调整。

执行方案 A 主要是通过测量改造前后设备的功率、效率及运行时间来计算节能量。该方案最易执行，且所需费用最少，但精度也最低，节能量的不确定性也最大。当业主与改造方达成一致意见，认为节能量不受设备性能或运行特性变化的影响时可采取该方案。

方案 A 主要适用于以下场合：

1）对运行负荷恒定或变化较小的设备进行节能改造（如更换照明灯或定速电机等），改造后的运行时间和模式基本相同，并且节能措施的节能量相对较小；

2）节能措施之间或与其他设备之间的相互影响不太明显或可以进行测量；

3）已有的分表系统可以对系统的能耗进行隔离测量；

4) 对参数进行约定引起的不确定性可以承受。

二、方案 B：改造部分隔离，测量全部变量

方案 B 是将经节能改造的系统或设备的能耗与建筑其他部分的能耗隔离开，然后用仪表或其他测量装置分别测量改造前后该系统或设备与能耗相关的所有参数，以计算得到改造前后的能耗从而确定节能量。除了不允许对参数进行约定外，方案 B 使用的节能量测定方法与方案 A 是相同的。方案 B 比方案 A 的精度要高，但成本也更高。

方案 B 中，对参数可采用短期或连续测量的方式。连续测量对节能量的计算来说精度较高，此外还可运用连续测量获得的设备运行数据来改进或优化设备的运行，由此强化节能改造的效益。对短期或连续测量的具体规定如下：

1) 计算改造前的能耗量，可对相关的参数进行一次性的短期测量。

2) 计算改造后的能耗量，可对相关的参数进行一次性的短期测量或长期连续测量。对改造前后运行时间和负荷不变或变化较小的场合，可进行一次性的短期测量；对改造前后运行时间和负荷变化较大，或运行负荷随着其他变量而变化的场合，应进行长期连续测量。

3) 短期测量的测量时间不应少于一周。长期连续测量应根据使用功能、运行工况或影响变量进行分组测量，每组的连续测量时间不应少于三周。如果测量变量受全年气候影响或运行工况是全年变化的，则连续测量时间不应少于一年。

大多数节能措施产生的节能量都可以用方案 B 确定。但方案 B 通常比方案 A 更难，成本更高，但精度也更高。方案 B 主要适用于以下场合：

1) 对运行负荷变化的设备进行节能改造，且节能措施的节能量较大；

2) 节能措施之间或与其他设备之间的相互影响可以忽略不计或可计算得到；

3) 影响能耗的变量既不太复杂，又不难监测；

4) 期望得到单项节能措施的节能量；

5) 已有的分表可以用于对系统的能耗进行隔离测量；

6) 参数的测量费用比采用方案 D 的模拟费用低。

方案 A 或 B 中，当实施节能改造措施的设备数量较大时（如更换大量的照明灯），则应对被改造的设备进行统计学抽样，然后对样本进行测量。抽样应能够代表总体情况，且测量结果具备统计意义的精确度。

三、方案 C：全楼宇分析

方案 C 是用电力公司或燃气公司的计量表及建筑内的分项计量表等对节能措施实施前后整幢大楼的能耗数据进行采集，以分析和评估实施前后整幢大楼的能源利用效率，并计算节能措施全年的节能效果。

方案 C 可以评估任何种类的节能措施的影响，但是，当采取多种节能改造措施时，如果只有电力公司及燃气公司的计量表，则该方案只能评估所有节能措施对整幢建筑的综合节能效果，而无法对各项节能措施的节能效果进行单相评估，也无法评价建筑内其他因素的变化对能耗的影响；如果既有电力公司及燃气公司的计量表，又有分项计量表，则该方案可以计算和评估所有节能措施的综合节能效果及各项的单独节能效果。

该方法针对的项目是预期的节能量足够大，使得这些节能量可以从随机和无法解释的能耗偏差中识别出来，而这些偏差正常情况下可以从整个建筑的电表记录中发现。一般，

节能量应该比基准年的能源使用量高百分之十，这样才能够排除基准年随机干扰的影响。

节能项目实施后，建筑中所有设备和运行方式应定期进行检查。通过检查能够发现与基准年状况不同的地方，也能随时发现预期运行方式发生的变化。方案 C 中，合理确定非节能措施因素对能耗的影响程度是其中的重点和难点，尤其是节能量要长期进行监测时。这些因素主要有天气、入住率、设备能力及其运行状况等。如室外温湿度、宾馆的入住率、办公楼的使用天数或商场的销售额等。

方案 C 中的分析方法主要有账单比较和回归模型两种，二者具有相似的方法与步骤：

1) 收集数据

作为基准数据，至少应收集节能项目实施前连续 12 个月的能耗数据。为了计算实施后第一年的节能效果，至少应收集连续 9 个月的实施后的能耗数据。对于采用回归模型法的场合，还应收集一些与建筑物能耗有关的参数的数据，以便建立能耗回归模型。

2) 确立基准能耗

账单对比法的基准能耗可采用节能改造前某一个月的能耗账单数据，也可采用改造前该月的几年能耗数据的平均值，或采用经过采暖度日数和制冷度日数修正的月能耗数据；回归模型法的基准能耗确定方法：建立能耗与各参数的回归模型后，用一至三年的实际能耗数据对模型进行验证和修正，确定模型的有效性（达到工程要求的预测精度）后，将收集得到的节能改造前的各参数的数据带入回归模型，从而计算得到基准能耗。

3) 计算节能量

节能项目实施后，应对建筑内所有的设备和运行情况定期进行检查，以便发现与改造前的状况不同或预期的运行方式发生变化的情况。如果发生运行模式或建筑物用途等的变化，应对改造前的基准能耗进行调整。

在利用方案 C 进行数据分析时，建立合理的模型是十分重要的，模型的难易程度视具体情况而定。可以非常简单，就是将基准年的十二个月份的最大需量数依次排列，没有任何调整系数；也可通过回归分析建立能耗和一个或多个参数之间的关系，如：建立能耗和度日数、占用率和运行工况等参数的回归模型。对实际的节能项目，可能会分析出不止一个模型，为了保证计算的精度，应用统计学评价指标，例如 R^2 或均方误差 CV（RMSE）来评价和筛选。

方案 C 的成本取决于能源数据是来自于电力公司的收费账单还是建筑的计量表。如果建筑内有分项计量表，且可正常读表和记录，那么就不需要额外的成本。方案 C 主要适用于以下的场合：

1) 需要评估改造前后整幢建筑的能效状况，而不仅仅是节能措施的效果；

2) 一幢建筑中采取了不止一种节能改造措施，且它们之间存在显著的相互影响，或采取的节能措施与建筑内其他部分之间存在较大的相互影响，采用方案 A 或 B 进行隔离测量比较困难和费用太高；

3) 对某些系统或设备进行节能改造，但无法轻易地将其与建筑的其他部分隔离开，如墙体或窗户的改造等；

4) 预期的节能量比较大，足以摆脱建筑内其他因素对基准能耗的随机干扰。

四、方案 D：校准化模拟

方案 D 是对采取节能改造措施的建筑，用能耗模拟软件建立模型（模型的输入参数应通过现场调研和测量得到)，并对其改造前后的能耗和运行状况进行校准化模拟，对模拟结果进行分析从而计算得到改造措施的节能量。方案 D 中，整幢建筑的能耗模拟应采用逐时能耗模拟软件进行校准化模拟，且该逐时能耗模拟软件应采用典型气象年 8760 小时的逐时气象参数进行负荷和能耗的计算。此类模拟模型必须加以校正，以使其预测的能耗数据与基准年和改造后电力公司的实际用电量和最大负荷数据吻合。但如果建筑物的热损失/得热、内部负荷和暖通系统比较简单的话，也可以采用相关的简化能耗分析方法来计算。

与方案 C 类似，方案 D 可以用来评估建筑中所有节能措施的整体能效。但是方案 D 还可以计算一个多项节能措施项目中每项节能措施的节能量；与方案 A 或 B 类似，方案 D 也可用来评估建筑内单个系统的能效水平。但此时，应将该系统或设备的能耗与其他部分的能耗隔离开。

精确的计算机模拟和用测定的数据对模拟进行校准是方案 D 面临的最大挑战。为了保持合理的精度同时又控制成本，使用该方案 D 时应注意以下几点：

1) 由训练有素的、在特定软件和校验技术方面富有经验的人员进行模拟分析；

2) 输入的数据应尽可能采用符合建筑实际情况的有效信息；

3) 模拟必须进行校准，使模拟结果与实际能耗数据之间的偏差符合相应的精度规定；

4) 模拟分析的结果应采用纸质或电子文档的形式记录并保存下来。文件必须详细记录模型建立和校准化的过程，包括输入数据和气象数据，以便其他人可以全面审查模拟的各种运算结果。

采用该方案进行分析时，只有采用模拟程序设定的方式运行才能保持计算得到的实际节能量。因此，节能项目实施后，应对建筑中所有设备的运行状况进行定期检查，以及时发现基准年条件的变化和模拟设备能效的偏差。

分析新建建筑中的节能项目一般都采用方案 D，该方案最适用于以下场合：

1) 没有或无法获得基准年数据。这种情况一般出现在采取了节能措施，又需要将其与其他设备分开评估的新建建筑中；也可能出现在下面情况中：所有建筑集中计量，基准年没有对每个建筑分表计量，而节能措施实施后才进行分表计量。

2) 无法获得改造后的能耗数据，或是由于难以量化其影响因素而使数据很模糊。

3) 节能改造措施之间，或是与建筑物其他设备之间有显著的相互影响，采用方案 A 或方案 B 中的隔离方法过于复杂，成本过高。

4) 期望的节能量不够大，无法采用方案 C 通过电力公司的表计将其区分出来。

5) 对一个多项节能措施的项目中要得到每项节能措施的节能效果。

当出现以下的任何一种情况时，不宜采用方案 D：

1) 无需能耗模拟就可以很容易地分析出节能措施的节能量；

2) 无法获得模拟所需的足够的数据资料进行准确模拟的建筑；

3) 无法模拟的空调系统；

4) 无法模拟的改造措施；

以下类型的建筑物是不易进行模拟的：大型的门廊、很大部分的空间在地下或与地面耦合、不同寻常的外部形状、遮阳结构复杂、有很多不同的温控区。此外，还有些建筑物节能改造措施很难进行模拟，如在阁楼增加辐射隔板、暖通系统的变化不能通过（每小时内整个建筑物）模拟程序中的固定选项实现等。

以上是四种 M&V 方案，其中，方案 A 和 B 侧重于具体节能措施的操作，主要测量建筑中受节能措施影响部分的能源使用量。方案 C 评估整个建筑的节能水平。方案 D 是基于对设备或整个建筑能效水平的模拟，从而在基准年或改造后数据不可靠或没有的时候能够确定节能量。当采用方案 B、C、D 进行分析时，应对建筑内所有的设备和运行情况进行定期检查，以便发现运行模式、建筑用途等状况的变化。一旦发现这些变化，应对计算结果进行调整，而且方案中应可以有效地反映这些变化。此外，采用方案 B、C、D 对节能效果进行计算和评估时，都应考虑计算过程中存在的不确定性并建立正确、合理的不确定性控制目标。

业主一般应聘请在节能方面经验丰富的第三方来担任测试与验证工作。业主可以请第三方帮助更加仔细地审核节能报告。第三方单位应当在第一次审核节能改造计划时就开始介入，以确保整个节能方案符合业主利益。第三方人员应该深入了解设施及其运行情况，经常检查日常的节能报告和基准年调整量。如果业主能够自行总结设备的运行状况，将减小第三方验证者的工作范围、工作量和成本。

有经验的第三方可以帮助监督执行能源管理合同。如果在项目偿付期间合同双方产生分歧，第三方能够帮助进行调解。

第三方参与节能测试和验证的人员应该是典型的工程咨询人员，他们在节能改造方面有经验、有专业知识，懂得测试和验证技术以及相关的能源性能合同。

节能改造不能以牺牲室内环境为代价。由于室内环境品质（IEQ）的劣化造成的对居住者健康的影响以及对工作效率的降低，往往是节约下来的能源费所无法补偿的。因此，IPMVP 的第二卷中把室内环境品质也作为节能效果测试和验证的主要内容之一，详细内容请参看 IPMVP Volume 2。在做能源管理或节能改造计划时，应把保证室内环境品质作为第一底线，而把资金量等因素放到靠后的位置，这样才能体现建筑管理以人为本的服务宗旨。

第十九章　建筑节能的技术经济分析

第一节　能　源　效　率

我国作为世界上最大的发展中国家，在现代化过程中，面临人口、资源和环境的巨大压力。而提高能源效率是实现可持续发展战略的优先选择，是解决环境问题、增强竞争力和保障能源安全的重要措施。提高能源效率可以表现为：延长非再生能源资源的使用年限，为过渡到以可再生能源为基础的能源系统赢得时间；减轻能源生产和利用对环境造成的损害；降低能源密集产品的生产成本、提高其市场竞争能力；减少能源需求，节省能源建设投资，促进经济发展；提高宏观经济效率，因为提高能源效率投资的收益比能源开发的收益高得多；提供更多的就业机会，投资提高能源效率与增加油、气、电力供应相比，提供的工作岗位多一倍。

关于能源效率的定义和计算，可以从不同的角度进行。目前，被广泛接受的物理学能源效率定义是由联合国欧洲经济委员会 ECE（UN Economic Commission for Europe）给出的，ECE 从物理学的角度将能源效率定义为：在使用能源资源的各项活动（包括能源开采、加工转换、储运和终端利用）中，所得到的起作用的能源量与实际消耗的能源量之比。

根据联合国欧洲经济委员会 ECE 的能源效率评价和计算方法，能源系统的总效率由三部分组成，即开采效率、中间环节效率（包括加工转换和储运效率）和终端利用效率，能源系统的总效率等于该三部分的乘积。开采效率，又称回采率或采收率，用从一定能源储量中开采出来的产量的热值与储量的热值之比来衡量。中间环节效率，包括加工转换效率和储运效率，加工转换效率是指起作用的能源产量与加工转换时投入的能源量之比，其差额即加工转换过程中的损失和耗用的能源。"加工"是指煤、石油、粗天然气、铀矿等的精选和炼制。"转换"则包括炼焦、发电、产热、气化、液化等一次能源变成二次能源的过程，一次能源是从自然界取得的能源，如流过水坝的水、原油、原煤等，能够直接用作终端使用的一次能源是很少的，大部分一次能源需要转换成二次能源，二次能源是用途极广的能源形态，如电力和汽油。储运效率用能源输送、分配和储存过程中的损失来衡量，一般不包括自身消耗的能源，但输电线路中的变压器和管道输送泵所消耗的能源计算在内。终端利用效率，即终端用户得到的有用能与过程开始时输入的能源量之比，在国际能源机构 IEA（International Energy Agency）的能源平衡方法规则中，"有用能"被定义为：扣除最终转换和消费各阶段的损失剩下的能源量。

按照上述定义的能源效率计算相当复杂，需要大量的动态数据。联合国欧洲经济委员会（ECE）对其所辖地区的能源效率进行了系统、深入的研究，于 1976 年发表了 ECE 地区提高能源效率和节能的报告，在该报告中，详细说明了能源效率的计算方法，该能源效率计算也是目前国际上通用的能源效率评价和计算方法。根据上述计算方法，我国相关政府部门和学者对我国的能源效率进行统计和计算，表 19-1 显示我国 1980～2000 年的能源效率。从表中数据来看，我国的能源效率由 1980 年的 25.9％提高到 2000 年的 33.4％。我国当前的能源效率比国际先进水平大约低 10 个百分点。

中国 1980～2000 年能源效率（％）　　　　　　　　表 19-1

		1980	1989	1997	2000
开采效率		—	31.1	33.0	33.5
中间环节效率		74.0	72.4	68.8	67.8
终端利用效率	农业	27.4	28.0	30.5	32.0
	工业	38.7	40.5	46.3	32.0
	交通运输	21.2	25.4	28.9	28.1
	民用和商用	29.1	42.5	54.8	66.2
	小计	34.4	38.7	45.3	49.2
能源效率		25.9	28.0	31.2	33.4
能源系统总效率		—	8.7	10.3	11.2

注：1. 中间环节包括能源的加工、转换和储运。

2. 工业包括建筑业。

3. 民用和商用包括其他部门。

另一个被广泛接受的能源效率定义由世界能源委员会 WEC（World Energy Council）给出，WEC 在 1995 年出版的《应用高技术提高能效》中，把"能源效率"定义为："减少提供同等能源服务的能源投入"。所谓能源服务（Energy service）是指通过能源的使用为消费者提供的服务。例如，电力提供照明、热水、空调等服务。能源服务是一个很重要的概念，能源的使用并不是它自身的终结，而是为满足人们需要提供服务的一种手段。因此，终端能源利用的水平，应以提供的服务来衡量（如向房间供给的冷量等）和表示。目前，人们普遍倾向于采用"能源效率"代替"节能"一词。按照世界能源委员会 WEC 于 1979 年提出的定义，节能是指："采取技术上可行、经济上合理、环境和社会可接受的一切措施，来提高能源资源的利用效率"。因此，从国际权威机构对"节能"和"能源效率"给出的定义来看，两者的涵义是一致的。之所以用"能源效率"替代"节能"，是由于观念的转变。早期节能的目的，是为了通过节约和缩减来应付能源危机，现在则强调通过技术进步提高能源效率，以增加效益，保护环境。

从经济学的角度，人们往往采用单位产值能耗作为评价指标来衡量一个国家和地区的综合能源效率。单位产值能耗是指增加单位国民生产总值 GDP 的能源需求，单位产值能耗也称能源强度，它反映经济对能源的依赖程度，受一系列因素的影响，包括经济结构、技术水平、能源结构、人口、能源科技和管理水平等。工业部门间进行能源效率比较的常用能源效率指标为单位产品能耗，服务业和建筑物为单位面积能耗和人均能耗。2000 年我国单位产值能耗（吨标准煤/百万美元）按汇率计算为 1274，美国为 364，欧盟为 214，日本为 131。值得提出的是，我国有些学者认为用单位产值能耗进行国际间能源效率比较，由于涉及人口、产业结构、能源结构、折算标准等因素的影响，很难得出客观科学的比较。例如，如果按外汇牌价将人民币 GDP 折算成美元 GDP，我国与美国、日本等工业发达国家的单位产值能耗比较，中国的单位 GDP 能耗很高，就会得出中国能源有极大浪费的结论，但如果按照购买力平价计算，中国的单位产值能耗很低，很先进，也会得出错误的判断。到目前为止，关于单位产值能耗计算和比较，也没有找出一种好办法来。总之，由于我国正处于产业结构重型化向轻型化转变，能源结构以煤为主向能源结构多样化转变的时期，而且，这个转变将会有较长一段时间，所以，在单位产值能耗上我们不能盲目与发达国家攀比。但是，当我国进入经济发达阶段后，我们也会像美国和日本一样会建立起一个节能的产业结构，我们还会比美国和日本更加节能。

第二节　㶲　分　析

一、㶲及㶲效率

1. 㶲

在周围环境条件下任一形式的能量中理论上能够转变为有用功的那部分能量称为该能量的㶲或有效能，能量中不能够转变为有用功的那部分能量称为该能量的㶲或无效能。所谓有用功是指技术上能够利用的输给功源的功。由此，可以将任何一种形式的能量都看成是由㶲和㶲所组成，即：

$$能量＝㶲＋㶲$$

机械能、电能，其能量都是㶲，其㶲为零；自然环境的热能以及从环境输入或输出的热量都是㶲，其㶲为零。

2. 㶲效率

㶲是在环境条件下能量中能够用来转变为有用功的那部分能量。在可逆过程中，㶲不会转变为㶲，没有㶲损失。在任何不可逆过程中，有㶲转变为㶲，必引起㶲的损失。过程不可逆性越大，㶲损失也越大。㶲的总量随不可逆过程的进行不断减少。从㶲的概念出发，在人类生活和生产中进行的各种过程，例如热能转换、加热、制冷、产品的制造和加工、运输等，不是耗费足够数量的能量就能实现的，而必须在能量中有足够数量的㶲才能实现，所以㶲是非常宝贵的。一般所谓的能量的合理利用，实际上是指能量中㶲的合理利用，例如为在设备中实施某种过程所提供的能量中的㶲要尽量得到充分利用，或在完成一个特定过程时要耗费尽量少的㶲。总的来说，在实际的能量转换过程中应尽量减少㶲的损失。

对于在给定条件下进行的过程来说，㶲损失的大小能够用来衡量该过程的热力学完善程度。㶲损失大，表明过程的不可逆性大，离相应的可逆过程远。但是，㶲损失是损失的一个绝对数量，并不能用来比较在不同条件下过程进行的完善程度，不能用来评价各类热工设备或过程中㶲的利用程度。为此，一般用㶲效率来表达热力系统或热工设备中㶲的利用程度，或系统中进行热力过程的热力学完善程度。

在系统或设备进行的过程中，被利用或收益的㶲 E_{gain} 与支付或耗费的㶲 E_{pay} 的比值定义为该设备或系统的㶲效率，用 η_e 表示：

$$\eta_e = \frac{E_{gain}}{E_{pay}} \tag{19-1}$$

根据热力学第二定律，任何不可逆过程都要引起㶲的损失，但是系统或过程必须遵守㶲平衡的原则，所以耗费㶲与收益㶲差即为系统或设备中进行的不可逆过程所引起的㶲损失：

$$E_l = E_{pay} - E_{gain} \tag{19-2}$$

由此，㶲效率可以写成：

$$\eta_e = \frac{E_{pay} - E_l}{E_{pay}} = 1 - \frac{E_l}{E_{pay}} = 1 - \xi \tag{19-3}$$

$$\xi = \frac{E_l}{E_{pay}}$$

ξ 称为㶲损失系数。因此，㶲效率是耗费㶲的利用份额，而㶲损失系数是耗费㶲的损失份额。

根据热力学第二定律，任何系统或过程的㶲效率不可能大于 1。对于理想的可逆过程，由于㶲损失等于零，故㶲效率等于 1，即：$\eta_e = 1$（可逆过程）；对于不可逆过程：$\eta_e < 1$（不可逆过程）。

可逆过程是热力学上最完善的过程，所以㶲效率反映了实际过程接近理想可逆过程的程度，表明了过程的热力学完善程度，或㶲的利用程度。㶲效率与 1 偏离的程度越大，说明㶲损失越大，过程的不可逆性越大，所以㶲效率的大小指明了改善过程的可能性，可以指导人们采用合适的过程或改进设备等措施，减少过程中的㶲损失，提高㶲的利用程度。

㶲效率反映㶲的利用程度，它从能量的质或级位来评价一个设备或热力过程的完善程度，所以它是评价各种实际过程热力学完善度的统一标准或统一尺度，这是应用㶲概念所具有的特殊意义。

二、能量分析法和㶲分析法

能量分析法只从能量的数量角度而不是像㶲分析那样从能量的量和质统一的角度来分析能量的转换和利用，因而就产生如下两方面的主要问题：

1. 它所指的能量损失只考虑直接散失到环境的能量（即"外部损失"），而没有考虑到由于在设备发生不可逆过程时，必然引起部分㶲转变为炕而往往又不是当场排放到环境的"内部损失"（或称"内部㶲损失"），这种损失虽不减少能量的数量，但却引起能量品质的贬值损失。因此，在对装置进行分析计算时得出各设备的损失结果的数值非但不能深刻揭示能量损失的本质，而且往往给人以假象，甚至在如何提高能量利用率的努力方向上把人们引入歧途，而㶲分析法就可以克服这一缺点。

2. 由于能量分析法是建立在不同质的能量的数量平衡基础上，故其主要热力学指标——能效率的表达式中的分子、分母常常是不同质的能量，或者说在"收益的能量"中也可能包含着任意比例的炕。例如，家用电阻式热水器，分母是电能（全部是㶲），而分子却是㶲占很小部分的低温热能，因此，"能效率"不能科学地表述能量的利用程度，或者说人们不能从能效率的大小来正确判断设备在热力学上的完善程度，进而不能提出提高能量利用率的正确措施，而㶲分析法就不存在这一问题。

能量分析法的上述两个显著缺陷，促使人们不得不考虑㶲分析法。尽管两种方法给出的结果从不同方面给出了用能系统的性质，但㶲分析法给出的结果更深刻和更本质。

下面表 19-2 列出了一些常用设备的能效率和㶲效率的大致数据，从表 19-2 可以看出，许多设备的能效率是相当高的，如家用电阻加热器甚至达到 100%，这容易使人产生误解，认为这类热力设备是相当完善的，甚至是很完善的。其实不然，因为它们的㶲效率是相当低的，如家用电阻加热器只有 17%，也就是说，在其中发生的过程是不可逆程度很高的过程，造成了大量的㶲蜕变为炕，故在热力学上是很不完善的，因而这样使用能量是很不合算的。

一些热力设备的能效率和㶲效率（%）

表 19-2

设　　备	能　效　率	㶲　效　率
大型蒸气锅炉	88～92	49
家用煤气炉	60～85	13
家用煤气热水器 （水加热到 339K）	30～70	12
家用电阻加热器 （加热温度为 328K）	100	17
家用电热水器 （水加热到 339K）	93	16
家用电炊具 （烹调温度为 394K）	80	22.5

三、能源㶲分析

1. 燃料㶲

p_0、T_0 下的燃料与氧气一起稳定流经化学反应系统时，以可逆方式转变到完全平衡的环境状态所能作出的最大有用功称为燃料的化学㶲，简称燃料㶲，并用 E_f 表示。

化学反应系统的㶲平衡方程式为：

$$E_f + n_{O_2} E_{O_2} = W_{A,max} + \sum_i n_j E_j \tag{19-4}$$

式中　　E_f——燃料的摩尔㶲；

n_{O_2}、E_{O_2}——1mol 燃料完全氧化反应所需氧的摩尔数和氧的摩尔㶲；

$W_{A,max}$——最大有用功；

n_j、E_j——1mol 燃料各生成物的摩尔数和摩尔㶲。

燃料的标准摩尔化学㶲由下式计算：

$$(E_f)_n = -\Delta G_n + \sum_i n_j (E_j)_n - n_{O_2} (E_{O_2})_n$$

$$= -(\Delta H_n - T_n \Delta S_n) + \sum_i n_j (E_j)_n - n_{O_2} (E_{O_2})_n \tag{19-5}$$

式中　　ΔH_n——燃料氧化反应的标准反应焓；

ΔG_n——燃料氧化反应的标准反应自由焓，可以由 ΔH_n 和 ΔS_n 的数据求得，也可以根据各种物质的标准生成自由焓的数据计算求得；

对于不含硫的碳氢化合物，$(E_j)_n$ 为在 p_0、T_0 下各气体的扩散㶲。

对于煤、石油和化学组成未知的其他燃料，虽然可实验测定 ΔH_n，但由于尚没有 ΔG_n 和 ΔS_n 等化学热力学数据，因此其化学㶲无法用计算求得。对于一般液体和固体燃料，其中包括煤和石油等，用下列近似公式计算其化学㶲不致引起大的误差：

$$E_f \approx Q_h \tag{19-6}$$

对于气体燃料（由 2 个以上碳原子构成），$E_f = 0.950 Q_h$，Q_h 为燃料的高位发热量。

2. 能源的品质因子

分析方法从"量"与"质"的结合上规定了能量的"价值"，将不同能源对外所能够做的功和其燃料㶲的比值定义为这种能源的品质因子，用 β 表示，其计算公式如下：

$$\beta = \frac{W}{E_f} \qquad (19\text{-}7)$$

式中　E_f——该种形式能源的燃料㶲，kJ；

　　　W——燃料㶲中可以转化为功的部分，kJ。

应用能源的品质因子的概念，可以反映各种能源以及采暖空调中耗热量、耗冷量的能量品位高低。电是最高品位的能源，可以完全转换为功，其能源的品质因子 β 为 1，其余能源形式的品质因子则根据其对外做功的能力来分别确定。建筑的采暖、空调系统中，为满足建筑用户的需求，会使用天然气、煤等一次能源和（或）蒸气、热水、电等二次能源。

一次能源需要经过电厂、锅炉等动力装置和输配环节才能转化为二次能源供建筑使用，定义该环节的平均转化效率为 η。一次能源与二次能源的品质因子计算方法如下：

（1）常规化石能源

在常规的能源动力系统中，通常采用直接燃烧的方式，将燃料的化学能直接转换成热能，并通过热力循环实现热功转化。

燃料燃烧释放的热量中可转化为可用功的部分，计算公式如下：

$$W = E_{x,Q} = \eta \int \left(1 - \frac{T_0}{T}\right) dQ \qquad (19\text{-}8)$$

式中　W——有用功，kJ；

　　　$E_{x,Q}$——热量㶲，kJ；

　　　Q——热量，kJ；

　　　T_0——参考温度，K；

　　　η——平均转化效率。

根据公式的定义，从热功转换效率出发，煤和石油计算公式见式（19-9）。

$$\beta_f = \frac{W}{E_f} = \eta \cdot \left(1 - \frac{T_0}{T_f - T_0} \ln \frac{T_f}{T_0}\right) \cdot \xi^{-1} \qquad (19\text{-}9)$$

式中　T_f——燃料完全燃烧的温度，K；

对于煤和石油，ξ 取 1；对于天然气，ξ 取 0.95。

（2）二次能源

1）市政热水。供、回水温度分别为 T_g 和 T_h 的市政热水（单位均为 K），其热量 Q 中完全转化为功的部分为：

$$W = E_{x,Q} = Q_{hotw} \cdot \left(1 - \frac{T_0}{T_g - T_h} \ln \frac{T_g}{T_h}\right) \qquad (19\text{-}10)$$

其中 Q_{hotw} 为热水热量。因此，市政热水的能源品质因子计算公式如下，其能源品质因子的大小与供、回水的水温密切相关。

$$\beta_{hotw} = 1 - \frac{T_0}{T_g - T_h} \ln \frac{T_g}{T_h} \qquad (19\text{-}11)$$

2) 市政蒸汽。市政蒸汽一般在 $0.4 \sim 0.8MPa$ 之间，按照蒸汽压力来计算。蒸汽做功的能力主要为汽化潜热释放阶段，此阶段为等温过程，其热量中完全转化为功的部分见下式，其中 T_{stream} 是蒸汽压力所对应的饱和温度 T_{stream}，单位为 K。

$$W = E_{x,Q} = Q_{stream} \cdot \left(1 - \frac{T_0}{T_{stream}}\right) \qquad (19\text{-}12)$$

其中 Q_{stream} 为蒸汽热量。所以市政热水的能源品质因子见下式，其能源品质因子的大小与蒸汽温度密切相关。

$$\beta_{stream} = 1 - \frac{T_0}{T_{stream}} \qquad (19\text{-}13)$$

3) 冷冻水。供、回水温度分别为 T_g 和 T_h 的冷冻水，其能量中完全转化为功的部分可用下面的公式进行计算：

$$W = \int \left(\frac{T_0}{T} - 1\right) dQ = Q_{coldw} \cdot \left(\frac{T_0}{T_g - T_h} \ln \frac{T_g}{T_h} - 1\right) \qquad (19\text{-}14)$$

其中 Q_{coldw} 为冷冻水冷量。因此，冷冻水的能源品质因子计算公式如下式所示，其数值与供、回水的水温密切相关。

$$\beta_{coldw} = \frac{T_0}{T_g - T_h} \ln \frac{T_g}{T_h} - 1 \qquad (19\text{-}15)$$

能量不但有量的大小，还有质的高低。在用能的过程中，不但要注重量的保证，还有注重质的匹配。例如，用电炉来给房间加热采暖，电炉的热效率基本为 100%。给电炉输入 1kJ 的电能，电炉能基本上转化 1kJ 的热能给房间，好像已没有什么改善的余地了。但如果从能源的品质方面分析，马上可发现问题之所在。

房间维持在 20℃ 左右即可，若室外温度为 -10℃，其所需热品品质因子也仅为 0.1 左右，而电的品质因子为 1.0。这显然是"杀鸡用了宰牛刀"，在经济上是极不合算的。如果注意用能的品质搭配，就会避免这类问题。比如，我们将电不是输给电炉，而是将电输给一个热泵，驱动热泵从室外给室内供热，结果就完全不同。

能源的品质因子是衡量能量品质的重要指标，常见能源的品质因子如表 19-3 所示。

一些常见能源的品质因子

表 19-3

能 量 形 式	品 质 因 子	能 量 形 式	品 质 因 子
机械能	1.0	热蒸汽（600℃）	0.6
电 能	1.0	区域热（90℃）	0.2～0.3
化学能	约 1.0	房间内热空气（20℃）	0～0.2
核能	0.95	地表热辐射	0
太阳光	0.9		

四、节能技术节能分析实例

1. 热泵技术

冬季热泵的供回水温度为 60℃/55℃，取冬季室外温度 4℃ 为环境温度，其能源品质因子为 0.162，当热泵 COP_H 为 2 时，消耗 1MJ 的电能够提供 2MJ 的热能，然而这 2MJ

的热能的㶲值只有 0.324MJ（㶲效率为 32.4%），即相当于 0.324MJ 电能或机械能，其值远小于投入的 1MJ 电能。如果采用电直接供热，其值为 0.162MJ。热泵系统大大提高了能源的利用效率，但是仍然有很大的节能空间。那么怎样才能使能源利用在数量和质量上都达到 100%？

仍然取冬季室外温度 4℃ 为环境温度，为保持室内温度为 20℃，每小时需向室内供热 1kW。要保持房间温度，所需能源的品质因子为 $\beta_h=(1-T_0/T)=0.055$，如果采用电能直接供热，两种能源品质因子之差为 $\Delta\beta=\beta-\beta_h=0.945$。就是说，供入电炉的电能通过电炉转变为热能后，绝大部分电㶲退化为烷，这是能量的极大浪费。可以设想，使用电（纯㶲）和环境中的内能（纯烷）配制用户需要的能源品质因子（$\beta_h=0.055$）的热量。然后再给室内供暖，能量的㶲效率将高得多。用户所需的热量 1kW，由 5.5% 的能源品质因子等于 1 的电能和 94.5% 的能源品质因子等于 0 的环境热能通过热泵配制而成。即用户所需热量供应由电能和环境热能一起完成，这样就可以做到，能量的数量效率为 100%，质量的利用效率也为 100%。此时，能的量和能的质就完全匹配了。由此算来，由于使用了热泵，节省了 94.5% 的高级能（电能），使 1 度电能起到原来 18.2 度电所起的作用，大大节约了高品质的电能。

2. 建筑热电冷联供系统（BCHP）

热电冷联产（trigeneration）是同时生产电能（或机械能）、热能和冷媒水的一种联合生产方式。如图 19-1 所示，若 BCHP 的发电效率为 25%，产热效率为 50%，1MJ 天然气通过吸收式制冷机（COP 为 1.2）产生 0.6MJ 冷量。

取夏季供冷供回水温度为 7℃/12℃，夏季室外温度 35℃ 为环境温度，则其能源品质因子为 0.09，产热供回水温度为 60℃/55℃，其能源品质因子为 0.068。同时，电的能源品质因子为 1.0，天然气（燃烧温度为 1500℃，η 取 0.8）的能源品质因子为 0.532，则经过计算，该系统的㶲效率为 55.3%（0.294MJ/0.532MJ）。其能源利用仍然有很大的节能空间。

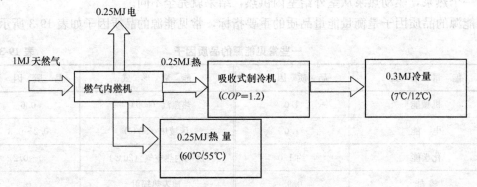

图 19-1　建筑热电冷联供系统示例

3. 热电联产系统（CHP）

目前评价热电联产系统时，常用的评价方法有基于电热当量法的按热量分摊、基于发电煤耗法的好处归热以及好处归电法三种，由于这三种方法都是基于能量分析法，在评价热电联产系统时很难给出统一结论。因此，应该采用㶲分析法进行合理的评价。

如图 19-2 所示的两个热电联产系统，如果采用能量分析法，则评价情况见表 19-4。

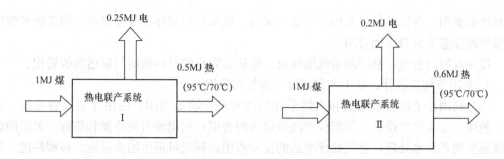

图 19-2　两个热电联产系统

热电联产系统评价结果　　　　　　　　　　　　　　　　表 19-4

	热电联产系统 Ⅰ		热电联产系统 Ⅱ	
	产电效率	产热效率	产电效率	产热效率
按热量分摊	75%	75%	80%	80%
好处归热	34%	189%	34%	146%
好处归电	50%	100%	50%	100%

采用三种方法，评价结果有三种，无法进行评判。应该采用㶲分析法。

冬季室外温度 4℃ 为环境温度，产热供回水温度为 95℃/70℃，其能源品质因子为 0.22。同时，电的能源品质因子为 1.0，煤（燃烧温度为 1500℃，η 取 0.8）的能源品质 因子为 0.525，则系统 Ⅰ 的㶲效率为 68.6%（0.36MJ/0.525MJ），系统 Ⅱ 的㶲效率为 63.2%（0.332MJ/0.525MJ），系统 Ⅰ 优于系统 Ⅱ。

采用㶲分析法不仅能从能源的"量"上，更能从能源的"质"上综合分析各种节能技术的节能效果以及节能潜力。

第三节　节能住宅的投资回收分析

一、节能住宅投资分析

与常规建筑相比，节能住宅初期投资可能因材料价格较高和采用新技术而增加，但从其生命周期内节能效益、使用寿命和对建筑空间、环境的影响等方面来看，总花费是经济的。在 1995 年加利福尼亚对一办公建筑采取节能改造，采用高效机械系统、照明、家电及计算机控制措施，建筑物节能率 60%，建筑面积 73000 平方英尺，年均节约能源费用约 66000 美元，四年就收回节能投资。据统计，在我国，节能 50% 住宅的投资增长率一般可控制在 10% 以内。因此，对于节能住宅进行投资回收分析和经济评价有利于指导和促进节能住宅建设，提高节能投资效率，保护环境，节约能源，促进可持续发展战略。

为了达到节能的目标，在节能住宅的建造过程中，需要进行一些必要的附加投资，具体投资大致包括以下内容。

1. 加强围护结构的保温隔热性能增加的费用

采用外墙保温材料增加费用和门窗改造增加费用。

外墙内保温使用增强石膏复合聚苯保温板、聚合物砂浆复合聚苯保温板、增强水泥复合聚苯保温板、内墙贴聚苯板抹粉刷石膏及抹聚苯颗粒保温料浆加抗裂砂浆嵌入网格布等材料增加费用。外墙外保温采用外粘贴外保温、聚苯板与墙体次浇注成型、聚苯颗粒保温料浆外墙保温等材料增加费用。

使用双层门窗或者利用新型低能材料、传热系数小的材料做的门窗增加的费用。

2. 采用节能新设计、新工艺和新设备增加的费用

充分利用住宅的自然通风和天然采光的住宅设计增加费用；使用住宅设备系统（电网、照明、给水排水设备）节能技术改造增加的费用；利用现有的冷源和热源，灵活的改善暖通空调系统水处理、空气处理增加的投资费用；利用可再生的太阳能、地源热能、风能以及生物质能等增加的费用。

二、节能住宅回收分析

节能住宅的最大特点就是节能而导致的运行费用低，在运行阶段因为低运行费用贯穿在节能住宅的整个生命周期内，从而达到了对节能住宅初期较高投资的逐步回收，全寿命周期的投资运行费用远远低于非节能建筑。其低费用主要体现在：

（1）暖通空调设备系统、给水排水设备、电力供应和照明控制系统以及其他设备系统的用电节约的运行费用。

在节能住宅中围护结构的保温隔热作用提高，暖通空调设备系统的运行负荷大大降低，减少了电力消耗。其他用电设备系统采用节能新工艺和新产品，耗电量以及电费均要比非节能住宅中小很多，根据数据调查显示，由节能住宅的节电量产生的节能率高达52.7%～55.3%。

（2）围护结构和设备系统寿命周期运行管理节约的运行费用。

围护结构和设备系统的运行管理是住宅建筑的一项主要的费用支出，建筑设备的管理、维护、保养、备件管理、维修以及建筑设备的改造、更新占到建筑日常运行费用的一半左右。节能住宅的围护结构材料的质量优于非节能住宅围护结构材料的质量，其围护结构使用寿命周期相对优于传统墙体也大大增加，同时有效地减少了围护结构的维修次数。另外，对于建筑设备而言，新型热泵空调或者其他新型空调设备系统使用寿命较长，与电热膜和其他一般分体空调相比，尽管增加了初期投资和维修费用，但减少了其生命全过程的置换费，降低了设备的维护费用。

（3）因为使用节能产品，减少碳排放和环境污染带来的社会经济效益。

三、节能住宅投资回收费用经济评价

节能住宅的重要意义在于资源利用最佳、能源消耗最少、环境负荷最小、经济合理。因此应充分考虑节能住宅对经济、社会、节能环境等诸多领域的影响程度，综合评价其等级水平，为大力推广节能住宅提供科学依据。

住宅建筑从建成交付使用到不能使用是该住宅建筑的建筑寿命周期，对住宅建筑的投资回收分析时需支付的费用主要分为两部分：一部分是为了建造建筑而支付的金额（建设成本），另一部分是为了使用和运行而支付的金额（运行成本），建筑全寿命周期费用是这两者之和。

对节能住宅进行经济评价的方法很多，主要分为两种：静态分析方法和动态分析方法。

静态分析方法不考虑项目的整个寿命周期和资金的时间价值，比较简单，包括简单投资收益率、投资回收期、增额投资回收期、增额投资收益率等。

动态分析方法一般要考虑项目的寿命周期和资金的时间价值，包括折现比值法、净现值、内部收益率、最小费用法、全寿命周期费用评价法等。这里介绍增额投资回收期、差额净现值、内部收益率、全寿命周期费用评价法等评价方法。

1. 增额投资回收期法（静态评价方法）

增额投资回收期是以节能住宅使用过程中的总体节能收益抵偿节能住宅总增额投资所需的时间。总体节能收益是通过具有相同节能效果的各项技术节能收益的分类叠加，再汇集各类产生不同节能效果技术的总和。由于尽快地收回投资、减小投资成本是投资者极为关注的问题，回收期法简单直观、易于理解，很容易帮助决策者做出合理的投资决策。但没有考虑资金的时间价值以及项目的赢利能力。

$$T = \frac{\Delta I}{\Delta C} = \frac{I_2 - I_1}{C_1 - C_2} \qquad (19\text{-}16)$$

式中　T——增额投资回收期；

I_1、I_2——不同方案的投资费用，$I_1 > I_2$；

C_1、C_2——不同方案的年运行费用，$C_1 < C_2$；

ΔI——节能住宅的增额投资；

ΔC——节能住宅的年节约运行费用。

2. 差额净现值法（动态评价方法）

差额净现值反映节能住宅在生命周期内节能收益能力的动态评价指标，它的计算是依据节能措施实现后的年实际节能收益额与后期费用差额，按选定的折现率，折现到评价期的现值，与初始增额投资求差额，如果方案大于初始增额投资则可行。差额净现值法考虑了项目的经济寿命和资金的时间价值。

净现值：将项目生命周期内所有现金流量按预先确定的利率贴现而得到的价值。用公式（19-18）表示为：

$$\Delta NPV = \Delta I - NPV \qquad (19\text{-}17)$$

$$NPV = \sum_{t=0}^{n} [CI - C_0]_t a_t \qquad (19\text{-}18)$$

式中　ΔNPV——节能建筑差额净现值；

ΔI——节能建筑的增额投资；

NPV——节能建筑的年运行节约费用的净现值；

CI_t——t 年的现金流入量（收益）；

C_{0t}——t 年的现金流出量（支出）；

a_t——t 年折现率的折现系数。

如果：$\Delta NPV > 0$，则盈利水平超过贴现率，方案可行（贴现值越大，方案越好）；$\Delta NPV < 0$，则盈利水平小于贴现率，方案不可行。

3. 内部收益率（动态评价方法）

内部收益率又称资本内部回收率，求建设项目投资方案在周期寿命内净现值等于零的折现率，也就是求节能建筑项目的逐年节约的资金流入的现值总额与采用节能材料增加的资金流出的现值总额相等而净现值等于零的折现率，也即该项目投资实际能达到的最大盈利率。其计算公式为：

$$\sum_{t=0}^{n} [CI - C_0]_t a_t = 0 \qquad (19-19)$$

公式符号含义同前。

内部收益率的计算一般采用试算法，即先取一个折现率，若试算出累计净现值为正数，就再取一个试算出累计净现值为负数，收益率在两者之间。计算公式为：

$$i_r = i_1 + \frac{npv_1(i_2 - i_1)}{npv_1 + npv_2} \qquad (19-20)$$

式中　i_r——内部收益率；

　　　i_1——净现值为正值时的折现率；

　　　i_2——净现值为负值时的折现率；

　　npv_1——折现率为 i_1 时的净现值（正）；

　　npv_2——折现率为 i_2 时的净现值（负），以绝对值表示。

如果内部收益率（i_r）大于基准收益率或者银行贷款利率，则方案可行（内部收益率越大，方案越好）。基准收益率在发展中国家一般取 8%～15%。

4. 全寿命周期费用评价法（动态评价方法）

全寿命周期费用评价法是计算出节能建筑与非节能建筑等多方案每年的使用费用，并把初始投资（建设成本）按复利的资金还原，在使用年限内等额回收。两项费用的总和是方案的全寿命周期中每年的总费用，以此为基础比较各方案的经济效果，选择总费用最小者为最优方案。其计算公式如下：

$$L = R + N \cdot D = R + N \left[\frac{i(1+i)^n}{(1+i)^{n-1}} \right] \qquad (19-21)$$

式中　L——年总费用；

　　　R——年使用费用（运行费用）；

　　　D——资金还原系数；

　　　N——初始投资（建设成本）；

　　　i——贴现率；

　　　n——该方案建筑物的使用寿命。

5. 不确定性分析

针对项目技术经济分析中存在的不确定因素，分析其在一定幅度内发生变化时对项目经济效益的影响情况。包括敏感性分析、盈亏平衡分析、概率分析。

敏感性分析（灵敏度分析）：通过对各因素的敏感性进行分析，找出对项目经济效益影响最大的最关键因素。

盈亏平衡分析：通过确定项目的盈亏平衡点，分析项目的产量、成本及利润。从而确定项目的生产规模以及项目的抗风险能力。

概率分析（风险分析）：研究方案中某种自然状态出现的可能性（即概率）。

第四节　建筑节能生命周期评价

一、建筑节能与生命周期评价

据统计，人类从自然界所获得的 50% 以上的物质原料用来建造各类建筑及其附属设施，这些建筑在建造与使用过程中又消耗了全球能源的 50% 左右。在环境总体污染中，与建筑有关的占 1/3 以上，建筑垃圾约占人类活动产生垃圾总量的 40%。因而，对建筑节能进行评价具有重要意义。虽然目前大家都把减少建筑运行阶段的能耗作为建筑节能的重点。然而，从建筑的可持续发展角度出发，建筑生命周期所有阶段的建筑能耗都是建筑节能的范畴。生命周期评价 LCA（Life Cycle Assessment）是对产品的生产和服务"从摇篮到坟墓"的整个生命过程造成的所有环境影响的全面分析和评价。生命周期评价能对最优化配置资源和重视整体利益起到重要的指导作用。基于生命周期的建筑节能评价是建筑节能评价的一个标志性的进步，使建筑节能评价由主要针对建筑运行能耗评价扩展到建筑生命周期各阶段。

生命周期评价（LCA）的思想萌芽最早出现于 20 世纪 60 年代末~70 年代初。作为生命周期评价（LCA）研究开始的标志是 1969 年由美国中西部资源研究所（MRI）所开展的针对可口可乐公司的饮料包装瓶进行评价的研究。该研究试图从最初的原材料采掘到最终的废弃物处理，进行全过程的跟踪与定量分析。然而，"生命周期评价"被首次提出是在 1990 年由国际环境毒理学和化学学会（SETAC）主持召开的有关生命周期评价的国际研讨会上。之后，国际标准化组织 ISO 于 1993 年开始起草 ISO 12000 国际标准，并正式将生命周期评价纳入该体系。目前国际标准化组织 ISO 已颁布了有关生命周期评价的多项标准，如 ISO 14040（环境管理—生命周期分析—原则与指南），ISO 14041（环境管理—生命周期分析—目标和范围的界定及清单分析），ISO 14042（生命周期评价—生命周期影响评价），ISO 14043（生命周期评价—生命周期解释），ISO/TR 14047（生命周期评价—ISO 14042 应用示例），ISO/TS 14048（生命周期评价—生命周期评价数据文件格式），ISO/TR 14049（生命周期评价—ISO 14041 应用示例），还有一些其他相应标准的起草工作也在进行之中。我国针对该标准采取等同转化的原则，现已颁布了两项国家标准：GB/T 24040（环境管理——生命周期评价的原则与框架），GB/T 24041（环境管理——目的与范围的确定和清单分析），其他相应标准的转化工作正在进行中。

目前，随着区域性与全球性环境问题的日益严重以及全球环境保护意识的加强，可持续发展思想的普及以及可持续行动计划的兴起，生命周期评价（LCA）得到政府部门、研究机构、工业企业、产品消费者的普遍关注。生命周期评价（LCA）经过 30 多年的发展，目前已纳入 ISO 14000 环境管理系列标准而成为国际上环境管理和产品设计的一个重要支持工具。生命周期评价已被认为是 21 世纪最有潜力的可持续发展支持工具。在此基础上发展起来的一系列的理念和方法，如生命周期设计（LCD）、生命工程（LCE）、生命核算（LCC）、及为环境而设计（DfE）等正在各领域进行研究和应用。目前，我国对生命周期评价的认识和研究刚刚起步，在理论上还有很多需要澄清的地方，在方法上迫切需要进行探索和研究。

当前，关于生命周期评价 LCA 有很多定义，其中，以国际标准化组织（ISO）、国际环境毒理学和化学学会（SETAC）、欧盟的定义最具权威性。ISO 将生命周期评价 LCA 定义为：汇总和评价一个产品（或服务）的生命周期的所有投入及产出对环境造成的潜在的影响的方法。国际环境毒理学和化学学会（SETAC）将生命周期的定义为：通过对能源、原材料消耗及污染排放的识别与量化来评估有关一个产品的过程或活动的环境负荷的客观方法。欧盟对生命周期评价的定义为：基于对产品生产过程活动从原材料获取到其最终处置的调查，定量评估产品的环境负荷的方法。以上定义共同反映生命周期评价 LCA 的核心原则：对产品、生产服务"从摇篮到坟墓"的整个生命过程造成的所有环境影响的全面分析、评估。

生命周期评价（LCA）不存在一种统一模式，其实践应该按照 ISO 14040 标准提供的原则与框架进行，并根据具体的应用意图和用户要求，实际地予以实施。按照 ISO 14040 标准，生命周期评价的步骤包括目的与范围的确定、清单分析、影响评价和结果解释。确定研究目的与范围的重要性在于它决定为何要进行某项生命周期评价（包括对其结果的应用意图），并表述所要研究的系统和数据类型。研究的目的、范围和应用意图涉及研究的地域广度、时间跨度和所需数据的质量等因素，它们将影响研究的方向和深度。生命周期清单分析 LCI（Life Cycle Impact）包括为实现特定的研究目的对所需数据的收集，它是一份关于所研究系统的输入和输出数据清单。清单分析对产品、工艺或活动在其整个生命周期阶段的资源、能源消耗和向环境的排放（包括废水、废气、固体废物及其他环境释放物）进行数据量化分析。清单分析所得到的数据对于研究目的来说，有些影响可能十分严重，有些可能很小，有些可能没有什么意义。为了将生命周期评价应用于各种决策过程，就必须对这种环境交换的潜在影响进行评估，说明各种环境交换的相对重要性以及每个生产阶段或产品部件的环境影响贡献大小，这一阶段称为生命周期影响评价 LCIA（Life Cycle Impact Assessment）。生命周期解释的目的是根据 LCA 前几个阶段的研究或清单分析的发现，分析结果、形成结论、解释局限性、提出建议并报告生命周期解释的结果，尽可能提供对生命周期评价 LCA 或清单分析 LCI 研究结果的易于理解的、完整的和一致的说明。

二、生命周期建筑节能评价研究目的与范围的确定

基于生命周期评价方法对建筑节能进行评价研究的目的是建立建筑生命周期建筑节能评价模型，并应用评价模型对各种类型的建筑能耗进行评价，得出评价结果，为房屋购买者、建筑开发部门以及政府部门等提供参考。根据建筑产品的特点，其生命周期可分为：原材料的生产、建筑材料运输、施工建设、运行使用、拆除、建材回收阶段。生命周期建筑节能评价就是对建筑物生命周期的各阶段进行能源资源消耗以及能源利用效率评价。这种评价不但要考虑建筑建设、使用阶段的建材消耗和能源消耗，还要考虑到建材生产、运输、建成后的运营管理，而且还要考虑到建筑拆除时的材料可回收性、垃圾管理等全过程。基于以上分析，按照 ISO 14040 标准对生命周期评价方法的指导，将生命周期建筑节能评价系统边界定义如图 19-3 所示。

建筑生命周期各阶段所消耗的能源资源包括煤、油、气、电等能源资源，这些能源资源经过建筑生命周期各阶段的消耗后转移到系统外。比如，建筑消耗电力取暖，然后这些电力转变成了热能加热室内空气，热量最终转移到系统之外。建筑生命周期能耗（Life Cycle Energy Consumption，简写为 LCE）指建筑生命周期各阶段消耗的能源资源总和，

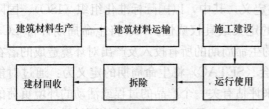

图 19-3 生命周期建筑节能评价系统边界

根据图 19-3 生命周期建筑节能评价系统边界，建筑生命周期能耗主要由六部分组成，由式（19-22）表示：

$$LCE = E_m + E_t + E_s + E_o + E_d - E_c$$

（19-22）

式中 LCE——建筑生命周期能耗；

E_m——生产建筑材料的能耗；

E_t——建筑材料的运输能耗；

E_s——施工建设能耗；

E_o——运行维护及改建能耗；

E_d——拆除能耗；

E_c——生产回收的建筑材料所消耗的能量。

在建筑节能评价中引入生命周期评价的思想和方法是建筑节能评价的一个标志性的进步，建筑节能评价由主要针对建筑运行能耗评价扩展到建筑的生命周期，这对我国建筑可持续发展有重要意义。然而，目前我国对于生命周期建筑节能评价的认识和研究刚刚起步，在理论和方法上都需要进行探索和研究，还有大量工作需要该领域的科技工作者和广大从业人员等进一步探索、实践和研究。

参 考 文 献

[1] 牟书令，王庆一. 能源词典（第二版）[M]. 北京：中国石化出版社，2005.

[2] 国家经济贸易委员会资源节约与综合利用司. 提高我国能源效率的战略研究 [M]. 北京：中国电力出版社，2001.

[3] 何伟等. 中国节能降耗研究报告 [M]. 北京：企业管理出版社，2006.

[4] 世界能源委员会. 应用高技术提高能效 [M]. 1995.

[5] 王革华等. 能源与可持续发展 [M]. 北京：化学工业出版社，2005.

[6] 赵冠春，钱立伦. 㶲分析及其应用. 北京：高等教育出版社，1984.

[7] 清华大学建筑节能研究中心. 中国建筑节能年度发展研究报告 2007 [M]. 北京：中国建筑工业出版社，2007.

[8] 郑宏飞. 㶲——一种新的方法论 [M]. 北京：北京理工大学出版社，2004.

[9] WANG W, ZMEUREANU R, RIVRD H. Applying multi-objective genetic algorithms in green building design optimization [J]. Building and Environment. 2005.

[10] Ivar S. Ertesvag. Energy, exergy, and extended-exergy analysis of the Norwegian society 2000 [J]. Energy. 2005.

[11] CHEN B, CHEN G. Exergy analysis for resource conversion of the Chinese society 1993 under the material product system [J]. Energy. 2006.

[12] 江亿，刘晓华等. 能源转换系统评价指标的研究 [J]. 中国能源. 2004.

[13] 杨建新，徐成，王如松. 产品生命周期评价方法及应用 [M]. 北京：气象出版社，2002.